U0794610

高等职业院校技能型人才培养优质教材
机械制造与自动化专业群城市轨道交通机电技术专业新形态一体化教材

电工电子技术及应用

主　编　刘冬香
副主编　张　红　魏　娜
肖心远　孔祝英

西南交通大学出版社
·成　都·

图书在版编目（CIP）数据

电工电子技术及应用 / 刘冬香主编. 一成都：西南交通大学出版社，2020.1（2022.1 重印）
ISBN 978-7-5643-7809-7

Ⅰ. ①电… Ⅱ. ①刘… Ⅲ. ①电工技术－高等职业教育－教材②电子技术－高等专业教育－教材 Ⅳ. ①TM ②TN

中国版本图书馆 CIP 数据核字（2020）第 212598 号

Diangong Dianzi Jishu ji Yingyong
电工电子技术及应用

主　编 / 刘冬香
责任编辑 / 黄淑文
封面设计 / 吴　兵

西南交通大学出版社出版发行
（四川省成都市金牛区二环路北一段 111 号西南交通大学创新大厦 21 楼　610031）
发行部电话：028-87600564　028-87600533
网址：http://www.xnjdcbs.com
印刷：四川森林印务有限责任公司

成品尺寸　185 mm × 260 mm
印张　18.75　　字数　491 千
版次　2020 年 10 月第 1 版　　印次　2022 年 1 月第 2 次

书号　ISBN 978-7-5643-7809-7
定价　69.00 元

课件咨询电话：028-81435775
图书如有印装质量问题　本社负责退换
版权所有　盗版必究　举报电话：028-87600562

本书编委会

主　任：陈　敏　林燕波

副主任：李助军

秘　书：刘锦龙

编　委：刘冬香　张　红　魏　娜

肖心远　孔祝英　朱会东

前言

PREFACE

"电工电子技术及应用"是工科专业一门重要的专业基础课程，具有基础性、先进性和应用性的特点，是学生获取电工知识、电子技术知识，提高科学素质以及学习后续专业课程的基础。本书是课程教学团队深入开展课程改革，多次研讨基础理论与技术发展之间、理论深度与实践应用之间、学生来源与专业要求之间的关系等问题，并在智慧职教平台上从开放式教学模式、混合式教学模式和诊断式教学评价三方面进行实践的结果。

本书遵循学生认知的基本规律，以六个真实的项目（简单温度计的制作、日光灯的安装与调试、功放电路的制作与调试、函数发生器的制作与调试、抢答器的设计与实现、数字钟的设计与实现）为载体，以工作任务为驱动，整合、优化教学内容，在紧扣基本理论的同时增加了应用实例，注重培养学生的应用能力和专业技能，使学生掌握电工及电子技术的基本概念、基本理论、基本分析方法和基本实验技能，形成正确的认识论。本教材转变传统教学理念，将教师从知识的传输者变为指导者，充分发挥信息技术在教学中的优势，充分利用职教云在线资源，为开放式教学提供支持和保障。

本教材在如下方面体现出高职教育的特色：

（1）教材的编写打破以往教材的"系统性"，合理选取项目，分解项目所包含的任务，围绕项目，在任务的驱动下组织教学内容和相关的技能要求，将理论教学与实践教学融为一体，适合边教、边学、边做的"教、学、做"一体的教学方法。

（2）教材以项目为导向，以任务为驱动，知识和技能要求着重把握两个度：一是理论知识以"必需、够用"为度，注重技术，强调应用；二是内容选取以围绕完成项目的完整工作过程为度，使分散的内容具有针对性，突出应用性和综合性。

（3）教材对相同功能可以选用的多个设计方法或者可以实现的多个电路都做了比较，开拓学生的思维，让学习者在学习的过程中能够举一反三。

（4）课程知识颗粒化，并制作了相关的微课、动画等课程形式，借助职教云课堂和 MOOC 聚集丰富的教学资源，通过二维码链接，进行视频学习、互动式实验训练和自我测试。

本书由广州铁路职业技术学院刘冬香主编，广州铁路职业技术学院张红老师、广东交通职业技术学院肖心远老师、新疆交通职业技术学院魏娜，福建铁路电机学校孔祝英任副主编。其中，刘冬香编写项目一中的任务 4、项目二中的任务 3、项目四中的任务 3、项目五和项目六，肖新远编写项目一，张红编写项目二，魏娜编写项目三，孔祝英编写项目四。刘冬香老师对本书的课程标准和编写思路进行了总体策划，指导全书的编写并对全书统稿。本书编写过程中还得到广州铁路职业技术学院应用电子技术专业其他老师的帮助，在此表示衷心的感谢。

本书是根据应用电子技术专业的人才培养目标和应用电子技术专业“电工电子技术及应用”的课程标准编写的教材，在使用本书教学时，建议课时为 128 学时。该书也适合作为电气自动化技术专业的教材，还可以作为其他高职院校的工科专业的参考教材。

由于编者水平有限，时间仓促，书中难免有疏漏之处，希望使用本教材的师生和读者批评指正。

编　者

2020 年 10 月

课程资源列表

序号	二维码名称	资源类型/数量	页码
1	共射放大电路元件的作用	微课动画	092
2	静态工作点对电路波形的影响	微课动画	096
3	分压式放大电路	微课	097
4	负反馈对放大电路性能的影响	微课	111
5	运算放大电路的线性应用	微课	133
6	RC 正弦波振荡电路	微课	134
7	迟滞比较器	微课	150
8	数制转换	微课	175
9	基本逻辑关系	微课动画	178
10	逻辑函数表示形式的相互转换	微课	183
11	组合逻辑电路的分析	微课	208
12	组合逻辑电路的设计	微课	208
13	电动机运行故障监测报警电路的设计	微课	212
14	常用的组合逻辑部件	微课	230
15	触发器	微课	240
16	四人抢答电路	微课动画	248
17	计数器	微课	252
18	74LS90 计数器	微课动画	255
19	74LS160 计数器	微课动画	260
20	74LS192 计数器	微课动画	262
21	数码寄存器	微课	264
22	移位寄存器	微课	264
23	环形流水灯	微课动画	282

目录
CONTENT

项目一 直流电路及其应用

项目功能描述

简单电阻温度计的设计制作，采用电桥电路，当 $R_1R_3=R_2R_X$ 时，电桥达到平衡，检流计 G 指示为零。R_X 为一热敏电阻，其阻值随温度的变化而变化，从而将温度 t 这一非电量转变为用电流 I 这一电量来表示，分析设计热敏电阻 R_X 与温度的对应关系，确定电路参数，画出电路图，改制、标定温度表刻度。

项目任务分解

分析项目功能可知，项目涉及直流电桥知识，在学习电桥电路之前，作为电工电子技术的入门，先要学习直流电路的基本概念、基本定律及基本分析方法，因而，编者拟将项目所涉及的知识增加冗余度，使学习者通过学习之后，能够自己设计、制作完成项目，并能举一反三地灵活应用所学知识。

职业技能目标

1. 能熟悉使用万用表测量电路的物理量。
2. 能正确测量电阻、电压、电流。
3. 能绘制电路图。
4. 能阅读简单的英文技术资料。
5. 培养团队合作精神。

项目知识目标

1. 了解电路的作用与组成部分；理解电路元件、电路模型的意义；理解电压、电流参考方向的概念；掌握电路中电位的计算；会判断电源和负载；理解三种元件的伏安关系。
2. 掌握基尔霍夫定律，会用支路电流法求解简单的电路。
3. 理解电压源、电流源概念，了解电压源、电流源的连接方法，并掌握其等效变换法。
4. 掌握电阻串联、并联电路的特点及分压分流公式，会计算串并联电路中的电压、电流和等效电阻；能求解一些简单的混联电路。
5. 会用叠加定理、戴维南定理求解复杂电路中的电压、电流、功率等电量。

任务 1　电路模型和基本物理量

1.1.1　电路和电路模型

1. 电路

电路是由各种元器件为实现某种应用目的、按一定方式连接而成的整体，其特征是提供了电流流动的通道。复杂的电路亦可称之为网络。

电路主要由电源、负载和传输环节等三部分组成，如图 1-1-1 所示手电筒电路；电源是提供电能或信号的设备，负载是消耗电能或输出信号的设备；电源与负载之间通过传输环节相连接，传输环节包括导线及开关等控制元件。

电路的作用可分为两类：一类是用于实现电能的传输和转换，如手电筒；另一类是用于进行电信号的传递和处理，如收音机。

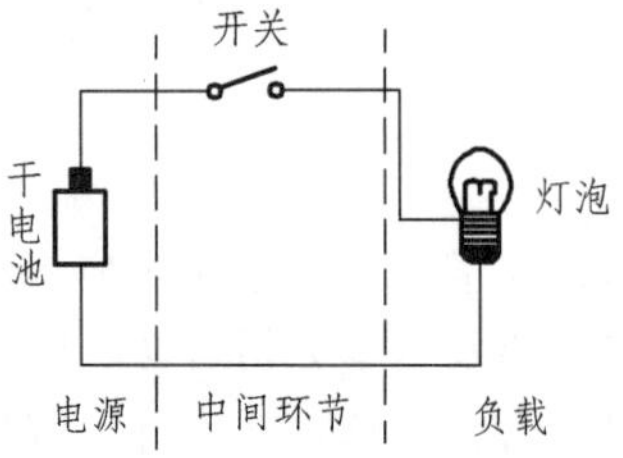

图 1-1-1　手电筒电路

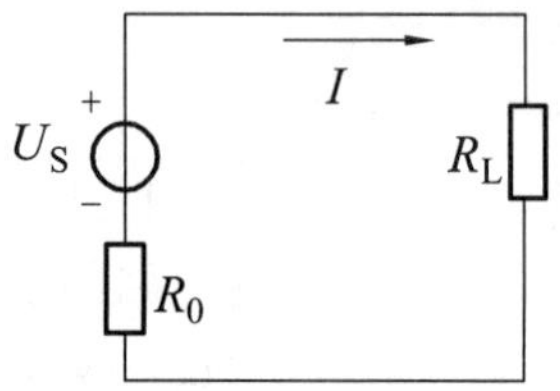

图 1-1-2　手电筒电路模型

2. 电路模型

某一实际元件，如果只考虑其主要的电磁现象，就可以用理想元件来替代实际元件的模型，这种模型称之为电路元件。

反映实际电路部件的主要电磁性质的理想电路元件及其组合，则称为电路模型。如图 1-1-2 所示电路为手电筒电路的电路模型。

1.1.2　电路的基本物理量

电路中的物理量主要包括电流、电压、电位、电动势以及功率。

1. 电流及其参考方向

带电粒子有规则地定向运动形成电流，电流包含大小和方向。

电流的大小等于单位时间内通过导体横截面的电荷量，电流的实际方向习惯上是指正电荷移动的方向。

电流分为两类：一是大小和方向均不随时间变化，称为恒定电流，简称直流，用 I 表示；二是大小和方向均随时间变化，称为交变电流，简称交流，用 i 表示。

对于直流电流，单位时间内通过导体截面的电荷量是恒定不变的，其大小为

$$I = \frac{Q}{T}$$

对于交流，若在一个无限小的时间间隔 dt 内，通过导体横截面的电荷量为 dq，则该瞬间的电流为

$$i = \frac{dq}{dt}$$

在国际单位制（SI）中，电流的单位是安培（A）、毫安（mA）和微安（μA），它们的关系是：1 A = 1 000 mA，1 mA = 1 000 μA。

在复杂电路中，电流的实际方向有时难以确定。为了便于分析计算，便引入电流参考方向的概念。

所谓电流的参考方向，就是先任意选定某一方向作为待求电流的方向，并根据此方向进行分析计算。若计算结果为正，说明电流的参考方向与实际方向相同；若计算结果为负，说明电流的参考方向与实际方向相反。图 1-1-3 表示了电流的参考方向（图中实线所示）与实际方向（图中虚线所示）之间的关系。

图 1-1-3　电流参考方向与实际方向

例 1-1-1　如图 1-1-4 所示，电流的参考方向已标出，并已知 $I_1 = -3$ A，$I_2 = 3$ A，试指出电流的实际方向。

解： $I_1 = -3$ A<0，则 I_1 的实际方向与参考方向相反，应由 B 流向 A。

$I_2 = 3$ A >0，则 I_2 的实际方向与参考方向相同，由 B 流向 A。

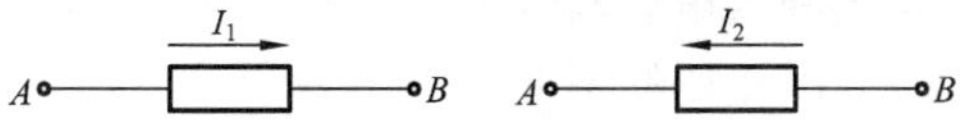

图 1-1-4　例 1-1-1 图

2. 电压及其参考方向

在电路中，电场力把单位正电荷（q）从 a 点移到 b 点所做的功（w）就称为 a、b 两点间的电压，也称电位差，记为

$$u_{ab} = \frac{dw}{dq}$$

对于直流，则为

$$U_{AB} = \frac{W}{Q}$$

电压的单位为伏特（V）。

电压的实际方向规定从高电位指向低电位，其方向可用箭头表示，如图 1-1-5（a）；也可用“+”“－”极性表示，如图 1-1-5（b）所示。若用双下标表示，如 U_{ab} 表示 a 指向 b。显然 $U_{ab} = -U_{ba}$。值得注意的是，电压总是针对两点而言。

图 1-1-5　电压参考方向的设定

和电流的参考方向一样，也需设定电压的参考方向。电压的参考方向也是任意选定的，当参考方向与实际方向相同时，电压值为正；反之，电压值则为负。

例 1-1-2 如图 1-1-6 所示，电压的参考方向已标出，并已知 $U_1 = 1$ V，$U_2 = -1$ V，试指出电压的实际方向。

解：$U_1 = 1$ V >0，则 U_1 的实际方向与参考方向相同，由 A 指向 B。

$U_2 = -1$ V <0，则 U_2 的实际方向与参考方向相反，应由 A 指向 B。

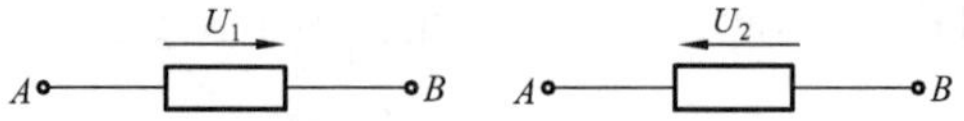

图 1-1-6　例 1-1-2 图

若电压与电流的参考方向选择一致，则为关联方向；若电压与电流的参考方向选择不一致，则为非关联方向。

3. 电位

在电路中任选一点作为参考点，则电路中某一点与参考点之间的电压称为该点的电位。电位用符号 V 表示。例如 A 点的电位记为 V_A。显然，$V_A = U_{AO}$。电位的单位是伏特（V）。

电路中的参考点可任意选定。当电路中有接地点时，则以地为参考点。若没有接地点时，则选择较多导线的汇集点为参考点。在电子线路中，通常以设备外壳为参考点。参考点用符号"⊥"表示。

有了电位的概念后，电压也可用电位来表示，电压也称为电位差，即

$$U_{AB} = U_A - V_B$$

需要指出，电路中任意两点间的电压与参考点的选择无关。即对于不同的参考点，虽然各点的电位不同，但任意两点间的电压始终不变。

例 1-1-3 图 1-1-7 所示的电路中，已知各元件的电压为：$U_1 = 10$ V，$U_2 = 5$ V，$U_3 = 8$ V，$U_4 = -23$ V。若分别选 B 点与 C 点为参考点，试求电路中各点的电位。

解：（1）选 B 点为参考点，则

$$V_B = 0$$
$$V_A = U_{AB} = -U_1 = -10\ (\text{V})$$
$$V_C = U_{CB} = U_2 = 5\ (\text{V})$$
$$V_D = U_{DB} = U_3 + U_2 = 8 + 5 = 13\ (\text{V})$$

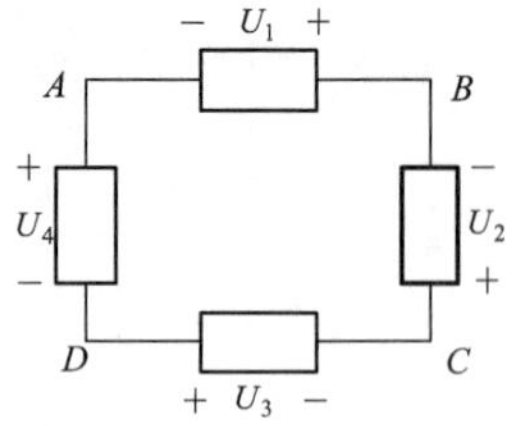

图 1-1-7　例 1-1-3 图

（2）选 C 点为参考点，则

$$V_C = 0$$
$$V_A = U_{AC} = -U_1 - U_2 = -10 - 5 = -15\ (\text{V})$$

或

$$V_A = U_{AC} = U_4 + U_3 = -23 + 8 = 15\ (\text{V})$$
$$V_B = U_{BC} = -U_2 = -5\ (\text{V})$$
$$V_D = U_{DC} = U_3 = 8\ (\text{V})$$

4. 功率

单位时间内电场力所做的功，称为功率，用 P 表示。即

$$P=\frac{W}{T}$$

若已知元件的电压和电流，功率的表达式则为

$$P=UI$$

功率的单位是瓦特（W）。

当电流、电压为关联参考方向时，$P=UI$，若计算结果为正，说明电路消耗功率，为电路负载。若计算结果为负，说明电路产生功率，为电路电源。

当电流、电压为非关联参考方向时，$P=-UI$，若计算结果为正，说明电路消耗功率，为电路负载。若计算结果为负，说明电路产生功率，为电路电源。

例 1-1-4 （1）在图 1-1-8(a)中，若电流为 2 A，$U_1=1$ V，求该元件消耗或产生的功率。（2）在图 1-1-8（b）中，若电流为 2 A，$U_2=1$ V，求该元件消耗或产生的功率。（3）在图 1-1-8（b）中，若元件产生的功率为 4 W，求电流 I。

图 1-1-8　例 1-1-4 图

解：（1）对图 1-1-8（a），电流、电压为关联参考方向，元件功率为

$$P=U_1I=1\times2=2\text{（W）}>0$$

表明元件消耗功率，为负载。

（2）对图 1-1-8（b），电流、电压为非关联参考方向，元件产生的功率为

$$P=-U_2I=-1\times2=-2\text{（W）}<0$$

表明元件产生功率，为电源。

（3）因图 1-1-8（b）中电流、电压为非关联参考方向，且是产生功率，故

$$P=-U_2I=-4\text{（W）}$$

$$I=\frac{P}{-U_2}=\frac{-4}{-1}=4\text{（A）}$$

1.1.3　电路的工作状态

电路在不同的工作条件下，会处于不同的状态，并具有不同的特点。电路的工作状态有三种：开路状态、负载状态和短路状态。

1. 开路状态（空载状态）

在图 1-1-9 所示电路中，当开关 K 断开时，电源则处于开路状态。开路时，电路中电流为零，电源不输出能量，电源两端的电压称为开路电压，用 U_{OC} 表示，其值等于电源电动势 E，即

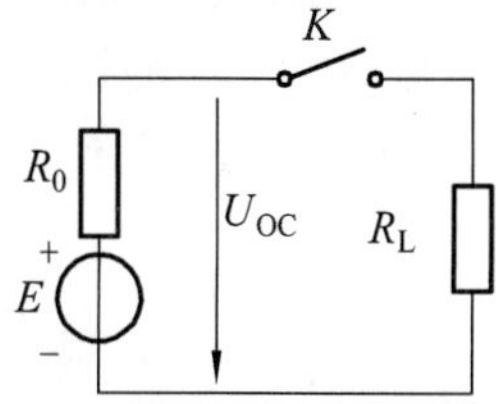

图 1-1-9　开路状态

$$U_{OC}=E$$

2. 短路状态

在图 1-1-10 所示电路中，当电源两端由于某种原因短接在一起时，电源则被短路。短路电

流 $I_{SC}=\frac{E}{R_0}$ 很大，此时电源所产生的电能全被内阻 R_0 所消耗，电路的端电压即负载电压 $U=0$。短路通常是严重的事故，应尽量避免发生。为了防止短路事故，通常在电路中接入熔断器或断路器，以便在发生短路时能迅速切断故障电路。

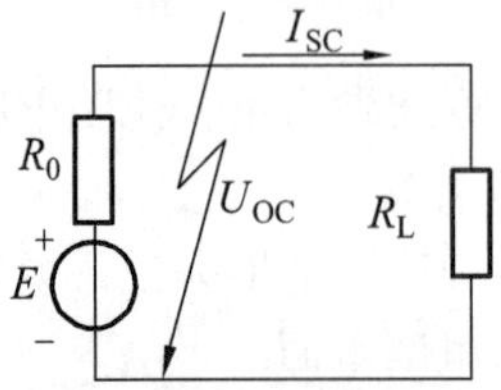

图 1-1-10　短路状态

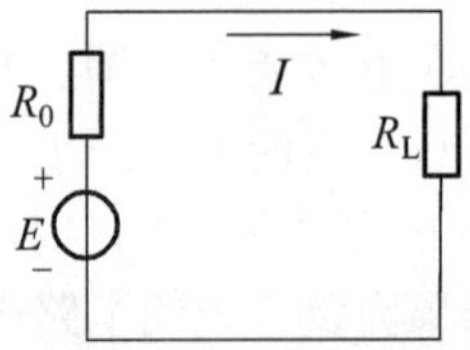

图 1-1-11　负载工作状态

3. 负载状态（通路状态）

电源与一定大小的负载接通，称为负载状态。这时电路中流过的电流称为负载电流，如图 1-1-11 所示。负载的大小是以消耗功率的大小来衡量的。当电压一定时，负载的电流越大，则消耗的功率亦越大，则负载也越大。

为使电气设备正常运行，在电气设备上都标有额定值，额定值是生产厂为了使产品能在给定的工作条件下正常运行而规定的正常允许值。一般常用的额定值有：额定电压、额定电流、额定功率，用 U_N、I_N、P_N 表示。

需要指出，电气设备实际消耗的功率不一定等于额定功率。当实际消耗的功率 P 等于额定功率 P_N 时，称为满载运行；若 $P<P_N$，称为轻载运行；而当 $P>P_N$ 时，称为过载运行。电气设备应尽量在接近额定的状态下运行。

小　结

1. 电路由电源、负载和中间环节组成；电路的作用有两个方面：一是实现电能的传输和转换；另一是进行电信号的传递和处理。

2. 电路的主要物理量有电流、电压、电位、功率等。为了解决复杂电路方便，引入了参考方向的问题，若实际电流或电压与参考电流或电压的方向相同，取正值；反之，取负值。

3. 若电流和电压的参考方向一致，称为关联方向，此时，计算功率的公式为 $P=UI$；若电流和电压的参考方向不一致，则称为非关联方向，此时，计算功率的公式为 $P=-UI$。功率计算的结果为正，则说明该元件消耗功率，是起负载的作用；若计算结果为负值，则说明该元件产生功率，是起电源的作用。

4. 电路由三种工作状态，即正常的负载状态、短路状态和开路状态。

自测练习题

一、判断题

1. 电阻、电流和电压都是电路中的基本物理量。(　　)

2. 二端元件如图 1-1-12 所示，已知电压 $U=-30$ V，$I=2$ A，则 $P=60$ W，二端元件是负载(　　)。

3. 电压是产生电流的根本原因，因此电路中有电压必有电流。(　　)

4. 电路及已知如图 1-1-13 所示，则 $U_{AB}=8$ V (　　)。

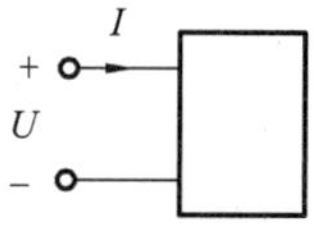

图 1-1-12

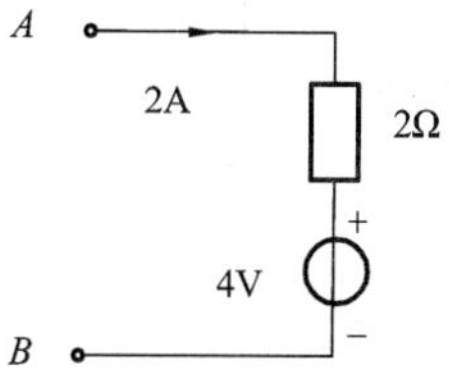

图 1-1-13

5. $U_{ab}>0$ 表示 a 端的电位高于 b 端的电位。(　　)

6. 电路中某点的电位随电位参考点选取的不同而不同。(　　)

7. 电路中某两点的电位都很高，两点间的电压也很大。(　　)

8. 在通路状态下，负载电阻变大，端电压就变大。(　　)

二、选择题

1. 电路如图 1-1-14 所示，A 点的电位是 (　　)。

A. $V_A=RI-U_S$　　B. $V_A=RI+U_S$　　C. $V_A=-RI-U_S$　　D. $V_A=-RI+U_S$

2. 电路如图 1-1-15 所示，元件功率的 $P=$ (　　)，实际是 (　　)(吸收或产生) 功率。

A. 10 W，吸收　　B. －10W，吸收　　C. －10 W，产生　　D. 10 W，产生

3. 电路如图 1-1-16 所示，下列说法正确的是 (　　)。

A. $I_{ab}=-2$A；$U_{ab}=3$ V　　B. $I_{ab}=-2$A；$U_{ab}=-3$ V

C. $I_{ab}=2$ A；$U_{ab}=-3$ V　　D. $I_{ab}=2$ A；$U_{ab}=3$ V

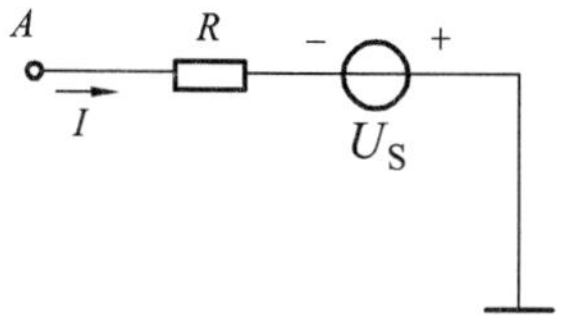

图 1-1-14

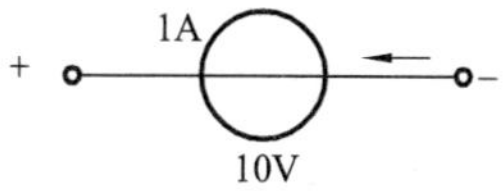

图 1-1-15

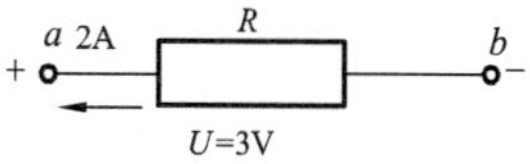

图 1-1-16

4. 如图 1-1-17 所示电路，设 C 为参考点，则以下说法正确的是 (　　)。

A. A 点电位高于 B 点电位　　B. A 点电位低于 B 点电位

C. A 点电位等于 B 点电位　　D. 不能确定

5. 二端元件如图 1-1-18 所示，已知电压 $U=20$ V，$I=2$ A，答案正确的是 (　　)。

A. $P=40$ W，二端元件是负载　　B. $P=-40$ W，二端元件是负载

C. $P=40$ W，二端元件是电源　　D. P = －40 W，二端元件是电源

6. 已知电路中 A 点的对地电位是 85 V，B 点的对地电位是 35 V，则 $U_{BA}=$ (　　)。

A. －50 V　　B. 50 V　　C. －120 V　　D. 120 V

7. 已知电路中 A 点的对地电位是 65 V，B 点的对地电位是 35 V，则 $U_{AB}=$ (　　)。

A. －30 V　　B. 30 V　　C. －100 V　　D. 100 V

8. 如图 1-1-19 所示，$U_1=-4$ V，$U_2=-2$ V，则 $U_{ab}=$ (　　)。

A. －2 V　　B. 2 V　　C. －6V　　D. 6 V

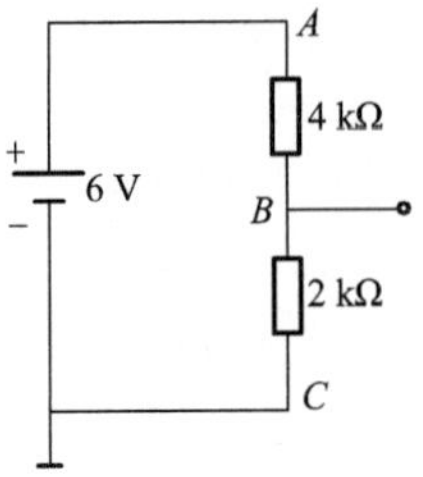

图 1-1-17

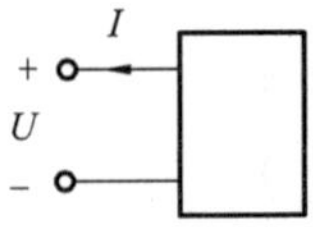

图 1-1-18

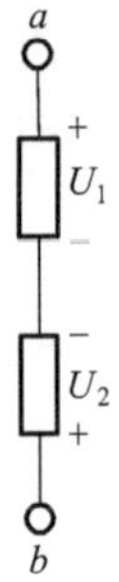

图 1-1-19

习　题

1. 电路如图 1-1-20 所示：（1）当开关 K 打开时，求 V_A，V_B 和 U_{AB}；（2）当开关 K 闭合时，求 V_A，V_B 和 U_{AB}。

2. 电路如图 1-1-21 所示，求：电路中的电流 I，V_A、V_B、V_C 和 U_{BC}。

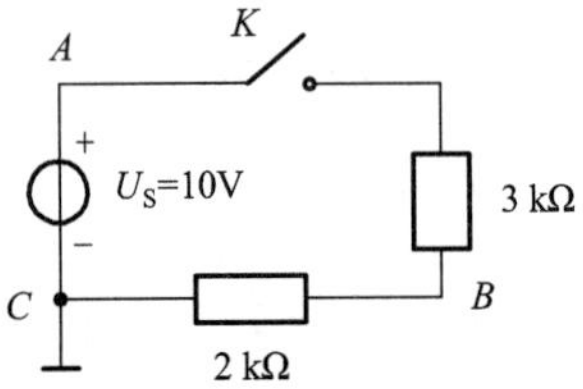

图 1-1-20

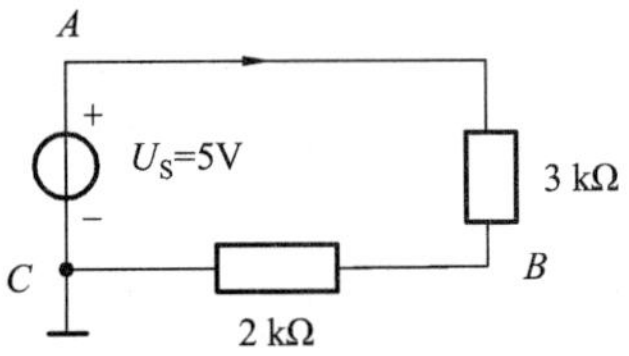

图 1-1-21

任务 2　电路元件

1.2.1　电阻元件

1. 电阻

电阻元件是用电阻率较大的材料制成的，电阻元件的电阻值大小一般与温度、材料、长度和横截面面积有关。电阻的主要物理特征是变电能为热能，也可以说它是一个耗能元件。电阻在电路中通常起分压、分流的作用。

流过线性电阻的电流与其两端的电压成正比，即

$$\frac{u}{i} = R$$

式中 R 称为电阻，单位为欧姆（Ω）。

2. 电阻的伏安特性

对于线性电阻元件，其电路模型如图 1-2-1 所示，其特性方程为

$$u = Ri\ （u、i\ 关联）$$

$$u = -Ri\ （u、i\ 非关联）$$

在电压与电流的坐标平面上，线性电阻的伏安特性曲线是一条过原点的直线，如图 1-2-2（a）所示。由线性元件组成的电路称为线性电路。

非线性电阻的伏安特性是一条曲线，如图 1-2-2（b）所示。典型的非线性电阻元件如二极管，由非线性元件组成的电路称为非线性电路。

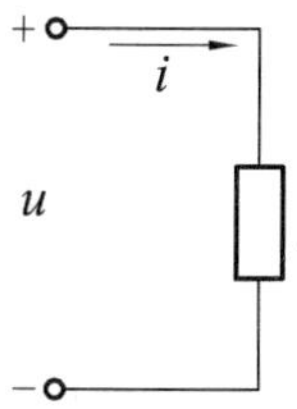

图 1-2-1　线性电阻的电路模型

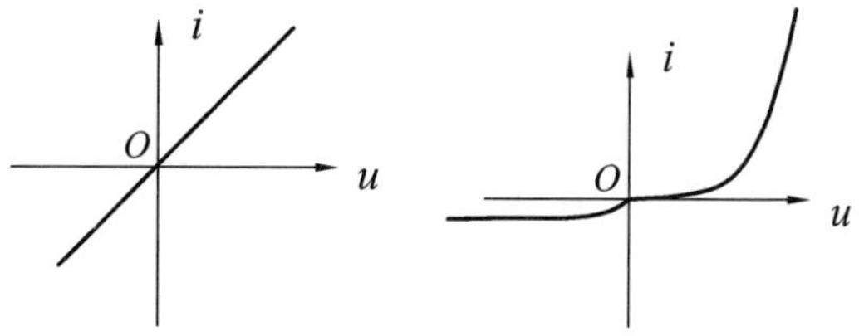

（a）线性电阻　　（b）非线性电阻

图 1-2-2　电阻的伏安特性曲线

3. 功率和电能

电阻元件在通电过程中要消耗电能，是一个耗能元件。电阻所吸收的功率为

$$p = ui = Ri^2 = \frac{u^2}{R}$$

则 t_1 到 t_2 的时间内，电阻元件吸收的能量为 W 全部转化为热能。

$$W = \int_{t_1}^{t_2} Ri^2 \mathrm{d}t$$

在直流电路中，

$$P = UI = RI^2 = \frac{U^2}{R}$$

$$W = PT$$

国际单位制（SI）中，电能的单位是焦[耳]（J）；生活中常用单位为千瓦·时（kW·h），简称为度。1 kW·h 是指功率为 1 kW 的电源（负载）在 1 h 内所输出（消耗）的电能，1 kW·h = 3.6 MJ。

例 1-2-1　有一个 40 W 的电阻性负载，接到 220 V 的电源上，求通过负载的电流和该负载的电阻。

解： 根据功率公式 $P = UI$ 得

$$I = \frac{P}{U} = \frac{40}{220} = 0.182\ (\mathrm{A})$$

根据功率公式 $P = \frac{U^2}{R}$ 得

$$R = \frac{U^2}{P} = \frac{220^2}{40} = 1\,210\ (\Omega)$$

例 1-2-2　在 220 V 的电源上，接一个电加热器，已知通过电加热器的电流是 3.5 A，问 4 小时内，该电加热器用了多少度电？

解： 电加热器的功率是

$$P = UI = 220\ \mathrm{V} \times 3.5\ \mathrm{A} = 770\ \mathrm{W} = 0.77\ \mathrm{kW}$$

4 小时中电加热器消耗的电能是

$$W = Pt = 0.77\ \text{kW} \times 4\ \text{h} = 3.08\ \text{kW} \cdot \text{h}$$

即该电加热器用了 3.08 度电。

1.2.2 电感元件和电容元件

1. 电感元件

电感元件是一种储能元件，电感元件的原始模型为导线绕成圆柱线圈，图 1-2-3 所示，指电感器（电感线圈）和各种变压器。在线性电路中，电感元件以电感量 L 表示。

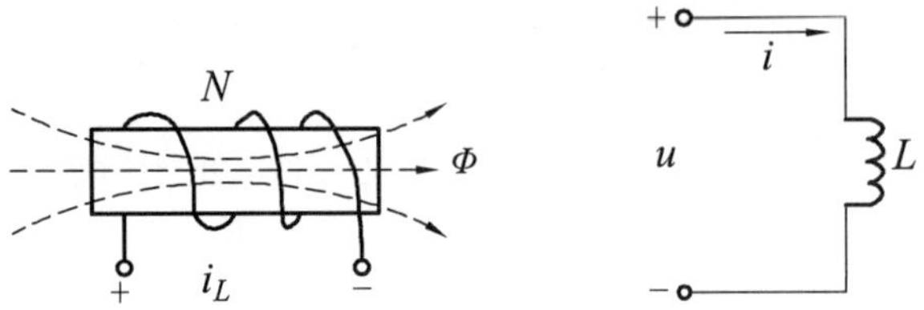

图 1-2-3 电感线圈及模型

线圈的匝数 N 与穿过线圈的磁通 Φ 之积为 $N\Phi$，称为磁链。电感元件的特性方程为

$$N\Phi = Li$$

式中，L 为元件的电感系数（简称电感），在国际单位制（SI）中，其单位为亨[利]（H），有时也用毫亨（mH）、微亨（μH），$1\ \text{mH} = 10^{-3}\text{H}$，$1\ \mu\text{H} = 10^{-6}\text{H}$；磁通 Φ 的单位是韦[伯]（Wb）。

当通过电感元件的电流发生变化时，电感元件中的磁通也发生变化，根据电磁感应定律，在线圈两端将产生感应电压，当电压与电流关联时，电感线圈两端产生的应电压为

$$u_L = L\frac{\mathrm{d}i}{\mathrm{d}t}$$

上式表示线性电感的电压 u_L 与电流 i 对时间 t 的变化率 $\frac{\mathrm{d}i}{\mathrm{d}t}$ 成正比。

在一定的时间内，电流变化越快，感应电压越大；电流变化越慢，感应电压越小；若电流变化为零（即直流电流），则感应电压为零，故电感元件在直流电路中相当于短路。

当流过电感元件的电流为 i 时，它所储存的能量为

$$W_L = \frac{1}{2}Li^2$$

从上式可以看出，电感元件在某一时的储能仅与当时的电流值有关。

2. 电容元件

电容元件是一种表征电路元件储存电荷特性的理想元件，其原始模型为由两块金属极板中间用绝缘介质隔开的平板电容器。在线性电路中，电容元件以电容量 C 表示。当在两极板上加上电压后，极板上分别积聚着等量的正负电荷，在两个极板之间产生电场。积聚的电荷越多，所形成的电场就越强，电容元件所储存的电场能也就越大。

电容元件的电路模型如图 1-2-4 所示。

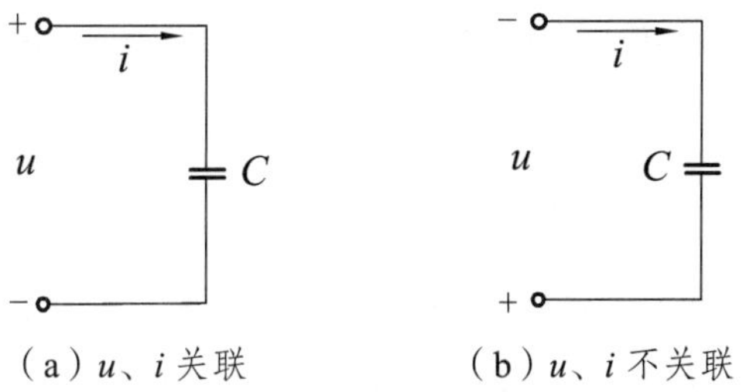

图 1-2-4　电容器电路模型

当电容为线性电容时，电容元件的特性方程为

$$q = Cu$$

式中，C 为元件的电容，在国际单位制（SI）中，其单位为法[拉]（F）。微法（μF）、纳法（nF）、皮法（pF）也作为电容的单位。

$$1\ \mu\text{F} = 10^{-6}\,\text{F},\ 1\ \text{nF} = 10^{-9}\,\text{F},\ 1\ \text{pf} = 10^{-12}\,\text{F}$$

可以看出，电容的电荷量是随电容的两端电压变化而变化的，由于电荷的变化，电容中就产生了电流，则

$$i = \frac{\mathrm{d}q}{\mathrm{d}t} = \frac{\mathrm{d}(Cu)}{\mathrm{d}t} = C\frac{\mathrm{d}u}{\mathrm{d}t}$$

上式表示线性电容的电流与端电压对时间的变化率成正比。

当 $\frac{\mathrm{d}u}{\mathrm{d}t} = 0$ 时，则 $i_C = 0$，说明电容元件的两端电压恒定不变，通过电容的电流为零，电容处于开路状态。故电容元件对直流电路来说相当于开路。

电容所储存的电场能为

$$W_C = \frac{1}{2}Cu^2$$

1.2.3　电压源和电流源

1. 理想电压源和理想电流源

1）理想电压源

理想电压源即内阻为零且两端的端电压值恒定不变（直流电压）的电源，如图 1-2-5（a）所示。它的特点是电压的大小取决于电压源本身的特性，与流过的电流无关，只与外部电路有关，由外部负载电阻决定。因此，它也被称为独立电压源。

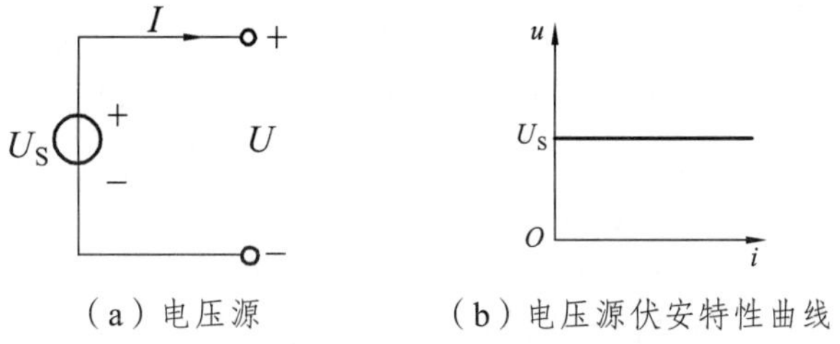

图 1-2-5　电压源及伏安特性曲线

电压为 U_S 的直流电压源的伏安特性曲线，是一条平行于横坐标的直线，如图 1-2-5（b）所示，其特性方程为

$$U = U_S$$

2）理想电流源

理想电流源即内阻为无限大、输出恒定电流 I_S 的电源，如图 1-2-6（a）所示。

理想电流源的特点是电流的大小取决于电流源本身的特性，与电源的端电压无关。端电压的大小与电流源外部电路有关，由外部负载电阻决定。因此，理想电流源也称为独立电流源。

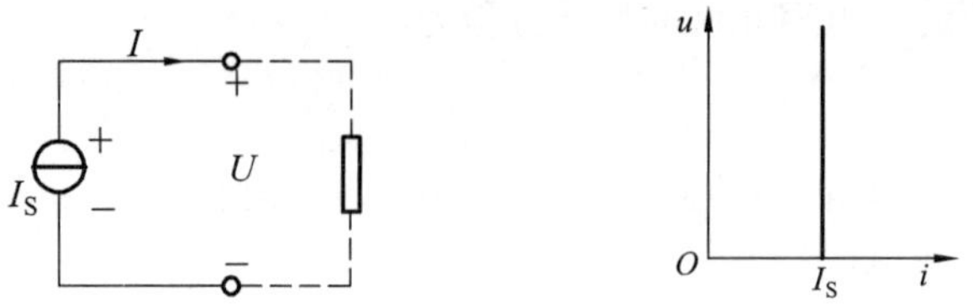

（a）电流源　　（b）电流源的伏安特性曲线

图 1-2-6　电流源及其伏安特性

电流为 I_S 的直流电流源的伏安特性曲线，是一条垂直于横坐标的直线，如图 1-2-6（b）所示，其特性方程为

$$I = I_S$$

2. 实际电压源和实际电流源

1）实际电压源

实际电压源可以用一个理想电压源 U_S 与一个理想电阻 r 串联组合成一个电路来表示，如图 1-2-7（a）所示。

特征方程　　$U = U_S - I \cdot r$

实际电压源的伏安特性曲线如图 1-2-7（b）所示,可见电源输出的电压随负载电流的增加而下降。

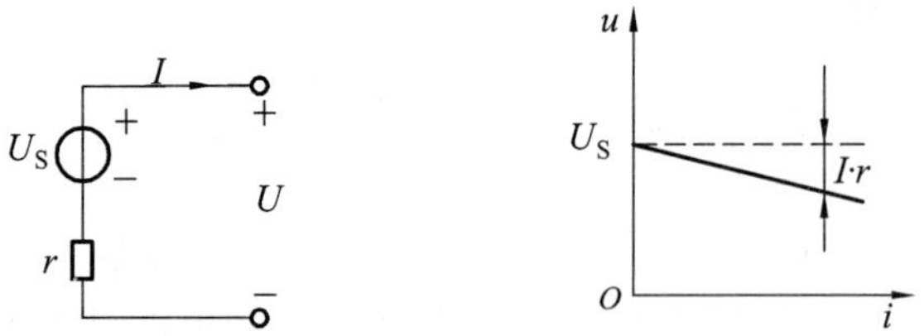

（a）实际电压源　　（b）实际电压源的伏安特性曲线

图 1-2-7　实际电压源模型

例 1-2-3　在图 1-2-7 所示的实际电压源模型中，设 $U_S = 20$ V，$r = 1\ \Omega$，外接电阻 $R = 4\ \Omega$，求电阻 R 上的电流 I。

解： 根据公式 $U = U_S - Ir = IR$ 得

$$I = \frac{U_S}{R + r} = \frac{20}{4+1} = 4\ (\text{A})$$

2）实际电流源

实际电流源可以用一个理想电流源 I_S 与一个理想电阻 r 并联组合成一个电路来表示，如图 1-2-8（a）所示。

（a）实际电流源　　（b）实际电流源的伏安特性曲线

图 1-2-8　实际电流源模型

例 1-2-4　在图 1-2-8 所示的实际电流源模型中，设 $I_S = 5$ A，$r = 1$ Ω，外接电阻 $R = 9$ Ω，求电阻 R 上的电压 U。

解：根据公式

$$I = I_S - \frac{U}{r} = \frac{U}{R}$$

则有

$$U = \frac{Rr}{R+r} I_S = \frac{1\times 9}{1+9} \times 5 = 4.5\ (\text{V})$$

3. 实际电压源和实际电流源的等效变换

1）理想电压源、电流源的串联和并联

在电路中经常会遇到电源的串联或并联。当 n 个电压源串联时，可以用一个电压源来等效替代，如图 1-2-9（a）所示，其等效电压源的电压

$$U_S = U_{S1} + U_{S2} + \cdots + U_{Sn}$$

当 n 个电流源并联时，则可以用一个电流源来等效替代，如图 1-2-9（b）所示，这个等效的电流源的电流

$$I_S = I_{S1} + I_{S2} + \cdots + I_{Sn}$$

图 1-2-9（a）中，若某个电压源方向改变，其符号也要由正变负，对电流源并联时也有类似的结论。

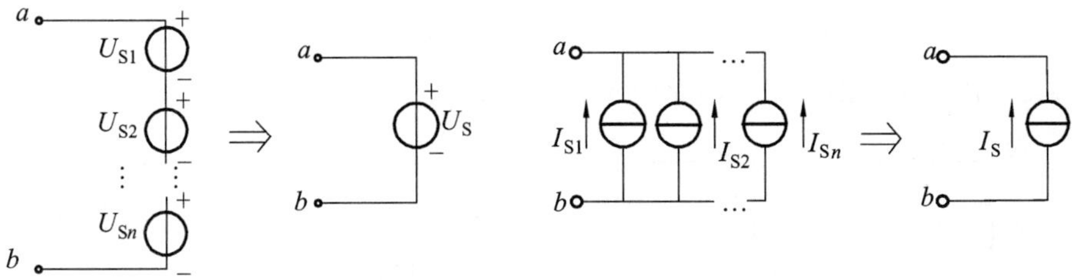

（a）　　（b）

图 1-2-9　电压源、电流源的串联和并联

注意：只有相同的电压源才允许并联，相同的电流源才允许串联，并需要注意参考方向。

2）实际电压源模型与实际电流源模型等效变换

在某些情况下，实际电源适宜用实际电压源的模型表示，另一些情况下则适宜用实际电流源的模型表示。对于外电路来说，只要电源的外特性一样，用哪一种模型来表示，所起的作用

都是一样的。这就是说，实际电源既可以用电压源模型表示，也可以用电流源模型表示。实际电压源、实际电流源两种模型可以进行等效变换，所谓的等效是指端口的电压、电流在转换过程中保持不变。

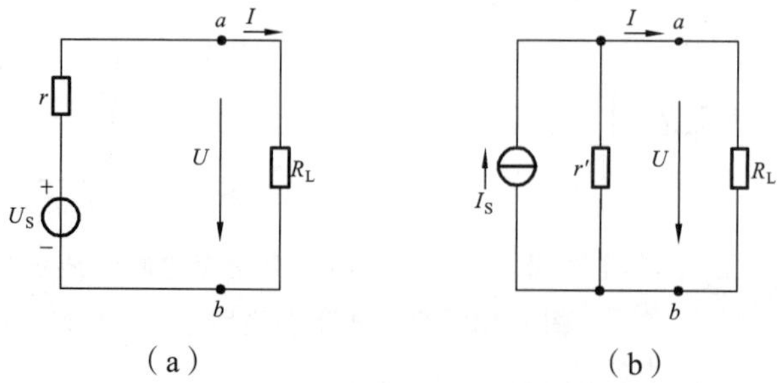

图 1-2-10　电压源模型与电流源模型等效变换

图 1-2-10（a）中，电压源的外特性为 $U=U_S-Ir$，即

$$I=\frac{U_S}{r}-\frac{U}{r}$$

图 1-2-10（b）中，电流源的外特性为

$$U=I_S r'-Ir'$$

根据等效的要求，只要满足 $U_S=I_S r'$以及 $r'=r$，则图 1-2-10 所示的两个外电路的特性就完全相同，即它们对外电路是等效的，两者可以互相置换。因此，当已知电压源的 U_S 和 r 时，可将其等效为 $I_S=\frac{U_S}{r}$ 和 $r'=r$ 的电流源；反之，已知电流源的 I_S 和 r'时，也可以用 $U_S=I_S\cdot r'$和 $r=r'$的电压源来等效。

由电压源变换为电流源的条件为

$$I_S=\frac{U_S}{r},\quad r'=r$$

由电流源变换为电压源的条件为

$$U_S=r'I_S,\quad r=r'$$

例 1-2-5　作出图 1-2-11 所示电路的等效电源图。

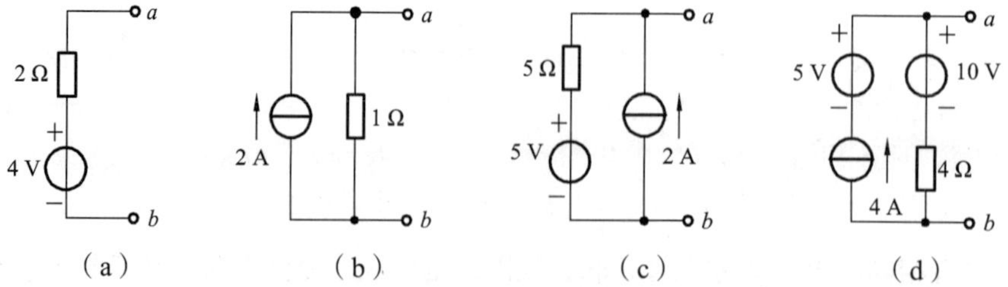

图 1-2-11　例 1-2-5 电路图

解：等效电路如图 1-2-12 所示。

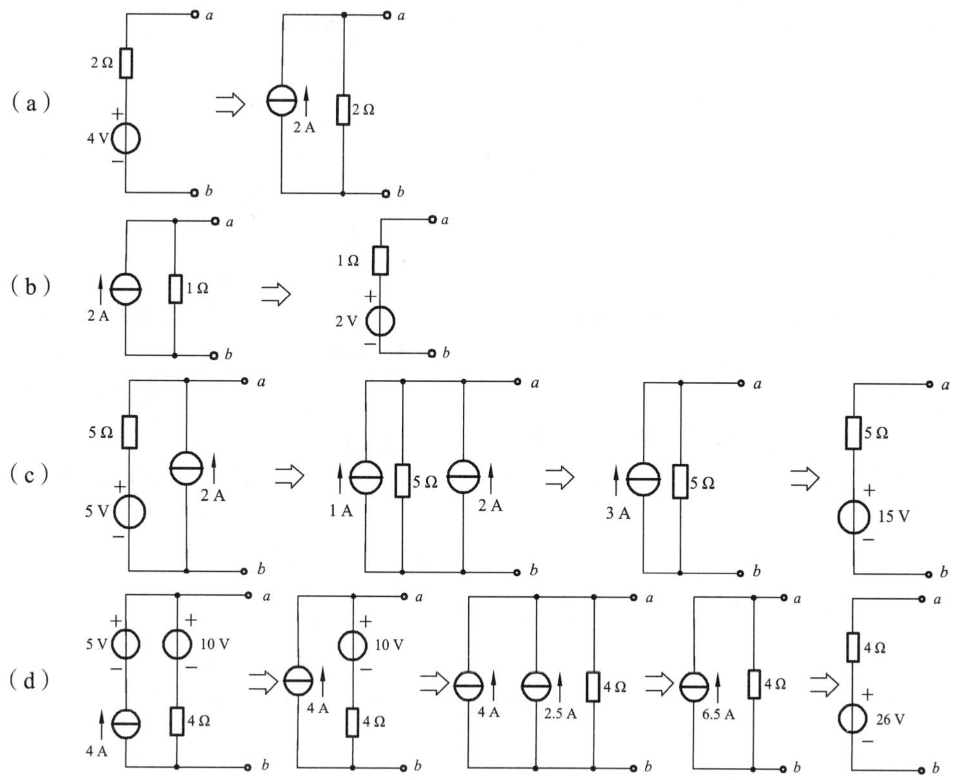

图 1-2-12

小　结

1. 电路元件如电阻、电容、电感、电压源和电流源，了解每个元件的伏安特性。

2. 理想的电压源和电流源是两种不同性质的电源，但是实际电压源和实际电流源都是向负载提供电源，对负载来说，在一定的条件下可以等效。

3. 理想电压源可以串联使用，完全相同的电压源允许并联使用；理想的电流源可以并联使用，完全相同的电流源才允许串联使用。

4. 实际电压源是理想电压源与电阻的串联，实际电流源是理想电流源与电阻的并联。

自测练习题

一、判断题

1. 一根粗细均匀的电阻丝，其阻值为 4 Ω，将其分成两段，再并联使用，等效电阻是 2 Ω。（　　）

2. 从耗能的观点来讲，电阻元件为耗能元件，电感和电容元件为储能元件。（　　）

3. 理想电流源输出恒定的电流，其输出端电压由内电阻决定。（　　）

4. 电流源 $I_S = 5$ A、$R_S = 1$ Ω，可以与 $U_S = 5$ V，$R_0 = 1$ Ω 的电压源进行等效变换。（　　）

5. 电源永远都是向电路提供能量的。（　　）

6. 电容接在正弦交流电源上，电源频率越高，电容的容抗越大。（　　）

7. 将 4 个 10 μF 电容并联，刚并联以后的等效容量为 40 μF。（　　）。

8. 电感 L 是元件的固有参数，则感抗是不随频率而改变的量。(　　)

二、选择题

1. 当电流源开路时，该电流源内部(　　)。

A. 有电流，有功率损耗　　B. 无电流，无功率损耗　　C. 有电流，无功率损耗。

2. 某电阻元件的额定数据为“1 kΩ、2.5 W”，正常使用时允许流过的最大电流为(　　)。

A. 50 mA　　B. 2.5 mA　　C. 250 mA

3. 某涤纶电容容量由数字标出为“103”，则电容量为(　　)。

A. 0.01 μF　　B. 1000 pF　　C. 0.1 μF　　D. 10 000 μF

4. 图 1-2-13 所示电路中，其简化后等效电压源的参数为(　　)。

A. 1 V　2 Ω　　B. 3V　2 Ω　　C. 5 V　2 Ω　　D. 6 V　2 Ω

5. 图 1-2-14 所示有源二端网络的等效电压源参数为(　　)。

A. 6 V，2 Ω　　B. 10V，2 Ω　　C. 12 V，2 Ω　　D. 14 V，2 Ω

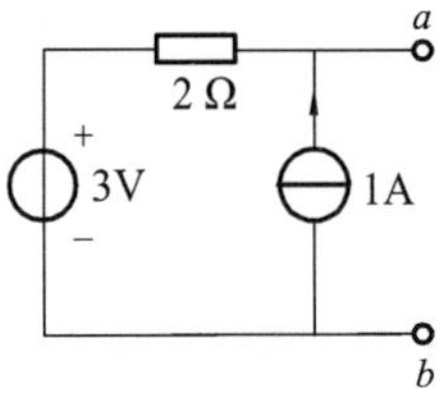

图 1-2-13

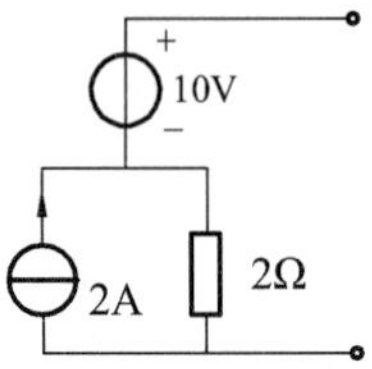

图 1-2-14

6. 下列规格的电灯泡中，电阻最大的是(　　)。

A. 40 W、220 V　　B. 60 W、220 V　　C. 100 W、220 V　　D. 200 W、220 V

习　题

1. 应用等效电源的变换，化简图 1-2-15 所示的各电路。

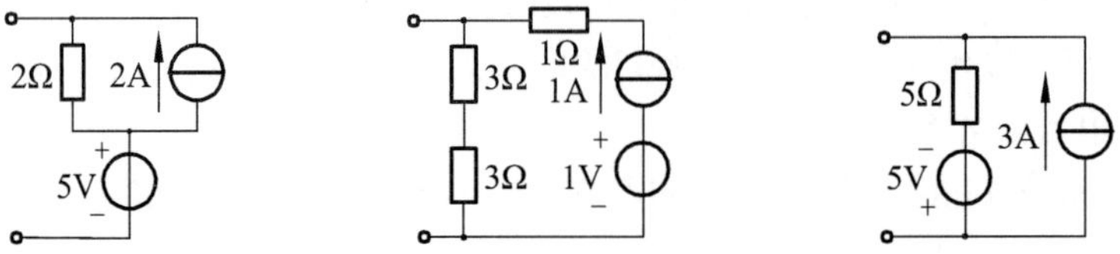

(a)　　(b)　　(c)

图 1-2-15

2. 求图 1-2-16 所示电路中 a、b 端的等效电路

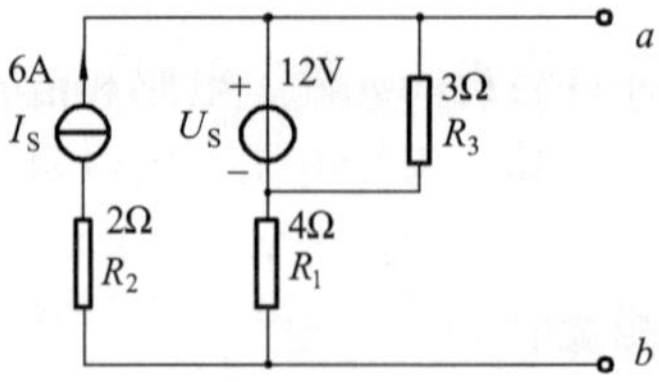

图 1-2-16

任务 3　电阻的串联、并联与混联

1.3.1　电阻的串联

在电路中，若干个电阻元件依次相连，这种连接方式称为串联。图 1-3-1 给出了三个电阻的串联电路。

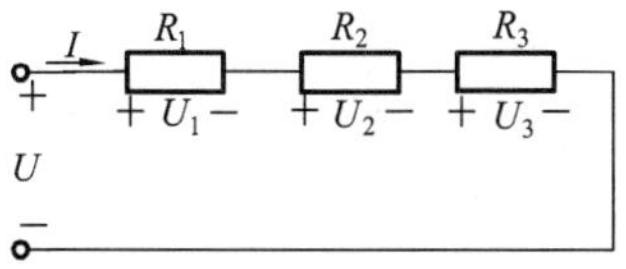

（a）电阻的串联

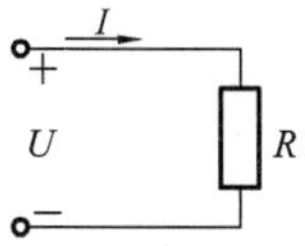

（b）等效电路

图 1-3-1　电阻的串联

电阻串联时有以下几个特点：

① 通过各电阻的电流相等。

② 总电压等于各电阻上电压之和，即

$$U = U_1 + U_2 + U_3$$

③ 等效电阻（总电阻）等于各电阻之和，即

$$R = R_1 + R_2 + R_3$$

所谓等效电阻是指如果用一个电阻 R 代替串联的所有电阻接到同一电源上，电路中的电流是相同的。

④ 各电阻两端的电压与电阻的大小成正比。

在直流电路中，常用电阻的串联来达到分压的目的。各串联电阻两端的电压与总电压间的关系为

$$\begin{cases} U_1 = R_1 I = \dfrac{R_1}{R} U \\ U_2 = R_2 I = \dfrac{R_2}{R} U \\ U_3 = R_3 I = \dfrac{R_3}{R} U \end{cases}$$

式中 $\dfrac{R_1}{R}$、$\dfrac{R_2}{R}$、$\dfrac{R_3}{R}$ 称为分压系数，由分压系数可以直接求得各串联电阻两端的电压。

由式可知

$$U_1 : U_2 : U_3 = R_1 : R_2 : R_3$$

即电阻串联时，各电阻两端的电压与电阻的大小成正比。

⑤ 各电阻消耗的功率与电阻成正比，即

$$P_1 : P_2 : P_3 = R_1 : R_2 : R_3$$

例 1-3-1　多量程直流电压表是由表头、分压电阻和多位开关连接而成的，如图 1-3-2 所示。如果表头满偏电流 $I_g = 100\ \mu A$，表头电阻 $R_g = 1\ 000\ \Omega$，现在要制成量程为 10 V、50 V、100 V 的三量程电压表，试确定分压电阻值。

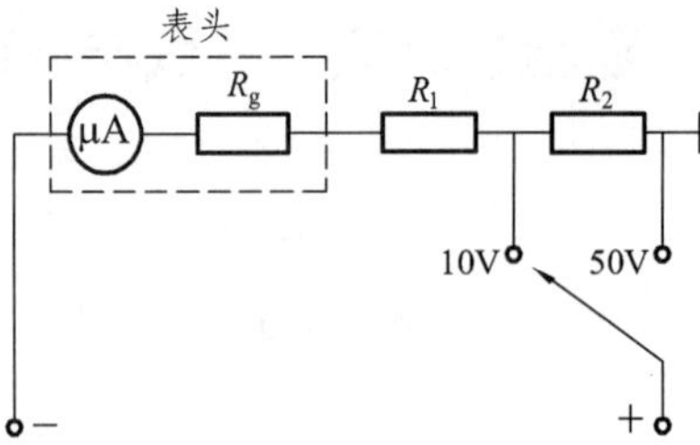

图 1-3-2　例 1-3-1 图

解： 当 $I_g = 100$ μA 流过表头时，表头两端的电压

$$U_g = R_g I_g = 1000 \times 100 \times 10^{-6} = 0.1\ (\mathrm{V})$$

当量程 $U_1 = 10$ V 时，串联电阻 R_1，此时有

$$\frac{U_1}{U_g} = \frac{R_1 + R_g}{R_g},\quad \frac{10}{0.1} = \frac{R_1 + 1000}{1000}$$

得　　　　　　　$R_1 = 99$（kΩ）

当量程 $U_2 = 50$ V 时，串联电阻 R_2，此时有

$$\frac{U_2}{U_1} = \frac{R_2 + (R_g + R_1)}{(R_g + R_1)},\quad \frac{50}{10} = \frac{R_1 + 100}{100}$$

得　　　　　　　$R_2 = 400$（kΩ）

当量程 $U_3 = 100$ V 时，串联电阻 R_3，用上述方法可得 $R_3 = 500$ kΩ。

1.3.2　电阻的并联

在电路中，若干个电阻一端连在一起，另一端也连在一起，使电阻所承受的电压相同，这种连接方式称为电阻的并联。图 1-3-3 所示为三个电阻的并联电路。

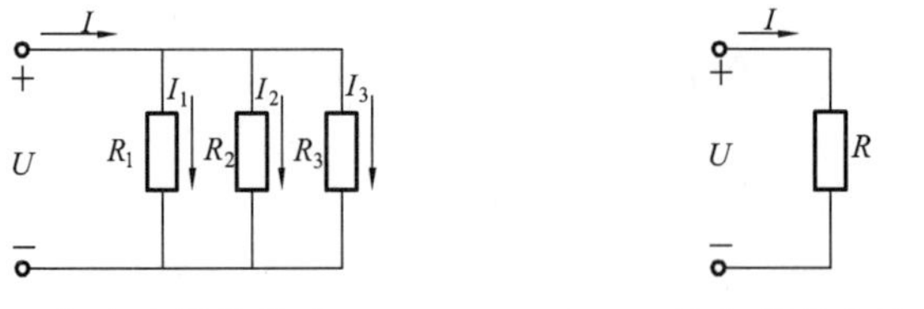

（a）电阻的并联　　　　（b）等效电路

图 1-3-3　电路的并联

电阻并联时有以下几个特点：

① 各并联电阻两端的电压相等。

② 总电流等于各电阻支路的电流之和，即

$$I = I_1 + I_2 + I_3$$

③ 等效电阻 R 的倒数等于各并联电阻倒数之和，即

$$\frac{1}{R} = \frac{1}{R_1} + \frac{1}{R_2} + \frac{1}{R_3}$$

对于只有两个电阻 R_1 及 R_2 并联的，则等效电阻为

$$R = \frac{R_1 R_2}{R_1 + R_2}$$

④ 各电阻支路的电流与电阻的大小成反比。

在电路中，常用电阻的并联来达到分流的目的。

$$I_1 : I_2 : I_3 = \frac{1}{R_1} : \frac{1}{R_2} : \frac{1}{R_3}$$

即电阻并联时，各电阻支路的电流与电阻的大小成反比。也就是说电阻越大，分流作用就越小。

当两个电阻并联时

$$I_1 = \frac{R_2}{R_1 + R_2} I, \quad I_2 = \frac{R_1}{R_1 + R_2} I$$

⑤ 各电阻消耗的功率与电阻成反比，即

$$P_1 : P_2 : P_3 = \frac{1}{R_1} : \frac{1}{R_2} : \frac{1}{R_3}$$

例 1-3-2 将例 1-3-1 的表头制成量程为 10 mA 的电流表。

解： 要将表头改制成量程较大的电流表，可将电阻 R_F 与表头并联，如图 1-3-4 所示。

并联电阻 R_F 支路的电流 I_F 为

$$I_F = I - I_g = 10 \times 10^{-3} - 100 \times 10^{-6} = 9.9 \times 10^{-3}\,(\mathrm{A}) = 9.9\ (\mathrm{mA})$$

因为 $$I_F R_F = I_g R_g$$

所以 $$R_F = \frac{I_g R_g}{I_F} = \frac{100 \times 10^{-6}}{9.9 \times 10^{-3}} \times 1000 = 10.1\ (\Omega)$$

即用一个 10.1 Ω的电阻与该表头并联，即可得到一个量程为 10 mA 的电流表。

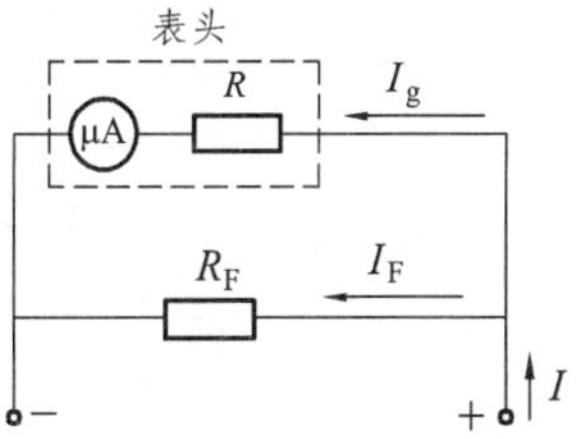

图 1-3-4 例 1-3-2 电路图

1.3.3 电阻的混联

实际应用中经常会遇到既有电阻串联又有电阻并联的电路，称为电阻的混联电路。如图 1-3-5 所示，R_3 与 R_4 串联，然后与 R_2 并联，再与 R_1 串联，其等效电阻为

$$R = R_1 + R_2 // (R_3 + R_4)$$ 符号“//”表示并联

则 $$I = I_1 = \frac{U}{R}$$

$$I_2 = \frac{R_3 + R_4}{R_2 + R_3 + R_4} I$$

$$I_3 = \frac{R_2}{R_2 + R_3 + R_4} I$$

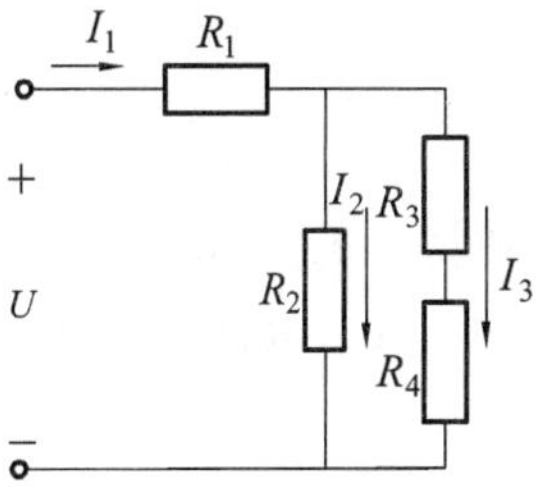

图 1-3-5 电阻的混联

求解电阻的混联电路时，可以用串、并联公式化简，具体方法是：

（1）正确判断电阻的连接关系。串联电路所有电阻流过同一电流，并联电路所有电阻承受同一电压。

（2）将所有无阻导线连接点看作同一节点。

（3）采用逐步化简的方法，按照顺序简化电路，最后计算出等效电阻。

（4）对复杂电路，在不改变电路连接关系的前提下，可根据需要改画电路，以便更清楚地表示出各电阻的串、并联关系。

（5）对于等电位点之间的电阻支路，必然没有电流通过，所以既可将它看作开路，也可看作短路。

例 1-3-3 求如图 1-3-6 所示电路中的 R_{ab}。

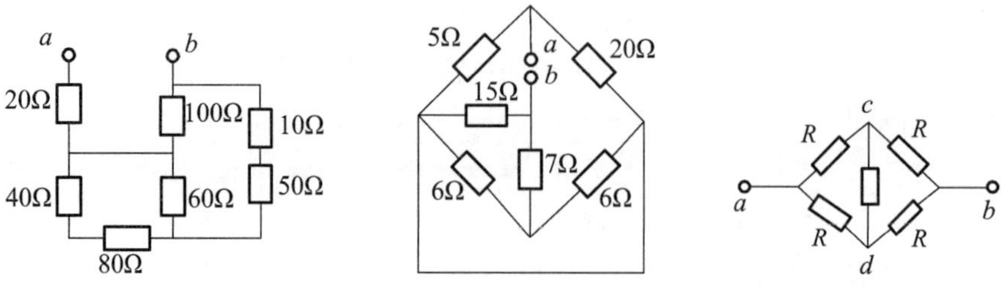

（a）　　　　（b）　　　　（c）

图 1-3-6　例 1-3-3 电路图

解：（a）电路可以作如图 1-3-7 所示的变换。

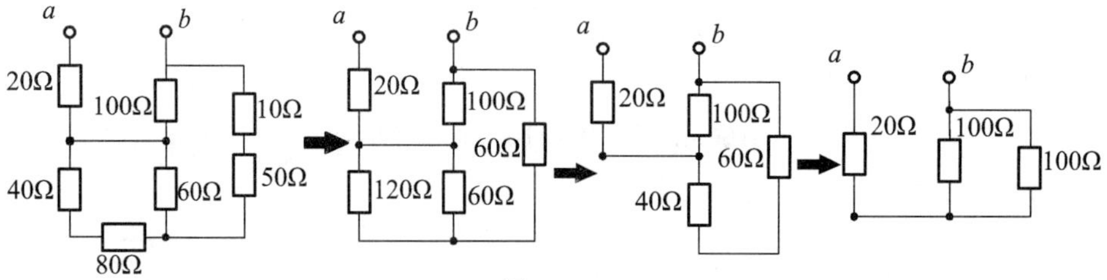

图 1-3-7

解得：$R_{ab} = 70\ \Omega$

（b）电路可以作如图 1-3-8 所示的变换。

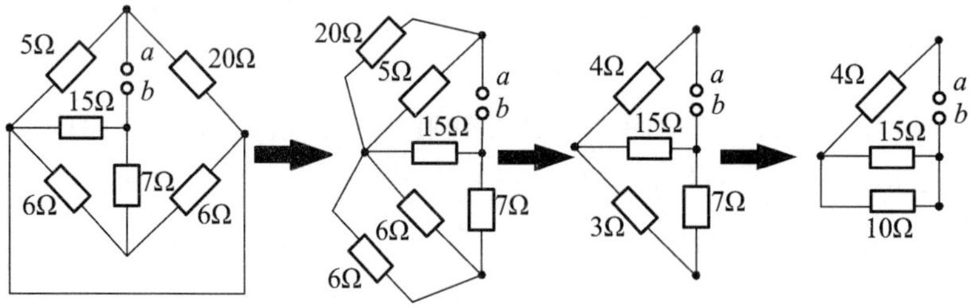

图 1-3-8

解得：$R_{ab} = 10\ \Omega$

（c）电路可以做如图 1-3-9 或者 1-3-10 所示的变换。

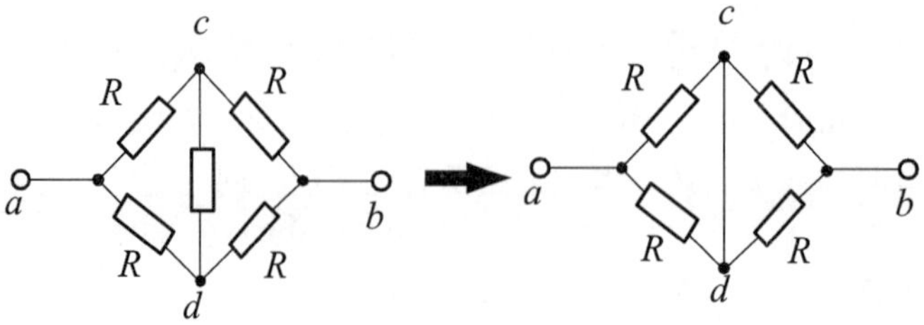

图 1-3-9

解得：$R_{ab}=R$

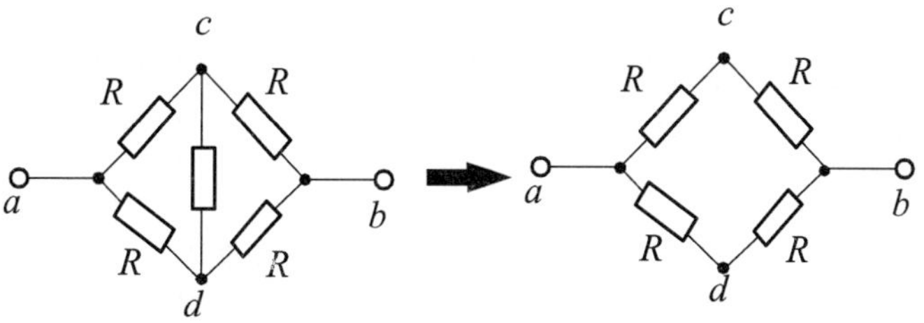

图 1-3-10

解得：$R_{ab}=R$

小　结

1. 电阻的连接方式有串联、并联和串并联混合的混联形式。

2. 串联电阻电路处处电流相同，每个电阻上的电压之和等于两端总的电压；并联电阻电路中各个电阻的端电压与总电压相等，流过每个电阻的电流的总和等于端电流。通常，串联电阻用以分压，并联电阻用以分流。

自测练习题

一、判断题

1. 在直流电路中，可以通过电阻的串联达到分压的目的，电阻越大，分到的电压越大。(　　)

2. 在直流电路中，可以通过电阻的并联达到分流的目的，电阻越大，分到的电流越大。(　　)

3. 四个 10 Ω的电阻并联，总电阻是 40 Ω。(　　)

二、选择题

1. 如图 1-3-11 所示 *AB* 间等效电阻为（　　）。

A. 6 Ω　　B. 4 Ω　　C. 2.4 Ω　　D. 10 Ω

2. 如图 1-3-12 所示 AB 间等效电阻为（　　）。

A. 9 Ω　　B. 7 Ω　　C. 5.4 Ω　　D. 13 Ω

3. 电路如图 1-3-13 所示，根据工程近似的观点，*a*、*b* 两点间的电阻值约等于（　　）。

A. 1 kΩ　　B. 101 kΩ　　C. 200 kΩ　　D. 201 kΩ

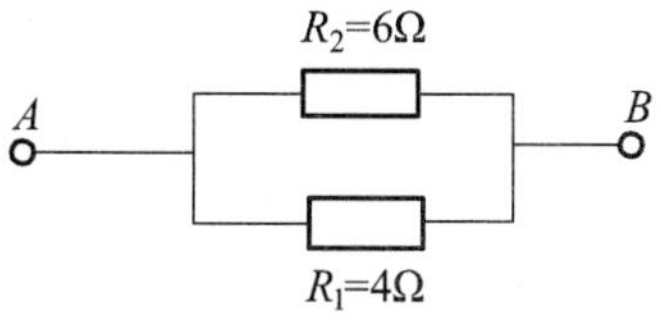

图 1-3-11

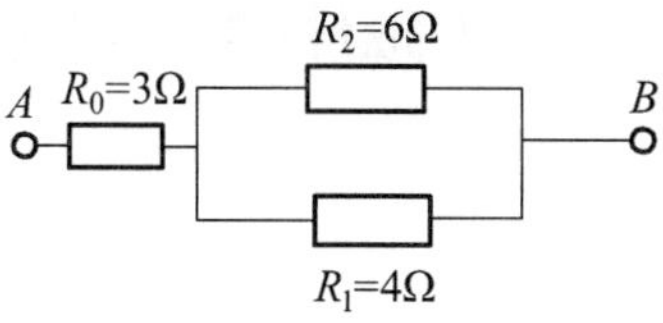

图 1-3-12

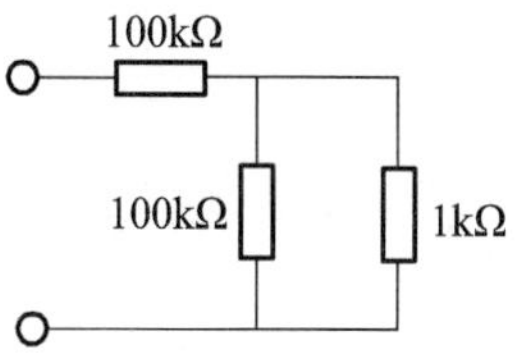

图 1-3-13

4. 电路如图 1-3-14 所示，电路 *ab* 间的等效电阻 R_{ab} =（　　）。

A. 1 Ω　　B. 2 Ω　　C. 3 Ω　　D. 4 Ω

5. 电路如图 1-3-15 所示，电路 *ab* 间的等效电阻 R_{ab} =（　　）。

A. 4 Ω　　B. 5 Ω　　C. 8 Ω　　D. 10 Ω

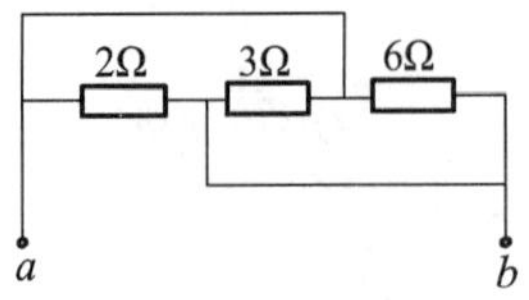

图 1-3-14

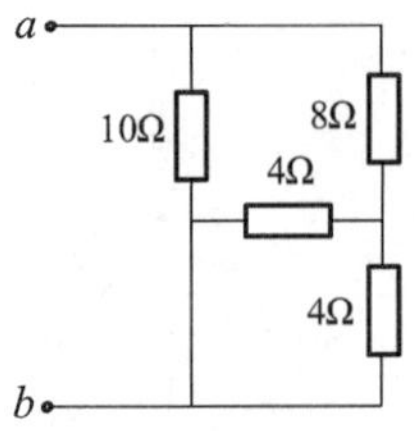

图 1-3-15

6. 电路如图 1-3-16 所示，电路 ab 间的等效电阻 $R_{ab}=$（　　）。

A. 4 Ω　　B. 5 Ω　　C. 7 Ω　　D. 20 Ω

7. 电路如图 1-3-17 所示，电路 ab 间的等效电阻 $R_{ab}=$（　　）。

A. 20 Ω　　B. 40 Ω　　C. 30 Ω　　D. 60 Ω

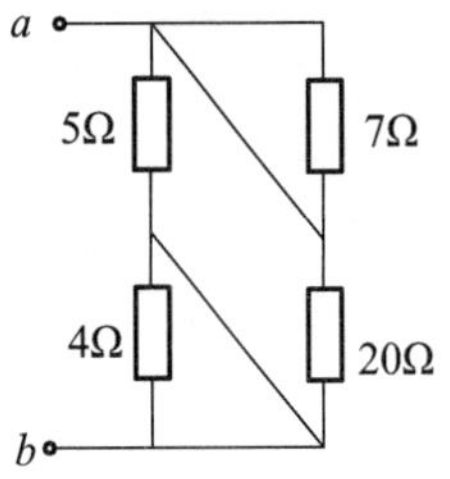

图 1-3-16

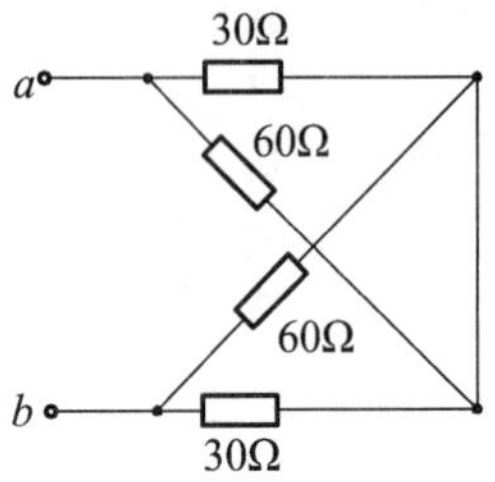

图 1-3-17

习　题

1. 已知电路如图 1-3-18 所示，试计算 a、b 两端的电阻。

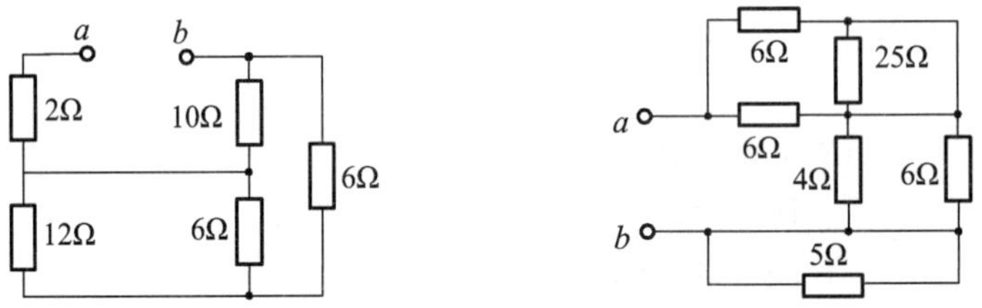

（a）　　（b）

图 1-3-18

任务 4　电路基本定律及其应用

1.4.1　基尔霍夫定律

1. 几个相关的电路名词

（1）支路：电路中通过同一个电流的每一个分支。如图 1-4-1 中有三条支路，分别是 BAF、BCD 和 BE。

（2）节点：电路中三条或三条以上支路的连接点。如图 1-4-1 中 B、E（F、D）为两个节点。

（3）回路：电路中的任一闭合路径。如图 1-4-1 中有三个回路，分别是 *ABEFA*、*BCDEB*、*ABCDEFA*。

（4）网孔：内部不含支路的回路。如图 1-4-1 中 *ABEFA* 和 *BCDEB* 都是网孔，而 *ABCDEFA* 则不是网孔。

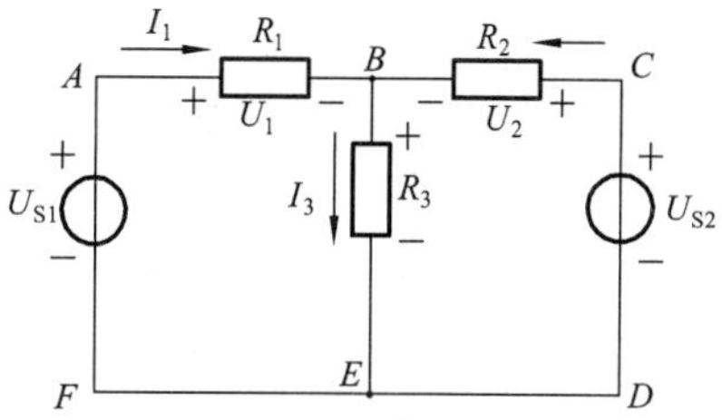

图 1-4-1　复杂电路

2. 基尔霍夫电流定律（KCL）

基尔霍夫电流定律：任一时刻，流入电路中任一节点的电流之和等于流出该节点的电流之和。基尔霍夫电流定律简称 KCL，反映了节点处各支路电流之间的关系，体现了电流的连续性。

在图 1-4-1 所示电路中，对于节点 *B* 可以写出

$$I_1+I_2=I_3$$

或改写为

$$I_1+I_2-I_3=0$$

即

$$\sum I=0$$

由此，基尔霍夫电流定律也可以表述为：任一时刻，流入电路中任一节点的电流的代数和恒等于零。

基尔霍夫电流定律不仅适用于节点，也可以推广应用到包围几个节点的闭合面（也称广义节点）。如图 1-4-2 所示的电路中，可以把三角形 *ABC* 看作广义的节点，用 KCL 可列出

$$I_A+I_B+I_C=0$$

即

$$\sum I=0$$

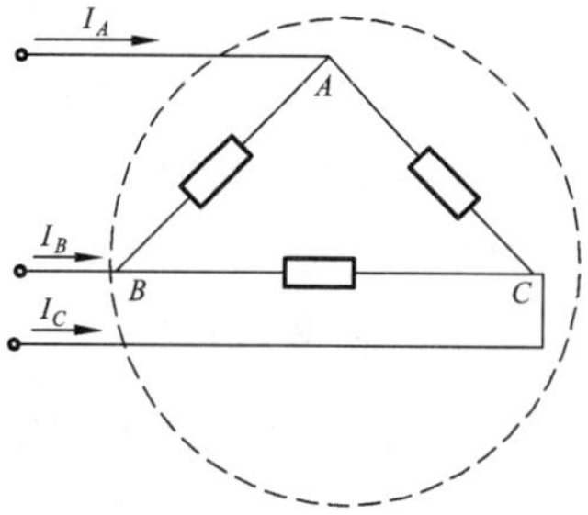

图 1-4-2　KCL 的推广

可见，在任一时刻，流过任一闭合面的电流的代数和恒等于零。

例 1-4-1　电路如图 1-4-3 所示，电流的参考方向已标明。若已知 $I_1=2$ A，$I_2=-4$ A，$I_3=-8$ A，试求 I_4。

解：根据 KCL 可得

$$I_1-I_2+I_3-I_4=0$$

即

$$I_4=I_1-I_2+I_3$$
$$=2-(-4)+(-8)=-2(\text{A})$$

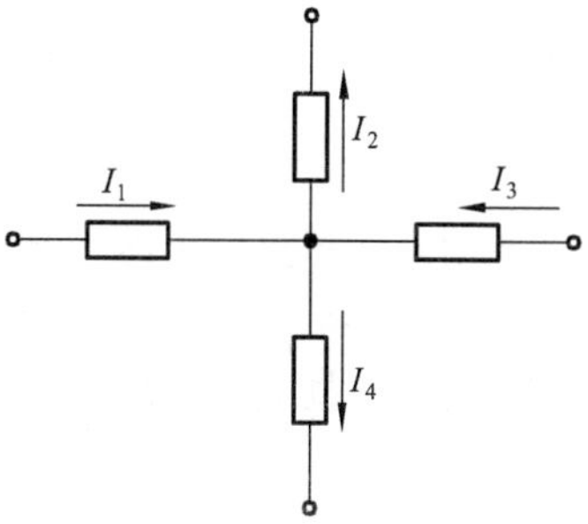

图 1-4-3　例 1-4-1 图

3. 基尔霍夫电压定律（KVL）

基尔霍夫电压定律：在任何时刻，沿电路中任一闭合回路，各段电压的代数和恒等于零。基尔霍夫电压定律简称 KVL，其一般表达式为

$$\sum U=0$$

应用上式列电压方程时，首先要假定回路的绕行方向，然后选择各部分电压的参考方向，凡参考方向与回路绕行方向一致者，该电压前取正号；凡参考方向与回路绕行方向相反者，该电压前取负号。

在图 1-4-1 中，对于回路 *ABCDEFA*，若按顺时针绕行方向，根据 KVL 可得

$$U_1 - U_2 + U_{S2} - U_{S1} = 0$$

上式表示，沿回路绕行方向，各电阻电压降的代数和等于各电源电动势升的代数和。

基尔霍夫电压定律不仅应用于回路，也可以推广应用于一段不闭合电路。如图 1-4-4 所示电路中，A、B 两端未闭合，若设 A、B 两点之间的电压为 U_{AB}，按逆时针绕行方向可得

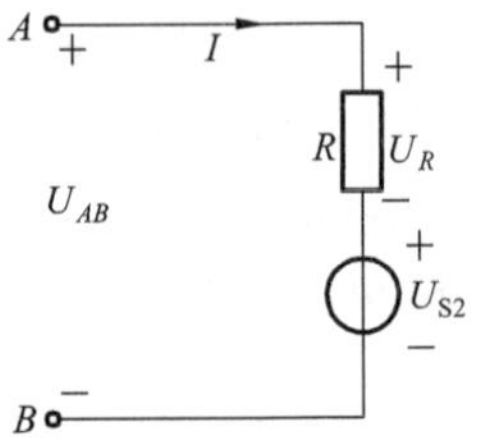

图 1-4-4　KVL 的推广

$$U_{AB} - U_S - U_R = 0$$

则
$$U_{AB} = U_S + RI$$

上式表明，开口电路两端的电压等于该两端点之间各段电压降之和。

例 1-4-2　求图 1-4-5 所示电路中 10 Ω电阻及电流源的端电压。

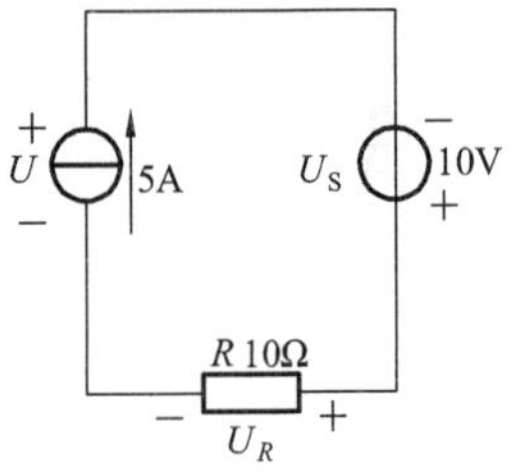

图 1-4-5　例 1-4-2 图

解：按图示方向得

$$U_R = 5 \times 10 = 50\ (\text{V})$$

按顺时针绕行方向，根据 KVL 得

$$-U_S + U_R - U = 0$$
$$\Rightarrow U = -U_S + U_R = -10 + 50 = 40\ (\text{V})$$

例 1-4-3　在图 1-4-6 中，已知 $R_1 = 4\ \Omega$，$R_2 = 6\ \Omega$，$U_{S1} = 10\ \text{V}$，$U_{S2} = 20\text{V}$，试求 U_{AC}。

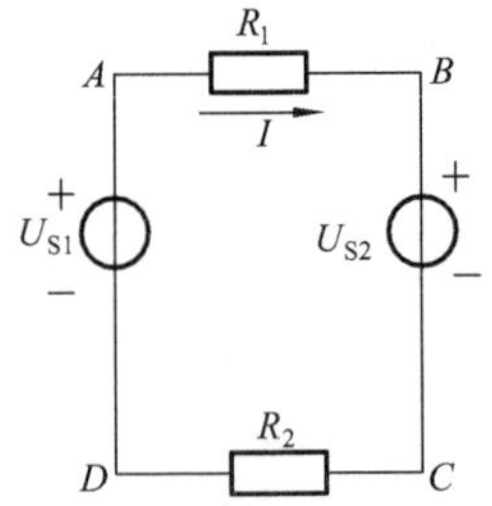

图 1-4-6　例 1-4-3 图

解：由 KVL 得

$$IR_1 + U_{S2} + IR_2 - U_{S1} = 0$$
$$I = \frac{U_{S1} - U_{S2}}{R_1 + R_2} = \frac{-10}{10} = -1\ (\text{A})$$

由 KVL 的推广形式得

$$U_{AC} = IR_1 + U_{S2} = -4 + 20 = 16\ (\text{V})$$

或

$$U_{AC} = U_{S1} - IR_2 = 10 - (-6) = 16\ (\text{V})$$

由本例可见，电路中某段电压和路径无关。因此，计算时应尽量选择较短的路径。

例 1-4-4　求图 1-4-7 所示电路中的 U_2、I_2、R_1、R_2 及 U_S。

解：根据欧姆定律可得

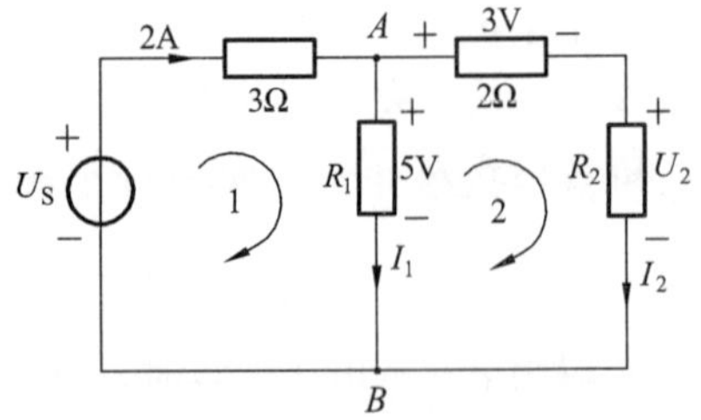

图 1-4-7　例 1-4-4 图

$$I_2 = \frac{3}{2} = 1.5\ (\text{A})$$

对回路 2，根据 KVL 可得

$$U_2 - 5 + 3 = 0$$
$$\Rightarrow U_2 = 2\ (\text{V})$$
$$R_2 = \frac{U_2}{I_2} = \frac{2}{1.5} = 1.33\ (\Omega)$$

对节点 A，由 KCL 可得

$$I_1+I_2=2$$
$$\Rightarrow I_1=2-1.5=0.5\ (\text{A})$$
$$R_1=\frac{5}{0.5}=10\ (\Omega)$$

对回路 1，由 KVL 可得

$$3\times2+5-U_S=0$$
$$\Rightarrow U_S=11\ (\text{V})$$

4. 支路电流法

支路电流法是最基本的分析方法。它是以支路电流为求解对象，应用基尔霍夫电流定律和基尔霍夫电压定律分别对节点和回路列出所需要的方程组，然后再解出各未知的支路电流。

支路电流法求解电路的步骤为：

① 标出支路电流参考方向和回路绕行方向；

② 根据 KCL 列写节点的电流方程式；

③ 根据 KVL 列写网孔回路的电压方程式；

④ 解联列方程组，求取未知量。

例 1-4-5 如图 1-4-8 所示，为两台发电机并联运行共同向负载 R_L 供电。已知 $E_1=130$ V，$E_2=117$ V，$R_1=1\ \Omega$，$R_2=0.6\ \Omega$，$R_L=24\ \Omega$，求各支路的电流及发电机两端的电压。

解：① 选各支路电流参考方向如图 1-4-8 所示，回路绕行方向均为顺时针方向。

② 列写 KCL 方程：

节点 A：　　$I_1+I_2=I$

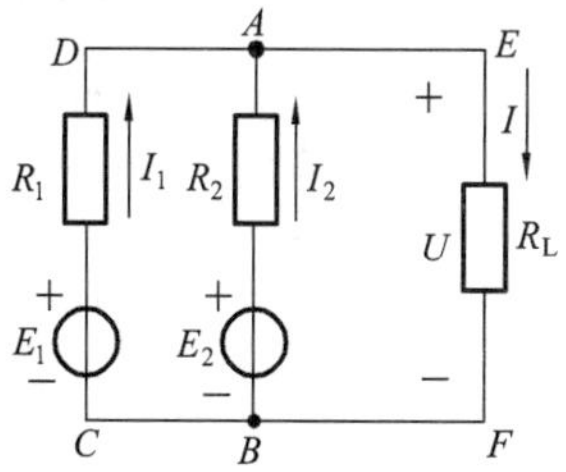

图 1-4-8　例 1-4-5 图

③ 列写 KVL 方程：

ABCDA 回路：　　$E_1-E_2=R_1I_1-R_2I_2$

AEFBA 回路：　　$E_2=R_2I_2+R_LI$

其基尔霍夫定律方程组为

$$\begin{cases}I_1+I_2=I\\E_1-E_2=R_1I_1-R_2I_2\\E_2=R_2I_2+R_LI\end{cases}$$

将数据代入各式后得

$$\begin{cases}I_1+I_2=I\\130-117=I_1-0.6I_2\\117=0.6I_2+24I\end{cases}$$

解此联立方程得

$$I_1=10\ \text{A}\,,\qquad I_2=-5\ \text{A}\,,\qquad I=5\ \text{A}$$

所以电机两端电压 U 为

$$U=R_LI=24\times5=120\ (\text{V})$$

1.4.2 戴维南定理

1. 戴维南定理

戴维南定理指出：任何一个线性有源二端网络，对外电路来说，总可以用一个电压源与电阻串联的模型来替代。电压源的电压等于该有源二端网络的开路电压U_{OC}，其电阻则等于该有源二端网络中所有电压源短路、电流源开路后的等效电阻R_{eq}。

戴维南定理可用图 1-4-9 所示框图表示。图（a）中有源二端网络 A 可以单独分离出来做戴维南定理的变换，即用一个电压源串电阻支路来等效；图（b）中将外电路开路，计算有源二端网络的开路电压，即是等效电压源的值；图（c）中将有源二端网络 A 中的电源去掉，即电压源短路、电流源开路，计算从输出端看进去的等效电阻，作为等效电源的内阻；图（d）中用等效电源接回外电路进行计算。

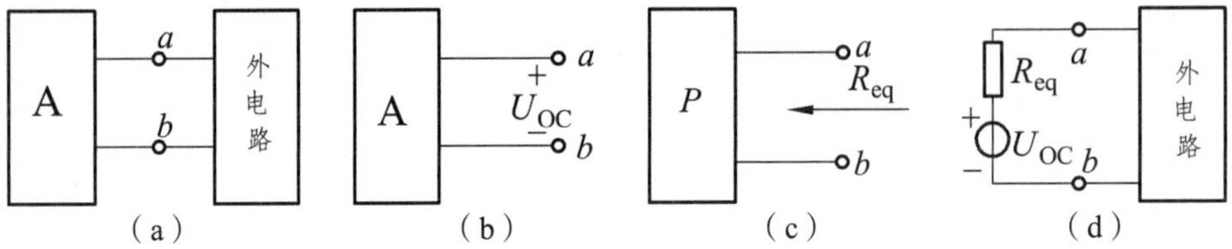

图 1-4-9　戴维南定理

2. 戴维南定理的应用

1）将复杂的有源二端网络化为最简形式

例 1-4-6　用戴维南定理化简图 1-4-10（a）所示电路。

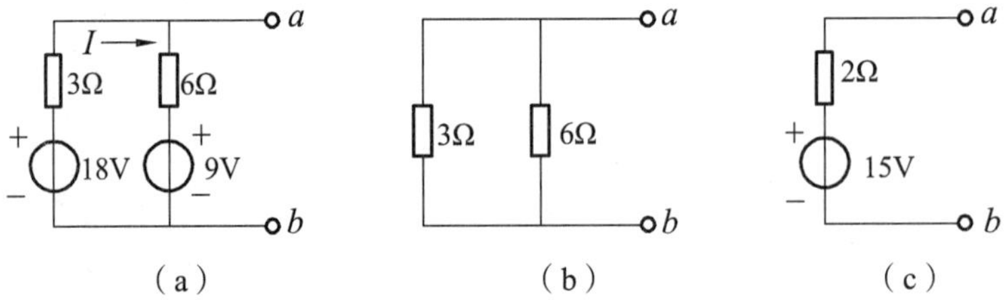

图 1-4-10　例 1-4-6 图

解：（1）求开路端电压U_{OC}。

在图 1-4-10（a）所示电路中，先求回路电流I。

$$(3+6)I+9-18=0$$

$$I=1\ (\text{A})$$

$$U_{OC}=U_{ab}=6I+9=6\times1+9=15\ (\text{V})$$

或

$$U_{OC}=U_{ab}=-3I+18=-3\times1+18=15\ (\text{V})$$

（2）求等效电阻R_{eq}。

将电路中的电压源短路，得无源二端网络，如图 1-4-10（b）所示。可得

$$R_{eq}=R_{ab}=\frac{3\times6}{3+6}=2\ (\Omega)$$

（3）做等效电压源模型。

作图时，应注意使等效电源电压的极性与原二端网络开路端电压的极性一致，电路如图 1-4-10（c）所示。

2）计算电路中某一支路的电压或电流

当计算复杂电路中某一支路的电压或电流时，采用戴维南定理比较方便。

例 1-4-7 用戴维南定理计算图 1-4-11（a）所示电路中电阻 R_L 上的电流。

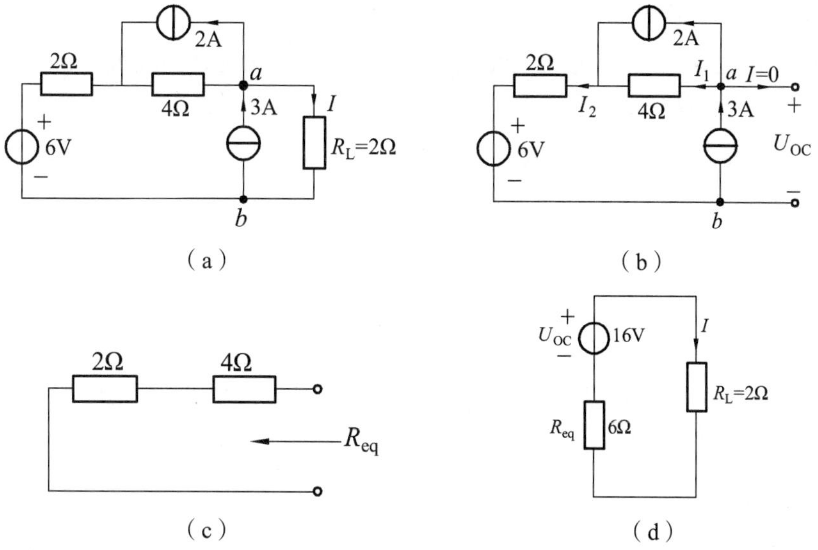

图 1-4-11 例 1-4-7 图

解：（1）把电路分为待求支路和有源二端网络两个部分。移开待求支路，得有源二端网络，如图 1-4-11（b）所示。

（2）求有源二端网络的开路端电压 U_{OC}。因为此时 $I=0$，由图 1-4-11（b）可得

$$I_1 = 3-2 = 1\ (\text{A})$$
$$I_2 = 2+1 = 3\ (\text{A})$$
$$U_{OC} = 1\times 4 + 3\times 2 + 6 = 16\ (\text{V})$$

（3）求等效电阻 R_{eq}。

将有源二端网络中的电压源短路、电流源开路，可得无源二端网络，如图 1-4-11（c）所示，则

$$R_{eq} = 2+4 = 6\ (\Omega)$$

（4）画出等效电压源模型，接上待求支路，电路如图 1-4-11（d）所示。所求电流为

$$I = \frac{U_{OC}}{R_{eq}+R_L} = \frac{16}{6+2} = 2\ (\text{A})$$

3）分析负载获得最大功率的条件

例 1-4-8 试求上题中负载电阻 R_L 的功率。若 R_L 为可调电阻，问 R_L 为何值时获得的功率最大？其最大功率是多少？由此总结出负载获得最大功率的条件。

解：（1）利用例 1-4-7 的计算结果可得

$$P_L = I^2 R_L = 2^2 \times 2 = 8\ (\text{W})$$

（2）若负载 R_L 是可变电阻，由图 1-4-11（d）可得

$$I = \frac{U_{OC}}{R_{eq} + R_L}$$

则 R_L 从网络中所获得的功率为

$$P_L = \left(\frac{U_{OC}}{R_{eq} + R_L}\right)^2 R_L$$

上式说明：负载从电源中获得的功率取决于负载本身的情况，当负载开路（无穷大电阻）或短路（零电阻）时，功率皆为零。当负载电阻在 $0 \sim \infty$ 变化时负载可获得最大功率。这个功率最大值 P_{max} 应发生在 $\frac{dP_L}{dR_L} = 0$ 的时候，经计算得

$$R_L = R_{eq} = 6\ (\Omega)$$

$$P_{L,max} = \left(\frac{U_{OC}}{2R_{eq}}\right)^2 R_{eq} = \frac{U_{OC}^2}{4R_{eq}} = \frac{16^2}{4 \times 6} = 10.7\ (W)$$

综上所述，负载获得最大功率的条件是负载电阻等于等效电源的内阻，即 $R_L = R_{eq}$。电路的这种工作状态称为电阻匹配。

1.4.3 叠加定理

1. 叠加定理

叠加定理指出：在线性电路中，若有几个电源共同作用时，任何一条支路的电流（或电压）等于各个电源单独作用时在该支路中所产生的电流（或电压）的代数和。

使用叠加定理时应注意以下几点：

① 叠加定理只适用于线性电路。

② 所谓“某个电源单独作用，其他电源不作用”，是指不作用的电压源用短路线代替，不作用的电流源用开路代替，但要保留其内阻。

③ 将各个电源单独作用所产生的电流（或电压）叠加时，必须注意参考方向。当分量的参考方向和总量的参考方向一致时，该分量取正，反之则取负。

④ 在线性电路中，叠加定理只能用来计算电路中的电压和电流，不能用来计算功率。这是因为功率与电压、电流之间不存在线性关系。

2. 叠加定理的应用

叠加定理可以直接用来计算复杂电路，其优点是可以把一个复杂电路分解为几个简单电路分别进行计算，避免了求解联立方程。然而当电路中的电源数目较多时，计算量则太大。因此，叠加定理一般不直接用作解题方法。学习叠加定理的目的是掌握线性电路的基本性质和分析方法。例如，在对非正弦周期电路、线性电路的过渡过程、线性条件下的晶体管放大电路的分析以及集成运算放大器的应用中，都要用到叠加定理。

例 1-4-9 电路如图 1-4-12（a）所示，已知 $U_{S1} = 24$ V，$I_{S2} = 1.5$ A，$R_1 = 200\ \Omega$，$R_2 = 100\ \Omega$。应用叠加定理计算各支路电流。

解：图示电路中只有两个电源，故采用叠加定理计算比较方便。

当电压源单独作用时，电流源不作用，以开路替代，电路如图 1-4-12（b）所示。则

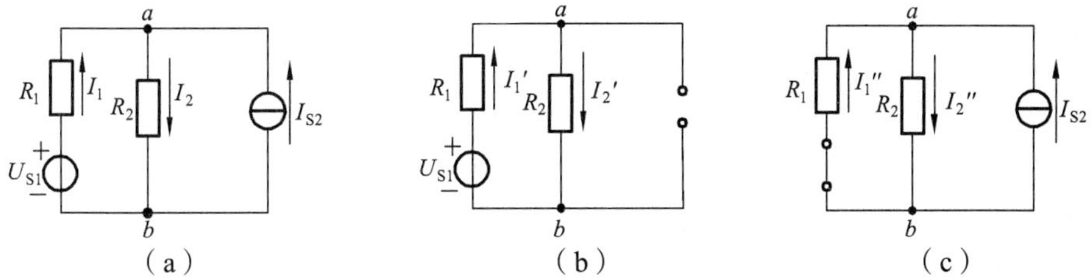

图 1-4-12　例 1-4-9 图

$$I_1'=I_2'=\frac{U_{S1}}{R_1+R_2}=\frac{24}{200+100}=0.08\ (\text{A})$$

当电流源单独作用时，电压源不作用，以短路线替代，如图 1-4-12（c）所示。则

$$I_1''=-\frac{R_2}{R_1+R_2}I_{S2}=-\frac{100}{200+100}\times 1.5=-0.5\ (\text{A})$$

$$I_2''=\frac{R_1}{R_1+R_2}=\frac{200}{200+100}\times 1.5=1\ (\text{A})$$

各支路电流 $$I_1=I_1'+I_1''=0.08-0.5=-0.42\ (\text{A})$$

$$I_2=I_2'+I_2''=0.08+0.1=1.08\ (\text{A})$$

小　结

1. 基尔霍夫定律是重要的电路分析定律，分为基尔霍夫电流定律和电压定律。基尔霍夫电流定律表现为电流连续性的定律，分析的对象是节点。对于任意一个节点，流进节点的电流和流出节点的电流相等。基尔霍夫电压定律表现为回路电压均衡的定律，分析的对象是回路，对于任意一个回路，沿回路的任意一个方向绕行一圈，回路各段电压降之和为 0。

2. 复杂电路的分析，可以以每条支路的电流作为求解量，利用基尔霍夫定律列方程求解，即支路电流法求解电路。

3. 叠加原理是指电路由多个电源共同作用时，可以按单个电源单独作用，再将相应的负载叠加的原理。利用叠加原理，可以使电路的分析有化整为零的思路。

4. 戴维南定理指任意的有源二端网络，都可以用一个实际电压源来代替，这对于只要求某个支路（如负载）的物理量就显出其优势了，并可以推出负载输出功率最大的条件。

自测练习题

一、判断题

1. 如图 1-4-13 所示，已知元件 A 的电压、电流为 $U_A=-7$ V、$I_A=6$ A，则元件 A 发出的功率为 42 W。(　　)

2. 如图 1-4-14 所示，元件 B 的电压、电流为 $U_B=3$ V、$I_B=-4$ A，则元件 B 吸收的功率为 12 W。(　　)

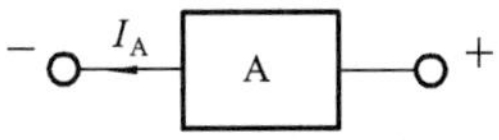

图 1-4-13

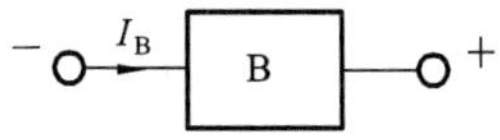

图 1-4-14

二、选择题

1. 应用戴维南定理求含源二端网络的输入等效电阻是将网络内各电动势（　　）。

A. 串联　　B. 并联　　C. 开路　　D. 短接

2. 电路如图 1-4-15 所示，该有源二端网络戴维南等效电路的 E、R_0 为（　　）。

A. −30 V、9 Ω　　B. −15 V、9 Ω　　C. 45 V、14 Ω　　D. 25 V、14 Ω

3. 如图 1-4-16 所示，已知 $U_1 = -2$ V，$U_2 = 8$ V，$U_3 = 5$ V，$U_5 = -3$ V，$R_4 = 2$ Ω，则 U_4 =（　　），I =（　　）。

A. $U_4 = 2$ V，$I = 0.5$ A　　B. $U_4 = 2$ V，$I = 1$ A

C. $U_4 = 4$ V，$I = 1$ A　　D. $U_4 = 4$ V，$I = 0.5$ A

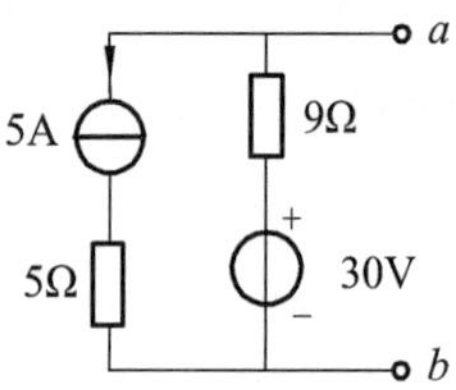

图 1-4-15

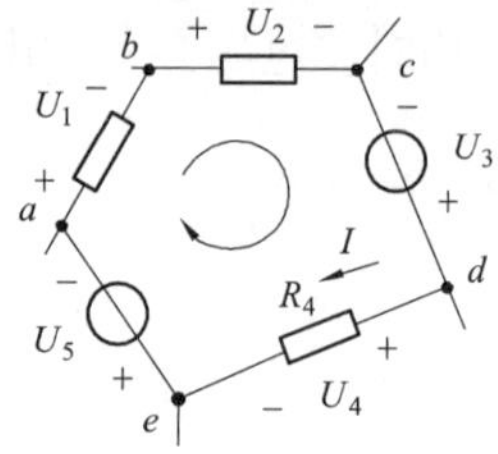

图 1-4-16

4. 如图 1-4-17 所示，已知 $I_a = 1$ mA，$I_b = 10$ mA，$I_c = 2$ mA，则利用 KCL 定律，可得电流 I_d =（　　）。

A. $I_d = -13$ mA　　B. $I_d = 13$ mA　　C. $I_d = -10$ mA　　D. $I_d = 10$ mA

5. 若电源的开路电压 $U = 12$ V，短路电流 $I = 30$ A，则该电源的电动势和内阻分别是(　　)。

A. 30 V、12 Ω　　B. 12 V、30 Ω　　C. 12 V、4 Ω　　D. 12 V、0.4 Ω

6. 图 1-4-18 所示有源二端网络的戴维南等效电路的 U_0、R_0 为（　　）。

A. 18 V、9 Ω　　B. 18 V、10 Ω　　C. 12 V、10 Ω　　D. 12 V、11 Ω

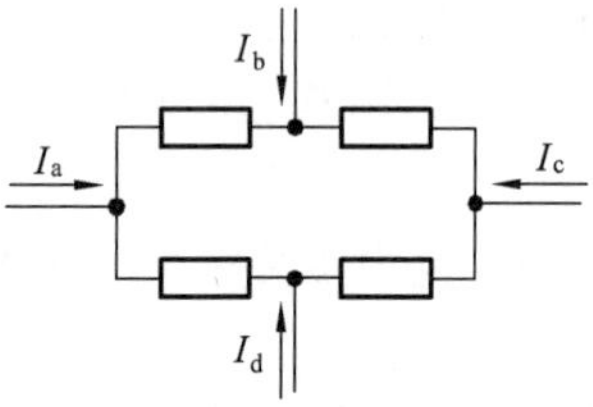

图 1-4-17

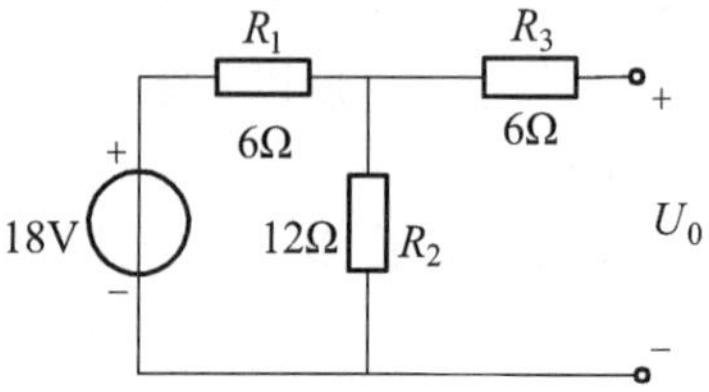

图 1-4-18

习　题

1. 电路如图 1-4-19 所示，求电路中的电阻 R。
2. 电路如图 1-4-20 所示，求解电路中的电流 I 及电压源的功率。
3. 电路如图 1-4-21，已知 $R_1 = R_2 = 1$ Ω，$R_3 = 4$ Ω，$U_{S1} = 9$ V，$U_{S2} = 18$ V，求各支路电流。

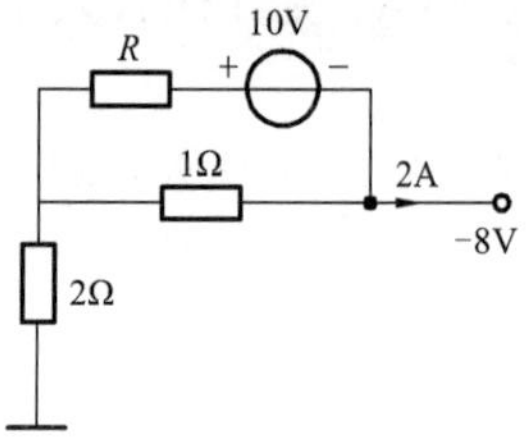

图 1-4-19

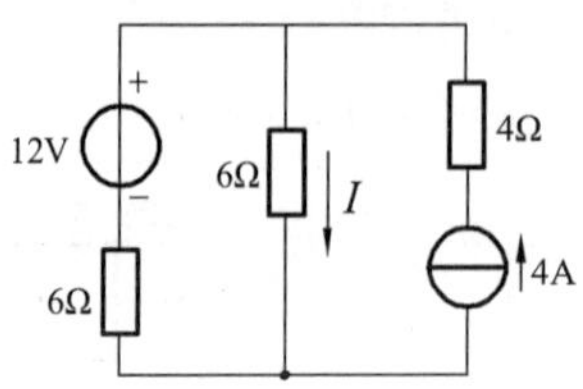

图 1-4-20

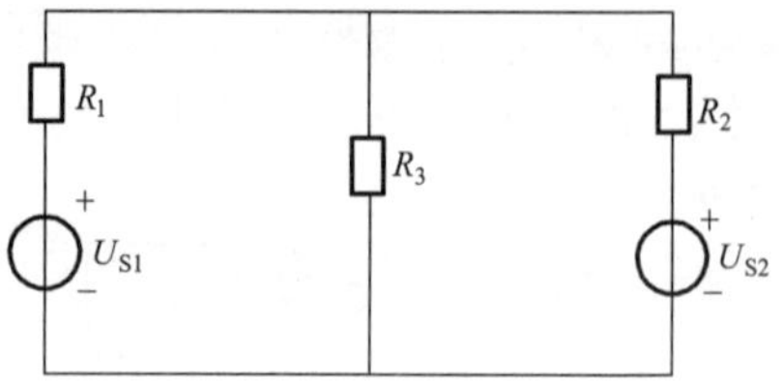

图 1-4-21

任务 5　简单电阻温度计的设计制作

1.5.1　功能要求

设计一个简单的电阻温度计，并与水银温度计进行测量结果的比较。设计要求：用 100 μA 的电流表表头作温度显示，使表头中“0”代表温度 0 °C、“100”代表温度 100 °C。

1.5.2　设计思路——框图

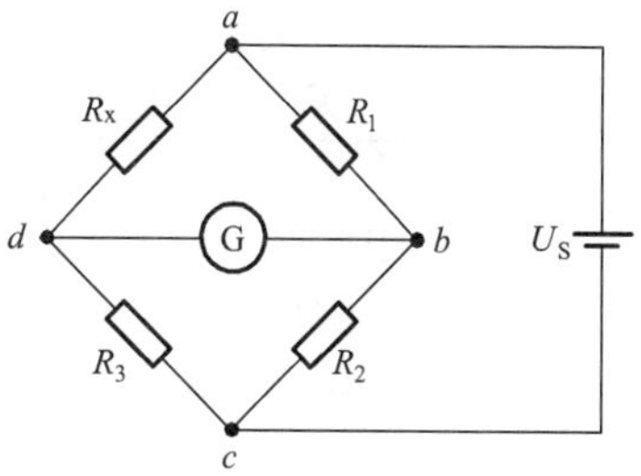

图 1-5-1　温度计框图

鉴于是电工电子技术初入门的课程，尽量采用简单的电路原理来实现。根据设计要求，基本电路可以采用电桥电路，R_x 选用热敏电阻（R_T），当 $R_1R_3 = R_2R_x$ 时，电桥达到平衡，检流计 G 指示为零。令此时 $R_x = R_{x0}$，则当 $R_x \neq R_{x0}$ 时，电桥平衡条件被破坏，就会有电流流过检流计，且电流的大小随电阻阻值 R_x 而变化。利用热敏电阻 R_x 的阻值随温度的变化而变化，从而将温度 t 这一非电量转变为用电流 I 这一电量来表示。电路框图如图 1-5-1 所示。

1.5.3　器件选择

由于热敏电阻的阻值与温度不是线性的关系，所以器件的选择需要采用尝试的方法。

1. 热敏电阻的选择

热敏电阻为 Pt100 型的铂热电阻，它代表该热敏电阻在 0 °C 时阻值为 100 Ω。设计该实训时为寻找电阻方便，可令 $R_1 = R_2 = R_3 = 100\ \Omega$，这样在 0 °C 时电桥平衡，通过表头的电流为零。

2. 电源的选择

当温度升至 100 °C 时，记录表头上指针所指的位置。若指针偏转过大或过小，可通过调节电源 U_S，使指针正好指在电流表头 100 μA 的位置上，代表此时温度为 100 °C。

1.5.4　制作与调试

采用万能板制作，整个电路的元器件和布线应合理布局，预留合适的电源端和便于调试的接口，以便测试和排除故障。

（1）根据热敏电阻 R_T 与温度的对应关系及设计要求，确定电路参数，画出电路图，改制、标定温度表刻度。

（2）根据设计的电路图及参数制作电阻温度计。

（3）用水银温度计作对照标准，以一杯开水逐渐冷却的温度做测试对象，校验自制的温度计。

（4）根据选取的热敏电阻不同确定不同的电路参数。

（5）在 0 ~ 100 °C 多取几组温度值，记录表头指针的各个位置，并校准其刻度。

1.5.5　问题讨论

（1）试说明电路的原理。

（2）查表获得 Pt100 型热敏电阻在各个温度时的阻值，计算各温度时流过检流计的电流，并与测量值进行比较。

项目二 交流电路及其应用

项目功能描述

简单照明电路的安装。依据给出的照明电路的设计，认识电路元件，了解日光灯的工作原理，掌握照明接线及测量方法，正确安装照明电路并通过测量的数据分析和理解交流电路的电压和电流的关系。

项目任务分解

分析项目功能可知，项目涉及单相正弦交流电的知识。日光灯照明电路实际上是单相正弦交流电通过电阻、电感和电容等负载工作的具体表现，交流电在表示方法和分析方法上，与直流电不同，所以，在安装日光灯照明电路之前，必须具备单相交流电的相关知识及能力。

职业技能目标

1. 能熟练使用万用表测量电路的物理量。
2. 能正确测量交流电压和交流电流以及功率。
3. 能绘制电路图及相量图。
4. 能阅读简单的英文技术资料。
5. 培养团队合作精神。
6. 具有安全用电的知识。

项目知识目标

1. 掌握正弦交流电路的基本概念，掌握正弦量的三要素及其相量表示法。

2. 掌握 R、L、C 三种元件的电压、电流的关系；掌握 R、L、C 串联和 RL 与 C 并联电路的相量分析法；能够用相量法分析和计算简单正弦交流电路。

3. 掌握正弦交流电路中的功率计算，熟悉功率因数的提高方法。了解正弦交流电路负载获得最大功率的条件。

4. 了解谐振现象的研究意义；掌握串、并联谐振条件、主要特点及典型应用。

5. 理解三相电源相、线电压之间的关系。

6. 掌握三相负载星形连接时，相、线电压和相、线电流的计算，并能画出电路的相量图。

7. 掌握三相负载三角形连接时，相、线电压和相、线电流的计算，并能画出电路的相量图；掌握对称负载三相功率的计算。

8. 了解安全用电常识。

任务 1　认识单相交流电路

正弦电路在电力系统和电子技术领域占有十分重要的地位，正弦信号是一种基本信号，任何变化规律复杂的信号都可以分解为按正弦规律变化的分量。

交流电的大小与方向若均随时间按正弦规律变化，则称为正弦交流电。正弦交流电的优点有传输经济、变压方便，交流电机运行稳定，价格便宜、波形不畸变等。

2.1.1　正弦交流电的三要素

从数学知识可知，正弦电流的一般表达式为：

$$i(t)=I_{\mathrm{m}}\sin(\omega t+\psi)$$

该式表示电流 i 是时间 t 的正弦函数，不同的时刻有不同的量值，称为瞬时值，用小写字母 i 表示。电流 i 的时间函数曲线如图 2-1-1 所示，称为波形图。正弦交流电的变化规律可以用表征变化的范围、变化的快慢、正弦量变化进程的三个物理量来进行表述，这三个物理量称为正弦交流电的三要素。

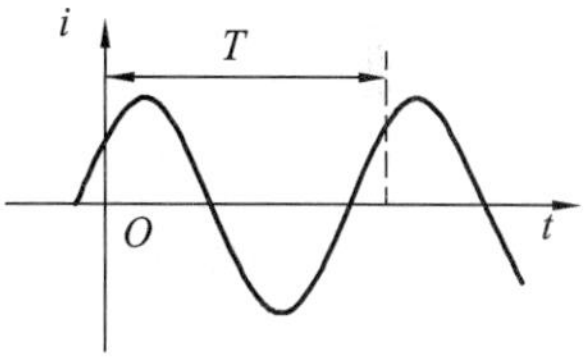

图 2-1-1　正弦电流波形图

1. 表征快慢的物理量

正弦量变化的快慢，可以用周期、频率和角速度（或角频率）来表示。

（1）周期 T。正弦交流电重复变化一次所需的时间称为周期，用 T 表示。周期的单位为秒（s），比秒小的单位还有 ms 、μs。

（2）频率 f。每秒重复变化的次数称为频率，用 f 表示。频率的单位是赫兹（Hz），较大的单位还有 kHz 和 MHz。我国电力系统用的交流电的频率（工频）为 50 Hz。

根据上述定义，可以得出周期与频率之间的关系：

$$f=\frac{1}{T}$$

（3）角频率 ω。每秒转过的电角度称为角频率，用 ω 表示，角频率的单位是弧度/秒（rad/s）。正弦电流每经过一个周期 T，对应的角度变化了 2π 弧度，所以可以得出周期、频率和角速度的关系：

$$\omega T=2\pi$$

$$\omega=\frac{2\pi}{T}=2\pi f$$

2. 表征变化范围的物理量

（1）最大值。正弦量的最大值用大写字母加下标 m 表示，例如 I_{m}、U_{m}、E_{m} 等，它反映了正弦量变化的幅度。

（2）有效值。

周期性电流、电压的瞬时值随时间而变，在工程中，人们不关心交流电是如何变化的，而是关心交流电所产生的效果，这种效果常用有效值来表示。

电流的有效值是根据电流的热效应来定义的。让交流电流和直流电流分别通过具有相同阻值的电阻，如果在同样的时间内所产生的热量相等，那么就把该直流电流的大小叫作交流电流的有效值，用 I 表示。由有效值定义得

$$\int_0^T i^2 R\mathrm{d}t = I^2 RT$$

对于周期性交流电，其电流的有效值可写为

$$I = \sqrt{\frac{1}{T}\int_0^t i^2 \mathrm{d}t}$$

将正弦电流的一般式代入上式，可得正弦电流的有效值与最大值之间的关系为

$$I = \frac{I_{\mathrm{m}}}{\sqrt{2}} = 0.707 I_{\mathrm{m}}$$

即正弦量的有效值等于它的最大值除以 $\sqrt{2}$ 。

正弦量的电压及电动势的有效值与最大值之间的关系为

$$U = \frac{U_{\mathrm{m}}}{\sqrt{2}}$$

通常说照明电路的电压是 220 V，就是指有效值，与其对应的交流电压的最大值是 311 V。

注意：

（1）工程上说的正弦电压、电流一般指有效值，如设备铭牌额定值、电网的电压等级等。但绝缘水平、耐压值指的是最大值。因此，在考虑电器设备的耐压水平时应按最大值考虑。

（2）测量中，交流测量仪表指示的电压、电流读数一般为有效值。

（3）区分电压、电流的瞬时值、有效值、最大值的符号 i, I, I_{m} 。

3. 表征正弦量变化进程的物理量

1）相位

在正弦表达式中，$(\omega t + \psi)$ 随时间变化，称为正弦量的相位，单位是度或者弧度，它描述了正弦量变化的进程或状态。ψ 为 $t = 0$ 时刻的相位，称为初相位（初相角），简称初相。习惯上取 $|\psi| \leqslant 180°$。图 2-1-2（a）、（b）分别表示初相位 $\psi > 0$ 和 $\psi < 0$ 时正弦电流的波形图。

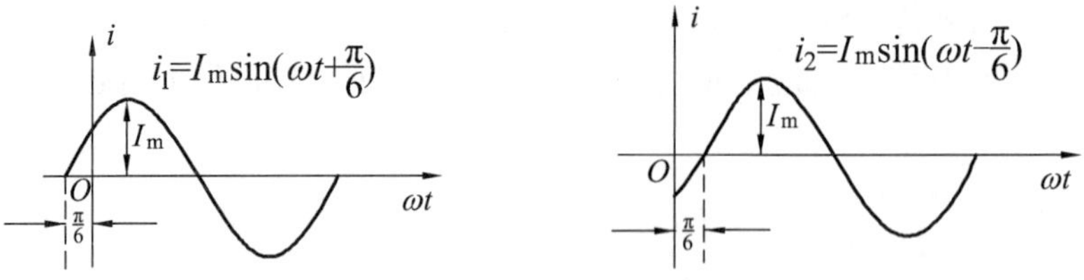

（a）　　　　（b）

图 2-1-2　正弦电流的初相位

2）相位差

正弦交流电的相位决定正弦量的变化进程，因而可以用相位的差别定量地衡量两个同频率正弦量变化进程的差别。

两个同频率正弦量相位的差叫作相位差，相位差的绝对值不超过 180°。以正弦量 $u = U_{\mathrm{m}}\sin(\omega t + \psi_u)$ ，$i = I_{\mathrm{m}}\sin(\omega t + \psi_i)$ 为例，用 φ_{ui} 表示 u 与 i 的相位差，则 $|\varphi_{ui}| \leqslant 180°$。因此当

$|\varphi_{ui}|\leqslant 180°$时：

$$\varphi_{ui}=(\omega t+\psi_u)-(\omega t+\psi_i)=\psi_u-\psi_i$$

若$|\psi_u-\psi_i|>180°$，则应根据正弦函数的周期性，将其中一个的相位加上或减去 360°，然后再计算相位差，以保证$|\varphi_{ui}|\leqslant 180°$。此时

$$\varphi_{ui}=(\omega t+\psi_u)-(\omega t+\psi_i)\pm 360°=\psi_u-\psi_i\pm 360°$$

可见，两个同频率正弦量的相位差仅与它们的初相有关，而与时间和计时起点的选择无关。

同频率正弦量的相位关系有下列几种情况：当$\varphi_{ui}=\psi_u-\psi_i>0$，称为$u$超前于$i$；当$\varphi_{ui}=\psi_u-\psi_i<0$，称为$u$滞后于$i$；当$\varphi_{ui}=\psi_u-\psi_i=0$，称为$u$与$i$同相。如图 2-1-3 所示为几种典型相位关系示意图。

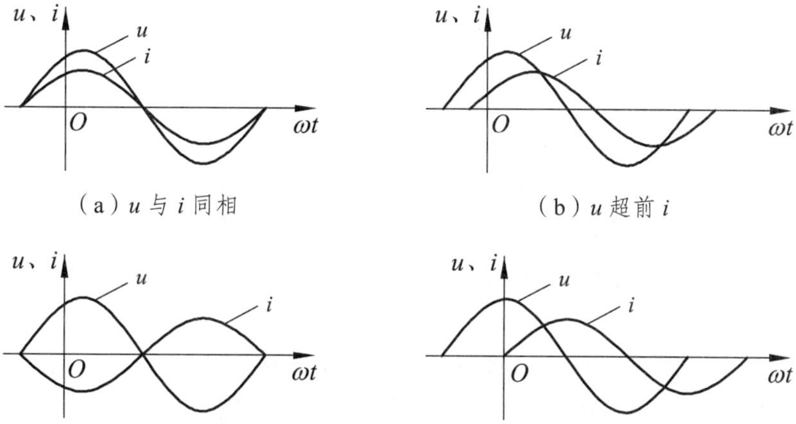

（a）u 与 i 同相　（b）u 超前 i

（c）u 与 i 反相　（d）u 与 i 正交

图 2-1-3　同频率正弦量同相、超前、反相与正交示意图

2.1.2　正弦交流电的表示方法

正弦交流电的表示方式通常有解析式、波形图、相量三种，以正弦交流电流为例。注意在表示交流电的瞬时值时，也要像在直流电一样，先选择交流电的正方向，这样瞬时值的正负才有意义。

1. 解析式

用函数表达式的方式表示交流电，称为交流电的解析式。正弦电流的一般表达式为

$$i=I_{\mathrm{m}}\sin(\omega t+\psi_i)$$

其中，I_{m}、ω及ψ_i分别是正弦电流的最大值、角频率及初相，且规定 $180°\geqslant\psi\geqslant-180°$。类似地，正弦电压的解析式为

$$u=U_{\mathrm{m}}\sin(\omega t+\psi_u)$$

2. 波形图

交流电随时间变化的图像称为波形图，波形图横坐标既可用时间t，也可用弧度ωt来表示，如图 2-1-4（a）、（b）所示。

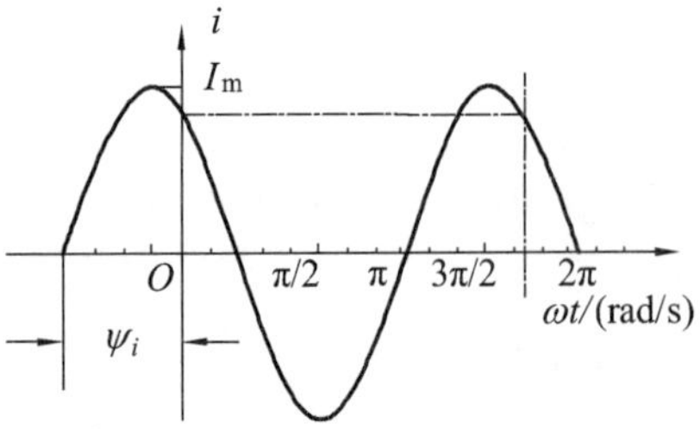

（a）以 ωt 作为横轴波形图画法

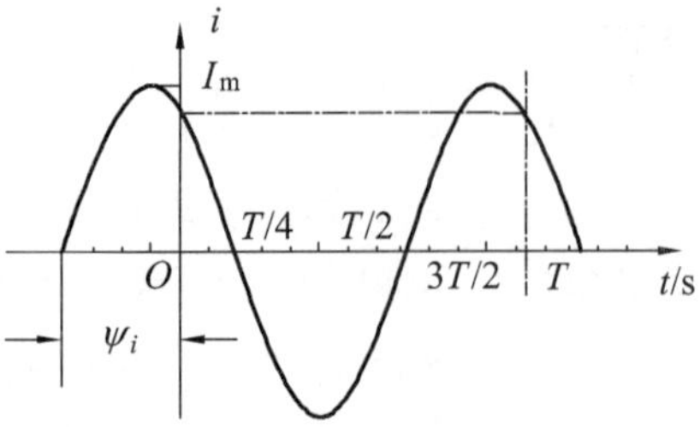

（b）以 t 作为横轴波形图画法

图 2-1-4　正弦电流波形图

当以时间作为横轴时，可以直观地在波形图中找到正弦量的“三要素”。以弧度作为横轴时，可以方便地显示同频率正弦交流电之间的相位关系。

例 2-1-1　已知工频正弦电压 u_{ab} 的最大值为 311 V，初相位为 – 60°，其有效值为多少？写出其瞬时值表达式。

解： 有效值 $U_{ab}=\frac{1}{\sqrt{2}}U_{abm}=\frac{1}{\sqrt{2}}\times 311=220$（V）

瞬时值表达式为 $u_{ab}=311\sin(314t-60°)$（V）

例 2-1-2　已知正弦电压和正弦电流的波形如图 2-1-5 所示，频率为 50 Hz，试指出它们的最大值、初相位以及它们之间的相位差，并说明哪个正弦量超前，超前多少度？

解： u 、i 的表达式为

$$u=310\sin(314t+45°)\text{（V）}$$
$$i=2\sin(314t-90°)\text{（A）}$$
$$\omega=2\pi f=2\times 3.14\times 50=314\ \text{(rad/s)}$$
$$\varphi=\psi_u-\psi_i=45°-(-90°)=135°$$

即 u 比 i 超前 135°。

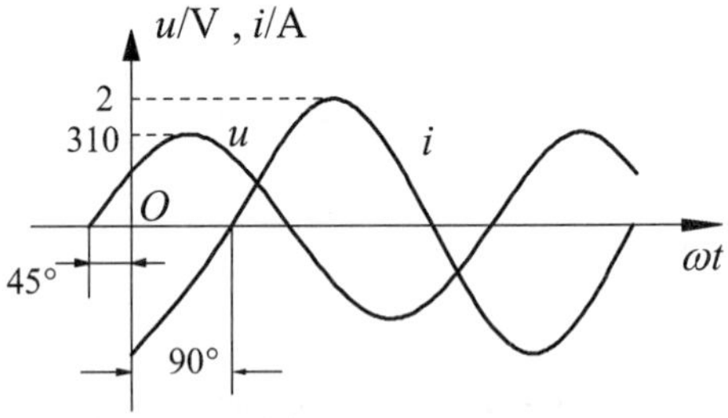

图 2-1-5 【例 2-1-2】图

3. 相量表示法

由于在正弦交流电路中，所有的电压、电流都是同频率的正弦量，所以要确定这些正弦量，只要确定它们的有效值和初相就可以了。相量法就是用复数来表示正弦量。

1）复数的四种表示形式

① 直角坐标形式：设 A 是一个复数，并设 a 和 b 分别为它的实部和虚部，则有

$$\boldsymbol{A}=a+\text{j}b$$

为了区别数学里复数的符号 i 和电工里电流的符号 i，这里的复数采用符号 j，并移至虚部 b 的前面。几何表示如图 2-1-6（a）所示。

② 三角函数形式：$\boldsymbol{A}=r\cos\theta+\text{j}r\sin\theta$

其中 r 为复数 $\boldsymbol{A}$ 的模（幅值），$r=\sqrt{a^2+b^2}$ ；$\theta=\arctan\frac{b}{a}$ 是复数与实轴的夹角。几何表示如图 2-1-6（b）所示。

$$a=r\cos\theta\text{，}\quad b=r\sin\theta$$

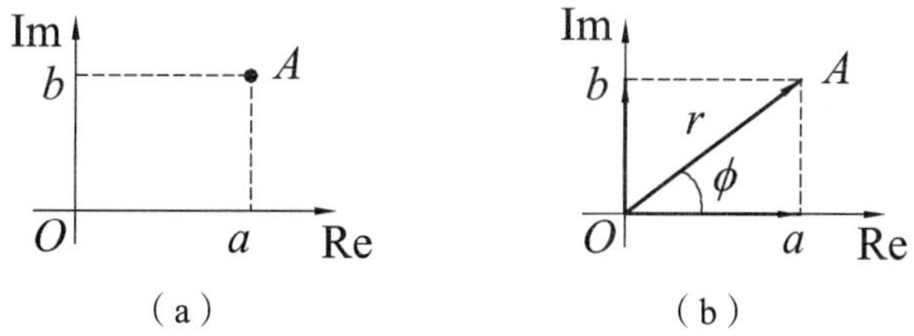

图 2-1-6　复数的几何表示

③ 指数形式：$\boldsymbol{A}=r\mathrm{e}^{\mathrm{j}\theta}$（利用欧拉公式 $\mathrm{e}^{\mathrm{j}\theta}=\cos\theta+\mathrm{j}\sin\theta$）

④ 极坐标形式：$\boldsymbol{A}=r\angle\theta$（引入记号 $\angle\theta=\mathrm{e}^{\mathrm{j}\theta}=\cos\theta+\mathrm{j}\sin\theta$）

2）复数的运算

① 加、减运算：复数做加减运算时，复数常采用代数形式表示。

设：$\boldsymbol{A}=a_1+\mathrm{j}a_2$，$\boldsymbol{B}=b_1+\mathrm{j}b_2$，则

$$\boldsymbol{C}=\boldsymbol{B}\pm\boldsymbol{A}=(b_1+\mathrm{j}b_2)\pm(a_1+\mathrm{j}a_2)=(b_1\pm a_1)+\mathrm{j}(b_2\pm a_2)$$

采用代数形式的复数做加减法，则实部和实部相加，虚部和虚部相加则可；也可以采用图形法，即直接用向量的平行四边形法则或三角形法则求解复数的加减法，如图 2-1-7 与图 2-1-8 所示。

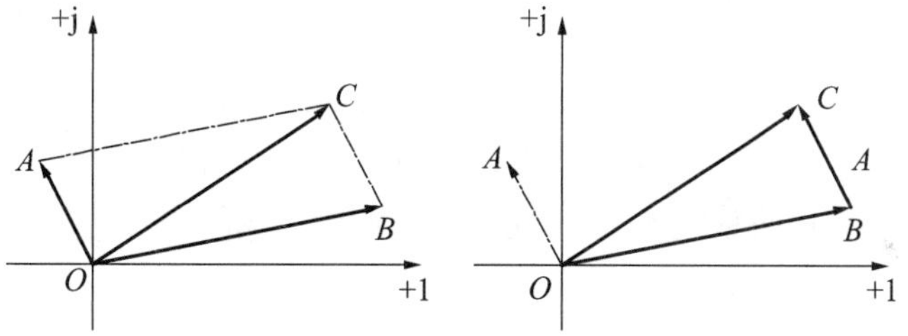

图 2-1-7　复数加法的平行四边形法和三角形法

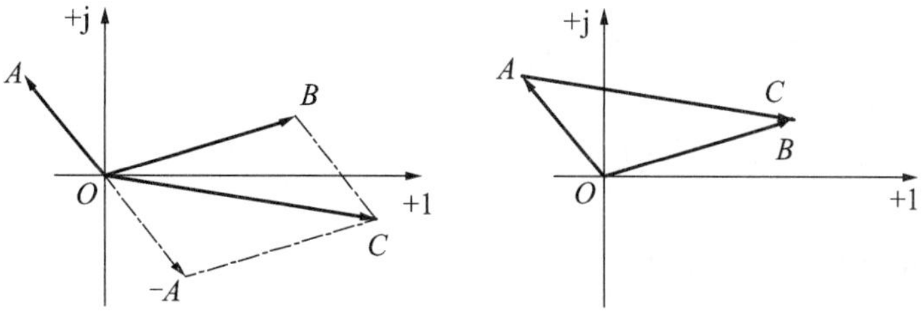

图 2-1-8　复数减法的平行四边形法和三角形法

② 乘、除运算：复数做乘除运算时，常采用极坐标的形式。

设：$\boldsymbol{A}=r_1\angle\theta_1$，$\boldsymbol{B}=r_2\angle\theta_2$，则

$$\boldsymbol{AB}=r_1\angle\theta_1\times r_2\angle\theta_2=r_1r_2\angle(\theta_1+\theta_2)$$

$$\frac{\boldsymbol{A}}{\boldsymbol{B}}=r_1\angle\theta_1\div r\angle\theta_2=\frac{r_1}{r_2}\angle(\theta_1-\theta_2)$$

由此可见，使用复数的极坐标形式进行复数的乘除法运算，只需将复数的模相乘（除），复数的幅角相加（减）就可以了。

复数 $\mathrm{e}^{\mathrm{j}\theta}=\cos\theta+\mathrm{j}\sin\theta=1\angle\theta$，$A\mathrm{e}^{\mathrm{j}\theta}$ 相当于 A 逆时针旋转一个角度 θ，而模不变。故把 $\mathrm{e}^{\mathrm{j}\theta}$

（$1\angle\theta$）称为旋转因子。

几种不同θ值时的旋转因子如下：

$$1=1\angle 0°,\quad -1=1\angle 180°,\quad j=1\angle 90°,\quad -j=1\angle -90°$$

3）正弦量的相量表示

正弦量的相量可以用最大值相量表示，也可以用有效值相量表示，通常采用有效值相量表示正弦量。为了与一般的复数相区别，在表示正弦量的相量的字母上端加一点，如电流相量$\dot{I}$、电压相量$\dot{U}$。

正弦电流与幅值相量的对应关系：

$$i(t)=I_m\sin(\omega t+\psi)\quad\Leftrightarrow\quad \dot{I}=I\angle\psi$$

有效值相量$\begin{cases}\text{复数的模表示正弦量的有效值}\\ \text{复数的幅角表示正弦量的初相位}\end{cases}$

如$i=\sqrt{2}I\sin(\omega t+\psi_i)$，其对应的相量为$\dot{I}=I\angle\psi_i$。若某电压的相量为$\dot{U}=U\angle\psi_u$，则对应的正弦电压为$u=\sqrt{2}U\sin(\omega t+\psi_u)$。由此可见，正弦量用相量表示，可以使正弦量的运算简化。

4）相量图

将一些相同频率的正弦量的相量画在同一个复平面上所构成的图形称为相量图。画相量图时，往往省略复平面坐标，以水平方向为基准，并用虚线表示。

画法：每个相量用一条有向线段表示，其长度表示相量的模（正弦量的有效值），有向线段与水平方向的夹角表示该相量的辐角（初相），同一量纲的相量采用相同的比例尺寸。如：正弦电压为$u=\sqrt{2}U\sin(\omega t+\psi_u)$，相量表示为$\dot{U}=U\angle\psi_u$，其相量图如图 2-1-9 所示。

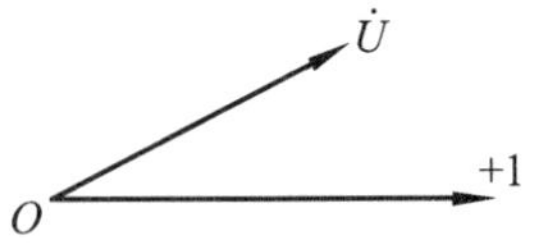

图 2-1-9　电压相量图

相量图的作用：

① 能直观地反映各正弦量的有效值和初相。

② 能反映正弦量的相位关系：相量图中任意两相量间的夹角表示该两正弦量相位差，逆时针在前的量为超前。

③ 将正弦量的运算转化为相量图中相量的运算。

注意：

① 相量只是表示正弦量，而不等于正弦量。

② 只有正弦量才能用相量表示，非正弦量不能用相量表示。

③ 相量的两种表示形式：相量式、相量图。

④ 同频率的正弦量能画在同一相量图上。

例 2-1-3　已知正弦电压$u_1=100\sqrt{2}\sin(314t+60°)$ V，$u_2=50\sqrt{2}\sin(314t-60°)$ V。写出表示u_1和u_2的相量表示式并画出相量图。

解：$\dot{U}_1=100\angle 60°$ V

$\dot{U}_2=50\angle -60°$ V

相量图如图 2-1-10 所示。

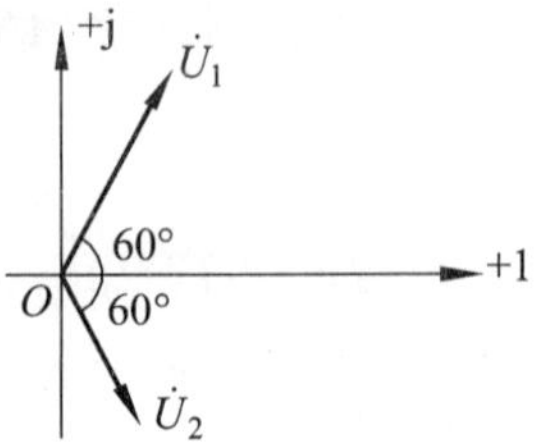

图 2-1-10　例 2-1-3 图

例 2-1-4　已知两频率均为 50 Hz 的电压，其相量表达式分别为$\dot{U}_1=380\angle 60°$ V，$\dot{U}_2=220\angle -60°$ V，试写出这两个电压的解析式。

解： $\omega = 2\pi f = 2\pi \times 50 = 314$（rad/s）

$u_1 = 380\sqrt{2}\sin(314t + 60°)$（V）

$u_2 = 220\sqrt{2}\sin(314t - 60°)$（V）

例 2-1-5 在图 2-1-11 所示的相量图中，已知 $U = 220$ V，$I_1 = 10$ A，$I_2 = 5\sqrt{2}$ A，它们的角频率是ω，试写出各正弦量的瞬时值表达式及其相量。

解： $u = 220\sqrt{2}\sin\omega t$ (V)

$i_1 = 10\sqrt{2}\sin(\omega t + 90°)$ (A)

$i_2 = 10\sin(\omega t - 45°)$ (A)

$\dot{U} = 220\angle 0°$ (V)

$\dot{I}_1 = 10\angle 90°$ (A)

$\dot{I}_2 = 5\sqrt{2}\angle -45°$ (A)

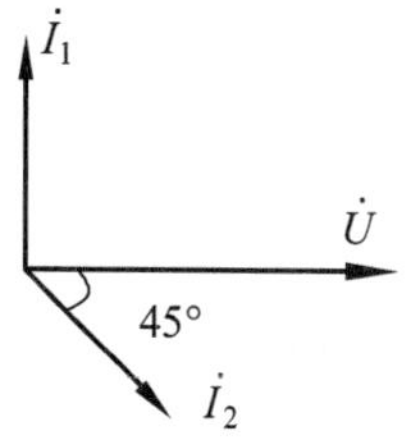

图 2-1-11 例 2-1-5 图

例 2-1-6 已知 $i_1 = 100\sqrt{2}\sin\omega t$ A，$i_2 = 100\sqrt{2}\sin(\omega t - 120°)$ A，试用相量法求两个电流之和。

解： $\dot{I}_1 = 100\angle 0°$（A）

$\dot{I}_2 = 100\angle -120°$（A）

$\dot{I}_1 + \dot{I}_2 = 100\angle 0° + 100\angle -120° = 100\angle -60°$（A）

$i_1 + i_2 = 100\sqrt{2}\sin(\omega t - 60°)$（A）

2.1.3 相量形式的基尔霍夫定律

基尔霍夫定律一般表达式为$\sum i = 0$及$\sum u = 0$，式中的i、u是指电流、电压的解析式。正弦交流电路中当电源的频率一定时，电路中各元件的电压、电流也都具有电源相同的频率，由此出发，可以得出基尔霍夫定律的相量形式。

在正弦交流电路中，流过任一节点的各相量电流的代数和等于零，即基尔霍夫第一定律的相量形式为

$$\sum \dot{I} = 0$$

同理可得基尔霍夫第二定律：在正弦交流电路的任一回路中，各相量电压的代数和等于零。即回路电压定律的相量形式为

$$\sum \dot{U} = 0$$

在正弦交流电路中，使用相量形式的基尔霍夫定律时，除相量电压、电流前的正负号确定与直流电路中讨论的完全相同，要特别注意，相量表达式中既含有有效值的关系，又含有相位的关系。在一般情况下，各正弦电压、电流的有效值代数和不等于零。

例 2-1-7 图 2-1-12（a）所示为电路中一个节点，已知 $i_1 = 30\sqrt{2}\sin(\omega t + 30°)$ A，$i_2 = 40\sqrt{2}\sin(\omega t - 60°)$ A，求i_3。

解： 此题用相量法，将已知电流瞬时值用相应的相量表示，由正弦量相量表示法则可得 $\dot{I}_1 = 30\angle 30°$A，$\dot{I}_2 = 40\angle -60°$A，列 KCL 方程

$$\dot{I}_1 + \dot{I}_2 - \dot{I}_3 = 0$$

解得

$$\dot{I}_3 = \dot{I}_1 + \dot{I}_2 = 30\angle 30° + 40\angle -60° = 26 + \mathrm{j}15 + 20 - \mathrm{j}34.6$$
$$= 46 - \mathrm{j}19.6 = 50\angle -23.1°\mathrm{A}$$

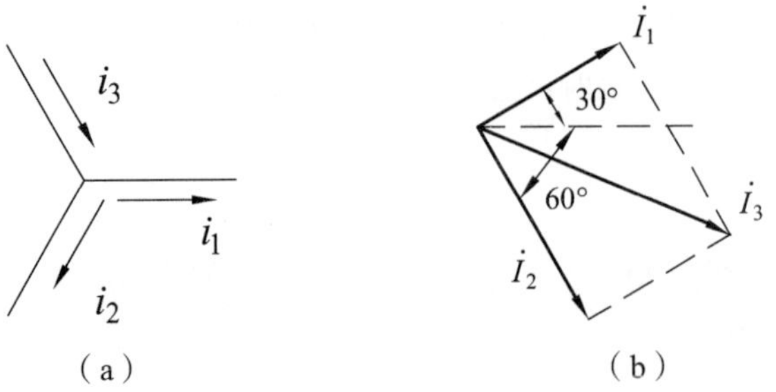

图 2-1-12　例 2-1-7 图

图 2-1-12（b）为三个电流的相量图。从相量图中我们可以看到，有效值一般情况下不满足KCL，即 $I_3 = I_1 + I_2$ 不成立，除非 i_1 和 i_2 同相。

2.1.4　任务实施 ——典型单相交流信号的认识与测试

1. 利用单踪示波器观察正弦波信号

将双踪示波器的通道之一（CH_1 或 CH_2）接到低频函数信号发生器的输出端，从低频函数信号发生器输出频率为 1 kHz、幅值大小为 1 V 的正弦波，调节示波器使得在荧光屏上出现 2 个完整的波形，观察此时正弦波形的形状。

（1）观察频率不同的波形。

保持函数信号发生器输出的信号幅度不变，改变信号发生器输出的频率（增大到 2 kHz 及减小到 500 Hz），水平扫描速度不变，调节准位调整钮，显示稳定的波形，观察此时的波形。将所观察到的波形记录到表 2-1-1 中。

表 2-1-1　典型交流信号波形测试

测试的波形	记录波形
频率不同的波形	
幅度不同的波形	
计时起点不同的波形	
同频率正弦波相位关系	

（2）观察幅度不同的波形，并测量电压有效值。

保持函数信号发生器输出的信号频率不变（1 kHz），改变信号发生器输出的幅度（增大或减小），垂直灵敏度不变，调节准位调整钮，分别显示稳定的正弦波与方波，观察幅度改变时波形的变化，并用交流毫伏表测其电压有效值，将所观察到的波形记录到表 2-1-1 中。

（3）观察计时起点不同的波形。

以示波器荧光屏上坐标原点为参考基准，通过调节水平位置调整钮，使波形左移或者右移，观察移动后的波形相对坐标原点的波形变化，将所观察到的波形记录到表 2-1-1 中。

2. 利用双踪示波器观察同频率正弦波相位关系

按图 2-1-13 连接电路，其中 $R = 1\ \text{k}\Omega$，$C = 1\mu\text{F}$，信号发生器输出电压有效值为 $U = 3\ \text{V}$，调节双踪示波器，显示两通道稳定的正弦波，并调节垂直位置调节钮，使两正弦波对称于 X 轴，观察此时两正弦波的初相位关系，并用交流电流表测试该电路此时的电流，将所观察到的波形记录到表 2-1-1 中。

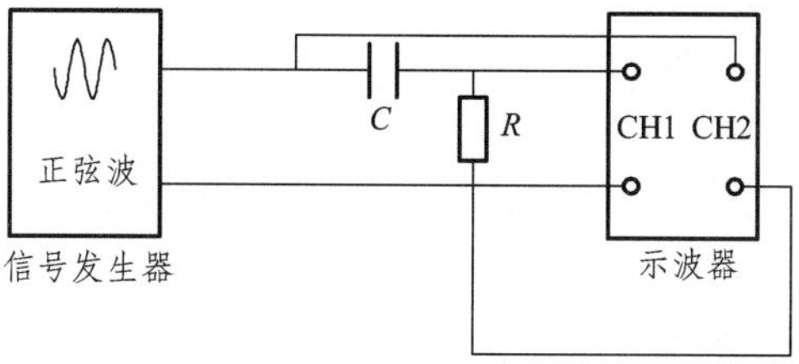

图 2-1-13　观察同频率正弦量的相位关系示意图

小　结

1. 正弦交流电的三要素：瞬时值、最大值、有效值；频率、周期、角频率；初相角、相位差等基本概念。

2. 正弦量的表示方法：解析式、波形图、相量，重点在相量表示。

3. 正弦交流电的相量形式的基尔霍夫定律的表示。

自测练习题

一、判断题

1. 交流电的最大值和有效值随时间做周期性变化。(　　)

2. 用交流电表测出的交流电的数值都是平均值。(　　)

3. 有两个频率和初相角都不同的正弦交流电压 u_1 和 u_2，若它们的有效值相同，则最大值也相同。(　　)

4. 一个电炉分别通以 10 A 直流电流和最大值为 $10\sqrt{2}$ A 的工频交流电流，在相同时间内，该电炉的发热量相同。(　　)

5. 已知 $i_1 = 15\sin(100\pi t + 45°)$ A，$i_2 = 15\sin(200\pi t - 30°)$ A，则 i_1 比 i_2 超前 75°。(　　)

6. 灯泡上标出的电压 220 V，是交流电的最大值。(　　)

7. 描述正弦交流电的三要素是周期、频率及角速度。(　　)

8. 已知某交流电的最大值 $U_m = 311$ V，频率 $f = 50$ Hz，初相角 $\varphi_u = \pi/6$，则解析式 $u = 311\sin(100\pi t + 30°)$ V。(　　)

9. 若购得一台耐压为 300 V 的电器，可用于 220V 的线路。(　　)

二、选择题

1. 我国工农业生产及日常生活中使用的工频交流电的周期和频率为（　　）。

A. 0.02 s、50 Hz　B. 0.2 s、50 Hz　C. 0.02 s、60 Hz

2. 如图 2-1-14 所示，正弦交流电流的周期和频率为（　　）。

A. 10 ms、100 Hz　B. 20 ms、50 Hz　C. 40 ms、25 Hz

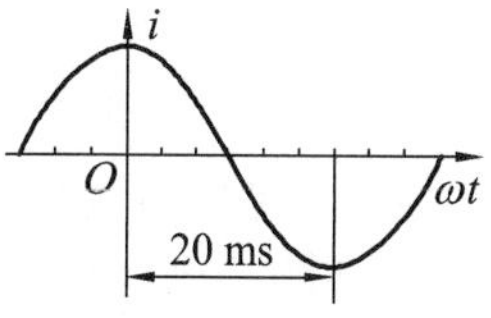

图 2-1-14

3. 已知交流电流解析式 $i_1 = 60\sin(314t + 30°)$ A，$i_2 = 60\sin(314t + 70°)$ A，$i_3 = 60\sin(314t - 120°)$ A。则下列答案中正确是（　　）。

A. i_1 比 i_2 超前 40°　B. i_1 与 i_2 同相　　C. i_3 比 i_1 滞后 150°

4. 灯泡上标出的电压为 220 V，该灯泡接在交流电源上额定工作时，能承受电压的最大值为（　　）。

A. 220 V　　B. 311 V　　C. 156 V

5. 已知一正弦交流电流 $i = 30\sin(314t + 30°)$ A，则它最大值 I_m 和有效值 I 为（　　）。

A. 30 A，21 A　　B. 21 A，30 A　　C. 30 A，30 A　　D. 21 A，21 A

6. 已知某交流电的最大值 $U_m = 311$ V，频率 $f = 50$ Hz，初相角 $\varphi_u = \pi/6$，则解析式是（　　）。

A. $u = 311\sin(100\pi t + 60°)$ V　　B. $u = 311\sin(100\pi t + 30°)$ V

C. $u = 220\sin(100\pi t + 30°)$ V　　D. $u = 220\sin(100\pi t + 60°)$ V

7. 两个正弦交流电流 i_1、i_2 的最大值都是 4 A，相加后电流的最大值也是 4 A，它们之间的相位差为（　　）。

A. 30°　　B. 60°　　C. 120°

8. 两个交流电压的矢量如图 2-1-15 所示。则 u_1 与 u_2 的相位关系为（　　）。

A. u_1 比 u_2 超前 60°　B. u_1 比 u_2 超前 105°　C. u_1 比 u_2 超前 225°

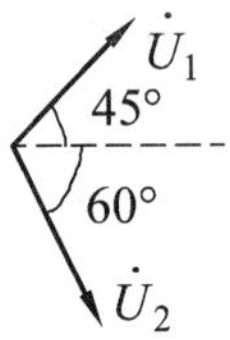

图 2-1-15

习　题

1. 将下列正弦量用有效值相量表示，并画出相量图。

（1）$u = 311\sin(\omega t + 45°)$ V

（2）$i = 10\sqrt{2}\sin(\omega t - 30°)$ A

（3）$u = 380\sqrt{2}\sin\omega t$ V

（4）$i = 10\sin(\omega t - 120°)$ A

2. 已知：$u_1(t) = 6\sqrt{2}\sin(314t + 30°)$ V

$u_2(t) = 4\sqrt{2}\sin(314t + 60°)$ V

求：$u = u_1 + u_2$

任务 2　单相正弦交流电路的分析

2.2.1　正弦交流电通过单一参数电路的分析

电阻 R、电感 L、电容 C 是交流电路中的基本电路元件。正弦交流电分别通过这三种元件时分析电压与电流的关系，能量的转换及功率等问题。

1. 正弦电路通过纯电阻元件

1）电压与电流的关系

如图 2-2-1 所示，纯电阻元件两端加以正弦交流电，电压与电流为关联参考方向，则电阻元件上有交流电流通过，电压与电流的瞬时值仍然遵循欧姆定律。

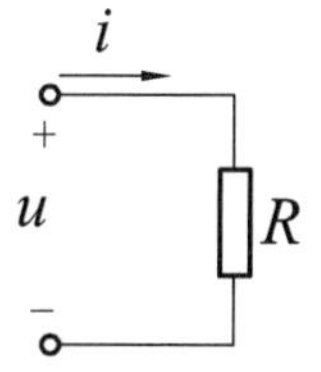

图 2-2-1　正弦交流电通过电阻元件

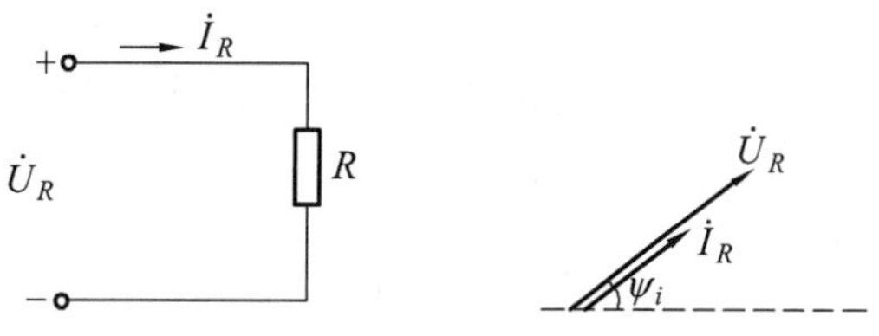

（a）相量模型　　（b）相量图

图 2-2-2　电阻元件的相量模型及相量图

设 $u = U_m \sin \omega t = \sqrt{2} U \sin \omega t$

则根据欧姆定律，可知：

$$i = \frac{u}{R} = \frac{U_m \sin \omega t}{R} = \frac{\sqrt{2} U}{R} \sin \omega t$$

式中：$I_{Rm} = \dfrac{U_{Rm}}{R}$，$\Psi_i = \Psi_u$。

写成有效值关系为

$$I_R = \frac{U_R}{R} \quad 或 \quad U_R = RI_R$$

写成相量关系为

$$\dot{I} = I\angle 0°$$
$$\dot{U} = U\angle 0° = RI\angle 0° = R\dot{I}$$

图 2-2-2 给出了电阻元件的相量模型及相量图。

可以得出结论：

① 电阻两端的电压与电流同频率、同相位；

② 电阻两端的电压与电流的瞬时值、有效值、最大值和相量均符合欧姆定律，即两者在数值上成正比。

2）功率关系

在交流电路中，任意电路元件上的电压瞬时值与电流瞬时值的乘积称作该元件的瞬时功率，用小写字 p 母表示。当 u_R 与 i_R 为关联参考方向时：

$$p = u_R i_R$$

依据上式，可以画出电阻上电压、电流与功率波形，如图 2-2-3 所示。

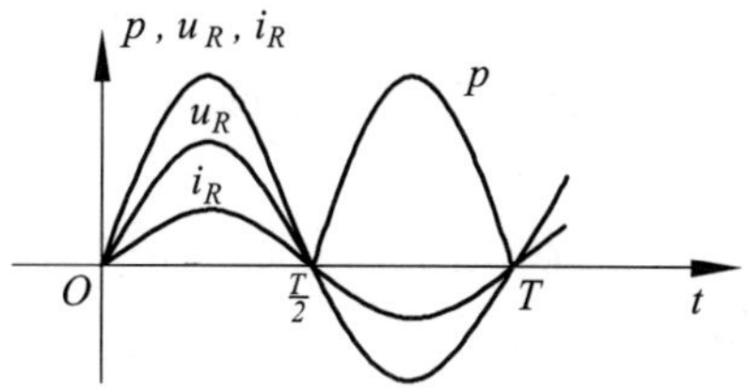

图 2-2-3　电阻元件的电压、电流、功率波形图

从图中可知：只要有电流流过电阻，电阻 R 上的瞬时功率 $p \geqslant 0$，即总是吸收功率（消耗功率）。其吸收功率的大小在工程上都用平均功率来表示。周期性交流电路中的平均功率就是瞬时功率在一个周期内的平均值，用大写字母 P 表示。

$$P=\frac{1}{T}\int_0^T p\mathrm{d}t=\frac{1}{T}\int_0^T U_R I_R(1-\cos 2\omega t)\mathrm{d}t=U_R I_R$$

又因 $$U_R=RI_R$$

所以 $$P=U_R I_R=I_R^2 R=\frac{U_R^2}{R}$$

由于平均功率反映了元件实际消耗电能的情况，所以又称有功功率，习惯上常简称功率。

2. 正弦电路通过纯电感元件

1）电压与电流的关系

电感元件上电压和电流的参考方向为关联方向，如图 2-2-4 所示。设电感 L 中通入正弦电流 i_L，设：

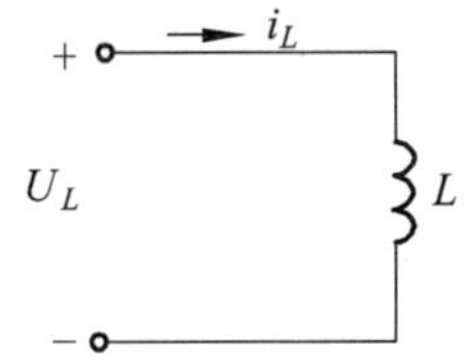

图 2-2-4　正弦交流电通过电感元件

$$i_L=I_{Lm}\sin(\omega t+\psi_i)$$

则根据法拉第定律，电感两端的电压为

$$\begin{aligned}u_L&=L\frac{\mathrm{d}i_L}{\mathrm{d}t}=L\frac{\mathrm{d}I_{Lm}\sin(\omega t+\psi_i)}{\mathrm{d}t}\\&=I_{Lm}\omega L\cos(\omega t+\psi_i)\\&=U_{Lm}\sin\left(\omega t+\psi_i+\frac{\pi}{2}\right)\\&=U_{Lm}\sin(\omega t+\psi_u)\end{aligned}$$

式中　$U_{Lm}=\omega LI_{Lm}$，　$\psi_u=\psi_i+\frac{\pi}{2}$

写成有效值为

$$U_L=\omega LI_L \quad \text{或} \quad \frac{U_L}{I_L}=\omega L$$

由此可以得出结论：

① 电感两端的电压与电流同频率。

② 电感两端的电压在相位上超前电流 90°。

③ 电感两端的电压与电流有效值（或最大值）之比为 ωL。

令 $$X_L=\omega L=2\pi fL$$

则 $$U_L=X_L I_L$$

X_L 称为感抗，它用来表示电感元件对电流的阻碍作用，它与角频率成正比，单位是欧姆。

在直流电路中，$\omega=0$，$X_L=0$，所以电感在直流电路中视为短路。

电感元件上电压与电流的相量关系为

$$\dot{I}_L=I_L\angle\psi_i$$

$$\dot{U}_L=\omega LI_L\angle(\psi_i+90°)=\mathrm{j}\omega L\dot{I}_L=\mathrm{j}X_L\dot{I}_L$$

即 $$\dot{U}_L=\mathrm{j}X_L\dot{I}_L$$

图 2-2-5 给出了电感元件的相量模型及相量图。

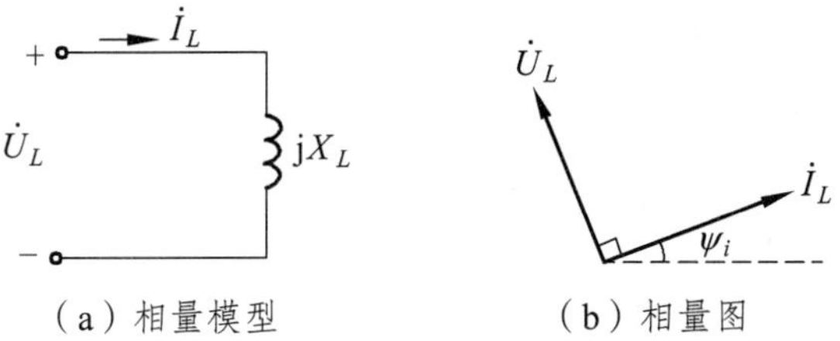

（a）相量模型　　（b）相量图

图 2-2-5　电感元件的相量模型及相量图

2）功率关系

在电压与电流参考方向一致的情况下，电感元件的瞬时功率为

$$p = u_L i_L$$

若电感两端的电流为（设 $\psi_i = 0$）

$$i_L = I_{Lm} \sin \omega t$$

则正弦交流电路中电感元件上的瞬时功率为

$$\begin{aligned} p = u_L i_L &= U_{Lm} \sin\left(\omega t + \frac{\pi}{2}\right) \times I_{Lm} \sin \omega t \\ &= U_{Lm} I_{Lm} \sin \omega t \cos \omega t \\ &= U_L I_L \sin 2\omega t \end{aligned}$$

其电压、电流、功率的波形如图 2-2-6 所示。由上式或波形图都可以看出，此功率是以 2 倍角频率做正弦变化的。

电感在通以正弦电流时，所吸收的平均功率为

$$P = \frac{1}{T}\int_0^T p\mathrm{d}t = \frac{1}{T}\int_0^T U_L I_L \sin 2\omega t\mathrm{d}t = 0$$

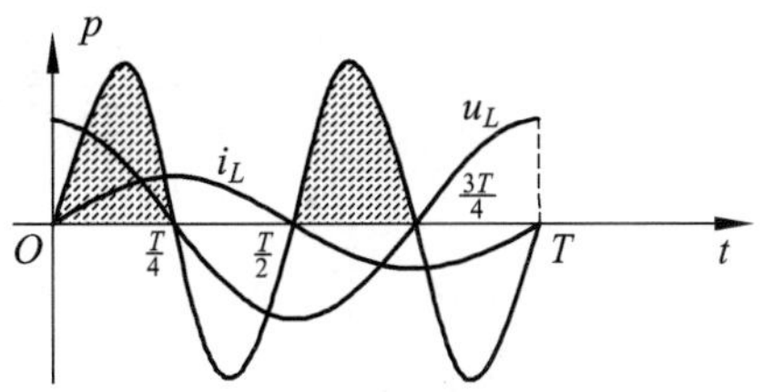

图 2-2-6　电感元件的功率波形图

上式表明电感元件是储能元件，它是不消耗能量的。电感吸收的瞬时功率不为零，在第一和第三个 1/4 周期内，瞬时功率为正值，电感吸取电源的电能，并将其转换成磁场能量储存起来；在第二和第四个 1/4 周期内，瞬时功率为负值，将储存的磁场能量转换成电能返送给电源。

为了衡量电源与电感元件间的能量交换的大小，把电感元件瞬时功率的最大值称为无功功率，用 Q_L 表示。

$$Q_L = U_L I_L = I_L^2 X_L = \frac{U_L^2}{X_L}$$

无功功率的单位为乏（var），工程中有时也用千乏（kvar）。

$$1\ \text{kvar} = 10^3\ \text{var}$$

3. 正弦电路通过纯电容元件

1）电压与电流的关系

设电容 C 中通入正弦交流电，电压与电流的参考方向为关联方向，如图 2-2-7 所示。

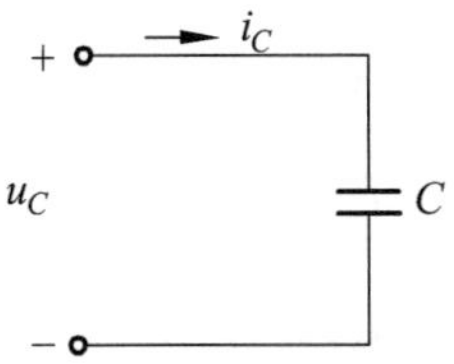

图 2-2-7　电容元件

设加在电容两端的正弦交流电压为

$$u_C = U_{Cm}\sin(\omega t + \psi_u)$$

则电路中电流：

$$\begin{aligned} i_C &= C\frac{\mathrm{d}u_C}{\mathrm{d}t} = C\frac{\mathrm{d}U_{Cm}\sin(\omega t+\psi_u)}{\mathrm{d}t} \\ &= U_{Cm}\omega C\cos(\omega t+\psi_u) \\ &= I_{Cm}\sin\left(\omega t+\psi_u+\frac{\pi}{2}\right) \\ &= I_{Cm}\sin(\omega t+\psi_i) \end{aligned}$$

式中：$I_{Cm} = U_{Cm}\omega C$，$\psi_i = \psi_u + \dfrac{\pi}{2}$。

写成有效值为

$$I_C = \omega C U_C \quad 或 \quad \frac{U_C}{I_C} = \frac{1}{\omega C}$$

由此可以得出结论：

① 电容两端的电压与电流同频率；

② 电容两端的电压在相位上滞后电流 90°；

③ 电容两端的电压与电流有效值之比为 $\dfrac{1}{\omega C}$。

令 $$X_C = \frac{1}{\omega C} = \frac{1}{2\pi f C}$$

则 $$U_C = X_C L_C$$

X_C称为容抗，表示电容元件对电流的阻碍作用，它与角频率成反比，单位是欧姆。

电容元件上电压与电流的相量关系为

$$\dot{U}_C = U_C\angle\psi_u$$

$$\dot{I}_C = \omega C U_C\angle(\psi_u + 90°) = \mathrm{j}\omega C\dot{U}_C = \mathrm{j}\frac{\dot{U}_C}{X_C}$$

即 $$\dot{U}_C = -\mathrm{j}X_C\dot{I}_C$$

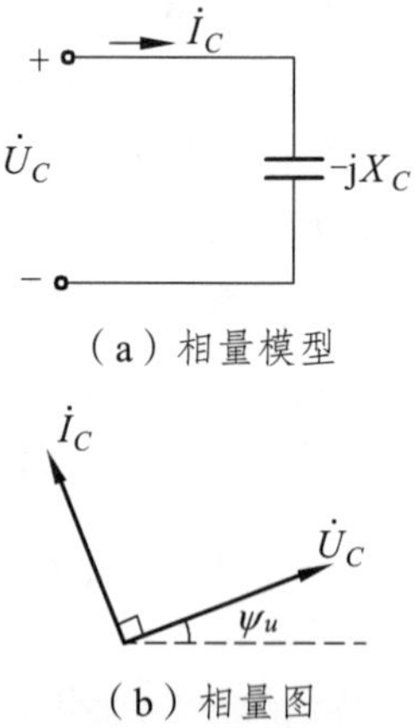

图 2-2-8 电容元件的相量模型及相量图

图 2-2-8 给出了电容元件的相量模型及相量图。

2）功率关系

在电压与电流参考方向一致的情况下，电容元件的瞬时功率为

$$\begin{aligned} p = u_C i_C &= U_{Cm}\sin\omega t \times I_{Cm}\sin\left(\omega t + \frac{\pi}{2}\right) \\ &= U_{Cm}I_{Cm}\sin\omega t\cos\omega t \\ &= U_C I_C \sin 2\omega t \end{aligned}$$

其电压、电流、功率的波形图如图 2-2-9 所示。由上式或波形图都可以看出，此功率是以 2 倍角频率做正弦变化的。

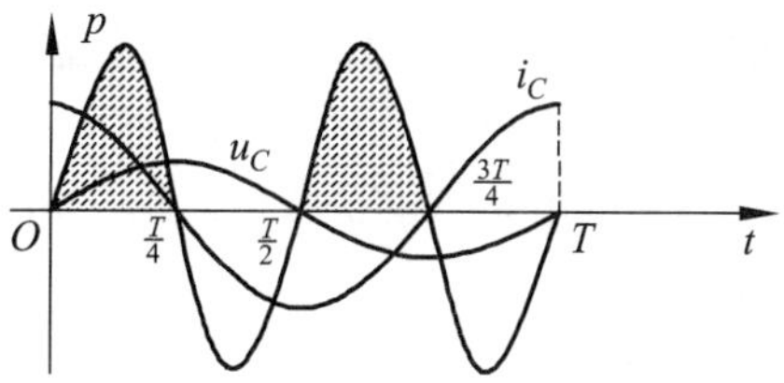

图 2-2-9　电容元件的电压、电流、功率波形图

电容在通以正弦电流时，所吸收的平均功率为

$$P=\frac{1}{T}\int_0^T p\mathrm{d}t=\frac{1}{T}\int_0^T U_C I_C \sin 2\omega t\mathrm{d}t=0$$

与电感元件相同，电容也是储能元件，是不消耗能量的。电容吸收的瞬时功率不为零，在第一和第三个 1/4 周期内，瞬时功率为正值，电容吸取电源的电能，并将其转换成电场能量储存起来；在第二和第四个 1/4 周期内，瞬时功率为负值，将储存的电场能量转换成电能返送给电源。

用无功功率 Q_C 表示电源与电容间的能量交换。

$$Q_C=U_C I_C=I_C^2 X_C=\frac{U_C^2}{X_C}$$

为了加强理解与记忆，表 2-2-1 对正弦交流电通过电阻、电感、电容三个单一元件的相关知识进行了对照。

表 2-2-1　正弦交流电能过单一参数电路

内　容		电阻电路	电感电路	电容电路
电路图		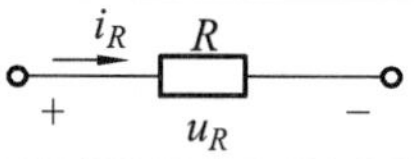	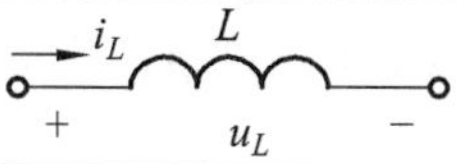	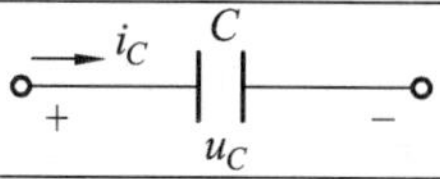
基本关系式 （关联方向）		$u_R=i_R R$	$u_L=L\frac{\mathrm{d}i_L}{\mathrm{d}t}$	$i_C=C\frac{\mathrm{d}u_C}{\mathrm{d}t}$
引入物理量		电阻 R：交流电路中对电流的阻碍作用只与 R 有关，与电源频率无关	感抗：$X_L=\omega L$ 单位：Ω 通直流隔交流	容抗：$X_C=\frac{1}{\omega C}$ 单位：Ω 隔直流通交流
频率关系		同频率	同频率	同频率
相位关系		同相位	u_L 的相位超前 i_L 90°	u_C 的相位滞后 i_C 90°
有效值关系		$U_R=I_R R$	$U_L=X_L I_L$	$U_C=X_C I_C$
相量式		$\dot{U}_R=R\dot{I}_R$	$\dot{U}_L=\mathrm{j}X_L\dot{I}_L$	$\dot{U}_C=-\mathrm{j}X_C\dot{I}_C$
相量图		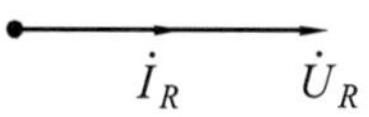	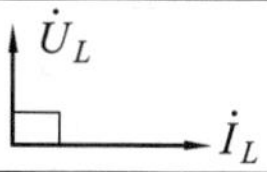	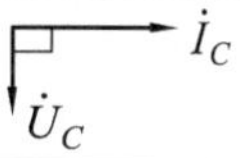
功率	瞬时功率	$p_R=u_R i_R$ $=U_R I_R\cos\omega t$	$p_L=U_L I_L\sin 2\omega t$	$p_C=-U_C I_C\sin 2\omega t$
	有功功率 （单位：W）	$P_R=U_R I_R$ $=I_R^2 R=\frac{U_R^2}{R}$	0	0
	无功功率 （单位：var）	0	$Q_L=U_L I_L$ $=I_L^2 X_L=\frac{U_L^2}{X_L}$	$Q_C=-U_C I_C$ $=-I_C^2 X_C=-\frac{U_C^2}{X_C}$

例 2-2-1 额定电压为 220 V、功率为 100 W 的电烙铁，误接在 380 V 的交流电源上，问此时它消耗的功率是多少？会出现什么现象？

解：已知额定电压和功率，可求出电烙铁的等效电阻为

$$R=\frac{U_R^2}{P}=\frac{220^2}{100}=484\ (\Omega)$$

当误接在 380 V 电源上时，电烙铁实际消耗的功率为

$$P_1=\frac{380^2}{484}=300\ (\text{W})$$

此时，电烙铁内的电阻很可能被烧断。

例 2-2-2 若将 $L=20$ mH 的电感元件，接在 $U_L=110$ V 的正弦电源上，则通过的电流是 1 mA。求：（1）电感元件的感抗及电源的频率；（2）若把该元件接在直流 110 V 电源上，会出现什么现象？

解：（1）$X_L=\dfrac{U_L}{I_L}=\dfrac{110}{1\times10^{-3}}=110\ (\text{k}\Omega)$

电源频率 $f=\dfrac{X_L}{2\pi L}=\dfrac{110\times10^3}{2\pi\times20\times10^{-3}}=8.76\times10^5\,(\text{Hz})$

（2）在直流电路中，$X_L=0$，所以电路中电流很大，电感元件可能烧坏。

例 2-2-3 设加在一电容器上的电压 $u(t)=6\sqrt{2}\sin(1000t-60^\circ)\text{V}$，其电容 C 为 10 μF。求：（1）流过电容的电流 $i(t)$ 并画出电压、电流的相量图。（2）若将其接在直流 6 V 的电源上，则电路中电流为多少？

解：（1）$\dot{U}=6\angle-60^\circ\text{V}$

$$X_C=\frac{1}{\omega C}=\frac{1}{1000\times10\times10^{-6}}=100\ (\Omega)$$

$$\dot{I}_C=\frac{\dot{U}_C}{-\text{j}X_C}=\frac{6\angle-60^\circ}{-\text{j}100}=0.06\angle(-60^\circ+90^\circ)=0.06\angle30^\circ\ (\text{A})$$

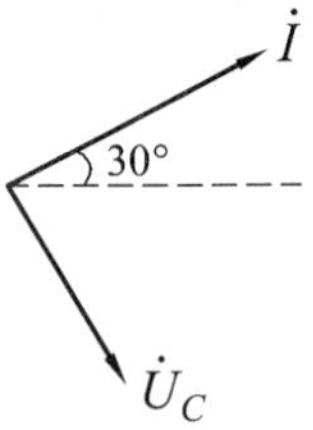

图 2-2-10 例 2-2-3 相量图

电容电流 $i(t)=0.06\sqrt{2}\sin(1000t+30^\circ)$ A

电容电压、电流的相量图如图 2-2-10 所示。

（2）若接在直流 6 V 电源上，$X_C=\infty$，$I=0$。

例 2-2-4 220 V、50 Hz 的电压分别加在电阻、电感和电容负载上，此时它们的电阻值、感抗值、容抗值均为 22 Ω，试分别求出三个元件中的电流，写出各电流的瞬时值表达式，并以电压为参考相量画出相量图。若电压的有效值不变，频率由 50 Hz 变到 500 Hz，重新回答以上问题。

解：$\dot{U}=220\angle0^\circ\text{V}$

（1）当 $f=50$ Hz 时：

$$\dot{I}_R=\dot{U}/R=220\angle0^\circ/22=10\angle0^\circ\ (\text{A})$$
$$\dot{I}_L=\dot{U}/\text{j}X_L=220\angle0^\circ/\text{j}22=10\angle-90^\circ\ (\text{A})$$
$$\dot{I}_C=\dot{U}/(-\text{j}X_C)=220\angle0^\circ/(-\text{j}22)=10\angle90^\circ\ (\text{A})$$

所以

$$i_R = 10\sqrt{2}\sin 314t \text{ A}$$
$$i_L = 10\sqrt{2}\sin(314t - 90°) \text{ (A)}$$
$$i_C = 10\sqrt{2}\sin(314t + 90°) \text{ (A)}$$

（2）当 $f = 500$ Hz 时：

$R = 22\ \Omega$，$X_L = 2\pi fL = 220\ \Omega$，$X_C = 1/2\pi fC = 2.2\ \Omega$

所以

$$i_R = 10\sqrt{2}\sin 3\,140t \text{ (A)}$$
$$i_L = \sqrt{2}\sin(3\,140t - 90°) \text{ (A)}$$
$$i_C = 100\sqrt{2}\sin(3\,140t + 90°) \text{ (A)}$$

相量图如图 2-2-11 所示。

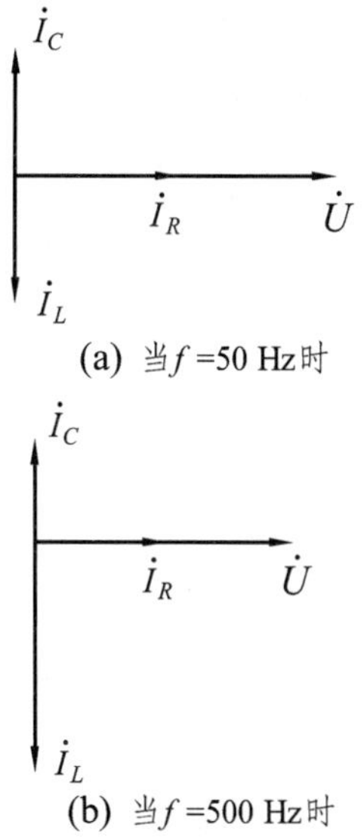

图 2-2-11　例 2-2-4 相量图

2.2.2　正弦交流电通过 *RLC* 串联电路的分析

1. 电压电流关系

通常电感元件也存在电阻，构成电阻和电感的串联电路，所以本节主要讨论电阻、电感和电容串联电路的分析。

电阻、电感和电容串联电路如图 2-2-12 所示。

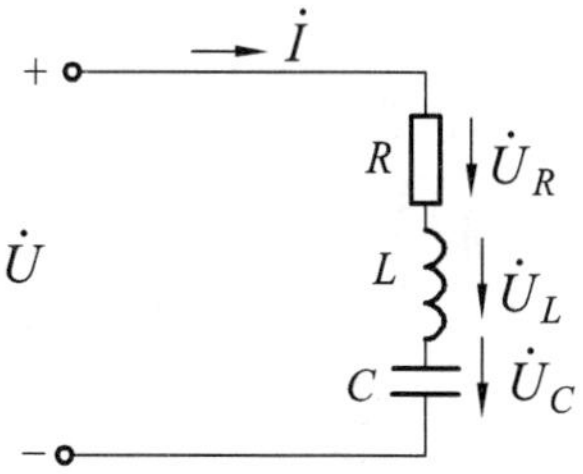

图 2-2-12　R、L、C 串联电路

根据相量形式的 KVL 可得

$$\begin{aligned}\dot{U} &= \dot{U}_R + \dot{U}_L + \dot{U}_C \\ &= R\dot{I} + \mathrm{j}\omega L\dot{I} = \frac{1}{\mathrm{j}\omega C}\dot{I} \\ &= \left(R + \mathrm{j}\omega L + \frac{1}{\mathrm{j}\omega C}\right)\dot{I} \\ &= [R + \mathrm{j}(X_L - X_C)]\dot{I} \\ &= Z\dot{I}\end{aligned}$$

式中　$Z = R + \mathrm{j}(X_L - X_C)$

令　$X = X_L - X_C$

则有　$Z = \dfrac{\dot{U}}{\dot{I}} = R + \mathrm{j}X$

可见，在 R、L、C 串联电路中，电压相量 $\dot{U}$ 与电流相量 $\dot{I}$ 之比为复数 Z，它的实部为电路的电阻 R，虚部为电路中的感抗 X_L 与电容 X_C 之差，X 称为电路的电抗，Z 称为电路的复阻抗。将复阻抗写成指数形式，则为

$$Z = \sqrt{R^2 + X^2}\angle\arctan\frac{X}{R} = |Z|\angle\varphi$$

其中　$|Z| = \sqrt{R^2 + X^2} = \sqrt{R^2 + (X_L - X_C)^2}$

$$\varphi = \arctan\frac{X}{R} = \arctan\frac{X_L - X_C}{R}$$

以上两式表明：复阻抗的模$|Z|$（也可称阻抗）及辐角φ的大小，只与参数及角频率有关，而与电压及电流无关。上式还说明，复阻抗的模$|Z|$和R及X构成一个直角三角形，如图 2-2-13 所示，称为阻抗三角形，辐角φ又称为阻抗角。由阻抗三角形可得

$$R=|Z|\cos\varphi\ ,\ X=|Z|\sin\varphi$$

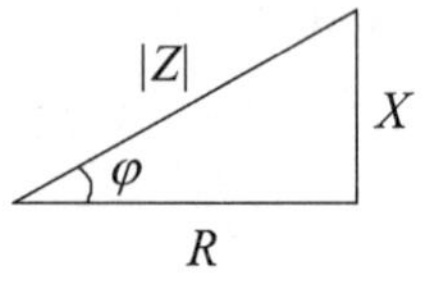

图 2-2-13　阻抗三角形

由于

$$Z=\frac{\dot{U}}{\dot{I}}=\frac{U\angle\varphi_u}{I\angle\varphi_i}=\frac{U}{I}\angle(\psi_u-\varphi_i)=|Z|\angle\varphi$$

所以由上式可见，复阻抗的模$|Z|$等于电压的有效值与电流的有效值之比，辐角φ等于电压与电流的相位差角，即

$$|Z|=\frac{U}{I}\qquad\qquad \varphi=\psi_u-\psi_i$$

由此可见，复阻抗Z决定了电压、电流的有效值大小和相位间的关系。所以复阻抗是正弦交流电路中一个十分重要的概念。

下面我们讨论电路参数对电路性质的影响。

根据电路参数可得出R、L、C串联电路的性质如下：

（1）当$X_L>X_C$时，$\varphi=\arctan\dfrac{X_L-X_C}{R}>0$，即电压超前电流$\varphi$角，电路呈感性；

（2）当$X_L<X_C$时，$\varphi<0$，即电压滞后电流，电路呈容性；

（3）当$X_L=X_C$时，$\varphi=0$，即电压与电流同相位，电路呈阻性。

三种情况的相量图如图 2-2-14 所示。

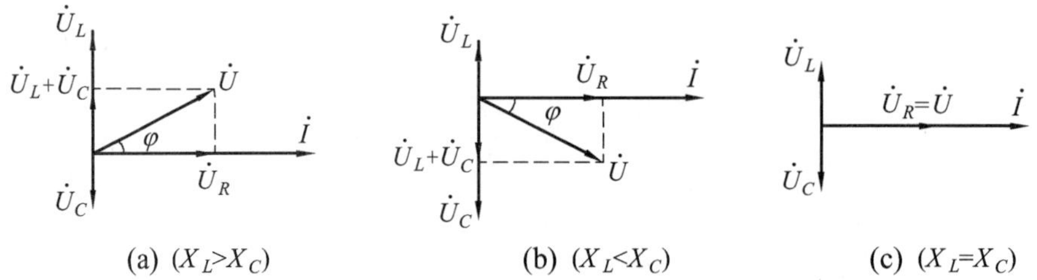

图 2-2-14　R、L、C串联电路相量图

由上面分析可知：$-90°<\varphi<90°$，当电源频率不变时，改变电路参数L或C可以改变电路的性质；若电路参数不变，也可以通过改变电源频率来改变电路的性质。

从图 2-2-14 所示的相量图还可以看出，电阻电压$\dot{U}_R$、电抗电压$\dot{U}_X=\dot{U}_L+\dot{U}_C$和端电压$\dot{U}$的三个相量也组成一个直角三角形，叫电压三角形，它与阻抗三角形是相似三角形。即：

$$U=\sqrt{U_R^2+(U_L-U_C)^2}=\sqrt{U_R^2+U_X^2}$$

其中$U_X=|U_L-U_C|$。

为了加强理解与记忆，表 2-2-2 对正弦交流电通过RL串联、RC串联、RLC串联电路的相关知识进行了对照。

表 2-2-2　简单正弦交流电路分析

内　容	*RL* 串联电路	*RC* 串联电路	*RLC* 串联电路
电路图	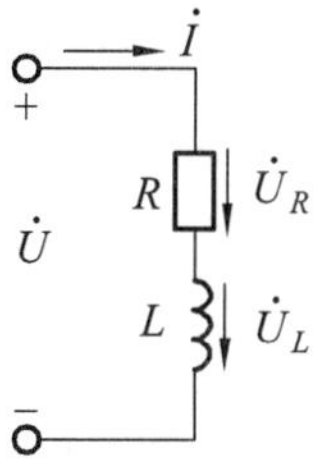	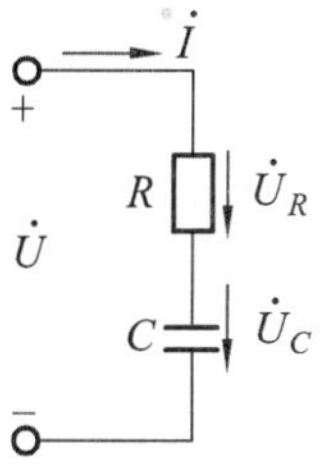	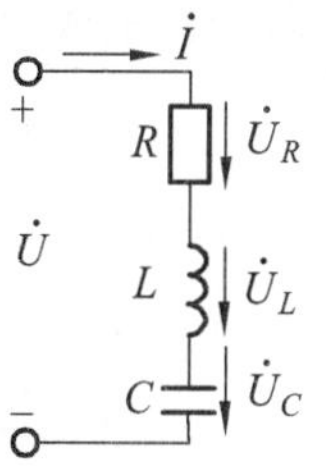
KVL 方程	$\dot{U}=\dot{U}_R+\dot{U}_L$	$\dot{U}=\dot{U}_R+\dot{U}_C$	$\dot{U}=\dot{U}_R+\dot{U}_L+\dot{U}_C$
电压与电流的相量式	$\dot{U}=(R+\mathrm{j}X_L)\dot{I}$ $\dot{U}_R=R\dot{I}_R$ $\dot{U}_L=\mathrm{j}X_L\dot{I}_L$	$\dot{U}=(R-\mathrm{j}X_C)\dot{I}$ $\dot{U}_R=R\dot{I}_R$ $\dot{U}_C=-\mathrm{j}X_C\dot{I}_C$	$\dot{U}=[R+\mathrm{j}(X_L-X_c)]\dot{I}$ $\dot{U}_R=R\dot{I}_R$ $\dot{U}_L=\mathrm{j}X_L\dot{I}_L$，$\dot{U}_C=-\mathrm{j}X_C\dot{I}_C$
电路复阻抗 （$Z_R=R$； $Z_L=\mathrm{j}X_L$； $Z_C=-\mathrm{j}X_C$）	$Z_{RL}=R+\mathrm{j}X_L$ $=\sqrt{R^2+X_L^2}\angle\varphi$ $\varphi=\arctan\dfrac{X_L}{R}$	$Z_{RC}=R-\mathrm{j}X_C$ $=\sqrt{R^2+X_C^2}\angle\varphi$ $\varphi=\arctan\dfrac{-X_C}{R}$	$Z=R+\mathrm{j}(X_L-X_C)$ $=\sqrt{R^2+(X_L-X_C)^2}\angle\varphi$ $\varphi=\arctan\dfrac{X_L-X_C}{R}$
电压、电流关系及总电压与各分电压之间关系	（1）有效值关系 $U=\lvert z\rvert I=\sqrt{R^2+X_L^2}I$ $=\sqrt{U_R^2+U_L^2}$ （2）相位关系 $\varphi_{ui}=\varphi=\arctan\dfrac{X_L}{R}$ $=\arctan\dfrac{U_L}{U_R}$	（1）有效值关系 $U=zI=\sqrt{R^2+X_C^2}I$ $=\sqrt{U_R^2+U_C^2}$ （2）相位关系 $\varphi_{ui}=\varphi=\arctan\dfrac{-X_C}{R}$ $=\arctan\dfrac{-U_C}{U_R}$	（1）有效值关系 $U=zI=\sqrt{R^2+(X_L-X_C)^2}I$ $=\sqrt{U_R^2+(U_L-U_C)^2}$ （2）相位关系 $\varphi_{ui}=\varphi=\arctan\dfrac{X_L-X_C}{R}$ $=\arctan\dfrac{U_L-U_C}{U_R}$
相量图 （令 $\dot{I}=I\angle0^\circ$）	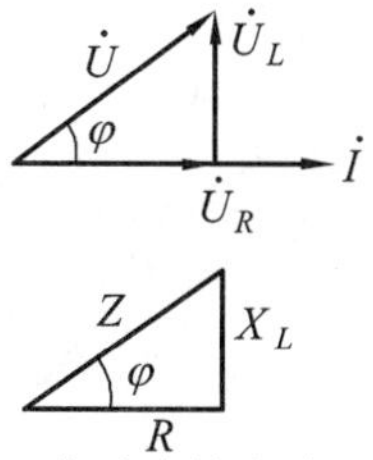 典型感性电路	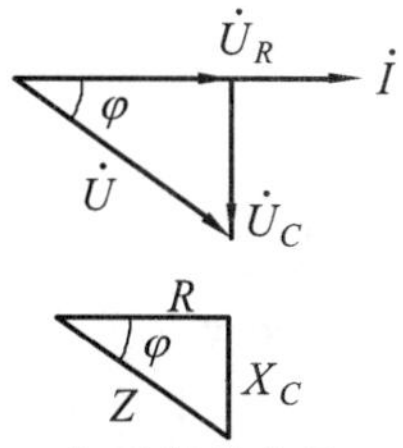 典型容性电路	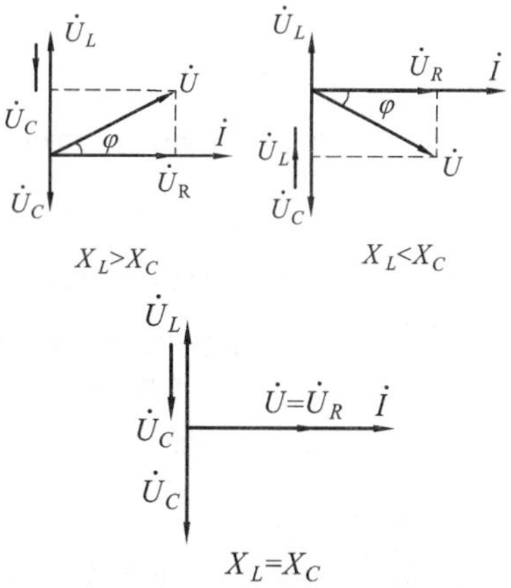

例 2-2-5　把一个电感线圈接到电压为 20 V 的直流电流上，测得通过线圈的电流为 0.4 A，当把该线圈接到电压有效值为 65 V 的工频交流电源上时，测得通过线圈的电流为 0.5 A。试求该电感线圈的参数 *R* 和 *L*。

解：因为电感线圈接到直流电源上时感抗等于零，所以

$$R=\frac{U}{I}=\frac{20}{0.4}=500\ (\Omega)$$

接到工频交流电源上时，电路阻抗为

$$Z=\frac{U'}{I'}=\frac{65}{0.5}=130\ (\Omega)$$

由 $$Z=\sqrt{R^2+X_L^2}$$

得 $$X_L=\sqrt{Z^2-R^2}=\sqrt{130^2-50^2}=120(\Omega)$$

由 $$X_L=2\pi fL$$

得 $$L=\frac{X_L}{2\pi f}=\frac{120}{314}=0.382\ (\mathrm{H})$$

例 2-2-6 某 *RLC* 串联电路中，$R=3\ \Omega$，$X_L=3\ \Omega$，$X_C=7\ \Omega$，正弦电压 $U=100$ V，试求电路的复阻抗，电路中的电流和各元件上的电压，并作出相量图。

解： 复阻抗 $Z=R+\mathrm{j}(X_L-X_C)=3+\mathrm{j}(3-7)=3-\mathrm{j}4=5\angle-53.1^\circ(\Omega)$

设电压 $\dot{U}=100\angle 0^\circ$

则

$$\dot{I}=\frac{\dot{U}}{Z}=\frac{100\angle 0^\circ}{5\angle-53.1^\circ}=20\angle 53.1^\circ\ (\mathrm{A})$$

$$\dot{U}_R=R\dot{I}=3\times 20\angle 53.1^\circ=60\angle 53.1^\circ\ (\mathrm{V})$$

$$\dot{U}_L=\mathrm{j}X_L\dot{I}=\mathrm{j}3\times 20\angle 53.1^\circ=60\angle 143.1^\circ\ (\mathrm{V})$$

$$\dot{U}_C=-\mathrm{j}X_C\dot{I}=-\mathrm{j}7\times 20\angle 53.1^\circ=140\angle-36.9^\circ\ (\mathrm{V})$$

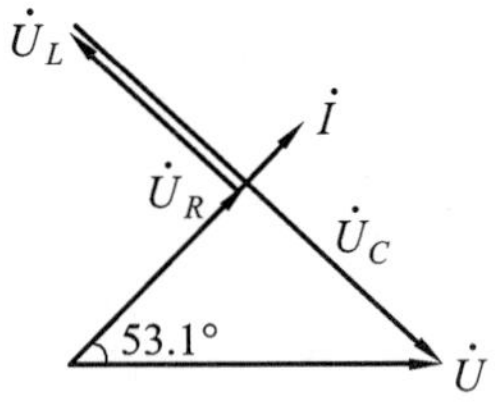

图 2-2-15 例 2-2-6 图

相量图如图 2-2-15 所示。

2. 功率关系

1）瞬时功率

设 $Z=|Z|\angle\varphi_Z$，则

$$\begin{cases}u=\sqrt{2}U\sin\omega t\\ i=\sqrt{2}I\sin(\omega t-\varphi_Z)\end{cases}$$

在任一瞬间吸收的功率即瞬时功率为

$$\begin{aligned}p=ui&=2UI\sin(\omega t+\varphi)\sin\omega t\\&=UI[\cos\varphi_Z-\cos(2\omega t-\varphi_Z)]\end{aligned}$$

其波形图如图 2-2-16 所示。

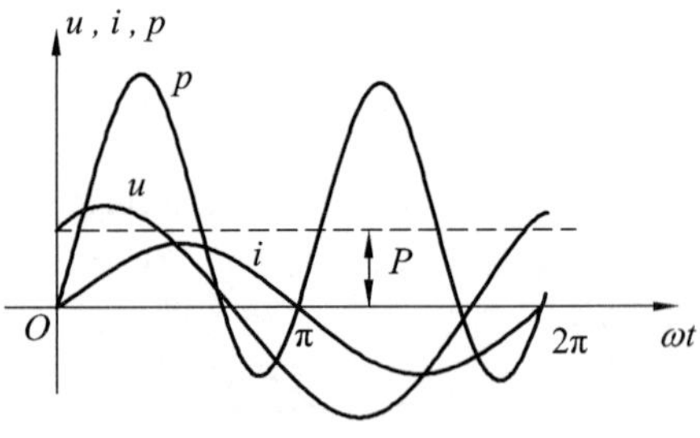

图 2-2-16 电压、电流及瞬时功率波形图

2）有功功率

将瞬时功率的表示式代入有功功率的定义式，得到

$$P=\frac{1}{T}\int_0^T p\mathrm{d}t=UI\cos\varphi=U_RI=P_R$$

即电路的有功功率为电阻元件消耗的功率。这是因为电路中只有电阻是耗能元件，电感和电容都是储能元件。

3）无功功率

由于储能元件的存在，网络与外部一般会有能量的交换，能量交换的规模仍可用无功功率来衡量，其定义为

$$Q = UI\sin\varphi$$

可以证明，对于任意线性无源二端网络，其无功功率等于该网络内所有电感和电容的无功功率之和，也等于各电源输出的无功功率之和。

需要指出的是：

① 无功功率的正负只说明网络是感性还是容性，绝对值$|Q|$才体现网络对外交换能量的规模。

② 许多电气设备，如电动机、电焊机、变压器、日光灯镇流器等，都具有电感线圈，为了建立磁场，发电厂必须向它们提供一定的无功功率，无功功率供给不足，很多电气设备就不能正常工作甚至遭到损坏。

4）视在功率

电路中电压有效值与电流有效值的积为网络的视在功率，用S表示，即

$$S = UI$$

为区别于有功功率，视在功率用伏安（V·A）为单位。视在功率表征电源提供的总功率，也用来表示交流电源的容量。

发电机、变压器等电源容量就是用视在功率来描述，它等于额定电压与额定电流的乘积。有功功率和无功功率可分别用视在功率表示为

$$P = UI\cos\varphi = S\cos\varphi$$
$$Q = UI\sin\varphi = S\sin\varphi$$

由以上两式可以看出，视在功率S、有功功率P与无功功率Q构成一个直角三角形，我们称之为功率三角形。由功率三角形可得

$$S = \sqrt{P^2 + Q^2}$$

实际上，功率三角形也可以由电压三角形各边乘以I得到。所以电压三角形、阻抗三角形、功率三角形均为相似三角形。为了便于记忆，我们将三个三角形画在一起，如图 2-2-17 所示。

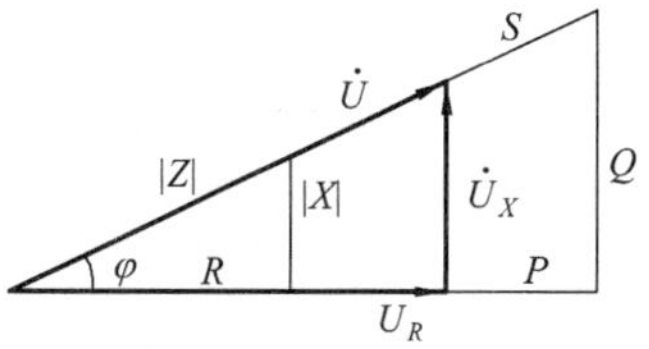

图 2-2-17　复阻抗串联模型的三个“三角形”

5）功率因数

为了表征电源功率被利用的程度，我们把有功功率与视在功率的比值称为网络的功率因数，用λ表示，即

$$\lambda = \frac{P}{S} = \cos\varphi$$

功率因数λ等于阻抗角（或电压超前于电流的相位差角）φ的余弦值，φ角因此也被称作功率因数角。在无源电路中，$|\varphi| \leqslant \frac{\pi}{2}$，故$1 \geqslant \cos\varphi \geqslant 0$；又因$\cos\varphi$只取决于电路的参数和频率，而与电压和电流无关，所以视在功率一定的电源，向电路输出的有功功率不由电源本身决定，而是取决于全部电路的参数。

例 2-2-7　在 RLC 串联交流电路中，已知 $L = 127\ \text{mH}$，$C = 40\ \mu\text{F}$，$R = 30\ \Omega$，$u = 220\sqrt{2}\sin(314t + 20°)\text{V}$。求：（1）电流的有效值$I$与瞬时值$i$；（2）各部分电压的有效值与

瞬时值；（3）作相量图；（4）有功功率 P、无功功率 Q 和视在功率 S。

解：（1）

$$X_L = \omega L = 314\times127\times10^{-3} = 40\ (\Omega)$$

$$X_C = \frac{1}{\omega C} = \frac{1}{314\times40\times10^{-6}} = 80\ (\Omega)$$

$$Z = R + \mathrm{j}(X_L - X_C) = 30 - \mathrm{j}40 = 50\angle-53^\circ\ (\Omega)$$

由 $\dot{U} = 220\angle20^\circ\mathrm{V}$，$Z = 50\angle-53^\circ\,\Omega$ 得

$$\dot{I} = \frac{\dot{U}}{Z} = \frac{220\angle20^\circ}{50\angle-53^\circ} = 4.4\angle73^\circ\ (\mathrm{A})$$

$$i = 4.4\sqrt{2}\sin(314t + 73^\circ)\ (\mathrm{A})$$

（2）

$$\dot{U}_R = R\dot{I} = 30\times4.4\angle73^\circ = 132\angle73^\circ\ (\mathrm{V})$$

$$\dot{U}_L = \mathrm{j}X_L\dot{I} = \mathrm{j}40\times4.4\angle73^\circ = 176\angle163^\circ\ (\mathrm{V})$$

$$\dot{U}_C = -\mathrm{j}X_C\dot{I} = -\mathrm{j}80\times4.4\angle73^\circ = 352\angle-17^\circ\ (\mathrm{V})$$

$$u_R = 132\sqrt{2}\sin(314t + 73^\circ)\ (\mathrm{V})$$

$$u_L = 176\sqrt{2}\sin(314t + 163^\circ)\ (\mathrm{V})$$

$$u_C = 352\sqrt{2}\sin(314t - 17^\circ)\ (\mathrm{V})$$

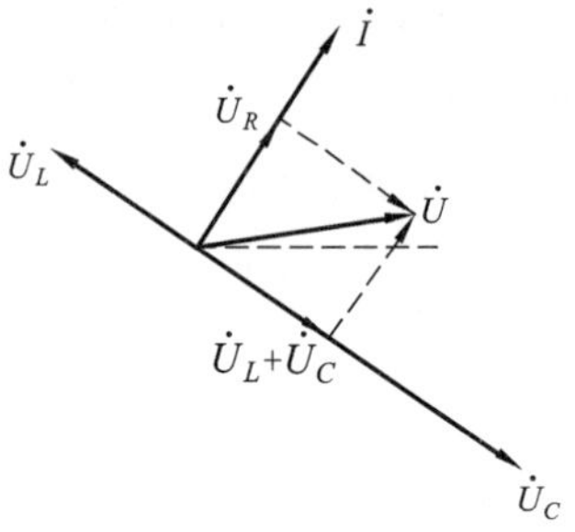

图 2-2-18

（3）相量图如图 2-2-18 所示。

（4）$P = UI\cos\varphi = 220\times4.4\times\cos(-53^\circ) = 580.8\ (\mathrm{W})$

或 $P = U_R I = I^2 R = 580.8(\mathrm{W})$

$$Q = UI\sin\varphi = 220\times4.4\times\sin(-53^\circ) = -774.4\ (\mathrm{var})$$

$$S = UI = 220\times4.4 = 968\ (\mathrm{V\cdot A})$$

2.2.3 复阻抗的串联与并联、功率因数提高

1. 阻抗的串联

阻抗串联电路如图 2-2-19 所示，根据相量形式的 KVL 可得

$$\dot{U} = \dot{U}_1 + \dot{U}_2 + \dot{U}_3 = (Z_1 + Z_2 + Z_3)\dot{I} = Z\dot{I}$$

式中 $Z = Z_1 + Z_2 + Z_3$

Z 为全电路的等效阻抗，它等于各复阻抗之和。

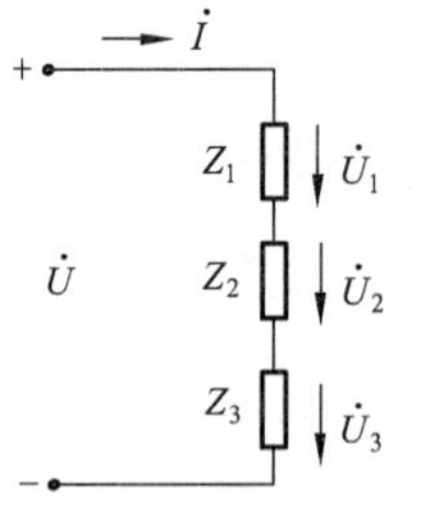

图 2-2-19 阻抗串联电路

如果把各阻抗用 R 与 X 串联来表示，即

$$Z_1 = R_1 + \mathrm{j}X_1,\quad Z_2 = R_2 + \mathrm{j}X_2,\quad Z_3 = R_3 + \mathrm{j}X_3$$

则 $Z = (R_1 + R_2 + R_3) + \mathrm{j}(X_1 + X_2 + X_3) = R + \mathrm{j}X$

式中 $R = R_1 + R_2 + R_3$，$X = X_1 + X_2 + X_3$

因此，串联阻抗的等效电阻等于各电阻之和，等效电抗等于各电抗的代数和。故等效阻抗的模为

$$|Z| = \sqrt{(R_1 + R_2 + R_3)^2 + (X_1 + X_2 + X_3)^2}$$

阻抗角为 $\varphi = \arctan\dfrac{X_1+X_2+X_3}{R_1+R_2+R_3}$

阻抗串联时的分压公式为 $\dot{U}_1 = \dfrac{Z_1}{Z}\dot{U}$

其公式与直流电路相似，所不同的是电压、电流均为相量，Z 为复数。

例 2-3-1 设三个复阻抗串联电路如图 2-2-19 所示，已知 $Z_1 = 5+\text{j}10\ \Omega$，$Z_2 = 10-\text{j}15\ \Omega$，$Z_3 = -\text{j}9\ \Omega$，电源电压 $\dot{U} = 40\angle 30°\ \text{V}$，试求等效复阻抗 Z，电流 $\dot{I}$ 和电压 $\dot{U}_1$、$\dot{U}_2$、$\dot{U}_3$，并画出相量图。

解： 复阻抗

$$\begin{aligned} Z &= Z_1+Z_2+Z_3 \\ &= (5+\text{j}10)+(10-\text{j}15)-\text{j}9 \\ &= 15-\text{j}14 = 20.5\angle -43°\ (\Omega) \end{aligned}$$

$$\dot{I} = \frac{\dot{U}}{Z} = \frac{40\angle 30°}{20.5\angle -43°} = 1.95\angle 73°\ (\text{A})$$

$$\dot{U}_1 = Z_1\dot{I} = (5+\text{j}10)\times 1.95\angle 73° = 21.8\angle 136.4°\ (\text{V})$$

$$\dot{U}_2 = Z_2\dot{I} = (10-\text{j}15)\times 1.95\angle 73° = 35.2\angle 16.7°\ (\text{V})$$

$$\dot{U}_3 = Z_3\dot{I} = -\text{j}9\times 1.95\angle 73° = 17.6\angle -17°\ (\text{V})$$

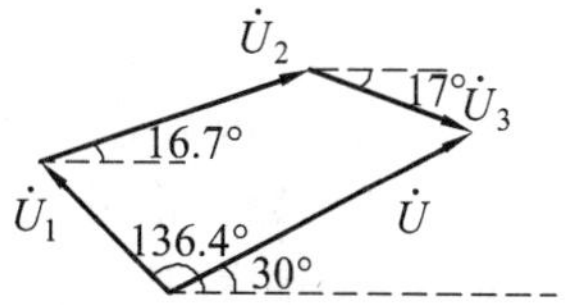

图 2-2-20 例 2-3-1 相量图

相量图如图 2-2-20 所示。

2. 阻抗的并联

阻抗并联电路如图 2-2-21 所示，根据相量形式的 KCL 得

$$\begin{aligned} \dot{I} &= \dot{I}_1+\dot{I}_2+\dot{I}_3 \\ &= \left(\frac{1}{Z_1}+\frac{1}{Z_2}+\frac{1}{Z_3}\right)\dot{U} = \frac{\dot{U}}{Z} \end{aligned}$$

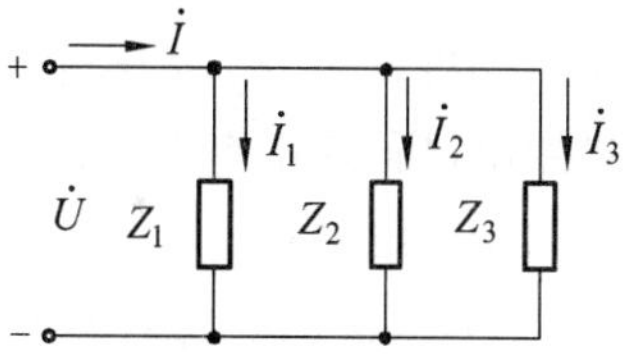

图 2-2-21 阻抗并联电路

式中 $\dfrac{1}{Z} = \dfrac{1}{Z_1}+\dfrac{1}{Z_2}+\dfrac{1}{Z_3}$

即几个复阻抗并联时，全电路的等效复阻抗的倒数等于各复阻抗的倒数之和。

当两个复阻抗并联时，其等效阻抗也可用下式计算：

$$Z = \frac{Z_1\cdot Z_2}{Z_1+Z_2}$$

例 2-3-2 如图 2-2-22（a）所示为正弦交流电路的一部分，已知电流表 I_1 的读数为 3 A，I_2 的读数为 4 A，求电流表 A 的读数。

（a）电路图　　（b）相量图

图 2-2-22 例 2-3-2 图

解： 以电压为参考相量，画出相量图如图 2-2-22（b）所示。由相量图可见，$\dot{I}_R$、$\dot{I}_C$、$\dot{I}$ 三者组成一直角三角形，故得

$$I=\sqrt{I_R^2+I_C^2}=\sqrt{3^2+4^2}=5\ (\text{A})$$

本例也可用相量法计算

设电压相量为 $\dot{U}=U\angle 0°$，则

$$\dot{I}_R=3\angle 0°=3\ (\text{A})$$
$$\dot{I}_C=4\angle 90°=\text{j}4\ (\text{A})$$

由 KCL 得　$\dot{I}=\dot{I}_R+\dot{I}_C=3+\text{j}4=5\angle 53.1°\ (\text{A})$

电流表的读数为 5 A。

3. 功率因数的提高

1）功率因数提高的意义

电源的额定输出功率为 $P_\text{N}=S_\text{N}\cos\varphi$，它除了取决于本身容量（即额定视在功率）外，还与负载功率因数有关。若负载功率因数低，电源输出功率将减小，这显然是不利的。因此，为了充分利用电源设备的容量，应该设法提高负载网络的功率因数。

另外，若负载功率因数低，电源在供给有功功率的同时，还要提供足够的无功功率，致使供电线路电流增大，从而造成线路上能耗增大。可见，提高功率因数有很大的经济意义。

功率因数不高的原因，主要是由于大量电感性负载的存在。工厂生产中广泛使用的三相异步电动机就相当于电感性负载。为了提高功率因数，可以从两个基本方面来着手：一方面是改进用电设备的功率因数，但这主要涉及更换或改进设备；另一方面是在感性负载的两端并联适当大小的电容器。

2）功率因数提高的方法

常用的提高功率因数的方法是在感性负载两端并接合适的电容。

原负载为感性负载，其功率因数为 $\cos\varphi$，电流为 $\dot{I}_1$，在其两端并联电容器 C，电路如图 2-2-23 所示，并联电容以后，并不影响原负载的工作状态。从相量图可知，由于电容电流补偿了负载中的无功电流，使总电流减小，所以电路的总功率因数提高了。

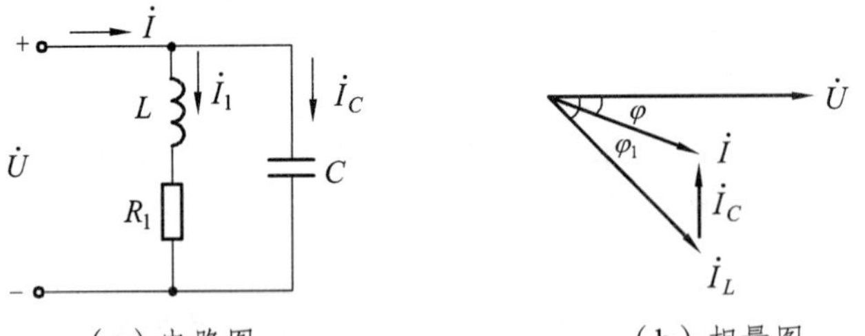

（a）电路图　　（b）相量图

图 2-2-23　功率因数提高

设有一感性负载的端电压为 U，功率为 P，功率因数为 $\cos\varphi_1$，为了使功率因数提高到 $\cos\varphi$，可推导所需并联电容 C 的计算公式：

$$I_1\cos\varphi_1=I\cos\varphi=\frac{P}{U}$$

流过电容的电流 $I_C = I_1\sin\varphi_1 - I\sin\varphi = \dfrac{P}{U}(\tan\varphi_1 - \tan\varphi)$

又因 $I_C = U\omega C$

所以 $C = \dfrac{P}{\omega U^2}(\tan\varphi_1 - \tan\varphi_2)$

例 2-3-3 两个负载并联，接到 220 V、50 Hz 的电源上。一个负载的功率 $P_1 = 2.8$ kW，功率因数 $\cos\varphi_1 = 0.8$（感性）；另一个负载的功率 $P_2 = 2.42$ kW，功率因数 $\cos\varphi_2 = 0.5$（感性）。试求：

（1）电路的总电流和总功率因数；

（2）电路消耗的总功率；

（3）要使电路的功率因数提高到 0.92，需并联多大的电容？此时，电路的总电流为多少？

（4）再把电路的功率因数从 0.92 提高到 1，需并联多大的电容？

解：（1）$I_1 = \dfrac{P_1}{U\cos\varphi_1} = \dfrac{2800}{220\times 0.8} = 15.9\ (\text{A})$

$\cos\varphi_1 = 0.8 \Rightarrow \varphi_1 = 36.9°$

$I_2 = \dfrac{P_2}{U\cos\varphi_2} = \dfrac{2420}{220\times 0.5} = 22\ (\text{A})$

$\cos\varphi_2 = 0.5 \Rightarrow \varphi_2 = 60°$

设电源电压 $\dot{U} = 220\angle 0°\ \text{V}$

则 $\dot{I}_1 = 15.9\angle -36.9°\ \text{A}$

$\dot{I}_2 = 22\angle -60°\ \text{A}$

$\dot{I} = \dot{I}_1 + \dot{I}_2 = 15.9\angle -36.9° + 22\angle -60° = 37.1\angle -50.3°\ (\text{A})$

即 $I = 37.1\ (\text{A}),\quad \varphi' = 50.3°$

$\cos\varphi' = 0.64$

（2）$P = P_1 + P_2 = 2.8 + 2.42 = 5.22\ (\text{kW})$

（3）$\cos\varphi = 0.92 \Rightarrow \varphi = 23.1°$

$\cos\varphi' = 0.64 \Rightarrow \varphi' = 50.3°$

$$C = \frac{P}{\omega U^2}(\tan 50.3° - \tan 23.1°)$$

$$= 0.000\,34\,(1.2 - 0.426) = 263\ (\mu\text{F})$$

$$I = \frac{P}{U\cos\varphi} = \frac{5\,220}{220\times 0.92} = 25.8\ (\text{A})$$

（4）$\cos\varphi = 0.92 \Rightarrow \varphi = 23.1°$

$\cos\varphi = 1 \Rightarrow \varphi = 0°$

$$C' = \frac{P}{\omega U^2}(\tan 23.1° - \tan 0°) = 0.000\,34(0.426 - 0) = 144.8\ (\mu\text{F})$$

可以看出，将功率因数从 0.92 提高到 1，仅提高了 0.08，却需要补偿电容 144.8 μF。

在实际生产中并不要求把功率因数提高到 1，因为这样做需要并联的电容较大，将大大增加设备的投资。功率因数提高到什么程度为宜，只有在做具体的技术经济比较之后才能决定。通常只需将功率因数提高到 0.9 ~ 0.95。

小　结

1. 单相交流电路的构成形式：单相交流电通过 R、L、C 三种元件的单一参数电路。

2. 用相量分析法分析 R、L、C 串联电路。

3. 复阻抗的串并联分析。

4. 功率的有关概念：瞬时功率、有功功率、无功功率、视在功率、功率因素等。正弦交流电路中的功率计算，熟悉功率因数的提高的方法。

自测练习题

一、判断题

1. 某元件的电压和电流分别为 $u = 10\sin(1000t + 45°)$ V，$i = 0.1\sin(1000t - 45°)$ A，则该元件是纯电感性元件。(　　)

2. 有一个交流电磁铁线圈（内阻可忽略），U_N = 220 V，I_N = 6 A，有人误将此线圈接在 220 V 的直流电源上，发现线圈发热严重，不久烧毁。分析其原因是直流电源频率为零，电流趋于无穷大。(　　)

3. 已知某元件中的电流 $i = 5\sin(1000t + 120°)$ A，电压 $u = 20\sin(1000t + 30°)$ V，则该元件为电容元件。(　　)

4. 在 R、L、C 串联电路中，因为总电压的有效值与电流有效值之比等于总阻抗，即 $U/I = Z$。则总阻抗 $Z = R + X_L + X_C$。(　　)

5. 在 R、L、C 串联电路中，总电压和总电流之间的相位差只决定于电路中阻抗与电阻的比值，而与电压与电流的大小无关。(　　)

6. 实际测得 40 W 日光灯管两端的电压为 108 V，镇流器两端的电压为 165 V，两个电压直接相加后其值大于电源电压 220 V，这说明测量数据是错误的。(　　)

7. 在交流电路中，电压与电流相位差为零，该电路必定是电阻性电路。(　　)

8. 已知，某感性负载的有功功率 P，无功功率 Q，负载两端电压 U，流过的电流 I，则该负载的电阻 $R = P/I^2$。(　　)

9. 在 RLC 串联电路中，已知 $R = 3\ \Omega$，$X_L = 5\ \Omega$，$X_C = 8\ \Omega$，则电路的性质为电容性，总电压比总电流滞后。(　　)

10. 给某一电路施加 $u = 100\sqrt{2}\sin(100\pi t + \pi/6)$ V 的电压，得到的电流 $i = 5\sqrt{2}\sin(100\pi t + 120°)$ A。该元件的有功功率为 500 W。(　　)

11. 在荧光灯电路两端并联一个电容器，可以提高功率因数，但灯管亮度变暗。(　　)

二、选择题

1. 将 $U = 220$ V 的交流电压接在 $R = 22\ \Omega$ 的电阻器两端，则电阻器上（　　）。

A. 电压有效值为 220 V，流过的电流有效值为 10 A

B. 电压的最大值为 220 V，流过的电流最大值为 10 A

C. 电压的最大值为 220 V，流过的电流有效值为 10 A

2. 纯电阻电路中，正确的表达式是（　　）。

A. $i = \dfrac{U_R}{R}$　　　B. $I = \dfrac{U_R}{R}$　　　C. $p = I^2 R$

3. 纯电感电路中，正确表达式是（　　）。

A. $X_L=\frac{u_L}{i}$　　B. $U_L=L\frac{\mathrm{d}i}{\mathrm{d}t}$　　C. $\dot{I}=-\mathrm{j}\frac{\dot{U}_L}{\omega L}$

4. 纯电容电路中，正确表达式是（　　）。

A. $X_C=\frac{u_C}{i}$　　B. $i=C\frac{\mathrm{d}u_C}{\mathrm{d}t}$　　C. $-\mathrm{j}X_C=\frac{U_C}{I_C}$

5. 在纯电感电路中，若已知电流的初相角为 – 30°，则电压的初相角应为（　）。

A. 90°　　B. 120°　　C. 60°

6. 在 R、C 串联交流电路中，电路的总电压为 U，则总阻抗 Z 为（　　）。

A. $|Z|=R+X_C$　　B. $|Z|=\sqrt{R^2+X_C^2}$　　C. $|Z|=u/I$

7. 在 R、L、C 串联交流电路中，总电压与总电流的相位差为 φ，则下列表达式中正确的为（　　）。

A. $\varphi=\arctan((X_L+X_C)/R)$

B. $\varphi=\arctan((\omega L-\omega C)/R)$

C. $\varphi=\arctan((X_L-X_C)/R)$（$\varphi$ 为功率因数角）

8. 在 R、L、C 串联电路中，已知 $R=3\ \Omega$，$X_L=5\ \Omega$，$X_C=8\ \Omega$，则电路的性质为（　）。

A. 感性　　B. 容性　　C. 阻性

9. 交流电路中，提高功率因数的目的是（　　）。

A. 节约用电，增加用电器的输出功率

B. 提高用电器的效率

C. 提高电源的利用率，减小电路电压损耗和功率损耗

10. 对于电感性负载，提高功率因数最有效、最合理的方法是（　　）。

A. 给感性负载串接电阻　B. 给感性负载并联电容器　C. 给感性负载并联电感线圈

11. 加在容抗 $X_C=100\ \Omega$ 纯电容两端的电压 $u_C=200\sin(\omega t-\pi/6)$ V，则通过它的电流是（　　）。

A. $i_C=20\sin(\omega t-\pi/3)$ A　　B. $i_C=2\sin(\omega t+\pi/3)$ A

C. $i_C=20\sin(\omega t+2\pi/3)$ A　　D. $i_C=2\sin(\omega t+2\pi/3)$ A

12. 在 R、L 并联的正弦交流电路中，$R=40\ \Omega$，$X_L=30\ \Omega$，电路的无功功率 $Q=480$ var，则视在功率 S 为（　　）。

A. 866 V·A　　B. 1000 V·A　　C. 600 V·A　　D. 800 V·A

13. 无源二端网络的等效阻抗 $Z=10-\mathrm{j}5\Omega$，则该网络阻抗角 φ（　　）

A. $\varphi<0$, 电压滞后电流　　B. $\varphi<0$, 电压超前电流

C. $\varphi>0$, 电压滞后电流　　D. $\varphi>0$, 电压超前电流

14. 正弦电压 $u(t)=\sqrt{2}U\sin(\omega t+\theta_u)$ 对应的相量表示为（　　）。

A. $U=U\angle\theta_u$　　B. $\dot{U}=U\angle\theta_u$　　C. $U=\sqrt{2}U\angle\theta_u$　　D. $\dot{U}=\sqrt{2}U\angle\theta_u$

习　题

1. 一个 $R=10\Omega$ 的电阻接在 $u=220\sqrt{2}\sin(314t+30°)$ V 的电源上，试求：（1）试写出电流的瞬时值表达式；（2）画出电压、电流的相量图；（3）求电阻消耗的功率。

2. 一个电阻可忽略的线圈 $L=0.35\text{H}$，接到 $u=220\sqrt{2}\sin(100\pi t+60°)$ V 的交流电源上，试

求：（1）线圈的感抗；（2）电流的有效值；（3）电流的瞬时值；（4）电路的有功功率和无功功率。

3. 为了测定空心线圈的参数，在线圈两端加 110 V、50 Hz 的电源，测得 $I = 0.5$ A，$P = 40$ W，求线圈电阻与电感。

4. 如果某水电厂以 $U = 220$ kV 的高压向某地输送 $P = 240$ MW 的电力，若输电线的总电阻为 10 Ω，试计算当功率因数由 0.6 提高到 0.9 时，输电线在一年中电能损失会减少多少？

任务 3　电路的频率特性

正弦交流电路中的感抗和容抗都与频率有关，当其频率发生变化时，电路中各处的电流和电压的幅值与相位也会发生变化，这就是所谓的频率特性。

2.3.1　*LC* 谐振电路及其频率特性

含有电感和电容的电路，如果电路电压 u 与电流 i 同相，便称此电路处于谐振状态。谐振分为串联谐振和并联谐振两种。

1. RLC 串联谐振

1）串联谐振的定义和条件

电阻、电感、电容串联电路如图 2-3-1 所示，电路的总阻抗为

$$Z = R + \mathrm{j}(X_L - X_C) = |Z|\angle\varphi$$

若令 $X_L = X_C$，则 $\varphi = 0$，即电压与电流同相，电路发生谐振，称为串联谐振。

串联谐振的条件是：$X = 0$ 或者 $X_L = X_C$，即

$$\omega L = \frac{1}{\omega C}$$

可以得出谐振时的频率，即固有频率为

$$f_0 = \frac{1}{2\pi\sqrt{LC}}$$

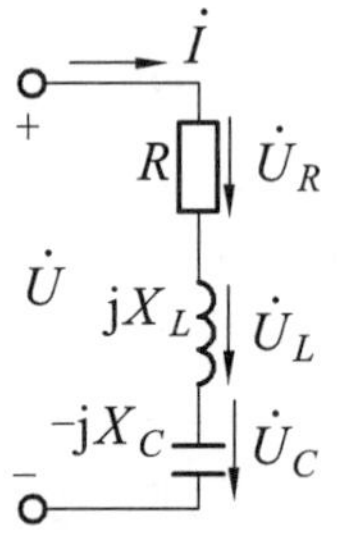

图 2-3-1　串联谐振电路

在谐振频率下：

$$Z = R + \mathrm{j}(X_L - X_C) = R$$

$$\dot{I}_0 = \frac{\dot{U}}{R}$$

$$\dot{U}_R = R\dot{I}_0 = R \times \frac{\dot{U}}{R} = \dot{U}$$

$$\dot{U}_L = \mathrm{j}\omega_0 L\dot{I}_0 = \mathrm{j}\omega_0 L \times \frac{\dot{U}}{R} = \mathrm{j}\frac{\omega_0 L}{R}\dot{U}$$

$$\dot{U}_C = -\mathrm{j}\frac{1}{\omega_0 C}\dot{I}_0 = -\mathrm{j}\omega_0 L \times \frac{\dot{U}}{R} = -\mathrm{j}\frac{\omega_0 L}{R}\dot{U}$$

引入品质因数 $Q=\dfrac{\omega_0 L}{R}$

则： $\dot{U}_L=-\dot{U}_C=Q\dot{U}$

故串联谐振也称为电压谐振。

2）串联谐振的特点

① 阻抗最小。

不论调节何种参数使电路达到谐振，都有

$$Z_0=\sqrt{R^2+(X_L-X_C)^2}=R=Z_{\min}$$

② 谐振电流最大。

$$I_0=\frac{U}{Z_0}=\frac{U}{R}=I_{\max}$$

③ 电感元件与电容元件两端的电压大小相等，相位相差 180°。

$$\dot{U}_L=-\dot{U}_C=Q\dot{U}$$

一般 $Q=200\sim500$，所以电感电压和电容电压有时比电路电压要大得多，即谐振时 L 和 C 上可能产生过电压。

3）串联谐振特性曲线

若谐振电路端口电压的有效值为 U，则电路中电流的有效值为

$$I=\frac{U}{Z}=\frac{U}{\sqrt{R^2+\left(\omega L-\dfrac{1}{\omega C}\right)^2}}$$

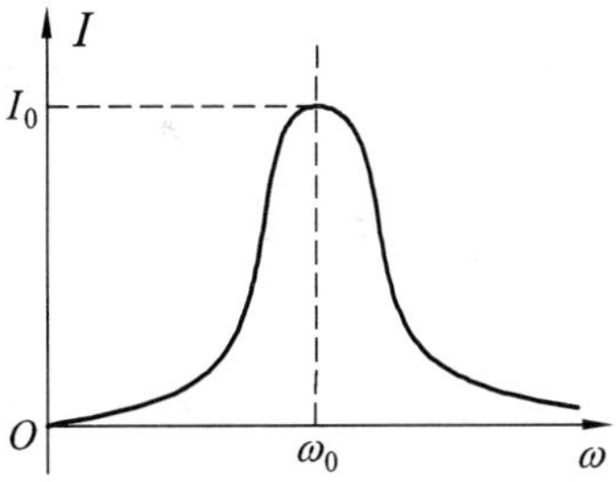

图 2-3-2　串联谐振特性曲线

I 随 ω 的变化曲线如图 2-3-2 所示。

从谐振曲线可以看出，RLC 串联电路的 U 一定时，ω 越接近 ω_0 电流越大，ω 越偏离 ω_0 电流越小；可以说，ω 越接近 ω_0 的电流越容易通过，ω 越偏离 ω_0 电流越不容易通过。网络具有的这种选择接近于谐振频率附近的电流的性能，在无线电技术中叫作“选择性”。选择性与电路的品质因数 Q 有关，品质因数 Q 越大，电流谐振曲线越尖锐，选择性越好，这是 Q 之所以叫做品质因数的一个原因，但 Q 并不是越大越好。

例 2-3-1　在 RLC 串联电路中，已知 $R=0.1\ \Omega$，$L=2$ mH，$C=5\ \mu$F，电源电压为 10 mV。改变电源频率，使电路产生串联谐振，试求电路此时的频率 f_0、回路的品质因数 Q 及电感上的电压 U_L。

解：

$$f_0=\frac{1}{2\pi\sqrt{LC}}=\frac{1}{2\times3.14\times\sqrt{2\times10^{-3}\times5\times10^{-6}}}=1592.3\ (\text{Hz})$$

$$Q=\frac{\omega_0 L}{R}=\frac{2\pi f_0 L}{R}=\frac{2\times3.14\times1592.3\times2\times10^{-3}}{0.1}=200$$

$$U_L=U_C=QU=200\times10\times10^{-3}=2\ (\text{V})$$

2. LC 并联谐振电路

1）并联谐振的定义和条件

电感和电容并联电路如图 2-3-3 所示。由 KCL 可得

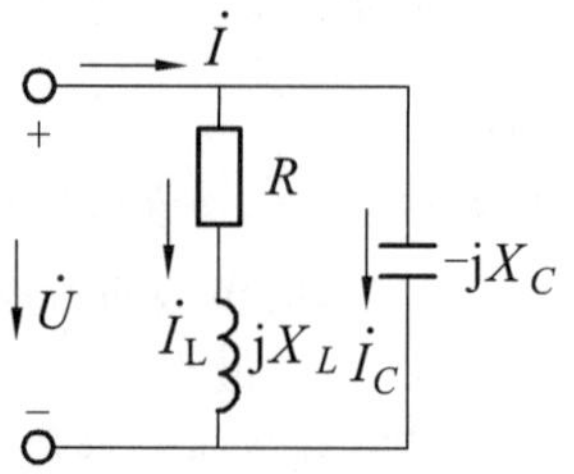

图 2-3-3　并联谐振电路

$$\dot{I}=\dot{I}_L+\dot{I}_C=\frac{\dot{U}}{R+\mathrm{j}\omega L}+\frac{\dot{U}}{-\mathrm{j}\dfrac{1}{\omega C}}$$

$$=\dot{U}\left[\frac{R}{R^2+\omega^2L^2}-\mathrm{j}\left(\frac{\omega L}{R^2+\omega^2L^2}-\omega C\right)\right]$$

若 $\dfrac{\omega L}{R^2+\omega^2L^2}-\omega C=0$，即电压与电流同相，电路发生谐振，称为并联谐振。

由此可以得出谐振时的频率为

$$f_0=\frac{1}{2\pi}\sqrt{\frac{1}{LC}-\frac{R^2}{L^2}}$$

若 $R\ll\omega_0L$，则固有频率为

$$f_0=\frac{1}{2\pi\sqrt{LC}}$$

在谐振频率下，有

$$R^2+\omega^2L^2=\frac{L}{C}$$

所以阻抗　　$Z=\dfrac{\dot{U}}{\dot{I}}=\dfrac{R^2+\omega^2L^2}{R}=\dfrac{L}{RC}$

品质因数　　$Q=\dfrac{I_C}{I}=\dfrac{\omega_0L}{R}$

如果 $\omega_0L\gg R$，则 $I_C\gg I$，故并联谐振也称电流谐振。

2）并联谐振的特点

① 并联谐振时电路复阻抗 Z 为纯电阻性，复阻抗的模达到最大值，为

$$Z=\frac{L}{RC}=Z_{\max}$$

② 并联谐振时电路的总电流为最小值，其大小为

$$I_0=\frac{U}{Z}$$

③ 由于 $R\ll\omega L$，谐振时电容支路的电流为

$$I_C=I_L\sin\varphi_{RL}\approx I_L$$

所以谐振时电容支路与线圈支路的电流为

$$I_L \approx I_C = \frac{U}{X_C} = \omega_0 CU$$
$$= I_0 z_0 \omega_0 C = \frac{L}{RC}\omega_0 C I_0 = \frac{\omega_0 L}{R} I_0 = Q_L I_0$$

上式中，$Q_L = \frac{\omega_0 L}{R}$ 定义为线圈的品质因数，一般 $Q_L \gg 1$，因此并联谐振时电容器与线圈电流比端口电流大得多。可见，并联谐振时可能出现过电流现象。

例 2-3-2 如图 2-3-4（a）所示正弦电路中，当该电路处于谐振状态时，电流表 A_1 和 A_2 的读数分别为 13 A 和 5 A。求电流表 A 的读数。

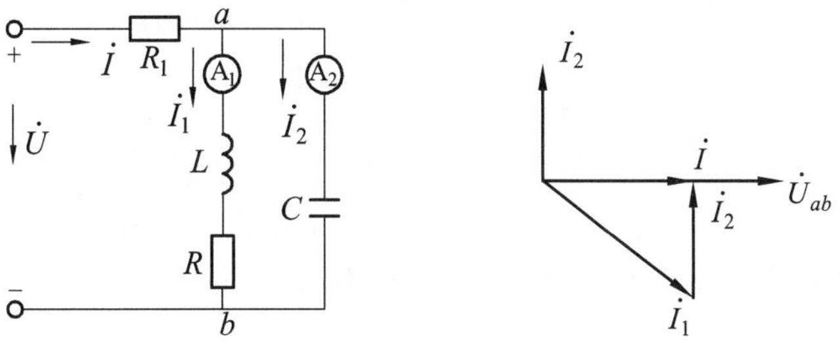

（a）电路图　　（b）相量图

图 2-3-4　例 2-3-2 图

解： 此题利用谐振的概念，借助相量图进行分析。

（1）选择参考相量：令 $\dot{U}_{ab} = U_{ab}\angle 0°$

（2）列 KVL、KCL 方程：$\dot{U} = \dot{U}_{R1} + \dot{U}_{ab} = \dot{I}R + \dot{U}_{ab}$，$\dot{I} = \dot{I}_1 + \dot{I}_2$

（3）画相量图如图 2-3-4（b）：根据题意，该电路处于谐振状态，则总电压 $\dot{U}$ 与总电流 $\dot{I}$ 同相，由电压相量方程可知相量 $\dot{U}$、$\dot{I}$、$\dot{U}_{ab}$ 便同相，$\dot{I}_2$ 超前 $\dot{U}_{ab}$ 90°，$\dot{I}_1$ 滞后 $\dot{U}_{ab}$，$\dot{I}_1$、$\dot{I}_2$ 合成的 $\dot{I}$ 与 $\dot{U}_{ab}$ 同相，所以 $\dot{I}_1$、$\dot{I}_2$ 和 $\dot{I}$ 构成直角三角形。

（4）由相量图得：$I = \sqrt{I_1^2 - I_2^2} = \sqrt{13^2 - 5^2} = 12\ (\mathrm{A})$

2.3.2　*RC* 电路的频率特性

这里只讨论滤波的问题，即利用容抗或感抗随频率而改变的特性，让需要的某一频带的信号通过，而抑制不需要的其他频率的信号。

1. 高通滤波电路

高通滤波电路如图 2-3-5（a）所示，电路输出电压与输入电压的比值 T 称为传递函数，显然，T 是频率的函数。

$$T(\mathrm{j}\omega) = \frac{\dot{U}_2(\mathrm{j}\omega)}{\dot{U}_1(\mathrm{j}\omega)} = \frac{R}{R + \frac{1}{\mathrm{j}\omega C}} = \frac{1}{1 - \mathrm{j}\frac{1}{\omega RC}}$$
$$= \frac{1}{\sqrt{1 + \left(\frac{1}{\omega RC}\right)^2}\angle \arctan\frac{-1}{\omega RC}}$$

依据上述表达式，可以做出电路的幅频特性和相频特性如图 2-3-5（b）所示。

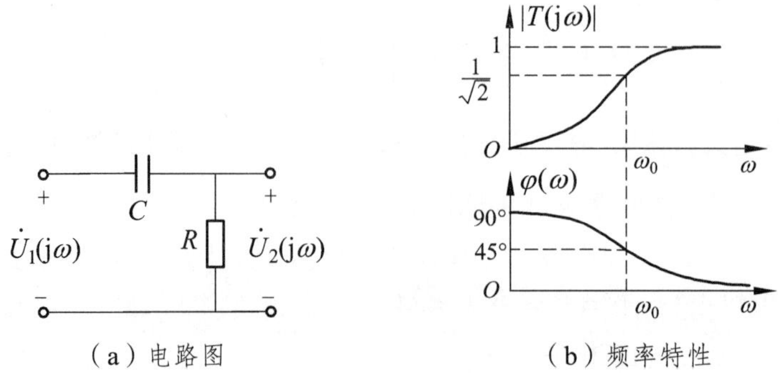

图 2-3-5　高通滤波电路

由特性图可见，角频率高于ω_0的高频信号传输函数的幅值较大，允许通过；角频率低于ω_0的低频信号则被抑制。对于低频信号，由于电容 C 的容抗很大，阻碍了信号的传输，故输出电压很小；随着频率的增加，电容的容抗下降，输出电压 u_2 升高。

2. 低通滤波电路

低通滤波电路如图 2-3-6（a）所示，电路的传递函数为

$$T(\mathrm{j}\omega)=\frac{U_2(\mathrm{j}\omega)}{U_1(\mathrm{j}\omega)}=\frac{\dfrac{1}{\mathrm{j}\omega C}}{R+\dfrac{1}{\mathrm{j}\omega C}}=\frac{1}{1+\mathrm{j}\omega RC}$$

依据上述表达式，可以做出电路的幅频特性和相频特性如图 2-3-6（b）所示。

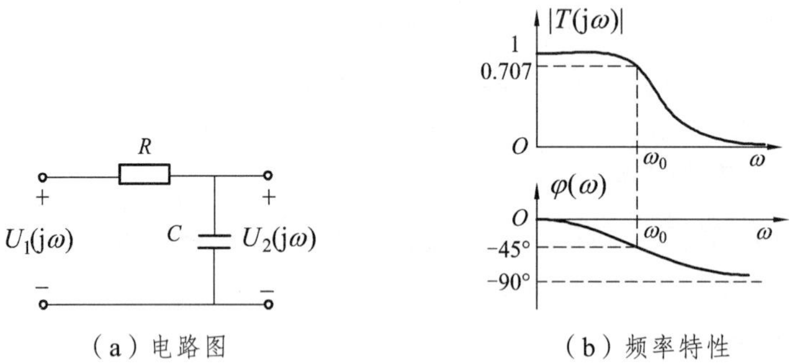

图 2-3-6　低通滤波器电路

由图可见，角频率低于 ω_0 的低频信号通过，角频率高于 ω_0 的高频信号则被抑制。因为电容 C 的容抗随信号的频率增加而减小，电容两端分得的电压即输出电压 u_2 减小，频率越高 u_2 越小，而低频信号的衰减较小，易于通过，所以称为低通滤波器。

3. 带通滤波电路

带通滤波器常用于抗干扰设备中，以便接收某一频带范围内的有用信号，而消除高频段和低频段的干扰和噪声。带通滤波电路如图 2-3-7（a）所示，电路的传递函数为

$$T(\mathrm{j}\omega)=\frac{\dot{U}_2(\mathrm{j}\omega)}{\dot{U}_1(\mathrm{j}\omega)}=\frac{\dfrac{\dfrac{R}{\mathrm{j}\omega C}}{R+\dfrac{1}{\mathrm{j}\omega C}}}{R+\dfrac{1}{\mathrm{j}\omega C}+\dfrac{\dfrac{R}{\mathrm{j}\omega C}}{R+\dfrac{1}{\mathrm{j}\omega C}}}=\frac{1}{3+\mathrm{j}\left(\omega RC-\dfrac{1}{\omega RC}\right)}$$

依据上述表达式，可以做出电路的幅频特性和相频特性如图 2-3-7（b）所示。

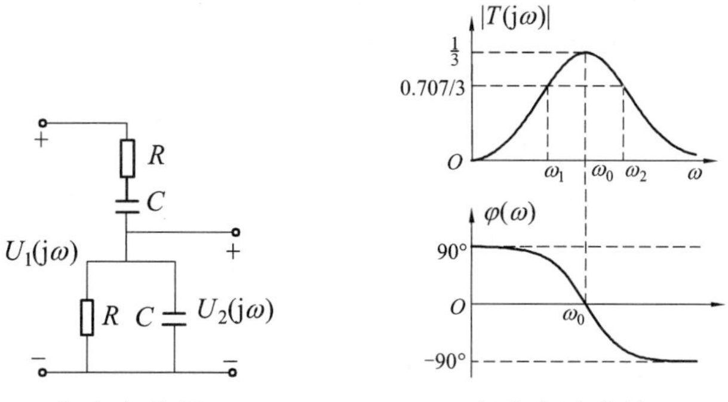

图 2-3-7 带通滤波器电路

带通滤波器可以通过角频率在 $\omega_1 \sim \omega_2$ 的信号，而在这个范围以外的信号则被阻断。可以看出：将截止频率为 ω_1 的低通滤波电路和截止频率为 ω_2 的高通滤波电路进行组合，就可以得到带通滤波电路的电路。

仅当 $\omega=\omega_0=\dfrac{1}{RC}$ 时，$\dot{U}_1$ 与 $\dot{U}_2$ 同相，$U_2=U_1/3$ 为最大值，其他频率则不会产生这样的结果。因此该电路具有选频作用，常用于正弦波振荡器。

小　结

1. 谐振现象产生的条件。
2. 串、并联谐振的主要特点及典型应用。

自测练习题

一、判断题

1. 某 R、L、C 串联谐振电路，若增大电感 L（或电容 C）电路呈现感性；反之，若减小电感 L（或电容 C），则电路呈现电容性。(　　)

2. 在 R、L、C 串联电路中，f_0 为谐振频率。当 $f>f_0$ 时，电路呈现电感性。(　　)

3. 在 R、L、C 串联电路中，f_0 为谐振频率。当 $f<f_0$ 时，电路呈现电感性。(　　)

4. R、L、C 串联电路发生谐振时，电路的电流达到最大值。(　　)

5. R、L、C 串联电路发生谐振时，电感两端的电压远远大于电容两端的电压。(　　)

6. 在交流电路中，电压与电流相位差为零，该电路必定是电阻性电路。(　　)
7. 电路产生谐振的条件是电容 C 等于电感 L。(　　)
8. 电路谐振时电路呈阻性，故改变电源频率后电路性质不变。(　　)
9. 串联谐振电路总阻抗最小，电流最大。(　　)

二、选择题

1. 电路如图 2-3-8 所示，下列说法正确的是 (　　)。
   A. 图（a）是高通滤波电路，图（b）是低通滤波电路
   B. 图（a）是低通滤波电路，图（b）是高通滤波电路
   C. 图（a）是高通滤波电路，图（b）是带通滤波电路
   D. 图（a）是低通滤波电路，图（b）是带通滤波电路

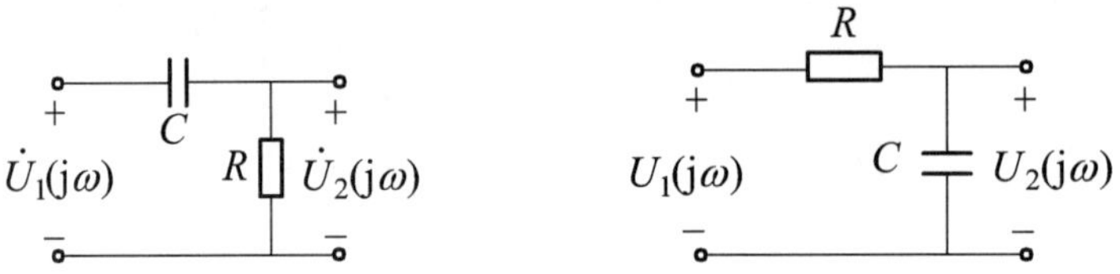

（a）　（b）

图 2-3-8

2. 已知 $R = X_L = X_C = 10\ \Omega$，则三者串联后的等效阻抗为 (　　)。
   A. 10 Ω　B. 14.14 Ω　C. 20 Ω　D. 30 Ω
3. 电路如图 2-3-9 所示，该电路是 (　　)。
   A. 高频滤波电路　B. 低频滤波电路
   C. 带通滤波电路　D. 带阻滤波电路
4. 一 LC 串联谐振电路，$\omega = 1\,000$ rad/s，而 $C = 100\ \mu\text{F}$，则 $L =$ (　　) H。
   A. 0.01　B. 10
   C. 100　D. 1000

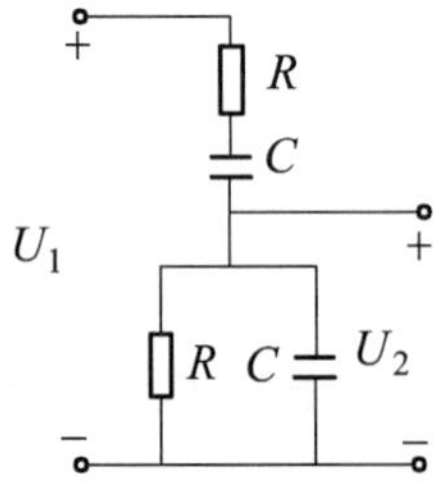

图 2-3-9

习　题

1. 串联谐振电路如图 2-3-10 所示，已知电压表 V_1、V_2 的读数分别为 150 V 和 120 V，试问电压表 V 的读数为多少？

2. 并联谐振电路如图 2-3-11 所示，已知电流表 A_1、A_2 的读数分别为 13 A 和 12 A，试问电流表 A 的读数为多少？

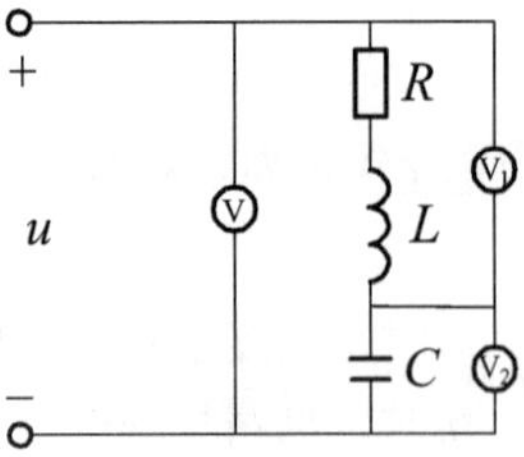

图 2-3-10

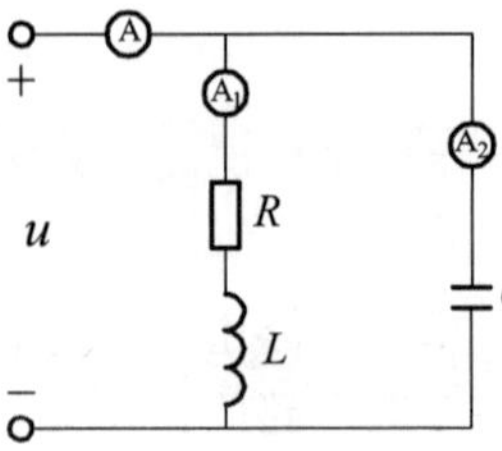

图 2-3-11

任务 4　三相交流电路

2.4.1　三相电源

三相电源是具有三个频率相同、幅值相等但相位不同的电动势的电源，用三相电源供电的电路就称为三相电路。

1. 对称三相电源

1）三相对称电源

三相同步发电机如图 2-4-1 所示，其三相绕组在空间互差 120°，当其转子以均匀角速度ω转动时，便在三相绕组中产生感应电压，从而形成对称三相电源。

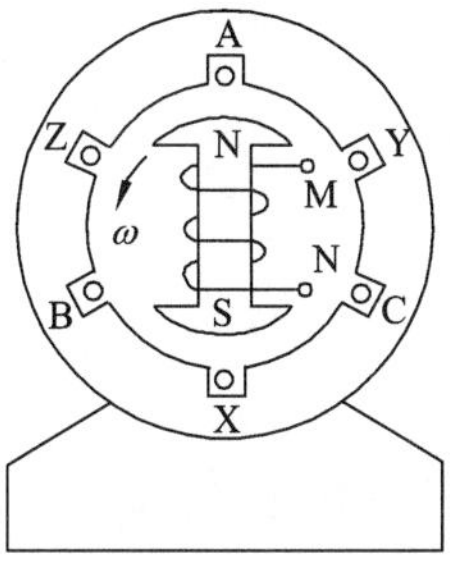

图 2-4-1　三相同步发电机的原理图

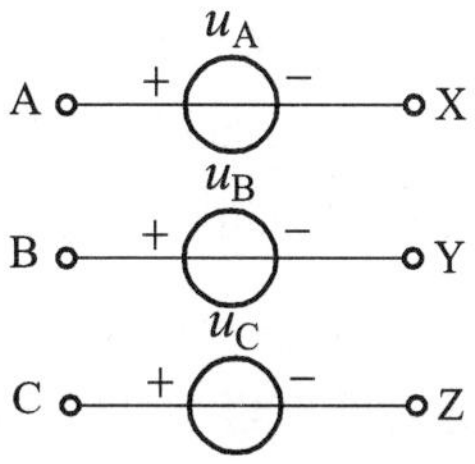

图 2-4-2　对称三相电源

三相发电机中三个线圈的首端分别用 A、B、C 表示；尾端分别用 X、Y、Z 表示。三相电压的参考方向为首端指向尾端。对称三相电源的电路符号如图 2-4-2 所示。

对称三相电源的瞬时值表达式（以 u_A 为参考正弦量）为

$$\left.\begin{aligned} u_A &= \sqrt{2}U\sin(\omega t) \\ u_B &= \sqrt{2}U\sin\left(\omega t - 120°\right) \\ u_C &= \sqrt{2}U\sin\left(\omega t + 120°\right) \end{aligned}\right\}$$

它们的相量形式为

$$\left.\begin{aligned} \dot{U}_A &= U\angle 0° \\ \dot{U}_B &= U\angle -120° \\ \dot{U}_C &= U\angle +120° \end{aligned}\right\}$$

对称三相电压的波形图和相量图如图 2-4-3 所示。

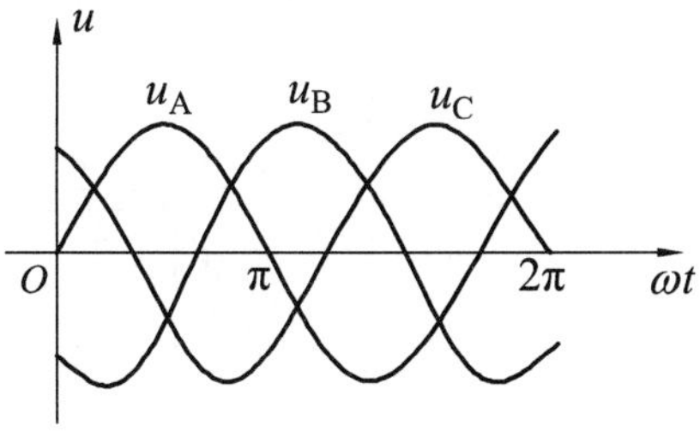

（a）波形图

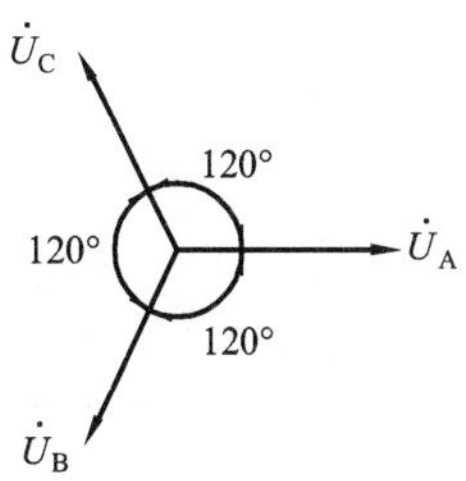

（b）相量图

图 2-4-3　对称三相电压的波形图和相量图

对称三相电压三个电压的瞬时值之和为零，三个电压的相量之和亦为零，这是对称三相电源的重要特点。即

$$u_A + u_B + u_C = 0$$
$$\dot{U}_A + \dot{U}_B + \dot{U}_C = 0$$

通常三相发电机产生的都是对称三相电源。本书今后若无特殊说明，提到的三相电源均为对称三相电源。

2）相序

三相电源中每一相电压经过同一值（如正的最大值）的先后次序称为相序。从图 2-4-3 可以看出，其三相电压到达最大值的次序依次为u_A，u_B，u_C，其相序为 A—B—C—A，称为顺序或正序。若将发电机转子反转，则

$$u_A = \sqrt{2}U\sin\omega t$$
$$u_C = \sqrt{2}U\sin(\omega t - 120°)$$
$$u_B = \sqrt{2}U\sin(\omega t + 120°)$$

则相序为 A—C—B—A，称为逆序或负序。

工程上常用的相序是顺序，如果不加以说明，都是指顺序。工业上通常在交流发电机的三相引出线及配电装置的三相母线上涂有黄、绿、红三种颜色，分别表示 A、B、C 三相。

2. 三相电源的连接

将三相电源的三个绕组以一定的方式连接起来就构成三相电路的电源。通常的连接方式有星形（也称 Y 形）连接和三角形（也称△形）连接。对三相发电机来说，通常采用星形连接。

1）三相电源的星形连接

将对称三相电源的尾端 X、Y、Z 连在一起，首端 A、B、C 引出作输出线，这种连接称为三相电源的星形连接，如图 2-4-4 所示。连接在一起的 X、Y、Z 点称为三相电源的中点，用 N 表示；从中点引出的线称为中线。三个电源首端 A、B、C 引出的线称为端线（俗称火线）。

电源每相绕组两端的电压称为电源的相电压，电源相电压用符号$\dot{U}_A$、$\dot{U}_B$、$\dot{U}_C$表示；而端线之间的电压称为线电压，用$\dot{U}_{AB}$、$\dot{U}_{BC}$、$\dot{U}_{CA}$表示。规定线电压的方向是由 A 线指向 B 线，B 线指向 C 线，C 线指向 A 线。三相电源的电压相量图如图 2-4-5 所示。

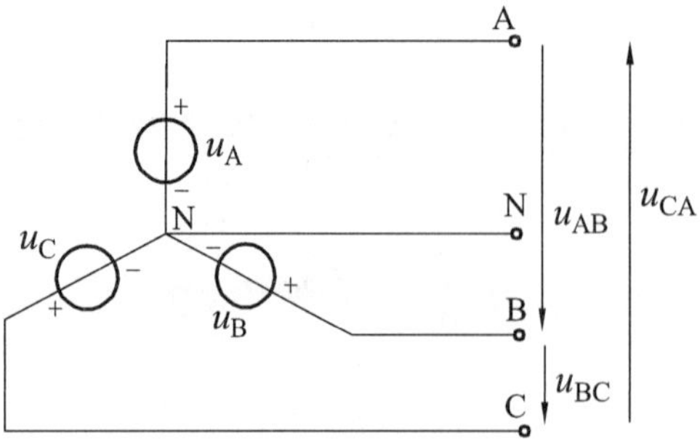

图 2-4-4　星形连接的三相电源

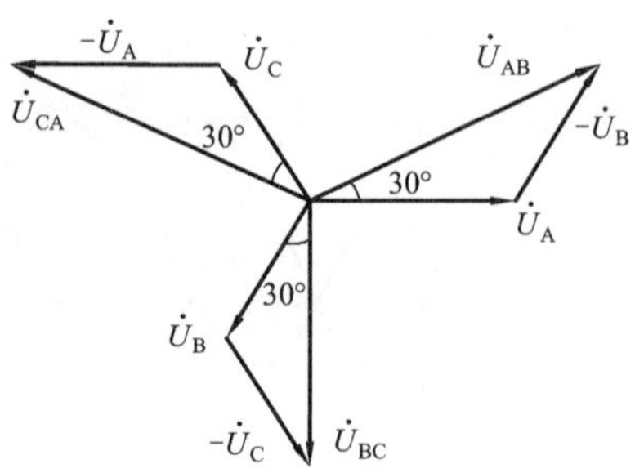

图 2-4-5　星形连接的对称三相电源电压相量图

三相电源的线电压与相电压有以下关系：

$$u_{AB}=u_A-u_B$$
$$u_{BC}=u_B-u_C$$
$$u_{CA}=u_C-u_A$$

假设 $\dot{U}_A=U\angle 0°$，$\dot{U}_B=U\angle -120°$，$\dot{U}_C=U\angle 120°$，则相量形式为

$$\dot{U}_{AB}=\dot{U}_A-\dot{U}_B=\sqrt{3}U\angle 30°=\sqrt{3}\dot{U}_A\angle 30°$$
$$\dot{U}_{BC}=\dot{U}_B-\dot{U}_C=\sqrt{3}U\angle -90°=\sqrt{3}\dot{U}_B\angle 30°$$
$$\dot{U}_{CA}=\dot{U}_C-\dot{U}_A=\sqrt{3}U\angle 150°=\sqrt{3}\dot{U}_C\angle 30°$$

由上式可以看出，星形连接的对称三相电源的线电压也是对称的。线电压的有效值（U_L）是相电压有效值（U_P）的 $\sqrt{3}$ 倍，即 $U_L=\sqrt{3}U_P$；式中各线电压的相位超前于相应的相电压 30°。

三相电源星形连接的供电方式有两种：一种是三相四线制（三条端线和一条中线）；另一种是三相三线制，即无中线。目前电力网的低压供电系统（又称民用电）为三相四线制，此系统供电的线电压为 380 V，相电压为 220 V，通常写作电源电压 380 V/220 V。

2）三相电源的三角形连接

将对称三相电源中的三个单相电源首尾相接，由三个连接点引出三条端线，就形成了三角形连接的对称三相电源，如图 2-4-6 所示。

从图 2-4-6 中可以明显地看出，对称三相电源三角形连接时，只有三条端线，没有中线，它一定是三相三线制。其线电压就是相应的相电压，即

$$\begin{cases}u_{AB}=u_A\\ u_{BC}=u_B\\ u_{CA}=u_C\end{cases}\quad 或 \quad \begin{cases}\dot{U}_{AB}=\dot{U}_A\\ \dot{U}_{BC}=\dot{U}_B\\ \dot{U}_{CA}=\dot{U}_C\end{cases}$$

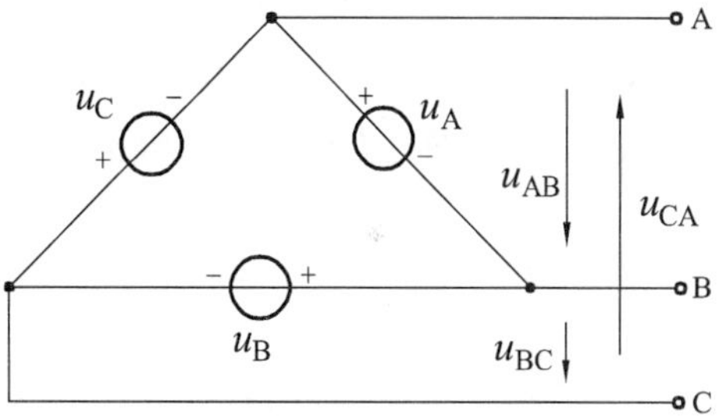

图 2-4-6　三角形连接的三相电源

三相电源三角形连接时，形成一个闭合回路。由于对称三相电源 $\dot{U}_A+\dot{U}_B+\dot{U}_C=0$，所以回路中不会有电流。但若有一相电源极性接反，造成三相电源电压之和不为零，将会在回路中产生很大的电流。所以三相电源作三角形连接时，连接前必须检查。

2.4.2　三相负载及其工作方式

三相电路的负载由三部分组成，其中每一部分叫作一相负载，三相负载也有星形和三角形两种连接方式，如图 2-4-7 所示。

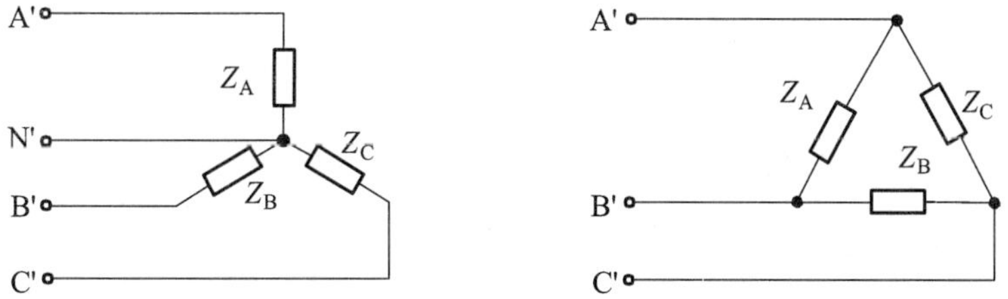

（a）负载的三角形连接　　（b）负载的星形连接

图 2-4-7　三相负载的连接

若 $Z_A = Z_B = Z_C$, $Z_{AB} = Z_{BC} = Z_{CA}$，则称为三相对称负载。

1. 负载星形连接的对称三相电路

三相电源作星形连接，三相负载也作星形连接，且有中线，这种连接称为三相四线制，如图 2-4-8 所示。

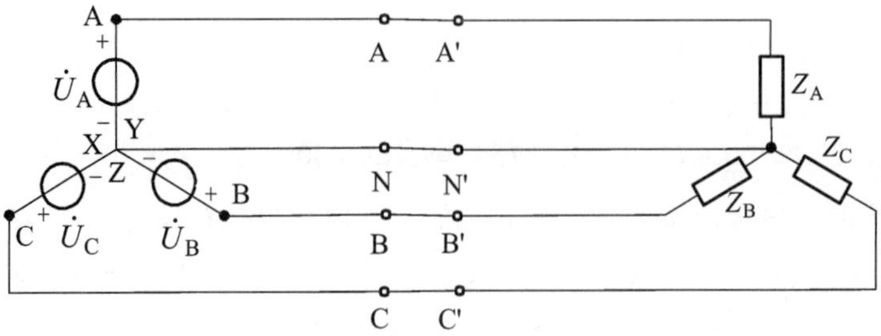

图 2-4-8　三相四线制

先介绍几个概念。

设每相负载阻抗均为 $Z = Z\angle\varphi$。N 为电源中点，N′为负载的中点，NN′为中线。设中线的阻抗为 Z_N。每相负载上的电压称为负载相电压，用 $\dot{U}_{ZA}$、$\dot{U}_{ZB}$、$\dot{U}_{ZC}$ 表示；负载端线之间的电压称为负载的线电压，用 $\dot{U}_{A'B'}$、$\dot{U}_{B'C'}$、$\dot{U}_{C'A'}$ 表示。各相负载中的电流称为相电流，用 $\dot{I}_{ZA}$、$\dot{I}_{ZB}$、$\dot{I}_{ZC}$ 表示；火线中的电流称为线电流，用 $\dot{I}_A$、$\dot{I}_B$、$\dot{I}_C$ 表示。线电流的参考方向从电源端指向负载端，中线电流 $\dot{I}_N$ 的参考方向从负载端指向电源端。对于负载星形连接的电路，线电流 $\dot{I}_A$ 就是相电流 $\dot{I}_{ZA}$。

三相对称负载星形连接电路中：

$$\dot{U}_{NN'} = 0$$

结论是负载中点与电源中点等电位，它与中线阻抗的大小无关。由此可得负载相电压为

$$\begin{cases} \dot{U}_{ZA} = \dot{U}_A = U_P\angle 0° \\ \dot{U}_{ZB} = \dot{U}_B = U_P\angle -120° \\ \dot{U}_{ZC} = \dot{U}_C = U_P\angle +120° \end{cases}$$

负载线电压为

$$\begin{cases} \dot{U}_{A'B'} = \dot{U}_{AB} = \sqrt{3}U_P\angle 30° \\ \dot{U}_{B'C'} = \dot{U}_{BC} = \sqrt{3}U_P\angle -90° \\ \dot{U}_{C'A'} = \dot{U}_{CA} = \sqrt{3}U_P\angle 150° \end{cases}$$

对比以上两组方程，可以得出相电压和线电压的关系为

$$\dot{U}_L = \sqrt{3}\dot{U}_P\angle 30°$$

若以 $\dot{U}_A$ 为参考相量，则相电流和线电流如下：

相电流
$$\begin{cases}\dot{I}_{ZA}=\dfrac{\dot{U}_{ZA}}{Z_A}=I_P\angle-\varphi\\ \dot{I}_{ZB}=\dfrac{\dot{U}_{ZB}}{Z_B}=I_P\angle(-\varphi-120^\circ)\\ \dot{I}_{ZC}=\dfrac{\dot{U}_{ZC}}{Z_C}=I_P\angle(-\varphi+120^\circ)\end{cases}$$

线电流
$$\begin{cases}\dot{I}_{A'}=\dot{I}_{ZA}\\ \dot{I}_{B'}=\dot{I}_{ZB}\\ \dot{I}_{C'}=\dot{I}_{ZC}\end{cases}$$

由此可以得出相电流和线电流的关系为

$$\dot{I}_L=\dot{I}_P$$

因此，三相对称星形连接电路有中线时的计算步骤可归结为：

（1）先进行一个相的计算（如 A 相），首先根据电源找到该相的相电压，算出 $\dot{I}_A$；

（2）根据对称性，推知其他两相电流 $\dot{I}_B$，$\dot{I}_C$；

（3）根据三相电流对称可知，中线电流 $\dot{I}_N=\dot{I}_A+\dot{I}_B+\dot{I}_C=0$。

若电路中无中线，由于 $\dot{U}_{NN'}=0$，即负载中点与电源中点仍然等电位，因此可将每相电路看成是独立的，计算时采用如上的三相四线制的计算方法。可见，对称星形连接的电路，不论有无中线以及中线阻抗的大小，都不会影响各相负载的电流和电压。

综上所述，对于负载星形连接的对称三相电路，其负载电压、电流有以下特点：

（1）线电压、相电压，线电流、相电流都是对称的。

（2）线电流等于相电流。

（3）线电压等于 $\sqrt{3}$ 倍的相电压。

例 2-4-1 某对称三相电路，负载为星形连接，三相三线制，其电源线电压为 380 V，每相负载阻抗 $Z=8+j6\ \Omega$，忽略输电线路阻抗。求负载每相电流，画出负载电压和电流相量图。

解：已知 $U_L=380$ V，负载为 Y 形连接，其电源无论是 Y 形连接还是△形连接，都可用等效的 Y 形连接的三相电源进行分析。

电源相电压 $U_P=\dfrac{380}{\sqrt{3}}=220\ (\text{V})$

设 $\dot{U}_A=220\angle0^\circ$ V，则

$$\dot{I}_A=\frac{\dot{U}_A}{Z}=\frac{220\angle0^\circ}{8+j6}=22\angle-36.9^\circ\ (\text{A})$$

根据对称性可得

$$\dot{I}_B=22\angle-156.9^\circ(\text{A})$$
$$\dot{I}_C=22\angle83.1^\circ(\text{A})$$

相量图如图 2-4-9 所示。

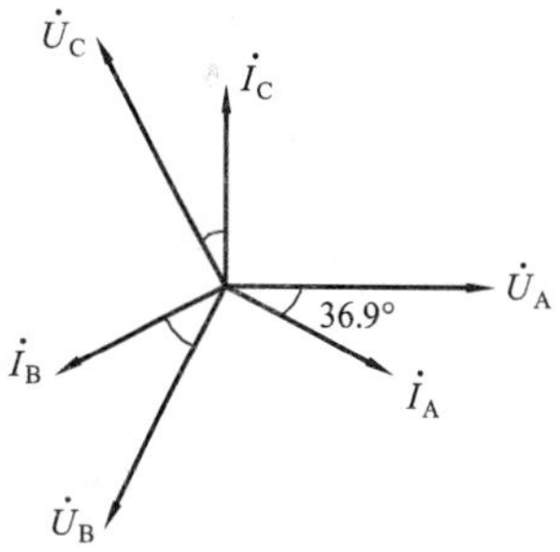

图 2-4-9 例 2-4-1 相量图

2. 负载三角形连接的对称三相电路

负载作三角形连接，如图 2-4-10 所示。由图可以看出，不管电源是星形连接还是三角形连

接，每相负载两端的电压一定是线电压，即

$$\begin{cases}\dot{U}_{ZA}=\dot{U}_{A'B'}\\ \dot{U}_{ZB}=\dot{U}_{B'C'}\\ \dot{U}_{ZC}=\dot{U}_{C'A'}\end{cases}$$

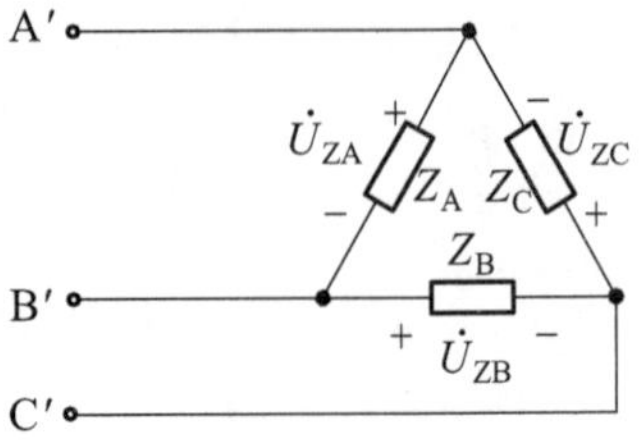

图 2-4-10　负载三角形连接的对称三相电路

即 $$\dot{U}_L=\dot{U}_P$$

设 $Z=|Z|\angle\varphi$，则负载的相电流为

$$\begin{cases}\dot{I}_{ZA}=\dfrac{\dot{U}_{ZA}}{Z}=I_P\angle-\varphi\\ \dot{I}_{ZB}=\dfrac{\dot{U}_{ZB}}{Z}=I_P\angle(-\varphi-120^\circ)\\ \dot{I}_{ZC}=\dfrac{\dot{U}_{ZC}}{Z}=I_P\angle(-\varphi+120^\circ)\end{cases}$$

线电流为

$$\begin{cases}\dot{I}_{A'}=\dot{I}_{ZA}-\dot{I}_{ZC}\\ \dot{I}_{B'}=\dot{I}_{ZB}-\dot{I}_{ZA}\\ \dot{I}_{C'}=\dot{I}_{ZC}-\dot{I}_{ZB}\end{cases}$$

综上所述可知：负载三角形连接的对称三相电路，其负载电压、电流有以下特点：

（1）相电压、线电压，相电流、线电流均对称。

（2）每相负载上的线电压等于相电压。

（3）线电流有效值等于相电流有效值的 $\sqrt{3}$ 倍，即 $I_L=\sqrt{3}I_P$，且线电流滞后相应的相电流 30°。电压、电流相量如图 2-4-11 所示。

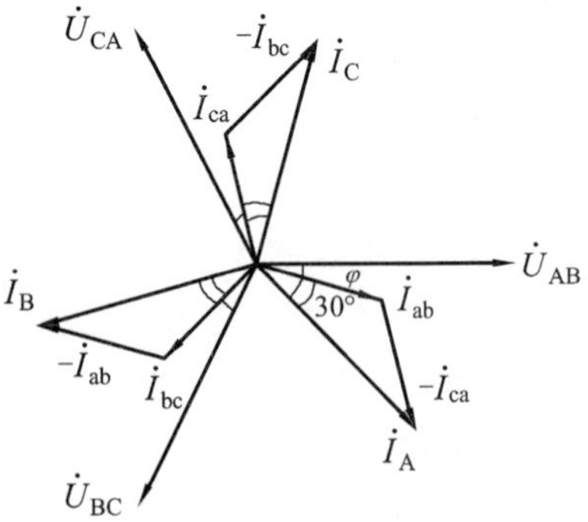

图 2-4-11　电压、电流相量图

例 2-4-2　已知负载三角形连接的对称三相电路，电源为星形连接，其相电压为 110 V，负载每相阻抗 $Z=4+j3\ \Omega$。求负载的相电压和线电流。

解：电源线电压

$$U_L=\sqrt{3}U_P=\sqrt{3}\times110=190\ (V)$$

设 $\dot{U}_{AB}=190\angle0^\circ V$，则相电流

$$\dot{I}_{ab}=\frac{\dot{U}_{AB}}{Z}=\frac{190\angle0^\circ}{4+j3}=38\angle-36.9^\circ\ (A)$$

根据对称性得

$$\dot{I}_{bc}=38\angle-156.9^\circ\ (A)$$
$$\dot{I}_{ca}=38\angle83.1^\circ\ (A)$$

线电流

$$\dot{I}_A=\sqrt{3}\dot{I}_{ab}\angle-30^\circ=\sqrt{3}\times38\angle(-36.9^\circ-30^\circ)=55\angle-66.9^\circ\ (A)$$
$$\dot{I}_B=66\angle-186.9^\circ=66\angle173.1^\circ\ (A)$$
$$\dot{I}_C=66\angle53.1^\circ\ (A)$$

3. 负载不对称的三相电路

图 2-4-12 所示三相四线制电路中，三相负载 Z_A、Z_B、Z_C 不相同，负载不对称，假设存在中线且中线阻抗为零，则每相负载上的电压一定等于该相电源的相电压，而三相电流由于负载阻抗不同而不对称。

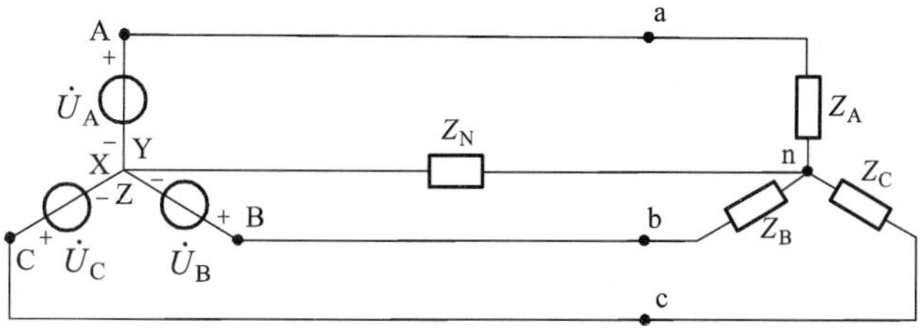

图 2-4-12　Y 连接的不对称三相电路

即负载相电压对称为

$$\dot{U}_{an}=\dot{U}_{A}，\dot{U}_{bn}=\dot{U}_{B}，\dot{U}_{cn}=\dot{U}_{C}$$

负载相电流不对称为

$$\dot{I}_{A}=\frac{\dot{U}_{an}}{Z_{A}}，\quad \dot{I}_{B}=\frac{\dot{U}_{bn}}{Z_{B}}，\quad \dot{I}_{C}=\frac{\dot{U}_{cn}}{Z_{C}}$$

若三相负载 Z_A、Z_B、Z_C 不相同，无中线或中线阻抗不为零 $(Z_N\neq 0)$，则负载各相电压如下：

$$\begin{cases}\dot{U}_{An}=\dot{U}_{AN}-\dot{U}_{nN}\\ \dot{U}_{Bn}=\dot{U}_{BN}-\dot{U}_{nN}\\ \dot{U}_{Cn}=\dot{U}_{CN}-\dot{U}_{nN}\end{cases}$$

此时中线电流　　$\dot{I}_{N}=\dot{I}_{A}+\dot{I}_{B}+\dot{I}_{C}\neq 0$

根据节点电压法可知 $\dot{U}_{nN}\neq 0$，即负载中点 n 的电位与电源中点 N 的电位不相等，发生了中点位移，相量图如图 2-4-13 所示。由相量图可以看出，中点位移标志着负载相电压 $\dot{U}_{an}$、$\dot{U}_{bn}$、$\dot{U}_{cn}$ 的不对称，而三相负载的电流也是不对称的。

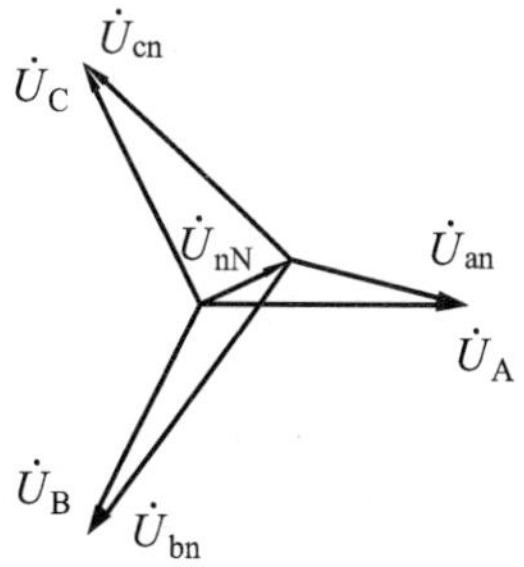

图 2-4-13　相量图

综上所述，在不对称三相电路中，如果有中线且输电线阻抗 $Z\approx 0$，则中线可迫使 $\dot{U}_{nN}=0$，尽管电路不对称，但可使负载相电压对称，以保证负载正常工作；若无中线，则中点位移，造成负载相电压不对称，从而可能使负载不能正常工作。可见，中线作用至关重要且不能断开。实际接线中，中线的干线必须考虑有足够的机械强度，且不允许安装开关和熔丝。

例 2-4-3　加在星形连接负载上的三相电压对称，其线电压为 380 V。求：

（1）三相负载每相阻抗为 $Z_A=Z_B=Z_C=(17.3+\mathrm{j}10)\ \Omega$ 时，各相电流和中线电流；

（2）断开中线后的各相电流；

（3）仍保持有中线，Z_C 改为 20 Ω 时，各相电流和中线电流。

解：（1）三相电压对称，每相负载相电压为

$$U_P = \frac{U_L}{\sqrt{3}} = \frac{380}{\sqrt{3}} \text{V} = 220 \text{ V}$$

设$\dot{U}_A = 220\angle 0°$，则

$$\dot{U}_B = 220\angle -120°,\ \dot{U}_C = 220\angle 120°$$
$$Z_A = Z_B = Z_C = 17.3 + \text{j}10 = 20\angle 30° \ (\Omega)$$

各相电流为

$$\dot{I}_A = \frac{\dot{U}_A}{Z_A} = \frac{220\angle 0°}{17.3 + \text{j}10} = 11\angle -30° \ (\text{A})$$
$$\dot{I}_B = \frac{\dot{U}_B}{Z_B} = \frac{220\angle -120°}{17.3 + \text{j}10} = 11\angle -150° \ (\text{A})$$
$$\dot{I}_C = \frac{\dot{U}_C}{Z_C} = \frac{220\angle 120°}{17.3 + \text{j}10} = 11\angle 90° \ (\text{A})$$

中线电流为

$$\dot{I}_N = \dot{I}_A + \dot{I}_B + \dot{I}_C = (11\angle -30° + 11\angle -150° + 11\angle 90°) \text{ A} = 0$$

（2）由于三相电流对称，中线电流为零，断开中线时三相电流不变。

（3）$\dot{I}_A$、$\dot{I}_B$不变。

$$\dot{I}_C = \frac{\dot{U}_C}{Z_C} = \frac{220\angle 120°}{20} = 11\angle 120° \ (\text{A})$$
$$\dot{I}_N = \dot{I}_A + \dot{I}_B + \dot{I}_C$$
$$= 11\angle -30° + 11\angle -150° + 11\angle 120° = 5.7\angle -165° \ (\text{A})$$

负载对称时，中线电流为零，中线不起作用；负载不对称时，由于中线阻抗为零（或很小），使负载处在电源的对称电压作用之下，但中线中有电流。

2.4.3 三相电路的功率

在三相电路中，三相负载的有功功率、无功功率分别等于每相负载上的有功功率、无功功率之和，即

$$P = P_A + P_B + P_C$$
$$Q = Q_A + Q_B + Q_C$$

三相负载对称时，各相负载吸收的功率相同，根据负载星形及三角形接法时线、相电压和线、相电流的关系，则三相负载的有功功率、无功功率分别表示为

$$P = 3P_A = 3U_P I_P \cos\varphi = \sqrt{3} U_L I_L \cos\varphi$$
$$Q = 3Q_A = 3U_P I_P \sin\varphi = \sqrt{3} U_L I_L \sin\varphi$$

式中 U_L, I_L ——负载的线电压和线电流；

U_P, I_P ——负载的相电压和相电流；

φ ——每相负载的阻抗角。

对称三相电路的视在功率和功率因数分别定义如下：

$$S=\sqrt{P^2+Q^2}\ ,\ \cos\varphi=\frac{P}{S}$$

根据对称三相负载的功率表达式关系，则

$$S=\sqrt{3}U_{\mathrm{L}}I_{\mathrm{L}}$$

经推导，对称三相正弦交流电路的瞬时功率等于平均功率 P，是不随时间变化的常数。对三相电动机来说，瞬时功率恒定意味着电动机转动平稳，这是三相制的重要优点之一。

例 2-4-4 某三相异步电动机每相绕组的等值阻抗 $|Z|=27.74\ \Omega$，功率因数 $\cos\varphi=0.8$，正常运行时绕组作三角形连接，电源线电压为 380 V。试求：

（1）正常运行时相电流、线电流和电动机的输入功率；

（2）为了减小启动电流，在启动时将绕组改接成星形，试求此时的相电流、线电流及电动机输入功率。

解：（1）正常运行时，电动机作三角形连接，此时有

$$I_{\mathrm{P}}=\frac{U_{\mathrm{L}}}{|Z|}=\frac{380}{27.74}=13.7\ (\mathrm{A})$$

$$I_{\mathrm{L}}=\sqrt{3}I_{\mathrm{P}}=\sqrt{3}\times 13.7=23.7\ (\mathrm{A})$$

$$P=\sqrt{3}U_{\mathrm{L}}I_{\mathrm{L}}\cos\varphi=\sqrt{3}\times 380\times 23.7\times 0.8=12.51\ (\mathrm{kW})$$

（2）启动时，电动机星形连接，此时有

$$I_{\mathrm{P}}=\frac{U_{\mathrm{P}}}{|Z|}=\frac{380/\sqrt{3}}{27.74}=7.9\ (\mathrm{A})$$

$$I_{\mathrm{L}}=I_{\mathrm{P}}=7.9\ (\mathrm{A})$$

$$P=\sqrt{3}U_{\mathrm{L}}I_{\mathrm{L}}\cos\varphi=\sqrt{3}\times 380\times 7.9\times 0.8=4.17\ (\mathrm{kW})$$

可以看出，同一个对称三相负载接于同一电路，负载作三角形连接时的线电流是星形连接时线电流的 3 倍，作三角形连接时的功率也是作星形连接时功率的 3 倍。即

$$P_{\triangle}=3P_{\mathrm{Y}}$$

小　结

1. 单相交流电路的构成形式：单相交流电通过 R、L、C 三种元件的单一参数电路。

2. 用相量分析法分析 R、L、C 串联电路。

3. 复阻抗的串并联分析。

4. 功率的有关概念：瞬时功率、有功功率、无功功率、视在功率、功率因数等。掌握正弦交流电路中的功率计算，熟悉功率因数的提高的方法。

自测练习题

一、判断题

1. 在三相四线制中，三相负载越对称，中线电流越小。(　　)

2. 三相对称负载三角形连接时，线电压等于相电压，线电流等于相电流。(　　)

3. 对称三相电路负载三角形连接时，线电流是相电流大小的 $\sqrt{3}$ 倍。(　　)

4. 三相对称星形负载，中线电流 $I_{\mathrm{N}}=0$，线电压 $U_{\mathrm{L}}=\sqrt{3}\,U_{\mathrm{P}}$。(　　)

5. 三相四线制中，中线的作用是平衡各相电压，照明电路绝对不能采用三相线相制供电，而且必须保证中线可靠。(　　)

6. 三相负载三角形连接，线电压等于相电压，故三相负载三角形连接时，不论负载是否对称，负载电压一定对称。(　　)

二、选择题

1. 电路如图 2-4-14 所示，三相负载按星形连接，每相接一个 220 V、60 W 灯泡。若图中 S_1 断开，S_2、S_3 闭合，则出现的情况是(　　)。

A. 灯 1 比灯 2、灯 3 都亮

B. 灯 1 不亮，灯 2 比灯 3 亮

C. 灯 1 不亮，灯 2、灯 3 一样亮

D. 灯 3 比灯 1、灯 2 都亮

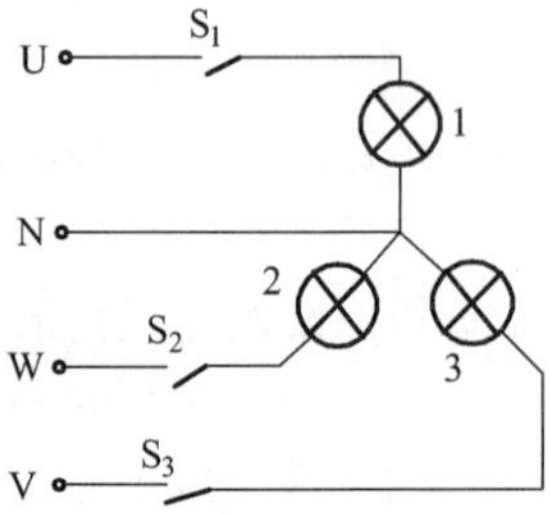

图 2-4-14

2. 在三相四线中性点接地供电系统中，线电压指的是（　　）的电压。

A. 相线之间　　B. 零线对地间　　C. 相线对零线间　　D. 相线对地间

3. 三相对称电源星形连接，相电压、线电压的关系为（　　）。

A. 线电压是相电压的 $\sqrt{3}$ 倍，且线电压滞后对应相电压 30°

B. 相电压是线电压的 $1/\sqrt{3}$ 倍，且相电压滞后对应线电压 30°

C. 线电压是相电压的 $\sqrt{2}$ 倍，且线电压滞后对应相电压 30°

D. 相电压是线电压的 $1/\sqrt{2}$ 倍，且相电压滞后对应线电压 30°

4. 发生下列哪种情况时，三相星形连接不对称负载都不能正常工作（　　）。

A. 某相负载断路　　B. 某相负载加大　　C. 某相负载短路　　D. 中性线断掉

5. 已知对称三相电源中的相量 $\dot{U}_B = 220\angle -30°$ V，则另两相电压相量为（　　）。

A. $\dot{U}_A = 220\angle 90°$ V、$\dot{U}_C = 220\angle -150°$ V

B. $\dot{U}_A = 220\angle -90°$ V、$\dot{U}_C = 220\angle 150°$ V

C. $\dot{U}_A = 220\angle 150°$ V、$\dot{U}_C = 220\angle -90°$ V

D. $\dot{U}_A = 220\angle -150°$ V、$\dot{U}_C = 220\angle 90°$ V

6. 三相四制供电线路的线电压为 380 V，若电动机每相绕组的额定电压为 220 V，则电动机三相绕组应采用（　　）连接方式。

A. 星形　　B. 三角形　　C. 不能判定

7. 三相四制供电线路的线电压为 380 V，若电动机每相绕组的额定电压为 380 V，则电动机三相绕组应采用（　　）连接方式。

A. 星形　　B. 三角形　　C. 不能判定

习　题

1. 将负载 $Z_A = Z_B = Z_C = (17.3+j10)\ \Omega$ 作三角形连接后接到线电压为 380 V 的对称电源上，如图 2-4-15 所示。试求：

（1）负载对称时各相电流和线电流；

（2）B 相负载断开后的各相电流和线电流。

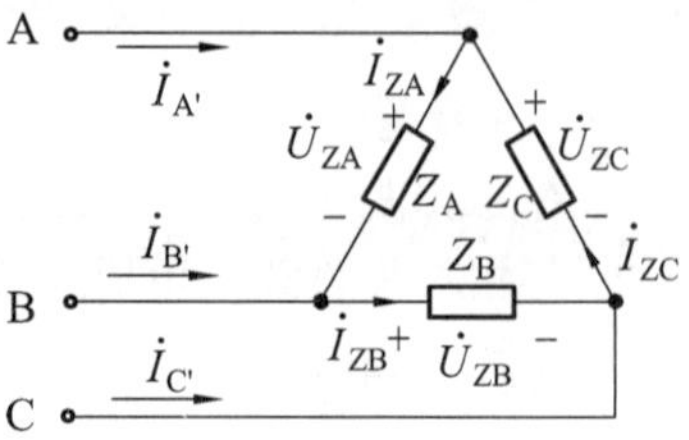

图 2-4-15

任务 5　简单照明电路的装接

2.5.1　功能要求

安装一个简单的照明电路，熟悉照明电路的各个元件；了解日光灯的工作原理，掌握照明接线及测量方法，并通过测量的数据分析和理解交流电路的电压和电流的关系。

2.5.2　日光灯电路的工作原理

日光灯管是一根普通的玻璃管，管内壁涂有一层均匀的荧光粉，灯管两端各有一根钨丝绕成的螺旋状灯丝。镇流器是一个绕在硅钢片铁芯上的电感线圈，其作用一是当启辉器两触头突然断开瞬间由于电流变化较大，在灯管两端产生足够高的自感电动势，使灯管内气体被电离导电；二是在管内气体电离而呈低阻状态时，由于镇流器的降压和限流作用而限制灯管电流，防止灯管损坏。启辉器是一个很小的充放电管，它的内部有两个电极，其中一个由双金属片制成，在室温下两个电极之间有空隙，启辉器两极间的启辉电压比日光灯管开始放电的电压要低。

当日光灯电路接上电源后，电源电压便加到启辉器的两个电极上，使启辉器发生辉光放电，放电所产生的热量加热了电极，于是双金属片伸张与另一电极接触。两电极接触后把日光灯的灯丝电路接通，使日光灯的灯丝灼热，另一方面两电极接触后启辉器内的辉光放电停止，于是双金属片逐渐冷却并在零点几秒内恢复原状，与另一电极分开。在两电极分开的瞬间电流变化很大，镇流器上产生一个很大的反电动势，它和电源电压一起加到日光灯管的两端，使日光灯放电并发出频谱接近于阳光的光线。

2.5.3　参考电路图（见图 2-5-1）

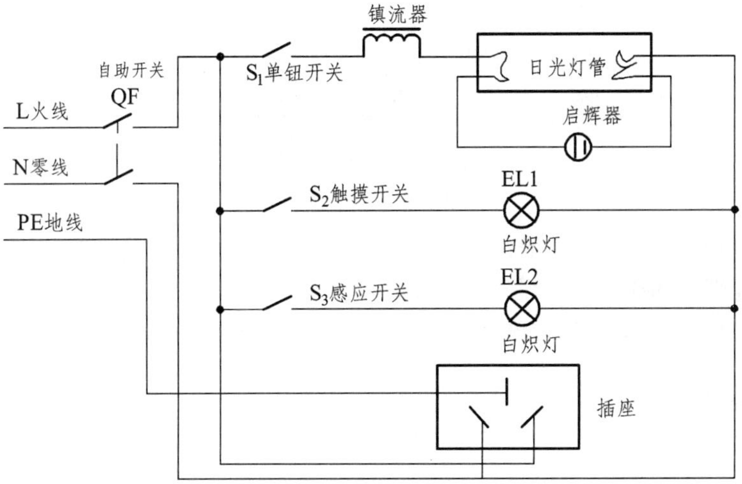

图 2-5-1　简单照明电路

2.5.4　实例说明——照明电路的安装及测量

（1）用万用表检测各个器件是否完好。将万用表置 $R\times1$ 挡或数字表的 200 Ω 挡，测量各种开关的触点是否良好；白炽灯的电阻小于 200 Ω，测量白炽灯、日光灯的电阻大小，判断它们的好坏。

（2）安装。装接线路的工艺要求："横平竖直，拐弯成直角，少用导线少交叉，多线并拢一起走。"其意思是横线要水平，竖线要垂直，转弯要是直角，不能有斜线，接线时，要尽量避免交叉线，如果一个方向有多条导线，要并在一起走。

（3）用万用表检查线路情况。将万用表置 $R\times1$ 挡或数字表的 200 Ω 挡，一个表笔放在 QF 下方的 L 相线上，另一表笔分别放在镇流器与 S1 开关的连接处、EL1 与 S2 开关的连接处、EL2 与 S3 开关的连接处，当分别按下 S1、S2、S3 时，都能测到一个微小的电阻，表明火线到电灯的线路没有问题；然后一个表笔放在 QF 下方的 N 零线上，分别测量零线到各电灯的线路是否良好。

（4）测量。线路检查完全正确后，合上开关 QF，接通电源，合上 S1，观察日光灯的发光情况；合上 S2、S3，观察白炽灯的发光情况。用万用表测量插座上的电压、EL1 两端的电压、EL2 两端的电压、镇流器两端的电压、日光灯两端的电压，并计入表 2-5-1 中。

表 2-5-1　日光灯电路测量表

插座两端电压（市电）	EL1 两端的电压（白炽灯电压）	EL2 两端的电压（白炽灯电压）	镇流器两端的电压（电感电压）	日光灯管两端的电压（电阻电压）

（5）分析。白炽灯 EL1 和 EL2 两端的电压与市电的电压 220 V 是一致的，但是，镇流器两端的电压与日光灯管两端的电压之和并不等于 220 V。这是因为镇流器与日光灯管构成了一个 RL 电路，电压的关系是 $U=\sqrt{U_R^2+U_X^2}$，是一个直角三角形的关系。若用示波器观察镇流器和光管的波形，可以看出两者有一个 90°的相位差，如图 2-5-2 所示。

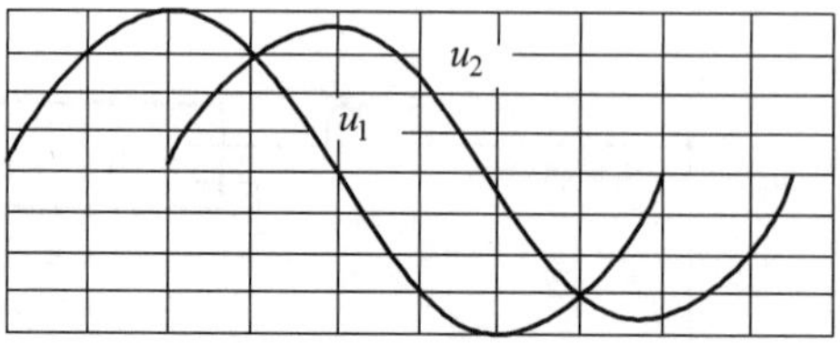

图 2-5-2　波形图

（6）注意事项。由于电源接的是 220 V 的市电，操作过程中一定要注意安全，同时，注意示波器探头接地端的选择，防止部分电路被短路。

项目三 音频功率放大器电路的分析与制作

项目功能描述

制作一个音频功率放大器，可以适应话筒输入和线路输入两种形式，输出功率大。用于声音放大场景，连接音箱，实现音频放大。

项目任务分解

分析项目功能可知，项目涉及放大电路，包含模拟电子电路的大部分内容，将项目分解为电子元器件的辨识、放大电路原理和分析方法、电路负反馈等任务，为了平衡各个任务，将相关内容做了融合。通过各任务的学习最后完成项目制作。

职业技能目标

1. 掌握二极管、三极管的检测方法。
2. 能调试并测量三极管放大电路的有关参数。
3. 能利用计算机和网络等媒介查找集成芯片的应用和引脚功能。
4. 能进行相应的焊接、调试和排故。
5. 培养团队合作精神。

项目知识目标

1. 掌握二极管和三极管的结构、符号、特性。
2. 掌握共射极放大电路的分析方法。
3. 了解多级放大电路的分析方法。
4. 了解差分放大电路的分析方法。
5. 掌握功率放大电路原理。
6. 理解反馈分类和判别方法，理解负反馈对放大电路性能的影响。

任务1 电子元器件的检测

3.1.1 半导体的基本知识

自然界中的物质按照其导电能力的不同，除了可以分为我们较为熟悉的导体和绝缘体之外，有一类物质的导电能力介于导体和绝缘体之间，我们把它叫作半导体，如硅、锗等。半导体的导电能力还随着温度、光照条件和掺入杂质的不同而发生很大的变化。半导体是制作半导体器件最主要的材料。

1. P 型半导体和 N 型半导体

在半导体里面有两种携带电荷的粒子。一种粒子带正电荷，称之为“空穴”；另一种粒子带负电荷，称之为“自由电子”，它们统称为“载流子”。在纯净的半导体中掺入微量元素，如五价元素磷，就可以形成电子型半导体，也称 N 型半导体；掺入三价元素硼就可以形成空穴型半导体，也称 P 型半导体。N 型半导体主要靠电子导电，多数载流子是自由电子，空穴是少数载流子。P 型半导体主要靠空穴导电，多数载流子是空穴，自由电子是少数载流子。

2. PN 结及单向导电性

将 P 型半导体和 N 型半导体经过特殊的工艺加工紧密结合在一起，在两者的交界处便形成了一个特殊的接触面，称为 PN 结。实验证明，PN 结具有单向导电的特性，即 PN 结加正向电压（电源的正极接 P 区，负极接 N 区）时导通，加反向电压（电源的正极接 N 区，负极接 P 区）时截止 。

3.1.2 晶体二极管

1. 晶体二极管的结构和符号

半导体二极管是由一个 PN 结封装制成的器件。根据二极管管芯结构的不同可分为点接触型、面接触型和平面型几种；二极管按所用材料不同分为锗管和硅管；二极管按照用途分为普通二极管、检波二极管、稳压二极管、光电二极管和开关二极管，如图 3-1-1 所示。

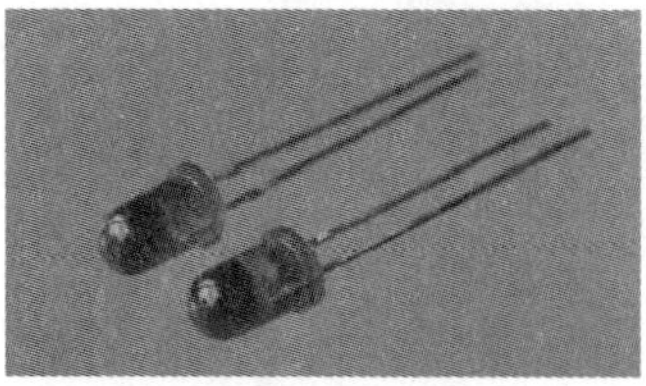

（a）发光二极管

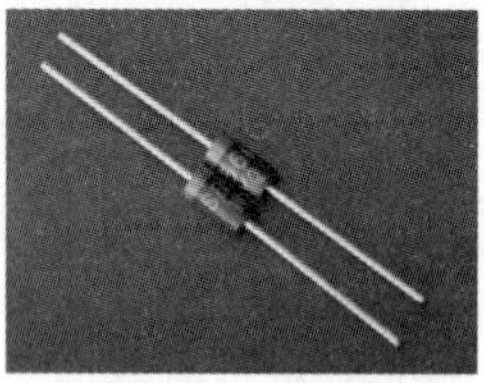

（b）普通二极管

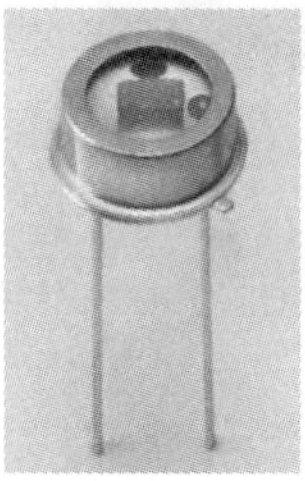

（c）光电二极管

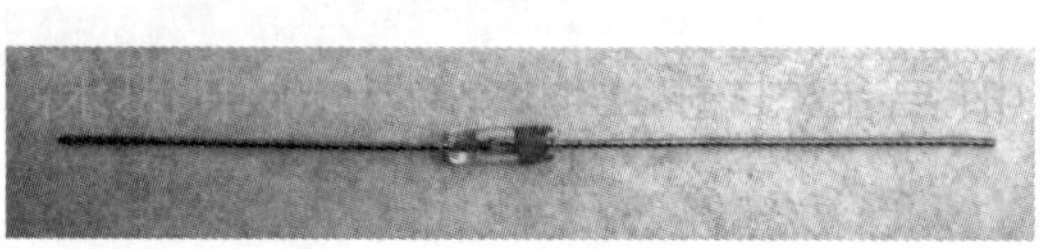

（d）检波二极管

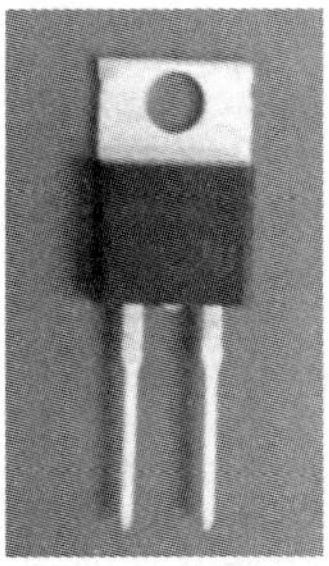

（e）模块封装二极管

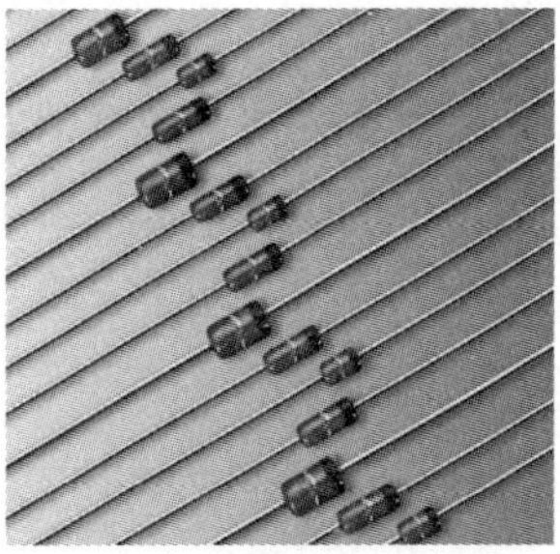

（f）稳压二极管

图 3-1-1　二极管的实物图片

二极管作为常用的电子器件，有自己的电气符号，如图 3-1-2 所示。

（a）结构示意图

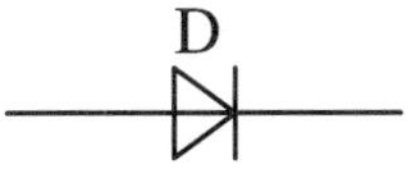

（b）符号

图 3-1-2　二极管的结构和符号

2. 二极管的伏安特性

加在二极管两端的电压和流过二极管的电流之间的关系，就称为二极管的伏安特性。描述其关系的曲线称为伏安特性曲线，如图 3-1-3 所示。

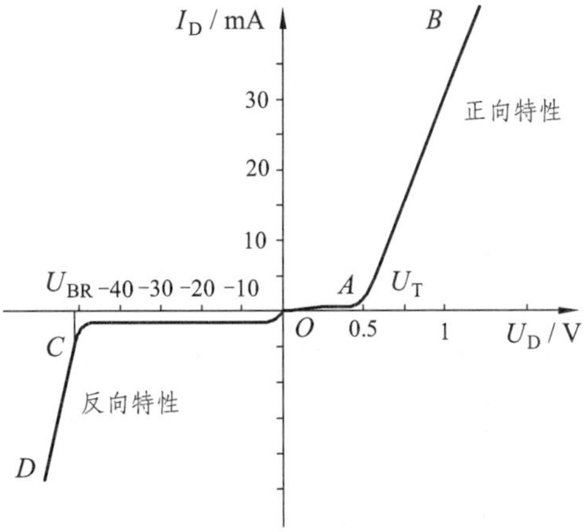

图 3-1-3　二极管的伏安特性曲线

1）正向特性

图中 OA 段称为死区，相应的电压叫死区电压。硅二极管的死区电压为 0.5 V 左右，锗二极管的死区电压为 0.1 V 左右。当二极管所加电压大于死区电压后，二极管导通，如图中 AB 段，称为正向导通区。二极管正向导通的压降变化不大，硅管为 0.7 V 左右，锗管为 0.3 V 左右。

2）反向特性

二极管加反向电压时，因为 PN 结的存在，在很大的范围内反向电流很小且不随反向电压的变化而变化，称为二极管截止状态，如图中 OC 段。此时流过二极管的电流是反向饱和电流，该电流很小且受温度的影响很大，有实验证明，温度每升高 10 °C，反向饱和电流增大 1 倍。

3）反向击穿特性

当二极管的反向电压大到一定数值时，反向电流迅速增大，管子进入反向击穿状态，如图中 *CD* 段，此区域叫作反向击穿区。由于反相击穿电流过大将损坏二极管，所以一般普通的二极管应避免工作在反向击穿区。

3. 二极管的主要参数

1）最大整流电流 I_F

最大整流电流指的是二极管长时间工作时允许流过的最大直流电流。使用时如果超过此值可能会使管子因过热而烧毁。所以二极管使用中不允许超过最大整流电流值，例如常用的 1N4001~1N4007 型锗二极管的最大整流电流为 1 A。

2）最高反向工作电压 U_R

最高反向工作电压指的是二极管正常工作时所能承受的最高反向电压值。使用时如果超过此值,可能会使二极管因击穿而损坏。例如 1N4001 二极管的反向耐压为 50 V，1N4007 二极管的反向耐压为 1000 V。

3）反向电流 I_R

反向电流指的是二极管在规定的温度和最高反向电压作用下，流过二极管的反向电流。反向电流衡量的是二极管的热稳定性，反向电流越小，二极管的单向导电性越好。

4）最大整流电流下的正向电压降 U_F

二极管正向导通时的压降。通常，锗二极管的正向压降不超过 0.3 V，硅二极管的正向压降不超过 0.7 V。

4. 其他二极管

1）发光二极管

发光二极管的符号如图 3-1-4（a）所示，它是一种将电能直接转换成光能的固体器件，简称 LED（Light Emitting Diode）。发光二极管在正向导通时，发出一定波长的可见光。光的波长不同，颜色也不同。常见的 LED 有红、绿、黄等颜色。发光二极管的驱动电压低、工作电流小，具有很强的抗振动和抗冲击能力。由于发光二极管体积小、可靠性高、耗电省、寿命长，被广泛用于环保发光源及信号指示等电路中，如 LED 光源、电源通断指示电路、七段数码等都是由发光二极管制成。

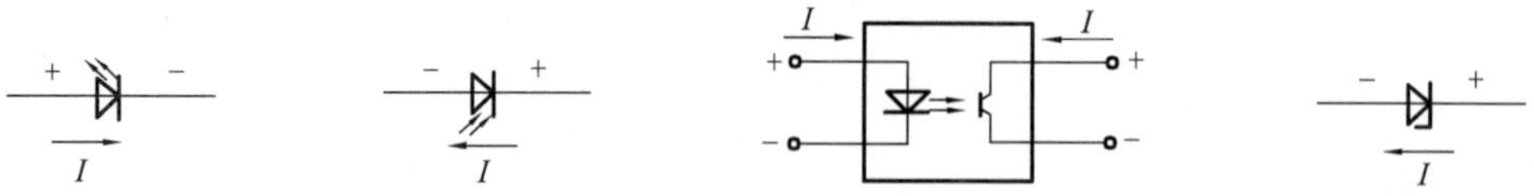

（a）发光二极管　（b）光电二极管　（c）光电耦合器　（d）稳压二极管

图 3-1-4　特殊二极管符号及电流方向

2）光电二极管

光电二极管如图 3-1-4（b）所示。它工作在反偏状态，它的管壳上有一个玻璃窗口，以便接受光照。在外加反偏压作用下，光电二极管光照增强时，反向电流增加。

光电二极管的检测方法和普通二极管的一样，通常正向电阻为几千欧，反向电阻为无穷大，否则光电二极管质量变差或损坏。当受到光线照射时，反向电阻显著变化，正向电阻不变。

3）光电耦合器

把发光二极管和光电二极管组合可以构成二极管型光电耦合器件，如图 3-1-4（c）所示。光电耦合器常在输入输出地端分离的电路中使用。

4）稳压二极管

稳压二极管如图 3-1-4（d）所示，它具有稳定电压的作用，工作在反向击穿区。

稳压管的主要参数：

① 稳定电压 U_Z，即稳压管在正常工作时管子的反向端电压，一般为 3 ~ 25 V，高的可达 200 V。

② 稳定电流 I_Z，即稳压管工作至稳压状态时流过的电流。当稳压管稳定电流小于最小稳定电流 $I_{Z,max}$ 时，没有稳定作用；大于最大稳定电流 $I_{Z,max}$ 时，管子因过流而损坏。正常工作电流 I_Z 取 $I_{Z,min} \sim I_{Z,max}$ 间某个值。

③ 动态电阻 r_Z，即稳压管端电压的变化量ΔU_Z与对应电流变化量ΔI_Z之比，即 $r_Z = \dfrac{\Delta U_Z}{\Delta I_Z}$，其值为几欧至十几欧。

5. 二极管的检测

1）普通二极管的正负极检测

普通二极管一般选用硅或者锗材料面接触的二极管，国产普通二极管的型号有 2DZ 系列，进口普通二极管有 1N4001 等。

方法一：观察外壳上的符号标记。在某些二极管的外壳上，标有二极管符号，则正负极一目了然，如图 3-1-5 所示。

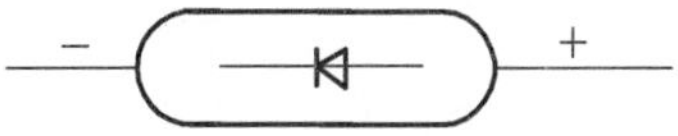

图 3-1-5　二极管符号标记

方法二：观察外壳上的色环。在普通二极管的外壳上，通常标有白色或灰色的色环，有色环的一端为负极，另一端为正极。

方法三：用万用表测量判别。将万用表置于电阻 R×100 挡或者 R×1k 挡，先用红、黑表笔任意测量二极管两引脚间的电阻值，然后调换表笔再测量一次。如果二极管是好的，两次的测量结果一定出现一大一小。以阻值小的一次为准，黑表笔所接触的一端为正极，红表笔所接触的一端为负极。

2）普通二极管的好坏检测

用万用表欧姆挡检测二极管的极性和性能的好坏，万用表一定要使用 R × 100 或 R × 1K 挡，注意万用表的黑表笔对应于表内电池的正极，而红表笔对应于表内电池的负极。

若测得二极管正反向电阻相差很大，则二极管是好的；若测得二极管正向电阻太大或者反向电阻太小，则说明二极管的单向导电性不够好；若测得二极管正向电阻为无穷大（即万用表指针不动），说明二极管的内部断路；若测得反向电阻接近于零，则说明二极管已经被击穿。

3.1.3　晶体三极管

1. 三极管的结构和符号和分类

三极管是由两个 PN 结三层半导体组成的器件，如图 3-1-6。三层半导体可以排成两种不同的组合，分为 NPN 型和 PNP 型，结构和符号如图 3-1-7 所示。三层半导体分别称发射区、基区和集电区，从各区引出的电极则称发射极（E）、基极（B）和集电极（C）；发射区与基区之间的 PN 结称为发射结；基区和集电区之间的 PN 结则称为集电结。注意：三极管符号中带箭头的电极为发射极，其箭头的方向表示电流的流向。

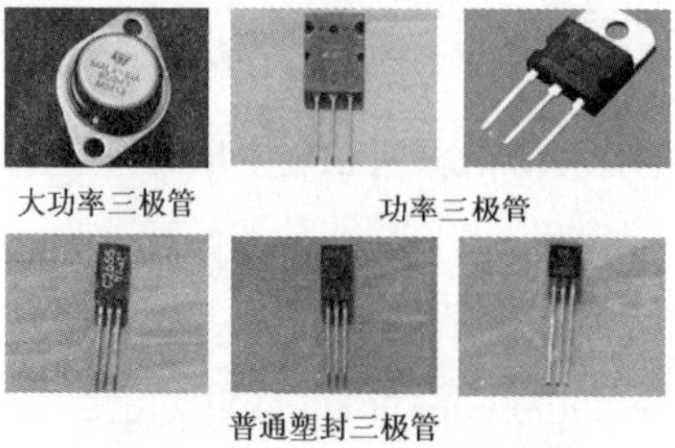

图 3-1-6　三极管的外形图

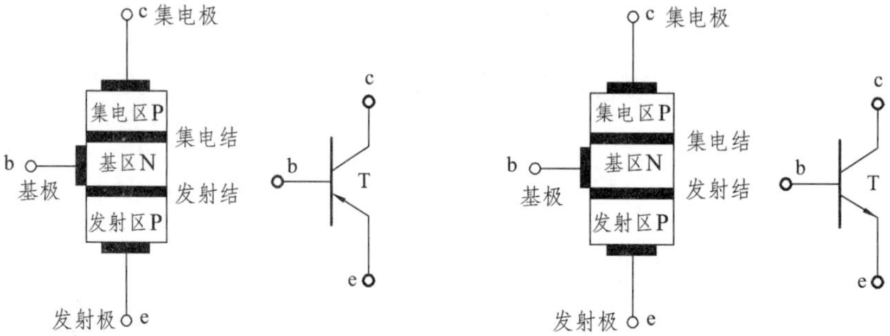

（a）PNP 型　　（b）NPN 型

图 3-1-7　三极管的结构和符号

三极管在制造过程中应满足其内部结构特点：发射区的掺杂浓度很高，注入基区的载流子数目很多；基区的掺杂浓度很低，而且做得很薄，使载流子在基区的复合少；集电结的面积很大，便于收集载流子。

三极管按工作频率分，有低频管、高频管和超高频管；按功率分，有小功率管、中功率管和大功率管；按管芯所用半导体材料分，有硅管和锗管；按结构工艺分，主要有合金管和平面管；按用途分，有放大管和开关管。

2. 三极管的电流放大作用

要使三极管具有电流放大的作用，必须满足相应条件，即：发射结加正向电压（一般小于 1 V），集电结加反向电压（一般为几伏至几十伏）。

下面以 NPN 型三极管为例，讲述电流放大原理。

如图 3-1-8 所示，在发射结正向偏置的作用下，发射区中高掺杂的电子越过 PN 结，到达基区。

达到基区的电子在浓度差的作用下，一是继续向集电区扩散，一是会遇到基区的载流子空穴，从而与之复合。而基极接电源的正极，将拉走电子形成新的空穴补充基区被复合的空穴，形成基极电流。

达到集电区边缘的电子在集电结的反向偏置作用下越过集电结，并被集电极的电源所收集，形成集电极电流。

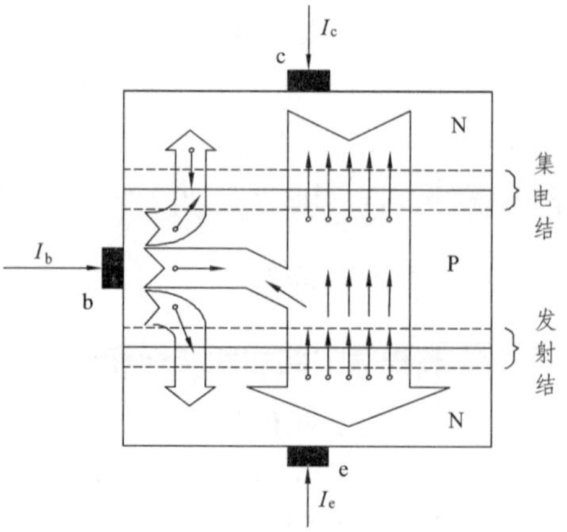

图 3-1-8　三极管的放大原理

可以看出：发射区的载流子在基区进行分配，与基区的少量的空穴复合形成小电流（I_B），而大部分为集电极所收集形成大电流（I_C），两者的比例是由三极管的结构决定的，是一个常数，称为电流放大系数，用符号β来表示。

从上面的分析可以看出：

$$\frac{I_C}{I_B}=\frac{\Delta I_C}{\Delta I_B}=\text{常数（电流放大倍数}\beta\text{）}$$

$$I_E=I_C+I_B$$

3. 三极管的伏安特性

三极管的伏安特性曲线是指三极管各极电压与电流之间的关系。以共发射极接法为例，有输入特性曲线和输出特性曲线两种。

1）输入特性

三极管的输入特性曲线是指在U_{CE}一定时，测得三极管基极与发射极之间的电压U_{BE}和基极电流I_B之间的关系曲线。测试电路如图 3-1-9 所示。

每给定一个U_{CE}的值，便可以得到一条相应的特性曲线，如图 3-1-10 所示。

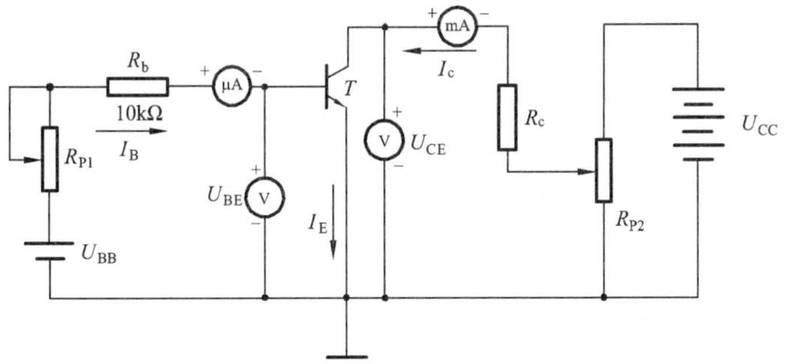

图 3-1-9　三极管的特性曲线测试电路

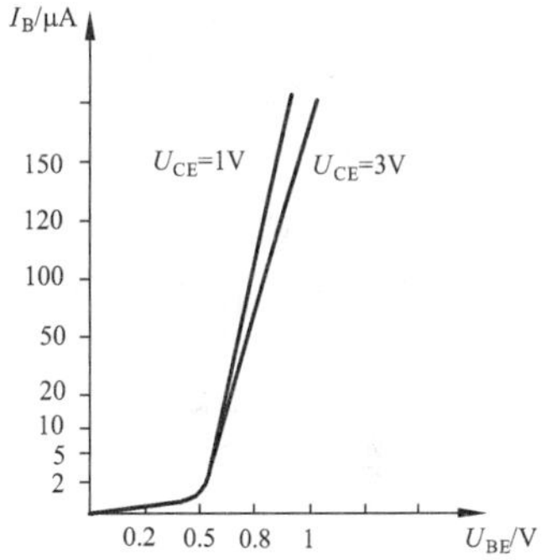

图 3-1-10　三极管的输入特性曲线

三极管的输入特性曲线和二极管的伏安特性曲线十分相似，因为三极管的发射结本身就相当于一个二极管，而U_{BE}和I_B也呈非线性关系，同样也存在着死区。其中，硅管的死区电压为 0.5 V，锗管的为 0.2 V。三极管正常导通时的压降U_{BE}，硅管约为 0.7 V，锗管约为 0.3 V。

2）输出特性

三极管的输出特性曲线是指在基极电流I_B一定时，集电极与发射极的电压U_{CE}与集电极电流I_C之间的关系曲线，其测试电路如图 3-1-9 所示。

每给定一个I_B值，就会得到一条I_C-U_{CE}曲线，这样就得到了许多条曲线构成的曲线族，如图 3-1-11 所示。

从图中可以看出，每一条输出曲线都分为上升、弯曲和平坦三个部分。整个曲线族可以分为三个区域。

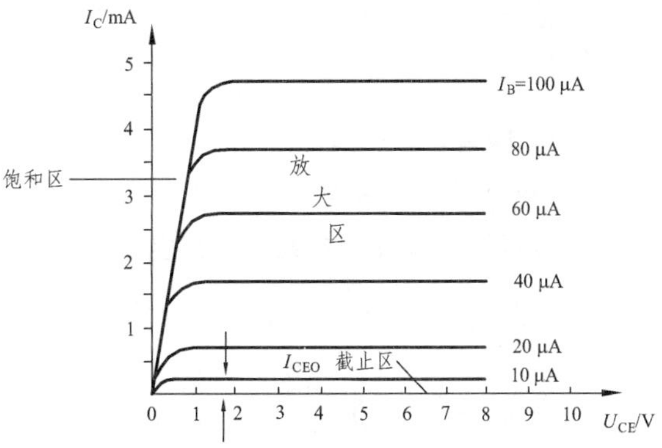

图 3-1-11　三极管的输出特性曲线

（1）截止区。

截止区是指 $I_B=0$ 以下的区域。在该区，基极与发射极的电压 U_{BE} 很小并处在死区电压以内。所以发射结反向偏置，集电结也反向偏置。无论 U_{CE} 怎样变化，I_C 都很小，只有发射区的少数载流子穿过基区到达集电区形成的穿透电流 I_{CEO}，如图 3-1-11 中所示。穿透电流随温度的升高而迅速增大，会导致三极管工作不稳定。所以在使用时应选择穿透电流小的三极管。通常硅管的穿透电流小一些，只有几微安；而锗管的稍大一些，有几十到几百微安。

（2）放大区。

放大区是指输出特性曲线中间间距接近相等且互相平行的区域。在该区，U_{CE} 足够大，发射结正向偏置，集电结反向偏置。此区域内 I_C 与 I_B 成正比例增长，也就是说 I_B 有一个微小的变化，就会使 I_C 按比例发生很大的变化，即三极管的电流放大作用。图 3-1-11 中，因为不同的 I_B 对应着不同的曲线，在垂直于横轴方向作一直线，从该直线上可以找出 I_C 的变化量 ΔI_C 和与之对应的 I_B 的变化量 ΔI_B，即可得到该管的电流放大倍数 $\beta=\Delta I_C/\Delta I_B$。曲线越平坦，间距越均匀，管子性能越好。曲线间距越大则表示 β 值越大。经过实验得到的数据证明，三极管内的电流分配关系为 $I_E=I_B+I_C$。

（3）饱和区。

饱和区是指输出特性曲线的上升部分与纵轴之间的区域。在该区域内，U_{CE} 很小，且小于 U_{BE}，所以发射结和集电结均处于反向偏置。另外在此区域内，I_B 增大时，I_C 不会明显增加，这就是所谓的“饱和”现象。I_C 不再受 I_B 的控制，三极管失去电流放大作用。饱和区内的 U_{CE} 很小，称为饱和压降 U_{CES}。

三极管三种工作状态的条件及特点如表 3-1-1 所示。

表 3-1-1　三极管的三种工作状态

工作状态	截止状态	放大状态	饱和状态
条件	发射结反偏 集电结反偏	发射结正偏 集电结反偏	发射结正偏 集电结正偏
特点	$I_B=0$ $U_{CE}\approx U_{CC}$	$I_C=\beta I_B$ $U_{CE}\approx U_{CC}-I_CR_C$	$I_C\neq\beta I_B=\dfrac{U_{CC}}{R_C}$ $U_{CE}\approx 0$
应用	开关电路	放大电路	开关电路

熟悉三极管的三种工作状态的条件和特点，可作为检测放大电路中管子正常工作与否的主要依据。

4. 三极管的主要参数

1）电流放大系数 β

晶体管的电流放大系数分直流电流放大系数和交流电流放大系数两种，用 $\overline{\beta}$ 和 β 表示。其中，共射极直流电流放大系数为 $\overline{\beta}=\dfrac{I_C}{I_B}$。

当晶体管输入变化量时，共射极交流电流放大系数为 $\beta=\left.\dfrac{\Delta I_C}{\Delta I_B}\right|_{u_{CE}=C(常数)}$。

事实上，在特性曲线近似平行等距并且 I_{CEO} 很小的情况下，可以认为 $\overline{\beta}=\beta$。

随环境温度的变化电流放大系数 β 值都会发生变化。温度升高，β 值增大。

2）**极间反向电流**

晶体管的极间反向电流主要指集电结反向电流 I_{CBO} 和集电极、发射极间的穿透电流 I_{CEO}，如图 3-1-12 所示。I_{CBO} 定义为发射极开路，在集电极和基极间加反向电压时，流过集电结的电流。它的大小反映集电结质量的好坏，I_{CBO} 越小越好；在常温下，小功率锗管为微安级，小功率硅管为纳安级。I_{CEO} 则定义为基极开路，在集电极与发射极间加上一定反向电压时的集电极电流，该电流从集电区穿过基区到达发射区，所以称穿透电流。I_{CEO} 比 I_{CBO} 大 β 倍，即 $I_{CEO}=(1+\beta)I_{CBO}$。穿透电流是反映管子质量的重要参数。

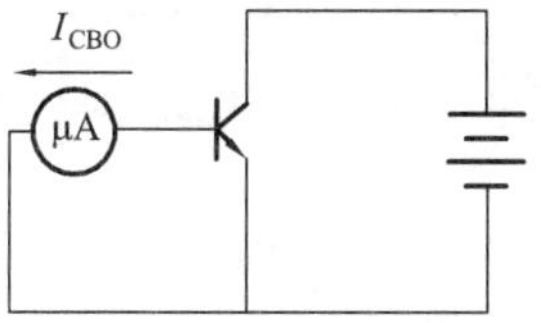

（a）集电结反向电流 I_{CBO}

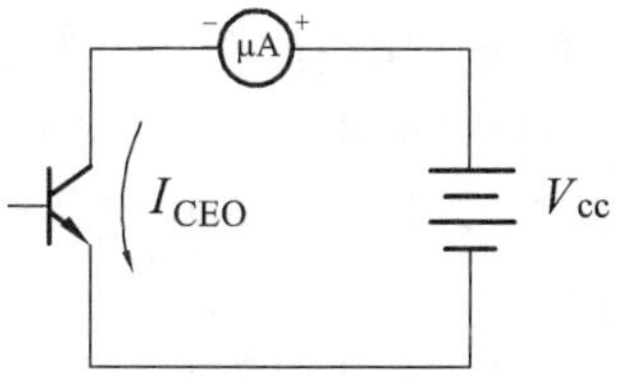

（b）穿透电流 I_{CEO}

图 3-1-12　三极管的极间反向电流

因此，在选择管子时，要兼顾 β 和 I_{CEO} 这两个参数。

3）**晶体管的极限参数**

集电极最大电流 I_{CM}：集电极电流 I_C 上升会导致三极管的 β 值下降，当 β 值下降到正常值的三分之二时的集电极电流即为 I_{CM}。

集-射极反向击穿电压 $U_{(BR)CEO}$：当集-射极之间的电压 U_{CE} 超过一定的数值时，三极管就会被击穿。元件手册上给出的数值是在温度为 25 °C、基极开路时的击穿电压 $U_{(BR)CEO}$。

集电极最大允许耗散功率 P_{CM}：集电极电流 I_C 流过三极管，所发生的功率为

$$P_C = I_C U_{CE}$$

该功率必定导致结温上升，所以 P_C 有限制。要求 $P_C \leqslant P_{CM}$。

5. 三极管的检测方法

1）**基极 b 的判断**

将万用表置于电阻 $R\times1\text{k}$ 挡，用黑表笔接触三极管的某一引脚（假设作为基级），再用红表笔分别接触另外两个引脚。由于 b、c 之间和 b、e 之间各是一个 PN 结，它们的反向电阻都很大，正向电阻都很小，因此用万用表的欧姆挡测试时，可任意假设一个极是基极，然后用黑表笔接触它，而用红表笔分别接另外两个极，如果两次测得的阻值均很大，则黑表笔所接的就是基极，而且三极管是 PNP 型的；如果两次测得阻值均很小，则三极管是 NPN 型的，黑表笔所接的也是基极。

但如果测得的两个阻值一个大一个小，则原来假设的基极就不对，要另换一个极作为基极再测试，直到符合上面所说的结果为止。

2）**集电极 c 和发射极 e 的判断**

方法一：若管子为 NPN 型，已知基极后，剩下两个电极，假定一个管脚为集电极，用黑表笔接它，红表笔接另一电极，再在所假设的集电极和基极之间加 100 kΩ 的电阻，通常是利用人体电阻（如图 3-1-13 所示），这时，阻值将变小；将两个要判别的管脚对换，同法再测一次，阻值偏转角度大的一次，则黑表笔所接的电极为集电极；若管子 PNP 型，则应调换表笔。

方法二：用数字万用表，先将三极管的基极 b 测出，并确定出三极管是 NPN 型还是 PNP 型。再调至用于测量三极管的 h_{FE} 挡位，将其余两引脚分别插入发射极孔和集电极孔，此时从显示屏上可以读出 h_{FE} 值；再次对调一次发射极孔和集电极孔，再测一次 h_{FE} 值。以数值较大的一次为正确，从而确定出发射极 e 和集电极 c。

3）管子性能的判别

① PN 结的好坏（检查正反向电阻，方法略）。

② 测穿透电流。

利用测集电极的方法，如果是 NPN 型管，用黑表笔接集电极，红表笔接发射极，阻值应在几十千欧（低频管可低些），若阻值太小，则说明穿透电流大，性能不好；若阻值慢慢变小，说明管子性能不稳定。若管子为 PNP 型，则应调换表笔。

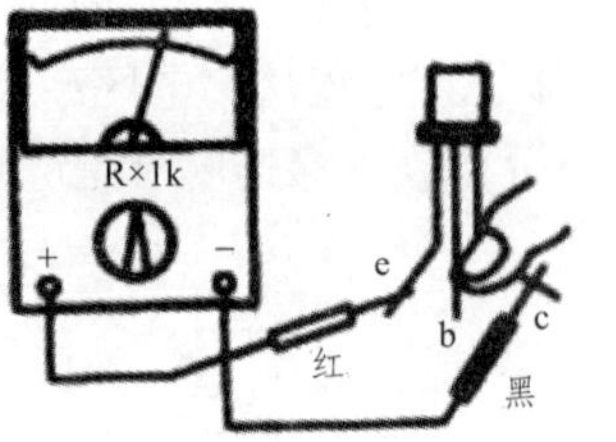

图 3-1-13　测量方法示意图

③ β 值的粗测。

用判别集电极的方法，阻值摆动的幅度越大，则管子的放大能力越大，即β值越大；若阻值的摆动幅度小，则管子的β值越小。

4）三极管的替换原则

如果发现电路中的三极管已损坏，更换时一般应遵循下列原则：

① 更换时，尽量更换相同型号的三极管。

② 无相同型号更换时，新换三极管的极限参数应等于或大于原三极管的极限参数，如参数 I_{CM}、P_{CM}、$U_{(BR)CEO}$ 等。

③ 性能好的三极管可代替性能差的三极管。如穿透电流 I_{CEO} 小的三极管可代换 I_{CEO} 大的，电流放大系数β高的可代替β低的。

④ 在集电极耗散功率允许的情况下，可用高频管代替低频管，如 3DG 型可代替 3DX 型。

⑤ 开关三极管可代替普通三极管，如 3DK 型代替 3DG 型，3AK 型代替 3AG 型管。

3.1.4　应用实例

二极管应用电路——构成限幅电路。所谓限幅电路是限制输出信号幅度的电路，如图 3-1-14 所示。当 $U_i>E$ 时，二极管因承受正向电压而导通，$U_o=E$；当 $U_i<E$ 时，二极管承受反向电压而截止，$U_o=U_i$。

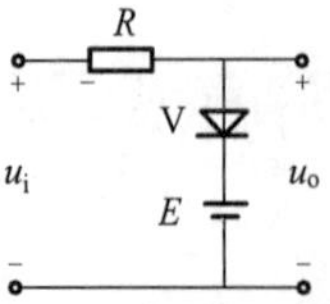

（a）电路

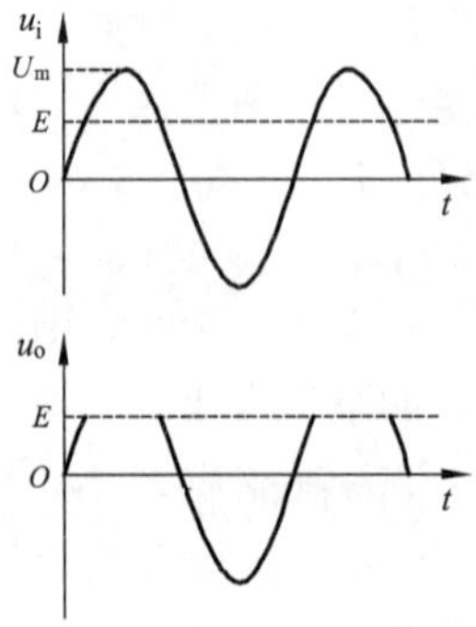

（b）波形

图 3-1-14　单向限幅电路

小　结

1. 半导体材料中有两种载流子：自由电子和空穴。在纯净半导体中掺入不同的杂质，形成N型半导体和P型半导体。将P型和N型半导体采用一定的工艺结合在一起，就形成了PN结。PN结具有单向导电性，PN结正向偏置导通，反向偏置截止。

2. PN结封装构成二极管，二极管的伏安特性体现了二极管的单向导电性，而主要参数则是特性的外部表现。正确理解二极管的伏安特性是应用的关键。二极管可用于低压稳压、开关、限幅等电路。

3. 三极管具有电流放大作用，即基极电流就可以控制集电极电流，是电流控制电流型的器件。三极管的特性可以认为分成三个工作区：饱和区、放大区和截止区。放大电路要求三极管工作在放大区，开关电路要求三极管工作在饱和区和截止区。

自测练习题

一、判别题

1. 二极管具有单向导电性的特性，即二极管正极接高电位、负极接低电位时导通，反之，二极管不导通。(　　)

2. 如图3-1-15所示，用万用表的$R\times1k$挡测量二极管的电阻，若二极管的指针偏转角度大（设该二极管为好管），则A为正极，B为负极。(　　)

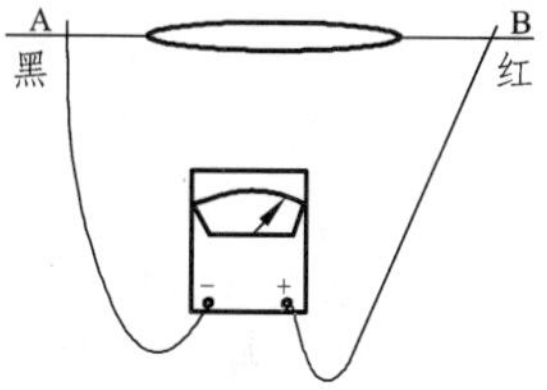

图 3-1-15

3. 用万用表的$R\times100$和$R\times1k$挡测同一只二极管的正向电阻，阻值相同。(　　)

4. 二极管正向电压大于死区电压才导通。(　　)

5. 可以用两个二极管反向连接起来充当晶体三极管使用。(　　)

6. 要使晶体管起电流放大作用时，发射结必须加正向偏置，集电结必须加反向偏置。(　　)

7. 在检修电子线路时，设管子为NPN型，如果测得$U_{CE}=0$ V，则说明管子工作在截止状态。(　　)

8. 如果测得$U_{BE}<0.5$ V，则管子工作在截止状态。(　　)

9. 用万用表的$R\times1k$挡测量一只能正常放大的三极管，用黑表笔接触一只管脚，红表笔分别接触另两只管脚时测得的电阻值都较小，该三极管是PNP管。(　　)。

二、选择题

1. 下列符号中表示稳压二极管的为(　　)。

A 　　B 　　C 　　D 

2. 晶体管工作在放大区时的偏置状态为(　　)。

A. 发射结、集电结均正偏　　B. 发射结、集电结均反偏

C. 发射结正偏、集电结反偏　　D. 发射结反偏、集电结正偏

3. 晶体管工作在截止区时的偏置状态为(　　)。

A. 发射结、集电结均正偏　　B. 发射结、集电结均反偏

C. 发射结正偏、集电结反偏　　D. 发射结反偏、集电结正偏

4. 对三极管放大作用的实质，下面说法正确的是(　　)。

A. 三极管可以把小能量放大成大能量　　B. 三极管可以把小电流放大成大电流
C. 三极管可以把小电压放大成大电压　　D. 三极管可以用较小的电流控制较大的电流

5. 三极管各个电极的对地电位如图 3-1-16 所示，可判断其工作状态是（　　）。

A. 饱和　　B. 放大　　C. 截止　　D. 已损坏

6. 在检修电子线路时，设管子为 NPN 型，如果测得 $U_{CE}=E_C$ V，则说明管子工作在（　　）状态。

A. 截止区　　B. 饱和区　　C. 放大区　　D. 过损耗区

7. 三极管的三个电极对地电位如图 3-1-17 所示，则图（a）（b）中的管子分别工作于（　　）状态。

A. 放大，饱和　　B. 饱和，截止　　C. 放大，放大　　D. 截止，饱和

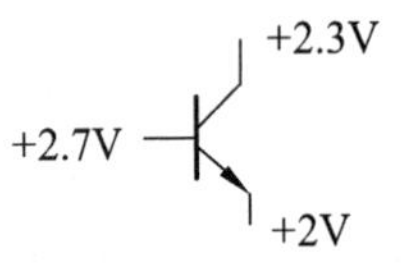

图 3-1-16

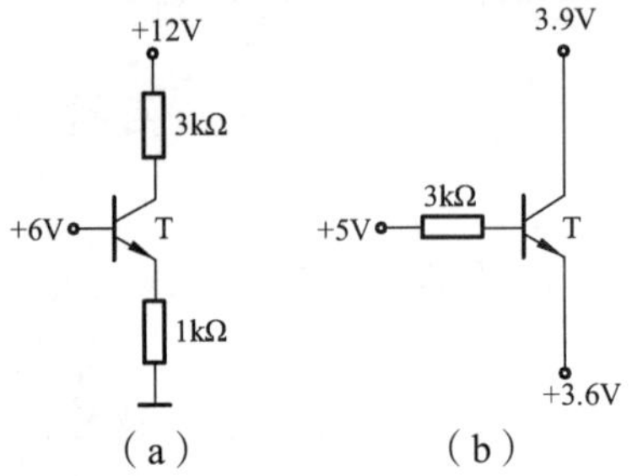

图 3-1-17

习　题

1. 如图 3-1-18 所示，问二极管两端的压降是多少？流过二极管的电流是多少？若调换二极管的极性，则二极管两端的压降是多少？流过二极管的电流是多少？

2. 设图 3-1-19 所示电路中二极管正向压降为 0.7 V，当 $U_i=6$ V 时，求 U_o。

3. 测得一放大电路中的三极管各电极相对于地的电压如图 3-1-20 所示，判别三个电极并说明该管子是 NPN 型管还是 PNP 型管。

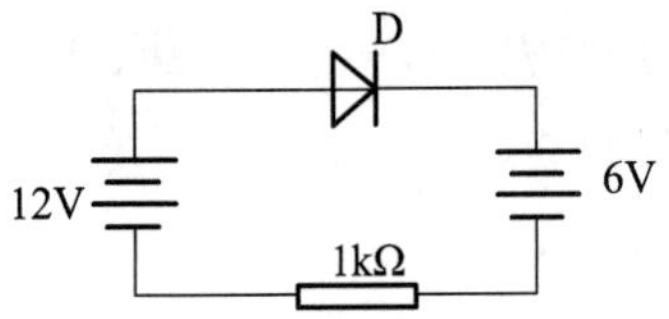

图 3-1-18

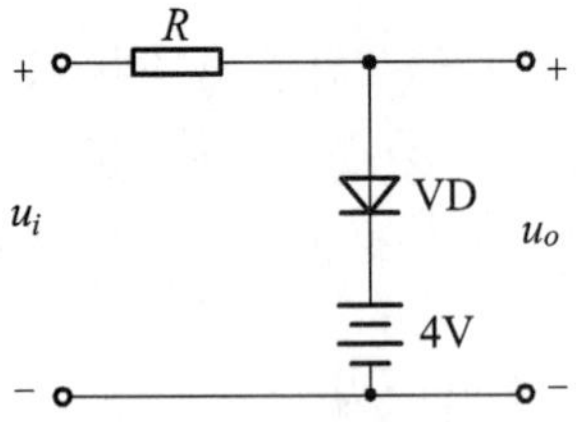

图 3-1-19

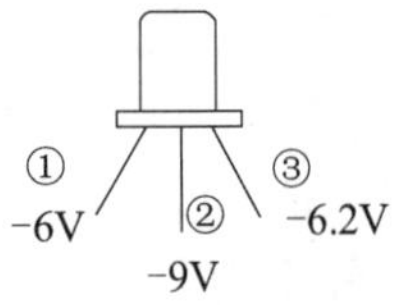

图 3-1-20

任务 2　共发射极放大电路的分析

3.2.1　放大电路概述

放大电路是一种用来放大电信号的装置，是电子设备中使用最广泛的一种电路。

1. 放大电路的三种组态

三极管构成放大电路有三种方式，图 3-2-1 所示为放大电路的三种组态电路。

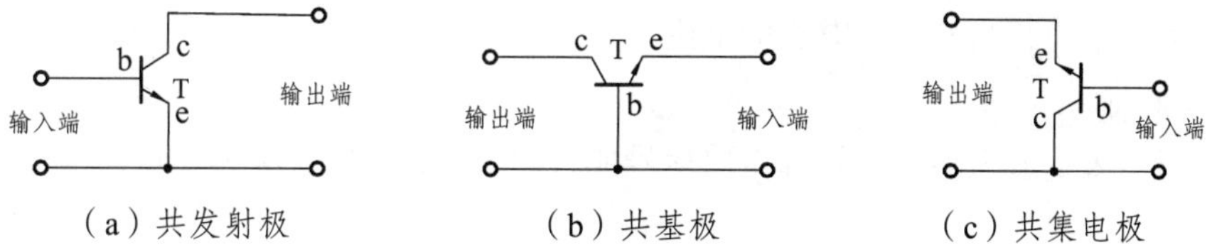

图 3-2-1　放大电路的三种组态

共射放大电路：如图 3-2-1（a）所示，电路以发射极作为公共端，基极和集电极作为信号的输入和输出端。电路具有放大电压、电流和功率的作用，输入电阻较低而输出电阻较高。通常作为放大电路的中间放大级。

共基极放大电路：如图 3-2-1（b）所示，电路以基极作为公共端，发射极和集电极作为输入与输出端。电路能放大电压，但不放大电流，输入电阻很小，常用于放大高频信号。

共集电极放大电路：如图 3-2-1（c）所示，电路以集电极作为公共端，基极和发射极分别作为输入和输出端。电路只有电流的放大作用，不放大电压，输入电阻高输出电阻低。通常作为放大电路的输入级和输出级。

2. 放大器性能参数

放大电路的作用就是将微弱的信号不失真地放大成较大的信号。对于信号源来说，放大器是信号源的负载；而对于负载来说，放大器又是负载的信号源。放大器的等效图如图 3-2-2 所示。

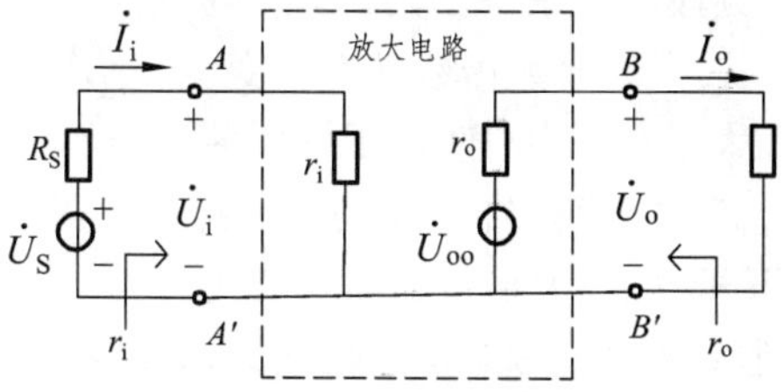

图 3-2-2　放大电路模型

放大器性能可以用电压放大倍数、输入电阻和输出电阻、通频带宽等这些参数来表征。

1）电压放大倍数 A_u

电压放大倍数是表示放大电路对电压的放大能力的参数，它定义为输出波形不失真时输出电压与输入电压的比值，即

$$A_u=\frac{U_o}{U_i}$$

其中 U_o 和 U_i 为输出电压和输入电压的有效值，若考虑其附加相移时，则用复数值来表示。

放大倍数也可用“分贝”来表示，给放大倍数取自然对数再乘以 20 倍，即为放大倍数的分贝值。即

$$A_u\text{（dB）}=20\lg A_u$$

当输入电压大于输出电压时，叫衰减，dB 取负值；

当输入电压小于输出电压时，叫增益，dB 取正值；

当输入电压等于输出电压时，dB 为 0。

对于放大器来说，当然要求有高的电压增益。

2）输入电阻 r_i

输入电阻是表示放大器向信号源索取信号能力的参数，它定义为输入电压与输入电流的比值，即

$$r_i = \frac{\dot{U}_i}{\dot{I}_i}$$

r_i 越大，放大电路从信号源获得的信号电压越大，同时从信号源获取的电流越小，输出电压也将越大，所以，在放大电路中要求 r_i 越大越好。

3）输出电阻 r_o

输出电阻是衡量放大器带负载的能力的参数，它定义为输入端短路，在放大器的输出端加一信号 U_o，则该信号电压与流进放大器的电流 I_o 的比值。即

$$r_o = \frac{\dot{U}_o}{\dot{I}_o}$$

输出电阻即放大器作为信号源的内阻，输出电阻越小，放大器带负载的能力越强。

4）通频带 f_{bw}

由于放大器存在有电抗元件（耦合电容 C_1、C_2，旁路电容 C_e 等）及三极管的极间电容等，随着信号频率的不同，容抗也跟着变化。在中频段的频率范围内，这些电容的容抗都可以忽略不计，所以，中频放大倍数基本不变。当信号频率过低时，容抗将大大增大，从而使电压放大倍数下降；同理，当信号频率过高时，容抗将大大减小，从而使放大器的放大倍数大大下降。把放大倍数随频率变化的关系称为放大器的频率特性（这里只考虑幅频特性），如图 3-2-3 所示。

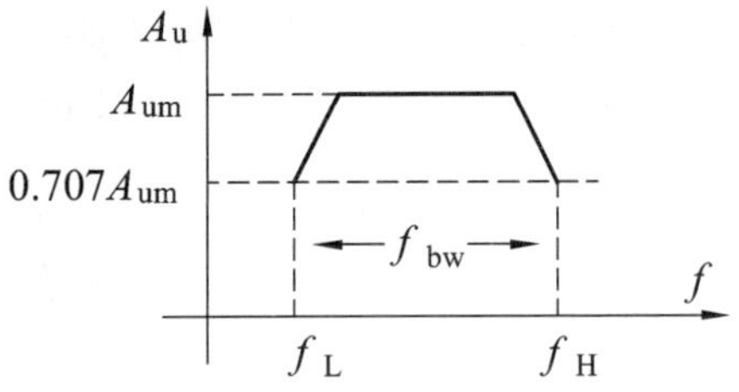

图 3-2-3　放大电路的幅频特性

当放大器的放大倍数随频率而下降到中频时的 0.707 倍时，它对应的两个频率分别为上限截止频率 f_H 与 f_L，两个频率之差则称为放大电路的通频带 f_{bw}。

由于电子电路的信号频率往往不是单一的，而是在一段频率的范围内，例如广播中的音频信号，其频率范围通常在几十赫到几十千赫之间，所以，要使放大信号不失真，要求放大电路的通频带足够大。

3.2.2　固定偏置共射极放大电路

动画

共射放大电路元件的作用

1. 固定偏置放大电路的组成

由 NPN 型三极管组成的基本放大电路如图 3-2-4 所示。

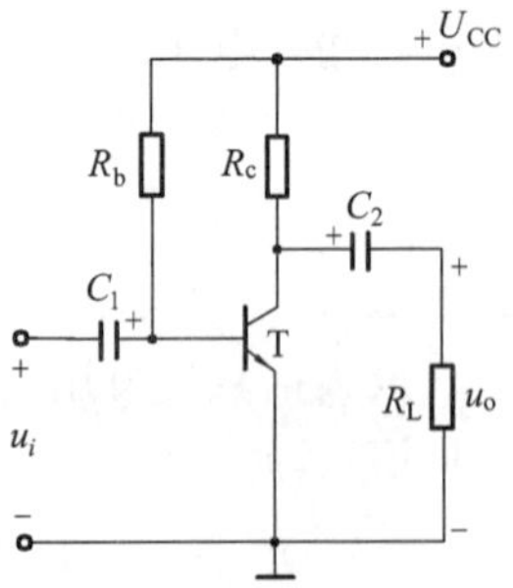

图 3-2-4　共发射极基本放大电路

直流电源 U_{CC} 是整个电路的能量来源，也是保证三极管工作于放大状态的基本条件；电阻 R_b 一方面引电源给发射结加正向电压，另一方面提供合适偏流；电阻 R_c 一方面引电源给集电结加反向偏压，另一方面把三极管的电流放大作用转换成电压放大；电容 C_1、C_2 为耦合隔直电容，既耦合交流信号顺利放大，也能隔断直流电源对信号源的影响；R_L 是放大电路的负载电阻。

2. 共射极放大电路静态分析

放大器在没有外加输入信号时 ($u_i = 0$)，电路中仅仅有直流电源提供的直流电压和直流电流，电路的这种状态称为静态。

1）直流通路

$u_i = 0$ 时，只在直流电源的作用下，电容可以视为开路，画出它的直流通路如图 3-2-5 所示。

2）静态工作点的估算

静态工作点指的是在静态的工作条件下，基极电流 I_{BQ}、基极与发射极之间的电压 U_{BEQ}，集电极电流 I_{CQ}、集电极与发射极之间的电压 U_{CEQ}，这些参数在三极管输入输出曲线中构成一个点，即静态工作点，用 Q 点来表示，因此在各参数下都添加符号 Q。根据图 3-2-5 所示的直流通路，可以估算出放大器的静态工作点为

$$I_{BQ} = \frac{U_{CC} - U_{BEQ}}{R_b}$$

$$I_{CQ} = \beta I_{BQ}$$

$$U_{CEQ} = U_{CC} - I_{CQ}R_c$$

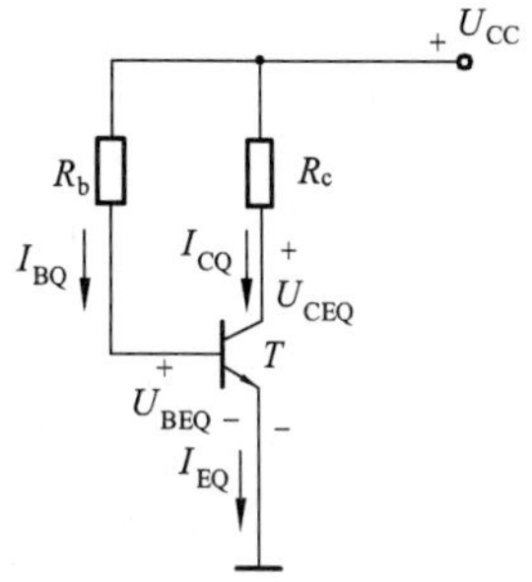

图 3-2-5　直流通路

U_{BEQ} 的值基本恒定不变（硅管约 0.7 V，锗管约 0.3 V）。一个放大器的静态工作点设置的合适与否，是放大器能否正常工作的重要条件。静态工作点选取不合适，将使波形产生严重失真。从计算的结果如何判别静态工作点是否合适呢？一般，U_{CE} 的值取 U_{CC} 的一半左右为合适。

3. 共射极放大电路动态分析

1）电路放大信号的过程

如图 3-2-6 所示的电路中，当放大器的输入端加上交流输入信号 u_i 时，在放大器的输出端便可以得到图中所示与 u_i 波形正好反相并被放大的输出信号波形。那这个波形是怎样产生的呢？下面先来分析当放大器输入交流信号之后，电路中的电压和电流是怎样跟随输入信号变化的。

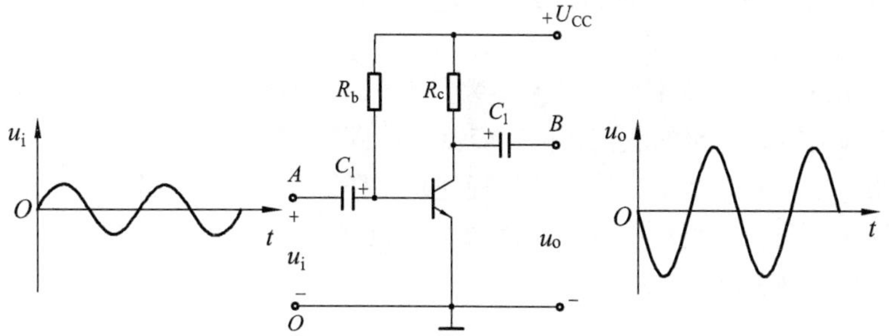

图 3-2-6　基本放大电路放大信号的过程

当输入信号 u_i 从电路的输入端 AO 处输入时，经过耦合电容 C_1 加到放大器的基极和发射极之间。因耦合电容对交流信号相当于短路，所以三极管的 u_{BE} 便成了交流电压 u_i 和直流电压 U_{BEQ} 叠加而成，即 $u_{BE} = u_i + U_{BEQ}$，波形如图 3-2-7（a）所示。

根据三极管的输入曲线可知基极电流 i_B 将跟随 u_{BE} 发生变化，其变化的波形如图 3-2-7（b）

所示，也是由直流与交流两部分叠加而成，即 $i_B = I_{BQ} + i_b$， i_b 是 u_i 产生的基极交流电流。

又因三极管的放大作用，三极管的集电极的电流 $i_C = I_{CQ} + i_c$ 也将随之变化，如图 3-2-7（c）所示，并在集电极电阻 R_c 上产生压降 $i_C R_c$，结果使放大器的集电极输出电压

$$u_{CE} = U_{CC} - i_C R_c = U_{CC} - I_{CQ} R_c - i_c R_c = U_{CEQ} - i_C R_c = U_{CEQ} + u_c$$

由此可见，它也是由直流电压 U_{CEQ} 和交流电压 $u_C = -i_C R_c$ 叠加而成，如图 3-2-7（d）所示。然后再通过耦合电容 C_2 的隔直通交作用，隔除了直流，便可获得交流电压 u_o 的输出。

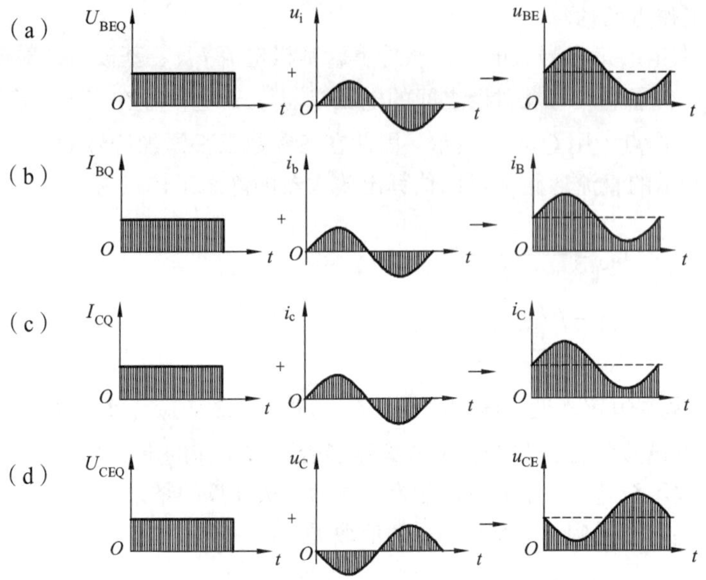

图 3-2-7　放大电路中三极管的电压变化变形

综上所述，共射放大电路有如下特点：输出信号和输入信号的频率相同；输出信号比输入信号大，即电压的放大作用；输出信号与输入信号相位相反。

2）动态分析

所谓放大电路的动态分析，就是指电路只在交流信号源的作用下放大电路的工作情况，分析电压放大倍数、输入输出电阻等性能参数。

（1）交流通路。

在分析动态情况时可以暂不考虑直流参数，只研究它的交流情况，所以要先画出放大电路的交流通路。交流通路即放大电路的交流等效电路，是放大电路交流信号的流经途径。在画交流通路时，将电容视为短路，将直流电源（内阻很小）也视为短路，其余不变即可。如图 3-2-8 所示，即为放大电路的交流通路。

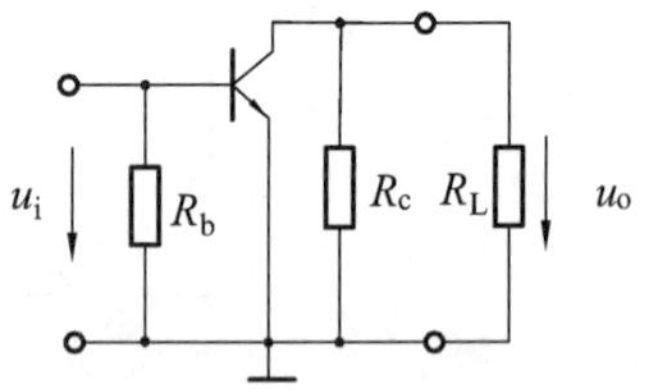

图 3-2-8　放大电路的交流通路

（2）微变等效电路。

把非线性的三极管通过微变等效的方法等效成线性的电路，使放大电路等效成为线性电路，再用线性的方法进行分析与计算。三极管的微变等效电路如图 3-2-9 所示，其中基射极等效电阻 r_{be} 与静态工作点有关，低频小功率管的晶体管输入电阻常用下式来估算：

$$r_{be} = (100 \sim 300) + (1+\beta)\frac{26\ \text{mV}}{I_{EQ}\ \text{mA}} \quad (\Omega)$$

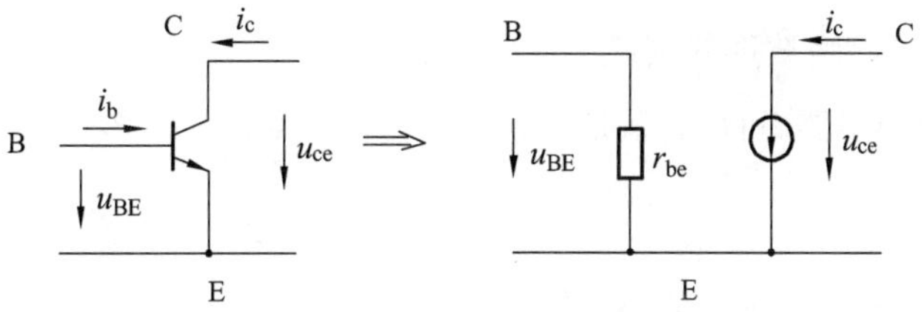

图 3-2-9　三极管的微变等效电路

需要注意的是，只有晶体管工作在放大状态、低频小信号时，这种方法才适用。

（3）放大电路的动态分析。

画出共射放大电路的微变等效电路如图 3-2-10 所示。

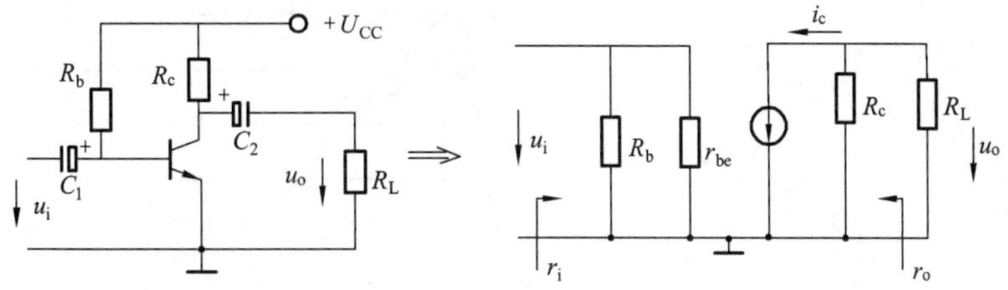

图 3-2-10　共射放大电路的微变等效电路图

根据电压放大倍数和输入输出电阻的定义，可以得到下列各式：

$$A_u = \frac{u_o}{u_i} = -\beta \frac{R'_L}{r_{be}} \quad (R'_L = R_C // R_L)$$

$$r_i = R_b // r_{be} = r_{be}$$

$$r_o = R_C$$

可以看出：固定偏置的共射放大电路具有电压放大的能力，且输出信号与输入信号反向；输入电阻约为 r_{be}（1 kΩ 左右）；输出电阻约为 R_c（几千欧）。

通常，输入输出电阻的测量是通过实验的方法，在放大电路的输入端加已知的大电阻 R，如图 3-2-11 所示。测量信号源的电压 U_S 和放大器输入信号电压 U_i，根据电阻串联分压的原理，可以得到输入电阻的大小。

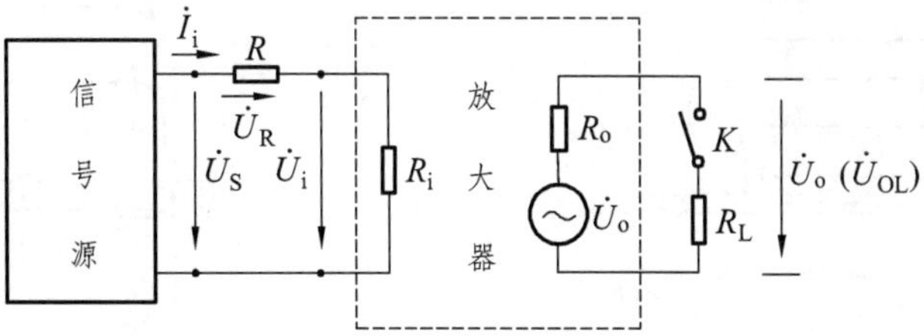

图 3-2-11　输入、输出电阻的测量电路

输入电阻　　$r_i = \dfrac{U_i}{U_S - U_i} R$

同理，在输出端测量空载输出电压 U_o 和负载输出电压 U_{OL}，可以计算输出电阻的大小。

输出电阻　　$r_o = \dfrac{U_o - U_{OL}}{U_{OL}} R_L$

4. 静态工作点对电路波形的影响

动画

静态工作点
对电路波形的影响

用图解的方法分析电路，可以直观地观察静态工作点对信号的影响情况，如图 3-2-12 所示。

图解分析的步骤：

① 根据静态分析方法，求出静态工作点 Q。

② 根据 u_i 在输入特性上求 u_{BE} 和 i_B。

③ 作交流负载线。

④ 由输出特性曲线和交流负载线求 i_C 和 u_{CE}。

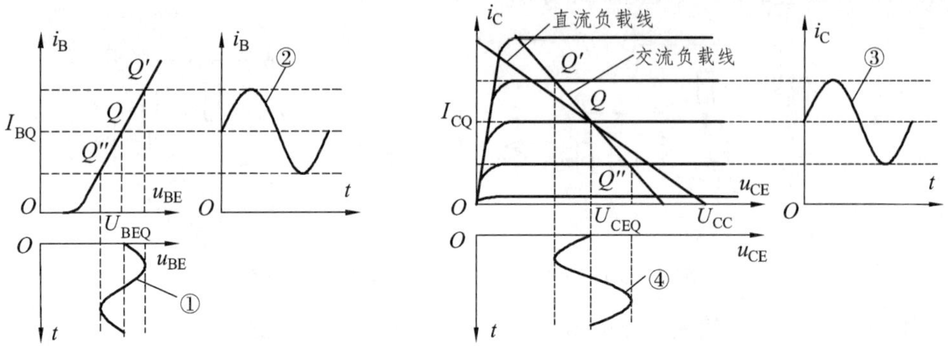

（a）输入回路　　（b）输出回路

图 3-2-12　放大的图解分析法

在放大电路中，若静态工作点选择不合适，则电路产生非线性失真。

若偏置电阻 R_b 太大，静态工作点 Q 点过低，如图 3-2-13（a）所示，信号进入截止区，放大电路产生截止失真，表现为输出电压波形的上半周被削掉。

反之，若偏置电阻 R_b 太小，静态工作点 Q 点过高，如图 3-2-13（b）所示，信号进入饱和区，放大电路产生饱和失真，表现为输出电压波形的下半周被削掉。

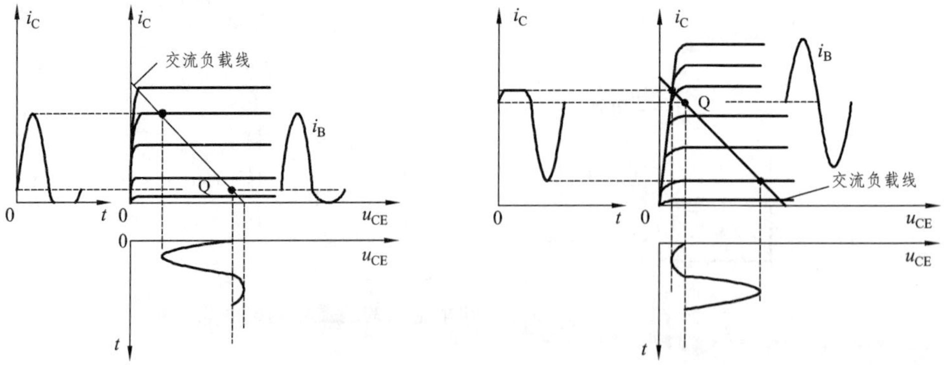

（a）　　（b）

图 3-2-13　静态工作点与波形的关系

为了保证放大电路的稳定工作，必须有合适的、稳定的静态工作点。通常要求把 Q 点设置在交流负载线的中间部分。同时，还必须保证静态工作点稳定。

3.2.3 分压式偏置的共射放大电路

问题：当环境温度发生改变或者更换三极管（放大系数改变）时，电路能否正常工作？

1. 温度对静态工作点的影响

环境温度 T 上升时，β 及 I_{CEO} 都会随之上升，整个输出特性的曲线族将上移，如图 3-2-14，曲线间隔加宽，在相同的偏流 I_B 的情况下，I_C 增大，因而静态工作点 Q 将上移，波形容易产生饱和失真。

静态工作点上移的集中表现是：$T\uparrow \longrightarrow \beta$、$I_{CEO}\uparrow \longrightarrow I_C\uparrow$。为此，需要改进偏置电路，当温度升高、$I_C$ 增加时，希望能够自动减小 I_B，从而抑制 Q 点的变化，保持 Q 点基本稳定。根据这一思路，设计了分压式偏置的共射放大电路，如图 3-2-15 所示。

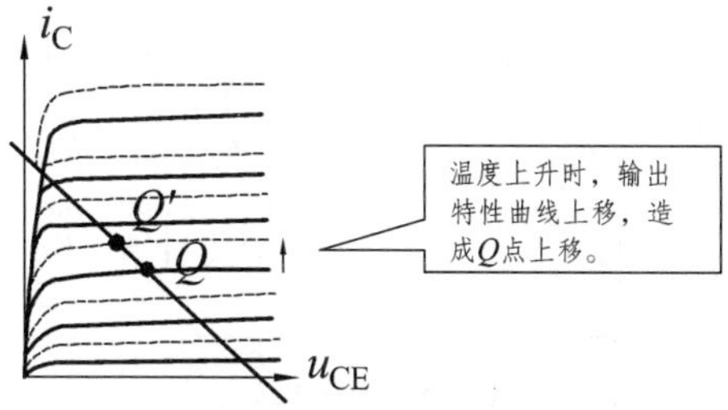

图 3-2-14　温度对放大电路静态工作点的影响

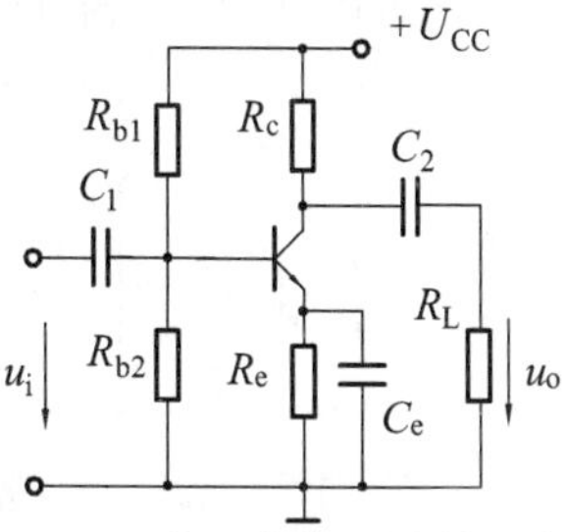

图 3-2-15　分压式偏置共射放大电路

2. 分压式共发射极放大电路

微课

分压式放大电路

电路从两个方面基本稳定静态工作点。

（1）利用电阻和固定基极电位 U_B。

设流过电阻 R_{b1} 和 R_{b2} 的电流分别是 I_1 和 I_2，显然 $I_1 = I_2+I_{BQ}$，由于 I_{BQ} 一般较小，只要合理选择参数，使 $I_1 \gg I_{BQ}$，即可认为 $I_1 \approx I_2$，这样，基极电位为

$$U_B = \frac{U_{CC}}{R_{b1}+R_{b2}} R_{b2}$$

该式子表明 U_B 只与 U_{CC} 和电阻 R_{b1}、R_{b2} 有关，它们受温度的影响小，可认为不随温度而变。

（2）利用发射极电阻 R_e 起负反馈作用，实现静态工作点的稳定。

其稳定静态工作点的过程如下：

$$T\uparrow \longrightarrow I_C\uparrow \longrightarrow U_E\uparrow \longrightarrow U_{BE}\downarrow \longrightarrow I_B\downarrow \longrightarrow I_C\downarrow$$

如果合理选择参数，使 $U_B \gg U_{BE}$，则发射极电流 $I_E = \frac{U_B - U_{BE}}{R_e} \approx \frac{U_B}{R_e}$。

上式说明 I_E 是固定的，几乎不随温度而变，即静态工作点是稳定的。

3. 分压式偏置电路的分析

1）静态分析

画出直流通路如图 3-2-16 所示。

静态工作点的计算：

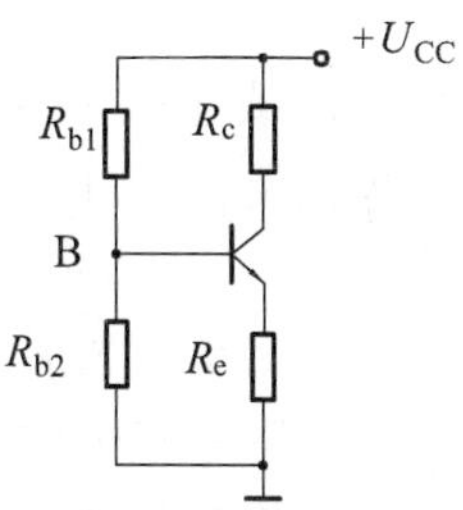

图 3-2-16　直流通路

$$U_B = \frac{U_{CC}}{R_{b1}+R_{b2}}R_{b2}$$

$$I_E = \frac{U_B - U_{BE}}{R_e} \approx \frac{U_B}{R_e}$$

$$I_B = \frac{I_E}{\beta}$$

$$U_{CEQ} = U_{CC} - I_{CQ}(R_c + R_e)$$

同样的，U_{CEQ} 的取值应该在 $U_{CEQ} = \frac{U_{CC}}{2}$ 左右。

2）动态分析

分压式偏置的交流等效电路如图 3-2-17 所示。

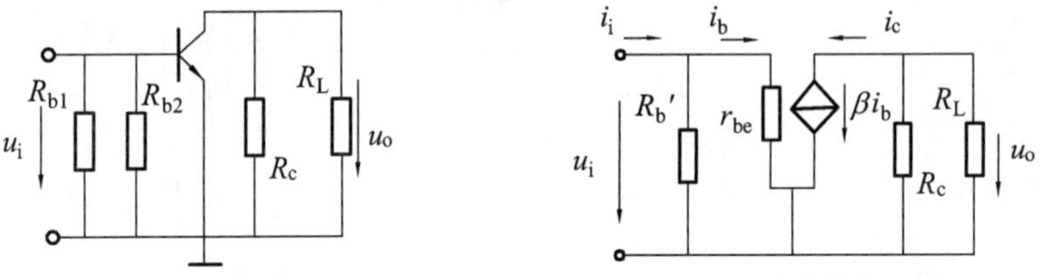

(a) 交流通路　　(b) 微变等效电路

图 3-2-17　分压式放大电路的微变等效电路

可以得到三个性能参数：

$$A_u = -\beta \frac{R_L'}{r_{be}}$$

$$r_i = R_{b1} // R_{b2} // r_{be} \approx r_{be}$$

$$r_o = R_c$$

总结共射极放大电路的特点：

（1）反相电压放大，且电压放大能力较大。

（2）输入阻抗较小（从信号源获得的电流较大，在信号源内阻上的信号损失较大，即对信号源影响较大）。

（3）输出阻抗较大（引入负载电阻后，信号在输出电阻上的损失较大，负载得到的信号电压较小，即负载能力较弱）。

（4）起电压放大作用，常作为多级放大电路的中间级。

小　结

1. 基本放大电路有三种基本组态，即共射极、共集电极和共基极放大电路。放大电路工作的工作条件是三极管的发射结正向偏置，集电结反向偏置，并且有一个合适的静态工作点 Q。

2. 放大电路的分析通常分为静态分析和动态分析，静态分析是确定合适的静态工作点，动态分析是获取放大电路的性能参数，常采用微变等效变换的方法。

3. 合适的静态工作点是选在交流负载线的中点，在估算中判定静态工作点是否合适的依据是U_{CEQ}是否为$\frac{U_{CC}}{2}$。

4. 动态性能参数指的是电压放大倍数、输入电阻和输出电阻，共射放大电路的电压放大倍数较大，输入电阻约为 1 kΩ，输出电阻约几千欧。

自测练习题

一、判断题

1. 放大电路必须加上合适的直流电源才可能正常工作。(   )
2. 放大电路的静态工作点设置过低，易使放大信号出现截止失真。(   )
3. 在基本共射放大电路中，基极电阻 R_b 的作用是提供合适的静态偏置电流。(   )
4. 在基本共射放大电路中，基极电阻 R_c 的作用是把电流放大转换为电压放大输出。(   )
5. 在基本共射放大电路中，若晶体三极管的β增大 1 倍，其他元器件及参数不变，则电压放大倍数也相应地增大 1 倍。(   )
6. 直流通路用来分析放大电路的静态工作点。(   )
7. 放大电路是由交、直流通路叠加而成。(   )
8. 放大电路的静态参数包括基极电流 I_B、集电极电流 I_C 和集射间电压 U_{CE}。(   )
9. 画放大电路的交流通路时，电容器可视为开路。(   )
10. 微变等效电路用来分析小信号放大电路的动态性能指标。(   )
11. 共射基本放大电路的输出信号与输入信号同相位。(   )
12. 放大电路的动态性能指标主要指电压放大倍数、输入电阻和输出电阻。
13. 晶体三极管的输入电阻 r_{be} 是一个动态电阻。(   )
14. 电压放大器的输出电阻越小，意味着放大器带负载的能力越强。(   )
15. 在放大器中工作频率越高，耦合电容应选取得越大。(   )
16. 图 3-2-18 所示电路能正常工作。(   )

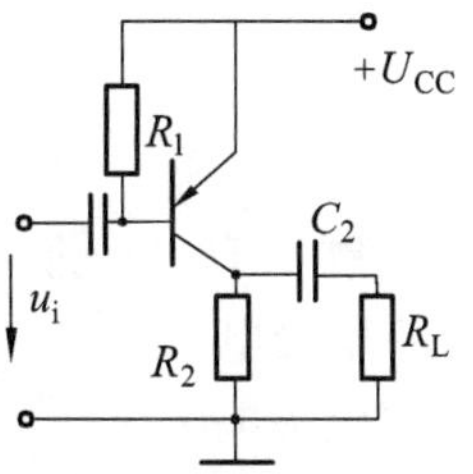

图 3-2-18

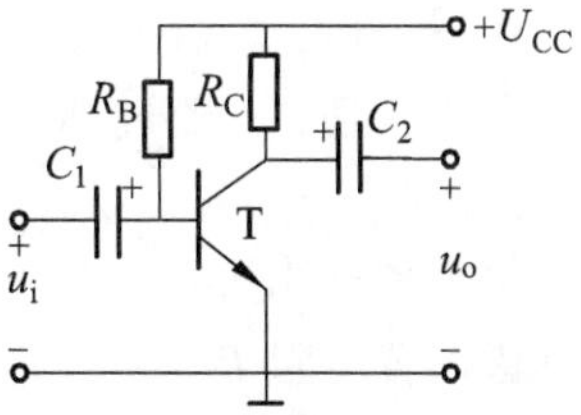

图 3-2-19

二、选择题

1. 共射基本放大电路如图 3-2-19 所示，集电极电阻 R_C 的作用是(   )。

A. 放大电流 B. 调节静态电流 I_B

C. 调节静态电流 I_C D. 将放大后的电流信号转换为电压信号

2. 共射基本放大电路如图 3-2-19 所示，直流电源 U_{CC} 的作用是(   )。

A. 放大电流 B. 调节静态电流 I_B C. 调节静态电流 I_C

D. 整个电路的能源并提供晶体三极管的静态偏置

3. 共射基本放大电路如图 3-2-19 所示，基极电阻 R_B 的作用是(   )。

A. 放大电流　　B. 调节基极电流

C. 把放大的电流转换成电压　　D. 调节集电极电流

4. 共射基本放大电路的输出电压和输入电压的相位差为（　　）。

A. 180°　　B. 90°　　C. 同相位　　D. 不确定

5. 电路如图 3-2-19 所示，晶体三极管工作在放大状态，欲使静态电流 I_C 减小，则应（　　）。

A. 保持 V_{CC}、R_B 一定、减小 R_C　　B. 保持 V_{CC}、R_C 一定，增大 R_B

C. 保持 R_B、R_C 一定，增大 V_{CC}

6. 微变等效电路法适用于（　　）。

A. 放大器的静态分析，确定静态工作点

B. 对放大电路的电流放大倍数进行估算

C. 对输入电阻、输出电阻进行估算

D. 计算放大电路的非线性失真量的大小

7. 共射放大电路如图 3-2-19 所示，晶体管工作在放大区。如果将集电极电阻换成一个阻值较大的电阻（管子仍工作在放大区），则集电极电流将（　　）。

A. 不变　　B. 显著减小　　C. 显著增大　　D. 不确定

8. 共射放大电路如图 3-2-19 所示，若 R_B 减小，晶体三极管的输入电阻 r_{be} 将（　　）。

A. 减小　　B. 增大　　C. 不变　　D. 不确定

9. 静态基极电流的数值较大时，易引起静态工作点接近（　　）。

A. 截止区　　B. 饱和区　　C. 死区

10. 共射放大电路如图 3-2-19 所示，出现饱和失真时，应使 R_B 的阻值（　　）。

A. 增大　　B. 减小　　C. 不变　　D. 不确定

11. 在基本共射放大电路中，当输入正弦波时，输出波形负半波失真，引起失真的原因是（　　）。

A. 静态工作点太低，i_b 的负半周进入截止区

B. 静态工作点太高，i_b 的正半周进入饱和区

C. 静态工作点合适，i_b 值过大

D. 静态工作点合适，i_b 值过小

12. 共射基本放大电路输入为正弦波，若发现电路出现饱和失真，为消除失真，应（　　）。

A. 减小基极偏置电阻 R_B　　B. 减小集电极电阻 R_C

C. 增大基极偏置电阻 R_B　　D. 增大集电极电阻 R_C

13. 图 3-2-20 所示电路中具有稳定静态工作点作用的分压式偏置放大电路是（　　）。

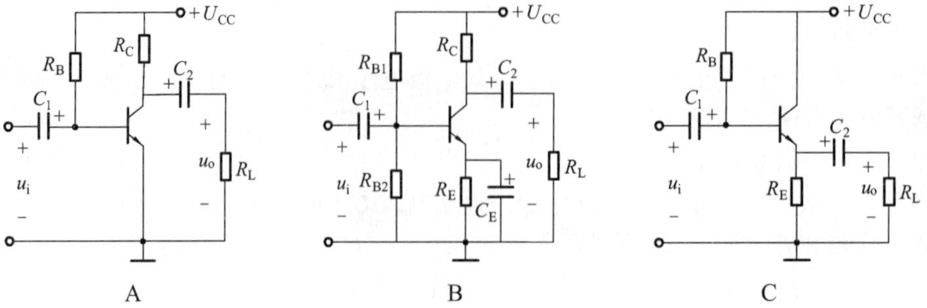

图 3-2-20

14. 单管共射放大电路的输出波形如图 3-2-21 所示，则电路产生（　　）失真，此时应（　　）R_B 以消除失真。

A. 饱和，增大　　B. 饱和，减小

C. 截止，增大　　D. 截止，减小

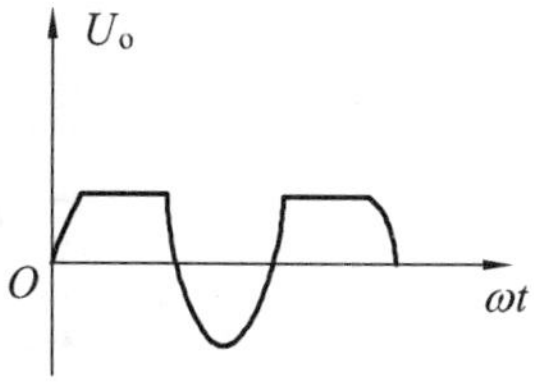

图 3-2-21

习　题

1. 电路如图 3-2-22 所示，晶体管的 $\beta = 100$，$r_{bb'} = 100\ \Omega$。（1）求电路的 Q 点、$\dot{A}_u$、R_i 和 R_o；（2）若电容 C_e 开路，将引起电路的哪些动态参数发生变化？如何变化？

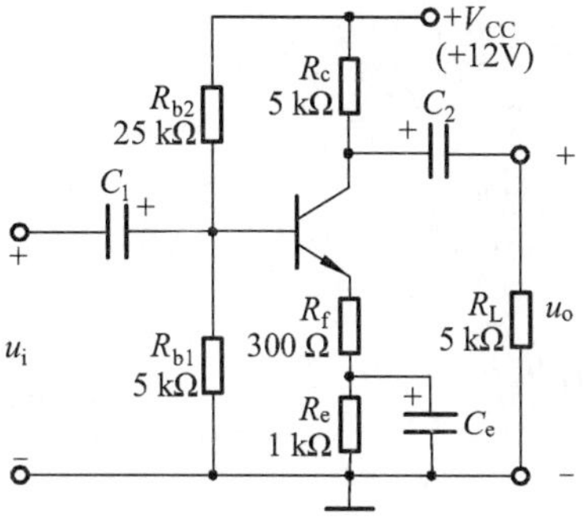

图 3-2-22

2. 把图 3-2-23 所示元件连接成分压式共射放大电路。

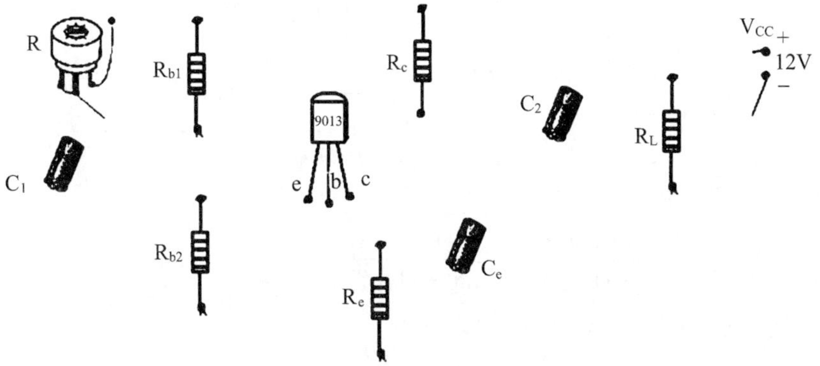

图 3-2-23

任务 3　共集电极和共基极放大电路的分析

3.3.1　共集电极电路

共集电极电路如图 3-3-1 所示，注意输出是从发射极输出的。

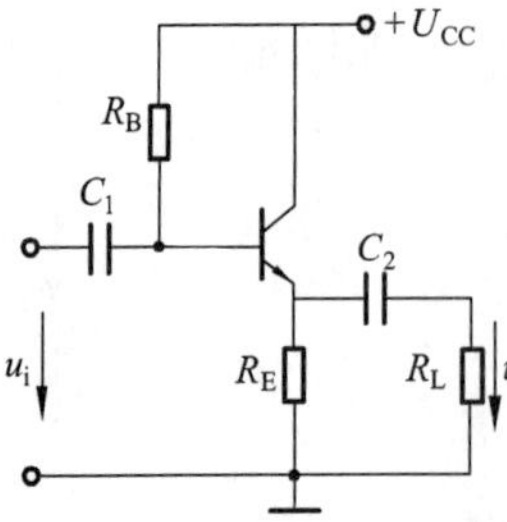

图 3-3-1　共集电极电路

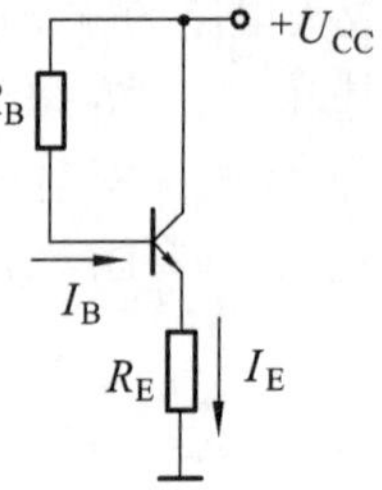

图 3-3-2　直流通路

1. 静态分析

画出共集电极电路的直流通路如图 3-3-2 所示，注意流过 R_B 电阻和流过 R_E 电阻的电流不同，两者相差β倍。根据直流通路可以估算静态工作点。

$$I_B R_B + I_B(1+\beta)R_E = U_{CC} - U_{BE}$$

$$\Rightarrow I_B = \frac{U_{CC} - U_{BE}}{R_B + (1+\beta)R_E}$$

$$I_E = (1+\beta)I_B$$

$$U_{CE} = U_{CC} - I_E R_E$$

2. 动态分析

画出共集电极电路的微变等效电路如图 3-3-3 所示。根据微变等效电路，可以计算出电路的三个性能参数。

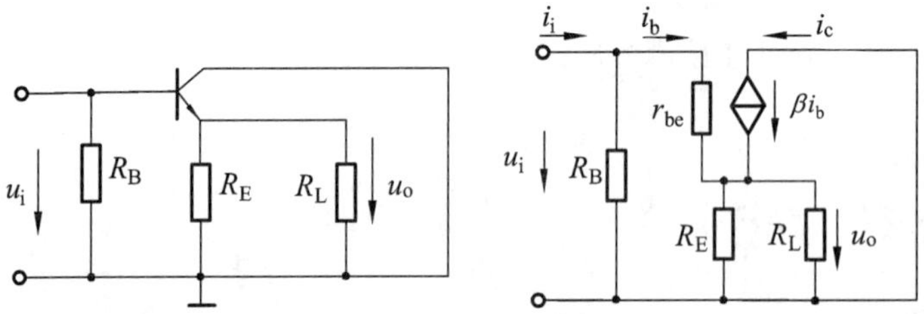

图 3-3-3　微变等效电路

$$R_L' = R_E // R_L$$

$$A_u = \frac{(1+\beta)i_b R_L'}{i_b r_{be} + (1+\beta)i_b R_L'} = \frac{(1+\beta)R_L'}{r_{be} + (1+\beta)R_L'}$$

$$r_i = u_i / i_i = R_B //[r_{be} + (1+\beta)R_L']$$

$$r_o = \frac{u}{i} = 1\Big/\left(\frac{1+\beta}{r_{be}+R_s'} + \frac{1}{R_E}\right) = R_E // \frac{r_{be}+R_s'}{1+\beta}$$（$R_s' = R_s // R_B$，R_s 是信号源内阻）

总结共集电极电路，可以看出电路的特点：

（1）射极输出器的电压放大倍数小于 1 但接近于 1（射极跟随器），其输出电流增大，具有一定的电流放大能力，故可作为功率放大用。

（2）射极输出器的输入阻抗较大，所以从信号源取得的电流较小，信号在信号源内阻上的压降较小，故可作为多级放大电路的输入级。

（3）射极输出器的输出电阻很小，带负载能力强（当负载电阻变化时，放大倍数的变化较小），故可作为多级放大电路的输出级。

（4）由于射极输出器的输入电阻较大，而输出电阻较小，具有阻抗匹配作用，故也常作为多级放大电路的中间级。

3.3.2　共基极电路

共基极电路如图 3-3-4 所示。

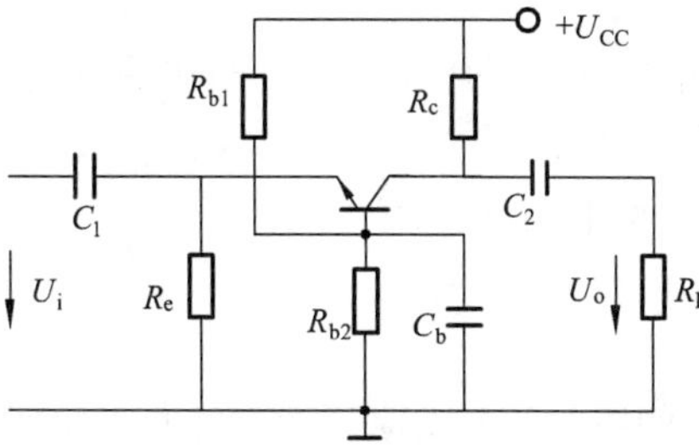

图 3-3-4　共基极电路

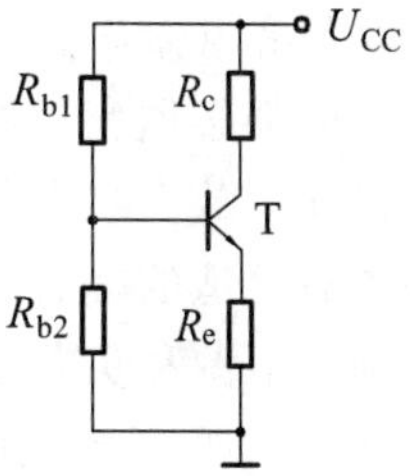

图 3-3-5　共基极电路的直流通路

1. 静态分析

画出共基极电路的直流通路如图 3-3-5 所示，则其直流通路与分压式偏置共射放大电路相同。同理可以估算电路的静态工作点。

$$U_B \approx \frac{R_{b2}}{R_{b1}+R_{b2}} \cdot U_{CC}$$

$$I_C \approx I_E = \frac{U_B - U_{BE}}{R_e}$$

$$U_{CE} = U_{CC} - I_C R_c - I_E R_e \approx U_{CC} - I_C (R_c + R_e)$$

$$I_B = \frac{I_C}{\beta}$$

2. 动态分析

画出共基极电路的微变等效电路如图 3-3-6 所示，分析电路，可以得出电路的性能参数。

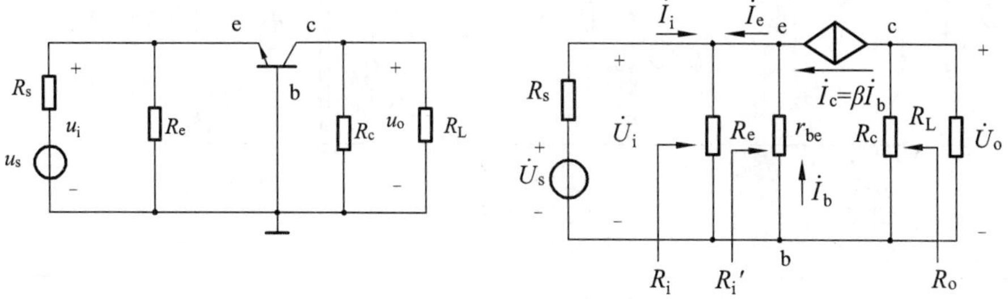

图 3-3-6　共基极电路的微变等效电路

$$\dot{A}_u = \frac{\dot{U}_o}{\dot{U}_i} = \frac{-\beta \dot{I}_b R_L'}{-\dot{I}_b r_{be}} = \frac{\beta R_L'}{r_{be}}$$

$$R_i = \frac{\dot{U}_i}{\dot{I}_i} = R_e // r_{eb} = R_e // \frac{r_{be}}{1+\beta} \approx \frac{r_{be}}{1+\beta}$$

$$R_o \approx R_c$$

总结共基极电路的特点：

（1）输出信号与输入信号同相，有电压放大作用。

（2）输入电阻很小，常用作高频放大电路。

（3）输出电阻与共射极电路相同。

3.3.3 三种组态放大电路的比较

三极管的共射、共集和共基电路称为三极管放大电路的三种组态，三种组态的放大电路虽然结构形式各不相同，但都必须满足如下条件：

（1）三极管必须工作于放大状态，即发射结正偏，集电结反偏；

（2）放大电路必须有合适的静态工作点；

（3）放大电路必须与电源和负载正确连接。

在满足上述条件时，三极管放大电路的三种组态的特性不同，应用场合不同，如表 3-3-1 所示。共射放大电路的电压、电流和功率放大倍数都比较大，并可组成多级放大电路，以得到很大的放大倍数，因而在放大电路中应用最为广泛；但其高频特性及稳定性较差。因此在频率很高的情况应采用共基极电路，而当输入和输出阻抗需匹配或变换时多采用共集电极电路。

表 3-3-1　三种组态性能的比较

类别	共发射极	共集电极	共基极电路
电路形式	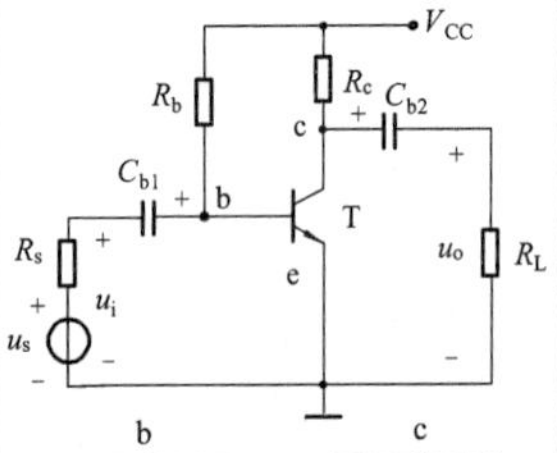 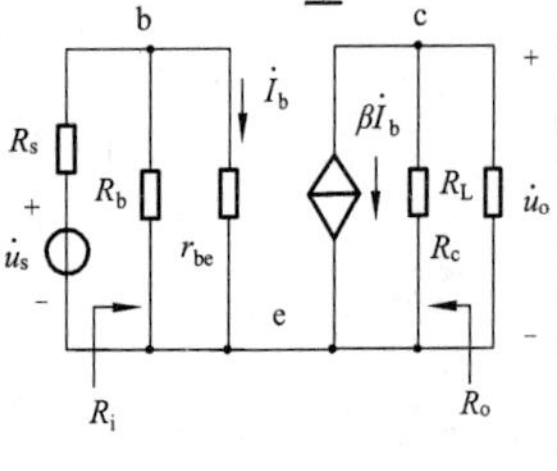	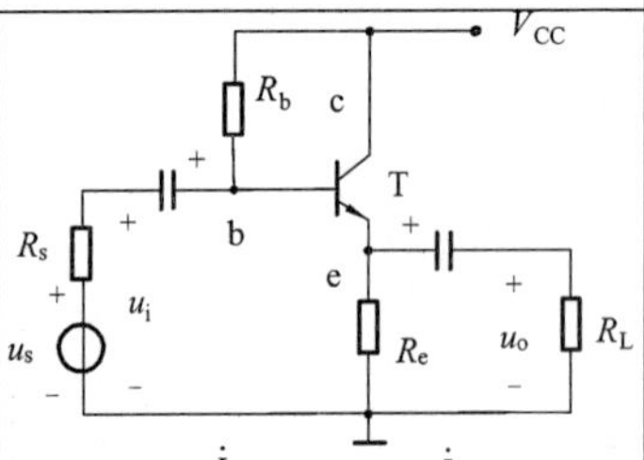 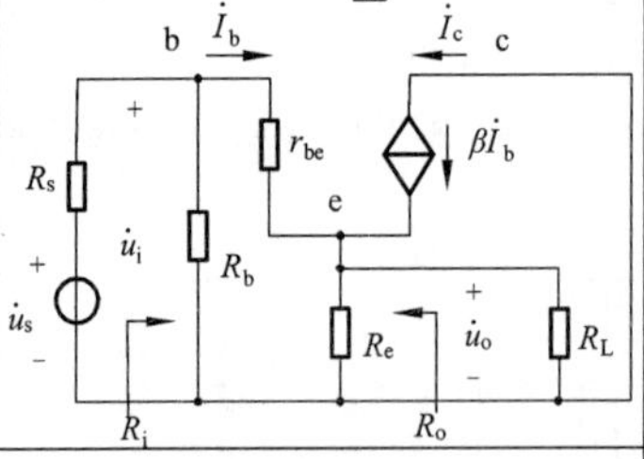	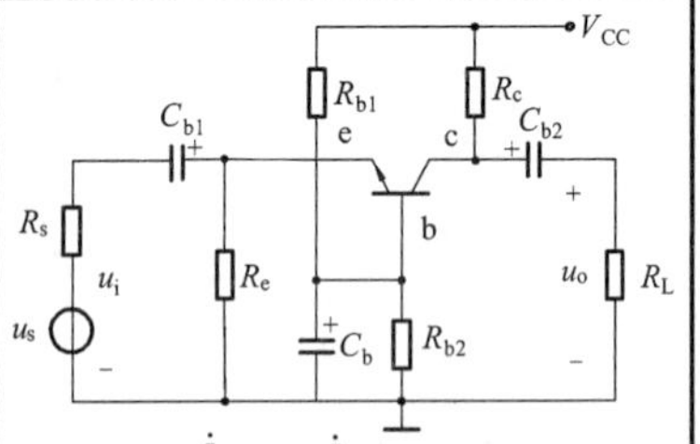 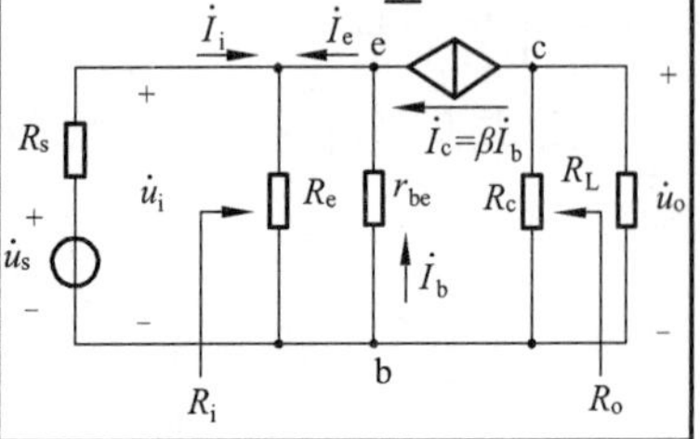
电压放大倍数	$-\beta\dfrac{R'_L}{r_{be}}$ 大（几十到几百）	$\dfrac{(1+\beta)R'_L}{r_{be}+(1+\beta)R'_L}$ 小（小于接近等于 1）	$\beta\dfrac{R'_L}{r_{be}}$ 大（同共射电路，但同相）
输入电阻	$R_b // r_{be}$ 中（几百欧到几千欧）	$R_b // [r_{be}+(1+\beta)R'_L]$ 大（约几十千欧）	$R_e // \dfrac{r_{be}}{1+\beta}$ 小（几欧到几十欧）
输出电阻	R_C 较高	$\dfrac{r_{be}+R'_s}{\beta}$ 小	R_C 较高
主要用途	功率放大倍数最大，多级放大器的中间级	高输入阻抗的输入级，低输出阻抗的输出级，实现阻变换的缓冲级	宽频带放大电路，高频电路

小　结

1. 共集电极电路输出电压与输入电压同相，电压放大倍数小于 1 而近似等于 1；具有输入电阻高、输出电阻低的特点，多用于多级放大电路的输入级或输出级。

2. 共基极放大电路具有电压放大倍数大、输入电阻小、频带宽等特点，常用于放大高频信号。

自测练习题

一、判断题

1. 射极输出器的输出端接三极管的发射极，故它是共射放大电路。(　　)

2. 射极输出器只有电流放大无电压放大作用。(　　)

3. 共集电极放大电路既能放大电压，也能放大电流。(　　)

4. 放大电路的输入电阻越小，越有利于信号的放大。(　　)

5. 放大电路的输出电阻越大，其带负载能力越强。(　　)

6. 射极输出器的电压放大倍数小于且近于 1。(　　)

7. 射极输出器没有电压放大作用，所以没有功率放大作用。(　　)

8. 射极输出器的输入电阻大，常用作多级放大电路的输入级，用以提高放大电路的性能。(　　)

9. 射极输出器（共集电极电路）的输出电阻大，常用作多级放大电路的输出级，用以提高放大电路的性能。(　　)

10. 在共射、共基和共集三种组态的放大电路中，若要放大功率，则应采用共射组态电路。(　　)

11. 在共射、共基和共集三种组态的放大电路中，若要放大高频信号，则要采用共基组态电路。(　　)

12. 在共射、共基和共集三种组态的放大电路中，若要带负载能力较强，则要采用共集组态电路。(　　)

二、选择题

1. 共集电极放大电路的输出电压和输入电压相位差为（　　）。

A. 0　　B. 90°　　C. 180°　　D. 不确定

2. 对于射极输出器，下列说法正确的是（　　）。

A. 它是共发射极放大电路　　B. 它是共集电极放大电路

C. 它是共基极放大电路

3. 射极输出器作为放大器的输入级使用时，主要作用是（　　）。

A. 放大信号　　B. 改变输入电阻　　C. 隔离前后级直流联系

4. 就放大作用而言，射极输出器是一种（　　）。

A. 有电流放大作用而无电压放大作用的电路

B. 有电压放大作用而无电流放大作用的电路

C. 既有电流放大作用，也有电压放大作用

D. 电压和电流放大作用均没有的电路

5. 射极输出器作为放大器的输出级使用时，主要作用是（　　）。

A. 放大信号　　B. 改变输出电阻　　C. 隔离前后级直流联系

6. (　　) 不是射极输出器的特点。

A. 输入电阻高　　B. 输出电阻低

C. 电压放大倍数大　　D. 输出电压与输入电压同相

7. 关于射极输出器的输入、输出电阻，描述正确的是（　　）。

A. 输入、输出电阻高　　B. 输入、输出电阻低；

C. 输入电阻低、输出电阻高　　D. 输入电阻高、输出电阻低；

8. 如图 3-3-7 所示，T_1、T_2、T_3 各是何种组态的电路？（　　）

A. 共射、共集、共集　　B. 共射、共射、共集

C. 共集、共基、共射　　D. 共射、共基、共集

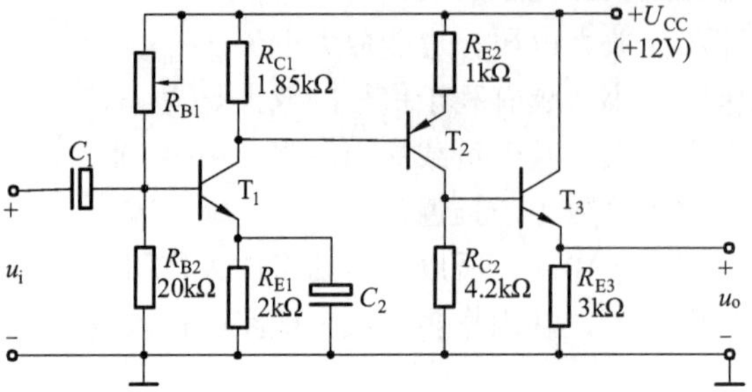

图 3-3-7

9. 在下面三种放大电路的组态中，输入电阻最小的电路是（　　）。

A. 共射电路　　B. 共集电路　　C. 共基电路

10. 在下面三种放大电路的组态中，输入电阻最大的电路是（　　）。

A. 共射电路　　B. 共集电路　　C. 共基电路

11. 在下面三种放大电路的组态中，输出电阻最小的电路是（　　）。

A. 共射电路　　B. 共集电路　　C. 共基电路

12. 在下面三种放大电路的组态中，高频特性最好的电路是（　　）。

A. 共射电路　　B. 共集电路　　C. 共基电路

13. 在下面三种放大电路的组态中，输入电压与输出电压反相的电路是（　　）。

A. 共射电路　　B. 共集电路　　C. 共基电路

14. 在下面三种放大电路的组态中，有电压放大作用且输入电压与输出电压同相的电路是（　　）。

A. 共射电路　　B. 共集电路　　C. 共基电路

15. 在下面三种放大电路的组态中，输出电压与输入电压几乎相同的电路是（　　）。

A. 共射电路　　B. 共集电路　　C. 共基电路

习　题

1. 放大电路如图 3-3-8 所示，回答问题：（1）电路具体名称及各元器件的作用；（2）放大电路有共发射极、共集电极、共基极三种类型，该电路属于哪一种？（3）该电路有何作用？

2. 图 3-3-9 所示电路的名称是什么？电路的有何特点？

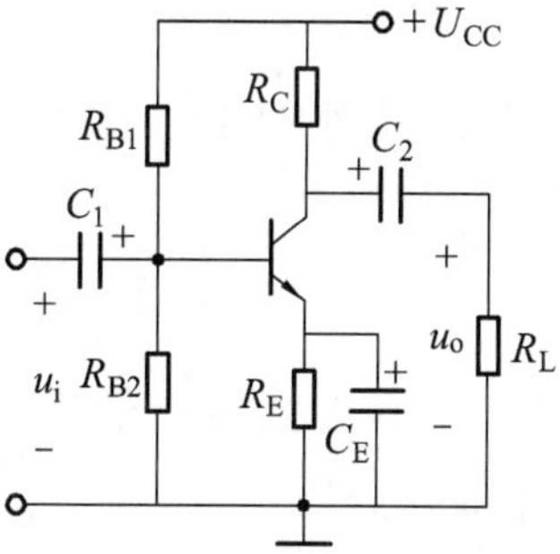

图 3-3-8

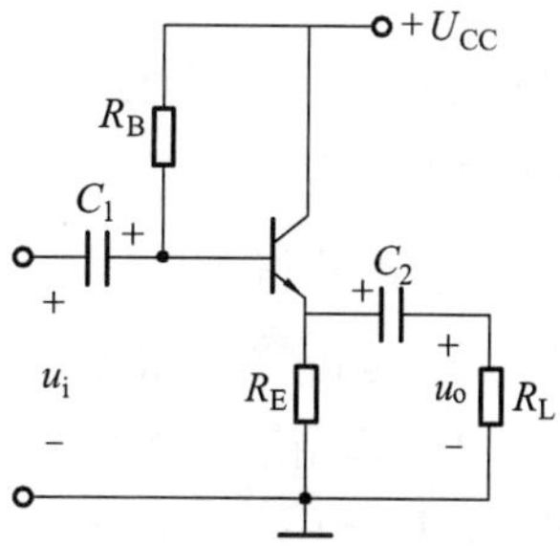

图 3-3-9

任务 4　差动放大电路及多级放大电路的分析

3.4.1　差动电路

图 3-4-1 为典型差动放大电路，它是由两个完全对称的共发射极电路组成的。由于两边电路完全对称，所以差动电路具有抑制零点漂移的作用。

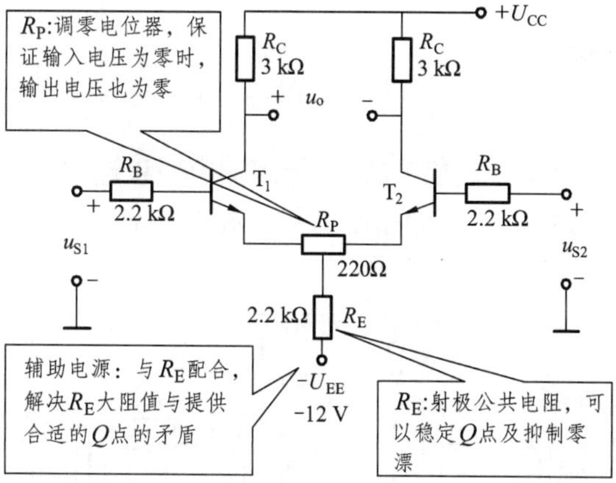

图 3-4-1　差动放大电路

1. 有关的几个概念

零点漂移：由于环境温度变化或者电源电压波动而使输入端信号为 0 时，在输出端出现的不等于 0 的漂移量。

差模输入信号：两个输入端所加的大小相等、极性相反的信号，$U_{id} = U_{S1} - U_{S2}$。

共模输入信号：两个输入端所加的大小相等、极性相同的信号，$U_{ic} = \dfrac{U_{S1} + U_{S2}}{2}$。

共模抑制比：放大器对差模信号的电压放大倍数与共模信号的电压放大倍数的比值，$K_{CMR} = \left|\dfrac{A_{ud}}{A_{uc}}\right|$。

事实上，当差动电路输入任意值的信号时，差模信号与共模信号是共存的。例如：当 $U_{S1} = 8$ V、$U_{S2} = 6$ V 时，可以看作 $U_{S1} = 7$ V+1 V，$U_{S2} = 7$ V − 1 V。其中，7 V 是共模信号，±1 V

是差模信号。

差模信号即有用信号，是需要放大的信号；而共模信号即外界温度变化、电压波动等的等效信号，是需要抑制的信号。

2. 差动电路的静态分析

静态时，$U_{S1} = U_{S2} = 0$，等效电路如图 3-4-2 所示，此时仅有电源 U_{CC} 和 U_{EE} 作用于电路。

因为电路对称，$I_{E1} = I_{E2}$，所以 R_E 上的电流 $I_E = I_{E1}+I_{E2} = 2I_{E1}$（忽略 R_P），静态工作点的计算如下：

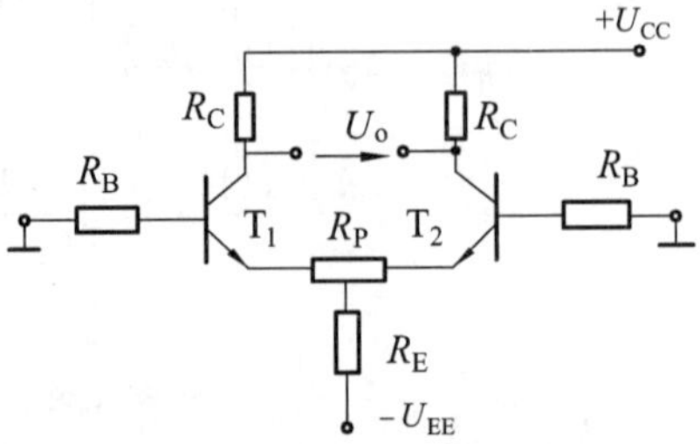

图 3-4-2　差动电路的直流通路

$$I_{BQ} = \frac{U_{EE} - 0.7}{R_B + 2(1+\beta)R_E}$$

$$I_{CQ} = I_{EQ} = (1+\beta)I_{BQ}$$

$$U_{CEQ} = U_{CC} + U_{EE} - I_{CQ}(R_C + 2R_E)$$

而两管的集电极作为输出端，当温度变化或电源电压波动时，U_{C1} 和 U_{C2} 同时变化，即

$$U_O = U_{C1} - U_{C2} = 0$$

也就是说，差动电路能够保证零输入时得到零输出。

3. 差动电路的动态分析

1）差模信号分析

差模信号输入时，在两个输入端输入的信号大小相等、极性相反，所以，当 u_{S1} 增大时，i_{b1}，i_{c1} 增大；u_{S2} 减小时，i_{b2}、i_{c2} 减小；流过电阻 R_E 的电流 $i_e = i_{e1}+i_{e2} = i_{c1}+i_{c2} = 0$，所以电阻 R_E 对差模信号不起作用，等效电路如图 3-4-3 所示。

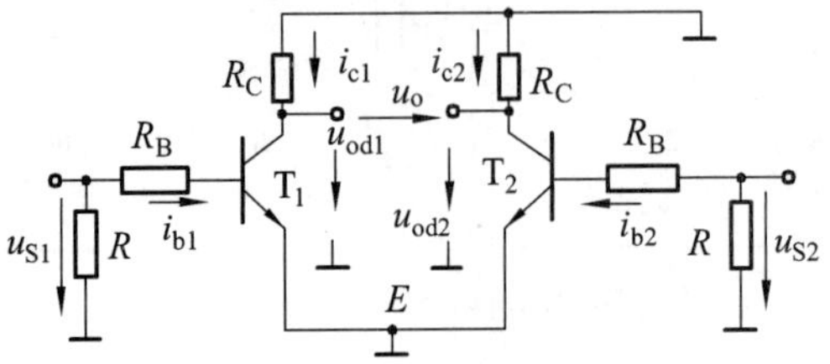

图 3-4-3　差模信号输入等效电路

分析可得差模电压放大倍数为

$$A_{ud} = -\frac{\beta i_b R_C}{i_b \times (R_B + r_{be})} = -\frac{\beta R_C}{R_B + r_{be}}$$

若带负载，R_L 中点差模信号电位为 0，所以放大倍数为

$$A_{ud} = -\frac{\beta\left[R_C // \left(R_L \times \frac{1}{2}\right)\right]}{R_B + r_{be1}}$$

2）共模信号分析

共模信号输入时，在两个输入端输入的信号大小相等、极性相同，所以，当 u_{S1} 增大时，i_{b1}，

i_{c1}增大；u_{S2}增大时，i_{b2}，i_{c2}也增大；流过电阻 R_E 的电流 $i_e = i_{e1}+i_{e2} = i_{c1}+i_{c2} = 2i_{c1}$，所以 R_E 电阻对共模信号起较强的负反馈的作用，等效电路如图 3-4-4 所示。

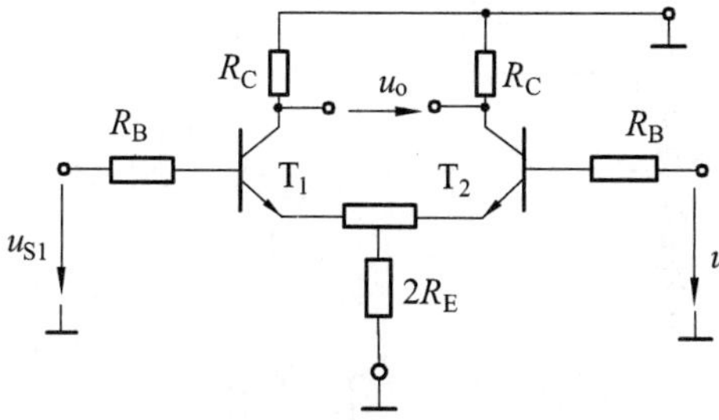

图 3-4-4　共模信号输入等效电路

两边电路完全对称，$\Delta U_{C1} = \Delta U_{C2}$，即共模电压放大倍数 $A_{uc} = 0$。

若是单端输出，则

$$A_{uc(单)} = \frac{\Delta U_{C1}}{U_{sc}} = \frac{-\beta R_C}{R_B + r_{be} + 2(1+\beta)R_E} = -\frac{R_C}{2R_E}$$

总结差动电路的特点：

（1）两边电路对称，既放大差模信号又抑制共模信号。

（2）电路越对称，抑制共模信号的能力越强；若电路为单端输出（电路不对称），则通过反馈电阻 R_E 提高电路抑制共模信号的能力。

（3）差动电路常用于直接耦合电路的输入级或者集成运放电路的输入级。

3.4.2　多级放大电路

为了获得较高的电压增益，可以把若干个单级放大电路连接起来，构成多级放大器。在多级放大器中，各级间的连接方式称为耦合方式。

多级放大电路对耦合电路的要求：一是保证各级静态工作点设置合适；二是保证动态信号的传送不失真、少损失。

常用的耦合方式有直接耦合、阻容耦合和变压器耦合。

1. 直接耦合放大电路（见图 3-4-5）

1）各级静态工作点相互影响

直接耦合放大电路的前后级静态工作点相互影响。

解决的办法：提高后级的射极电位，加 R_{E2} 提高了 T_1 的输出电压，使 T_2 有合适的 Q 点，如图 3-4-5 所示。

2）零点漂移

前一级的温漂将作为后一级的输入信号，使得当 u_i 等于零时，u_o 不等于零。而且级数越多，输出的漂移量越大，甚至会影响有用信号。

解决办法：采用差动电路。

3）应用

直接耦合放大电路能放大直流信号、交流信号，常用于集

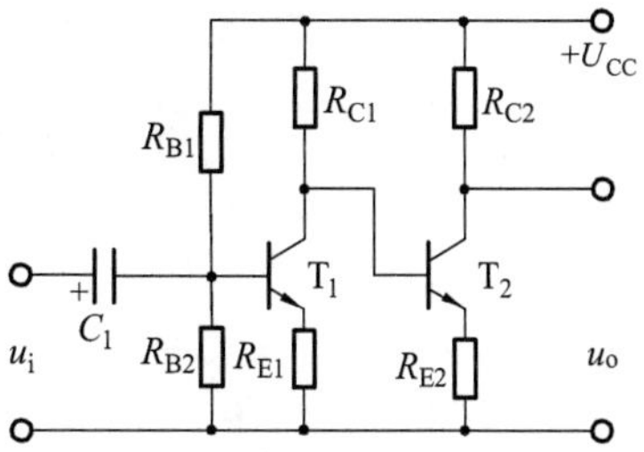

图 3-4-5　直接耦合放大电路

成放大电路中。

2. 阻容耦合放大电路（见图 3-4-6）

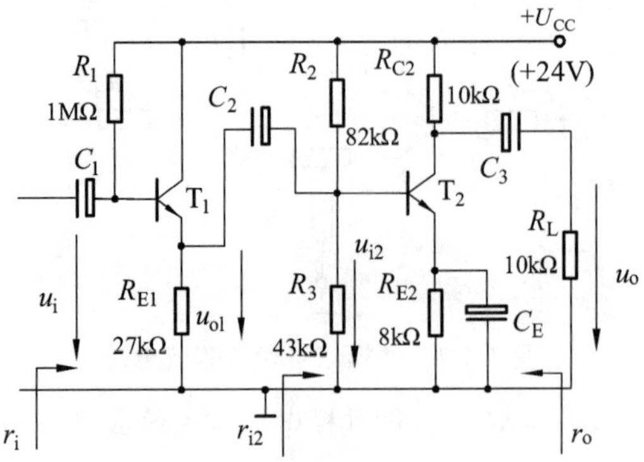

图 3-4-6　阻容耦合放大电路

1）各级电路之间的影响

阻容耦合放大电路各级的静态工作点相互独立，只要各级的静态工作点设置合适，耦合后的电路的静态工作点也合适。

动态信号的传送要考虑级间影响：后级的输入阻抗是前级的负载，前级的输出阻抗是后级的信号源内阻。

2）应用

阻容耦合放大电路能够放大交流信号，由于电容的存在，不能放大直流信号或变化缓慢的信号，常用于放大交流小信号，而且在集成电路中要想制造大容量电容是很困难的，因而这种耦合方式在集成电路中几乎无法采用。

3. 变压器耦合放大电路

变压器在传递信号的过程中，同时实现阻抗变换，把实际负载电阻变换成所需的等效电阻值。如图 3-4-7 所示，变压器的原边匝数为 n_1，副边匝数为 n_2，变压器的变比为 k，则变压器原副边电流、电压与匝数之间有如下关系：

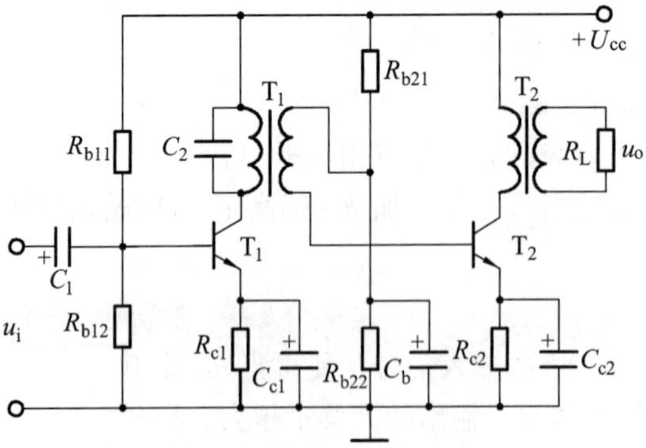

图 3-4-7　变压器耦合放大电路

$$\frac{U_1}{U_2}=\frac{n_1}{n_2}=k\ ,\quad \frac{I_1}{I_2}=\frac{n_2}{n_1}=\frac{1}{k}$$

所以，从原边看进去的等效电阻

$$R_L' = \frac{U_1}{I_1} = k^2 R_L$$

合理地选择变比，可以得到所需的等效电阻值。

变压器的隔直作用使前、后级的静态工作点互相独立。变压器能够耦合交流信号，并且能实现阻抗匹配；其缺点是变压器老大笨粗，转换效率较低，不能实现集成化，一般只用于功率放大电路中。

4. 多级放大电路的性能分析

1）电压放大倍数

以图 3-4-6 所示阻容耦合放大电路为例。

$$A_u = \frac{u_o}{u_i} = \frac{u_{o1}}{u_i} \cdot \frac{u_o}{u_{i2}} = A_{u1} \cdot A_{u2}$$

多级放大电路的放大倍数是各级放大倍数的乘积；计算时要注意：后级的输入电阻是前级的负载电阻。

2）输入电阻

$$r_i = r_{i1}$$

多级放大电路的输入电阻就是第一级的输入电阻。计算时要注意：当输入级为共集电极放大电路时，要考虑第二级的输入电阻作为前级负载时对输入电阻的影响。

3）输出电阻

$$r_o = r_{on}$$

多级放大电路的输出电阻就是输出级的输出电阻。计算时要注意：当输出级为共集电极放大电路时，要考虑其前级对输出电阻的影响。

3.4.3 电路中的负反馈

微课

负反馈对放大电路性能的影响

在电子电路中，负反馈能够很好地改善放大器的性能，所以几乎在所有的放大器中都引入了负反馈。

1. 反馈的基本概念

1）反馈的概念

反馈是将放大电路输出端的信号（电压或电流）的一部分或全部引回到输入端，与输入信号叠加，从而影响输出的过程。

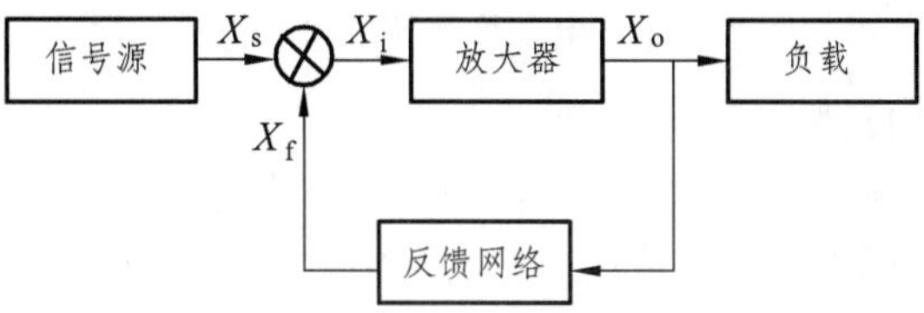

图 3-4-8　反馈放大器的框图

图 3-4-8 揭示了放大器、反馈网络、信号源和负载之间的关系以及信号的传递方向。图中 X_s 是输入信号，X_o 是输出信号，X_f 是从输出端返送回输入端的反馈信号。输入信号 X_s 和反馈信号 X_f 在输入端进行叠加，产生净输入信号 X_i。当净输入信号 X_i 小于输入信号 X_s 时，该反馈即为负反馈；当净输入信号 X_i 大于输入信号 X_s 时，即为正反馈。

2）负反馈的分类

负反馈分为直流反馈和交流反馈，如图 3-4-9 所示。

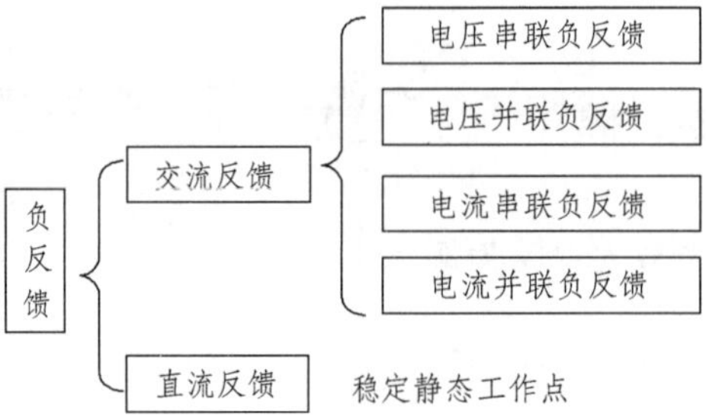

图 3-4-9　负反馈的分类

若反馈的信号是直流量，则该反馈为直流反馈，它影响的是放大器的直流性能，如静态工作点的稳定。

若反馈的信号是交流量，则该反馈为交流反馈，它影响的是放大器的交流性能，如电压反馈稳定输出电压、电流反馈稳定输出电流。

3）负反馈的四种组态

按负反馈的采样方式不同、叠加方式不同，可以分成四种不同的组态：电压串联负反馈、电压并联负反馈、电流串联负反馈、电流并联负反馈。

（1）电压反馈和电流反馈。

反馈网络在放大器输出端连接方式不同，采样方式也不同。若反馈与负载并联，反馈信号与输出电压信号成正比，即放大器的输出电压为 0 时，反馈信号也为 0，称为电压反馈；通常的判别方法是看反馈元件是否与输出端直接相接，若接在一起（不考虑公共地端），即为电压反馈。反之，若反馈与负载串联，反馈信号与输出电流成正比，称为电流反馈，通常的判别方法是反馈元件不与输出端直接相接，如图 3-4-10 所示。

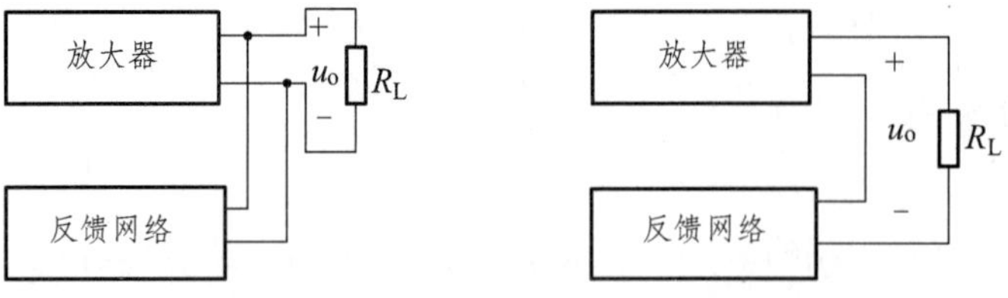

图 3-4-10　电压反馈和电流反馈框图

（2）串联反馈和并联反馈。

按反馈网络在放大器输入端的连接方式不同，分串联反馈和并联反馈两种。若反馈信号在输入端与输入信号并接，即为并联反馈；通常的判别方法是看反馈元件与输入端是否直接接在一起（不考虑公共地端），如果接在一起，则是并联反馈。反之，若反馈信号与输入端是串接的，即反馈元件不与输入端接在一起，则为串联反馈，如图 3-4-11 所示。

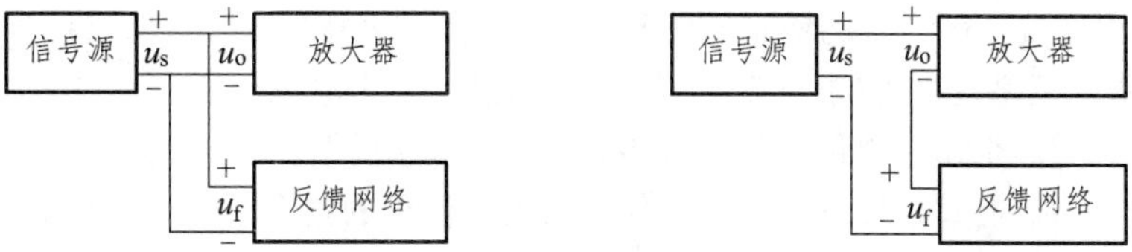

（a）并联负反馈　　（b）串联负反馈

图 3-4-11　并联反馈和串联反馈框图

（3）正反馈和负反馈。

反馈极性的判别（正反馈和负反馈）通常采用瞬时极性法。即假设某一时刻放大器的输入电压为正极性，记为⊕，表示该时刻的信号是增大变化的，然后，确定输出电压和反馈电压的瞬时，若反馈信号瞬时极性与输入信号的瞬时极性相同，即为正反馈；若极性相反，则为负反馈。

例 3-4-1　判别图 3-4-12 中 R_f 的反馈类型。

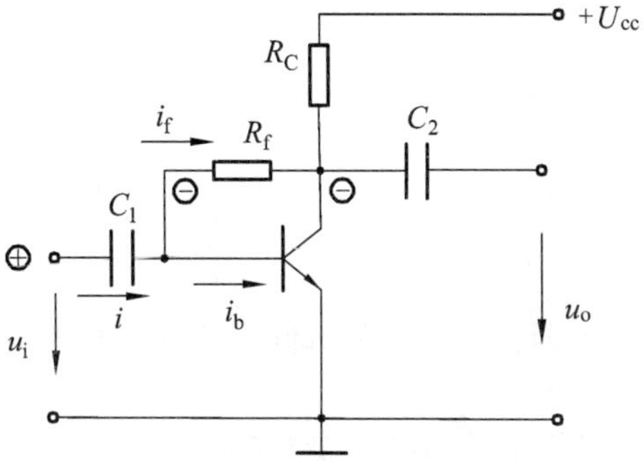

图 3-4-12　例 3-4-1 电路图

解：判别反馈元件：电阻 R_f 连接了输出回路和输入回路，是反馈元件；

从输出端看，判别采样方式：反馈元件与输出端直接接在一起，故该反馈的采样方式是电压反馈；

从输入端看，判别连接方式：反馈元件与输入端直接接在一起，故该反馈的连接方式是并联反馈；

用瞬时极性法来判别反馈性质：假设输入端的瞬时极性为⊕，则输出端的瞬时极性为⊖，通过反馈元件返回输入端的瞬时极性为⊖，反馈信号瞬时极性与输入信号的瞬时极性相反，即为负反馈。

所以，该反馈的类型是：电压并联负反馈。

例 3-4-2　判别图 3-4-13 中 R_f 的反馈类型。

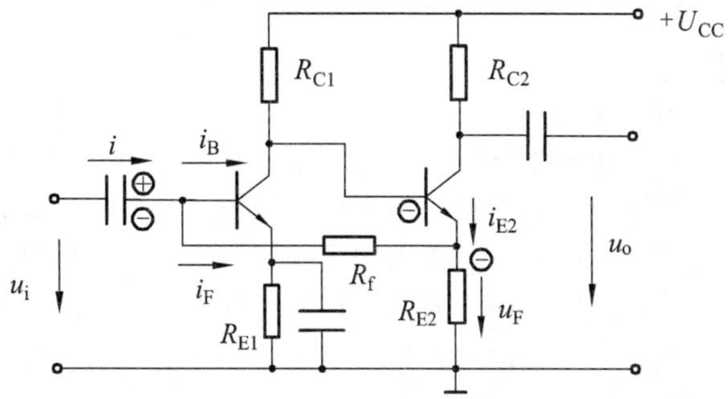

图 3-4-13　例 3-4-2 电路图

解：电阻 R_f 连接了第二级的输出回路和第一级的输入回路，是反馈元件，为越级反馈；
从输出端看，反馈元件与输出端并没有直接相接，是为电流反馈；
从输入端看，反馈元件与输入端直接相接，是为并联反馈；
从瞬时极性法判别，反馈回到输入端的信号极性与假设的输入信号的极性相反，是为负反馈。
所以，该反馈的类型是：电流并联负反馈。

2. 负反馈对放大器性能的影响

下面先介绍三个概念。

开环电压放大倍数：不加反馈时电路的电压放大倍数用 A 表示；闭环电压放大倍数：引入负反馈后电路的放大倍数，用 A_f 表示；反馈系数：反馈量与输出量的比值，用 F 表示。图 3-4-8 所示反馈放大器的开环放大倍数、闭环放大倍数和反馈系数如下。

开环放大倍数：$A=\dfrac{X_o}{X_i}$

闭环放大倍数：$A_f=\dfrac{X_o}{X_s}$

反馈系数：$F=\dfrac{X_f}{X_o}$

负反馈使净输入量减小，因而使放大倍数降低。负反馈电路的闭环电压放大倍数为

$$A_f=\frac{\dot{X}_o}{\dot{X}_i}=\frac{\dot{X}_o}{\dot{X}_f+\dot{X}_s}=\frac{1}{\dfrac{\dot{X}_f}{\dot{X}_o}+\dfrac{\dot{X}_s}{\dot{X}_o}}=\frac{1}{F+\dfrac{1}{A}}$$

$$A_f=\frac{A}{1+AF}$$

引入负反馈后使电压放大倍数减小，但却能改善放大电路性能。

1）提高放大倍数的稳定性

放大倍数的稳定性是用其绝对值变化量来表示的，经分析，有无引入负反馈的放大倍数的相对变化量如下：

$$\frac{\mathrm{d}A_f}{A_f}=\frac{1}{1+AF}\frac{\mathrm{d}A}{A}$$

上式表明，引入负反馈后，放大倍数的相对变化量减小，即说明放大倍数的稳定性提高。

2）减小非线性失真

当输入为正弦波信号时，由于电路中非线性器件的存在，尤其在输入信号比较大的情况下，输出信号将出现非线性失真。如图 3-4-14 所示，在输入正弦波信号时，由于某种原因使输出产生了正半周幅值小、负半周幅值大的失真。引入负反馈后，反馈信号取自输出端，反馈信号将与输出信号一样失真，而净输入信号则是输入的正弦波信号与反馈信号之差，所以，净输入信号也失真变成上大下小，这样的信号进行放大，在某种程度上使输出波形得到改善。

值得注意的是，负反馈减小非线性失真指的是反馈环内的失真，而且，负反馈仅能对波形进行改善，而不能从根本上去除失真。

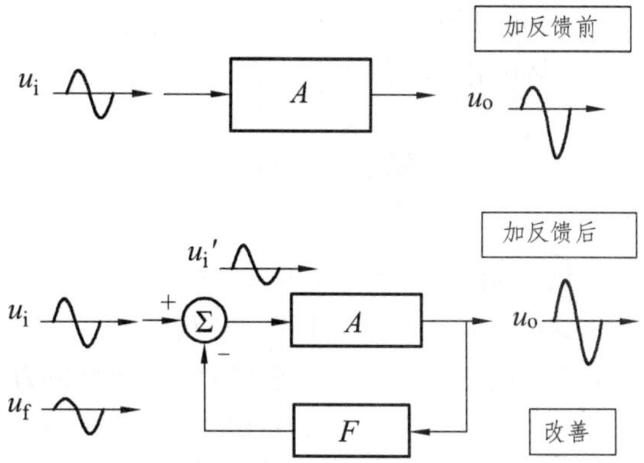

图 3-4-14　负反馈改善波形的失真

3）改变输入输出电阻

放大电路引入负反馈后，对输入输出电阻将产生影响，反馈的方式不同，影响也不一样。输入电阻的增大或减小取决于输入端的反馈方式（串联或并联）；输出电阻的变化则取决于输出端的反馈方式（电压或电流）。不同的反馈方式对输入、输出电阻的影响如表 3-4-1 所示。

表 3-4-1　反馈方式对输入、输出电阻的影响

性能	负反馈方式			
	电压串联	电压并联	电流串联	电流并联
输入电阻	增大	减小	增大	减小
输出电阻	减小	减小	增大	增大

综上分析，引入不同类型的负反馈，对放大器的影响不同，那么，为了得到某些放大器的性能，应如何引入负反馈呢？这里做一些原则性的提示：

① 稳定直流量（如静态工作点），应引入直流负反馈（反馈量为直流量）；

② 稳定交流性能，应引入交流负反馈（反馈量为交流量）；

③ 稳定输出电压，应引入电压负反馈；稳定输出电流，应引入电流负反馈；

④ 提高输入电阻，应引入串联负反馈；减小输入电阻，应引入并联负反馈；

⑤ 降低输出电阻，应引入电压负反馈；增加输出电阻，应引入电流负反馈。

小　结

1. 差动放大电路对差模信号具有较强的放大能力，对共模信号具有很强的抑制作用，可以消除温度变化、电源波动、外界干扰等具有共模特征的信号引起的输出误差电压。

2. 多级放大电路有三种耦合方式：阻容耦合、直接耦合和变压器耦合。多级放大电路的电压放大倍数为各级电压放大倍数的乘积，输入电阻为第一级的输入电阻，输出电阻为最后一级的输出电阻。

3. 电路中常用负反馈来改善放大电路性能。交流负反馈有四种组态：电压串联负反馈、电压并联负反馈、电流串联负反馈和电流并联负反馈，不同的反馈组态，具有不同的特点。

4. 负反馈的引入使放大电路降低放大倍数，但是能提高放大倍数的稳定性，扩展通频带，减小非线性失真，改变放大电路的输入、输出电阻。利用负反馈对放大电路的影响，可根据放

大电路的要求，在放大电路中正确地引入负反馈。例如，需要稳定放大电路的输出电压，可以引入电压负反馈；需要稳定放大电路的输出电流，可以引入电流负反馈，等等。

自测练习题

一、判断题

1. 共模抑制比 K_{CMRR} 越大，抑制温漂的能力越强。(　　)
2. 差动放大电路的零点漂移在输入端相当于一对差模信号。(　　)
3. 差动放大电路中，调零电位器的作用是保证零输入时输出也为零。(　　)
4. 差动放大电路的差模放大倍数 A_d 越大，表示温漂越大。(　　)
5. 差动放大电路的共模放大倍数 A_c 越小，表示抑制零点漂移能力越强。(　　)
6. 差模信号是需要放大的有用信号。(　　)
7. 多级放大器总的电压放大倍数是各级电压放大倍数的和。(　　)
8. 多级放大器的输入电阻就是多级放大电路第一级的输入电阻。(　　)
9. 多级放大器的输出电阻就是最后一级（末级）的输出电阻。(　　)
10. 阻容耦合多级放大电路只能放大交流信号，不能放大直流信号。(　　)
11. 阻容耦合、直接耦合的多级放大电路中，各级的静态工作点都相互独立。(　　)
12. 多级放大电路一般由输入级、中间级和输出级组成。(　　)

二、选择题

1. 差动放大电路是为了（　　）而设置的。
   A. 稳定电压放大倍数　　B. 增加带负载能力
   C. 抑制零点漂移　　D. 展宽频带
2. 差模信号是差动放大电路两个输入端对地的信号之（　　）。
   A. 和　　B. 差　　C. 比　　D. 平均值
3. 共模信号指的是差动放大电路两个输入端信号（　　）。
   A. 之和的 2 倍　　B. 之差的 2 倍　　C. 之和的 1/2　　D. 之差的 1/2
4. 若差动电路两输入端电压分别为 $u_{i1} = 10\ \text{mV}$，$u_{i2} = 6\ \text{mV}$，则 u_{id} 与 u_{ic} 之值为（　　）。
   A. $u_{id} = 4\text{mV}$，$u_{ic} = 8\ \text{mV}$　　B. $u_{id} = 2\text{mV}$，$u_{ic} = 8\ \text{mV}$
   C. $u_{id} = 4\text{mV}$，$u_{ic} = 2\ \text{mV}$　　D. $u_{id} = 2\text{mV}$，$u_{ic} = 4\ \text{mV}$
5. 共模抑制比 K_{CMRR} 的定义是（　　）。
   A. 差模信号与共模信号之比　　B. 共模放大倍数与差模放大倍数之比
   C. 差模放大倍数与共模放大倍数之比　　D. 交流放大倍数与直流放大倍数之比
6. 衡量一个差动放大电路抑制零点漂移能力的最有效指标是（　　）。
   A. 差模电压放大倍数　　B. 共模电压放大倍数
   C. 共模抑制比　　D. 输入电阻
7. 对差分放大电路而言，下列说法不正确的是（　　）。
   A. 可以用作直流放大器　　B. 可以用作交流放大器
   C. 可以用作限幅器　　D. 具有很强的放大共模信号的能力
8. 某三级放大器中，每级电压放大倍数为 10，则总的电压放大倍数为（　　）。
   A. 10　　B. 30　　C. 100　　D. 1 000

9. 直接耦合放大电路能放大（　　）信号。

A. 直流　　B. 交流　　C. 交、直流

10. 阻容耦合放大电路能放大（　）信号。

A. 直流　　B. 交流　　C. 交、直流

11. 直接耦合与阻容耦合多级放大电路之间主要不同点是（　　）。

A. 放大的信号不同　　B. 直流通路不同　　C. 交流通路不同

12. 因为阻容耦合电路（　　）的隔直作用，所以各级静态可独立计算。

A. 第二级的输入电阻　　B. 第一级的隔直电容

C. 二级间的耦合电容　　D. 末级的隔直电容

13. 放大变化缓慢的信号应采用（　　）放大器。

A. 直接耦合　　B. 阻容耦合　　C. 变压器耦合

14. 下列说法正确的是：（　　）

A. 电压串联负反馈使输入电阻，输出电阻都增大

B. 电压并联负反馈使输入电阻，输出电阻都减小

C. 电流串联负反馈使输入电阻，输出电阻都减小

D. 电流并联负反馈使输入电阻，输出电阻都增大

15. 为了提高放大电路的输入电阻并稳定输出电流，应引入（　　）。

A. 电压并联负反馈　　B. 电压串联负反馈

C. 电流并联负反馈　　D. 电流串联负反馈

16. 要求输出电压稳定，并能提高输入电阻，放大电路中应引入（　　）。

A. 电压串联负反馈　　B. 电压并联负反馈

C. 电流串联负反馈　　D. 电流并联负反馈

习　题

1. 放大电路如图 3-4-15 所示，已知 $R_C = 10\ \text{k}\Omega$，$R_B = 2\ \text{k}\Omega$，$R_E = 10\ \text{k}\Omega$，$R_L = 20\ \text{k}\Omega$，$r_{be} = 3\ \text{k}\Omega$，$\beta = 100$。试：

（1）指出电路的输入、输出方式；

（2）计算差模电压放大倍数 A_d；

（3）计算输入电阻 r_{id}。

2. 电路如图 3-4-16 所示，判别电路的主要反馈类型并说明其对电路的输出电阻的影响。

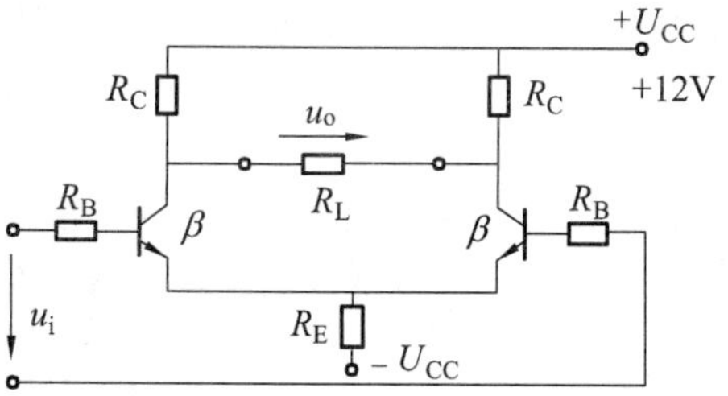

图 3-4-15

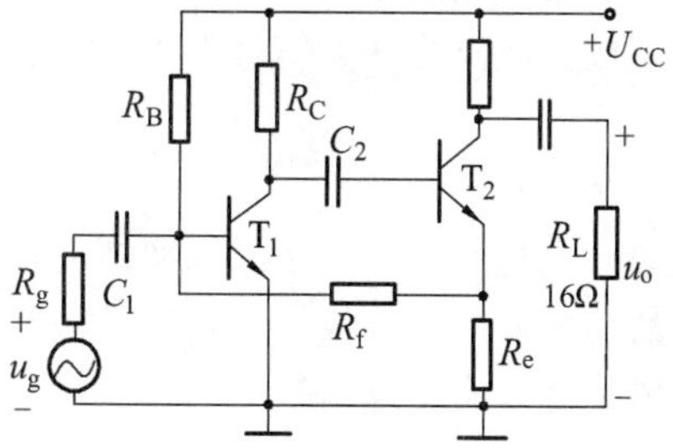

图 3-4-16

3. 电路如图 3-4-17 所示，判别电阻 R_f 的反馈类型。

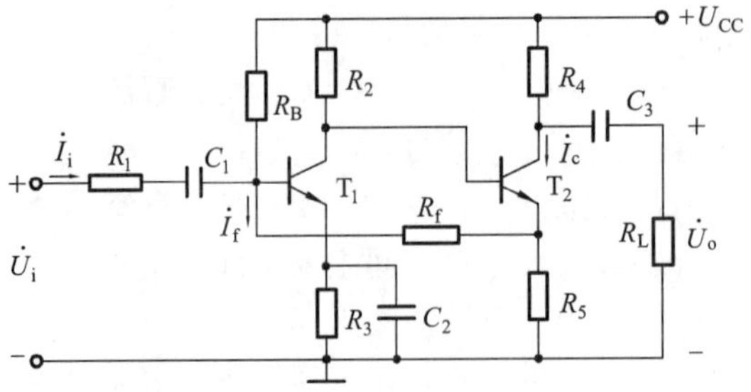

图 3-4-17

4. 某负反馈放大电路框图如图 3-4-18 所示，求电路的开环放大倍数 A 和闭环放大倍数 A_f。

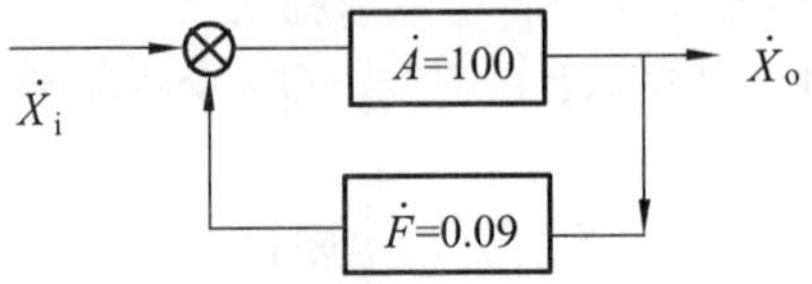

图 3-4-18

任务 5 功放电路的分析

3.5.1 功放电路

1. 功放电路的特点及要求

功率放大电路是一种输出较大功率的放大电路，一般作为放大电路的末级，直接驱动负载，带负载能力强。因而功率放大电路在大信号状态下工作，主要任务是使负载得到不失真（或失真较小）的输出功率。

对功率放大电路的要求如下：

（1）输出功率尽可能大。

为了获得大的输出功率，要求功放管的电压和电流都有足够大的输出幅度，管子往往在接近极限运用状态下工作。常用图解分析法分析电路。

（2）转换效率尽可能高。

效率是负载得到的信号功率与电源供给功率的比值。它代表了电路将电源直流能量转换为输出交流能量的能力。不能转换成为有效的交流输出的能量使管子发热，称为管耗。

（3）非线性失真尽可能小。

功率放大电路是在大信号下工作，所以不可避免地会产生非线性失真，这就使输出功率和非线性失真成为一对主要矛盾。

（4）晶体管的散热好。

功率放大电路中，大量的功率消耗在集电结上，使结温和管壳温度升高。为了使管子输出足够大的功率，减小功放管的功耗是根本途径。除此之外，还可以加大功率管的散热面积，或改善通风条件如安装风扇等。

2. 功率放大电路的分类

低频功率放大器，根据工作状态的不同，可分为甲类、乙类和甲乙类三种。放大器的工作状态由三极管的静态工作点的设置决定。对于正弦输入信号，甲类工作状态的器件在整个输入周期内都能导通，乙类工作状态的静态工作点则选在截止点，只在每个输入周期的一半导通。

可以证明，甲类功放的最高效率只有 50%，效率低的原因是静态工作点选择过高，静态功耗太大。要减小管子功耗，则应降低静态工作点，当静态工作点降到截止区时，称为乙类功放。乙类功放的效率可达 78.5%，但波形出现严重的失真。解决这一矛盾的办法就是利用两只管子各放大半个周期的信号，然后再合成为一个完整的波形，即互补对称功率放大器。

3.5.2　互补对称功放电路

电路中采用两个类型不同的三极管，一个为 NPN 型，另一个为 PNP 型，称为互补；并且要求两个管子的参数一致，即为对称。

1. 双电源乙类互补功率放大电路——OCL 电路

图 3-5-1 所示为无输出电容的双电源乙类互补对称功放电路（OCL 电路）。

1）静态分析

当输入信号 $u_i = 0$ 时，两三极管都工作在截止区，此时 I_{BQ}、I_{CQ}、I_{EQ} 均为零，负载上无电流通过，输出电压 $u_o = 0$。

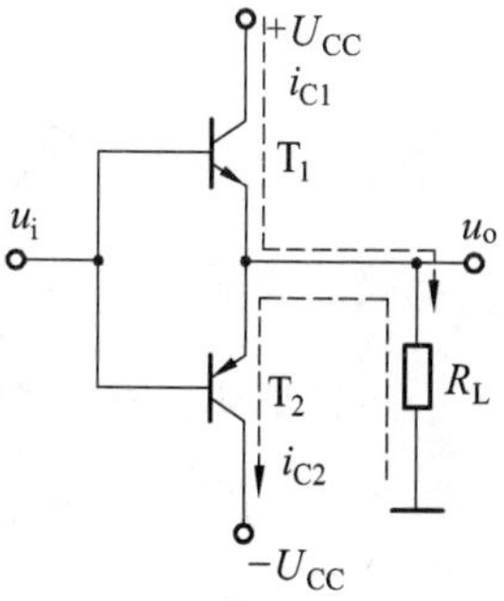

图 3-5-1　OCL 电路

2）动态分析

① 当输入信号为正半周时，$u_i>0$，三极管 T_1 导通，T_2 截止，T_1 管的射极电流 i_{C1} 从 $+U_{CC}$ 经 T_1 自上而下流过负载，在 R_L 上形成正半周输出电压，$u_o>0$，如图 3-5-1 所示。

② 当输入信号为负半周时，$u_i<0$，三极管 T_2 导通，T_1 截止，T_2 管的射极电流 i_{C2} 从 $-U_{CC}$ 经 T_2 自下而上流过负载，在 R_L 上形成负半周输出电压，$u_o<0$，如图 3-5-1 所示。

在负载上获得一个完整的正弦波。

3）有关计算

为了极大限度地利用管子，可以做最佳交流负载线，得到输出电压和电流的波形如图 3-5-2 所示。忽略饱和压降和穿透电流，则输出电压和输出电流的最大值为

$$I_{CM} = \frac{U_{CC}}{R_L}\text{，}\ U_{CEM} = U_{CC}$$

那么，输出的最大功率是

$$P_{OM} = U_{CE} I_C = \frac{U_{CEM}}{\sqrt{2}} \frac{I_{CM}}{\sqrt{2}} = \frac{1}{2} \frac{U_{CC}^2}{R_L}$$

直流电源供给的功率与信号的大小有关，信号越大，电源提供的电流越大；信号为零时，$I_C = 0$，电源功率也为零。所以两个电源的总功率是：$P_E = 2U_{CC}I_E$。其中，I_E 为每个电源提供的平均电流值。

$$I_E = \frac{1}{2\pi}\int_0^{\pi} I_{CM} \sin \omega t \mathrm{d}wt = \frac{I_{CM}}{2\pi} \cdot 2 = \frac{I_{CM}}{\pi}$$

于是，电源的总功率

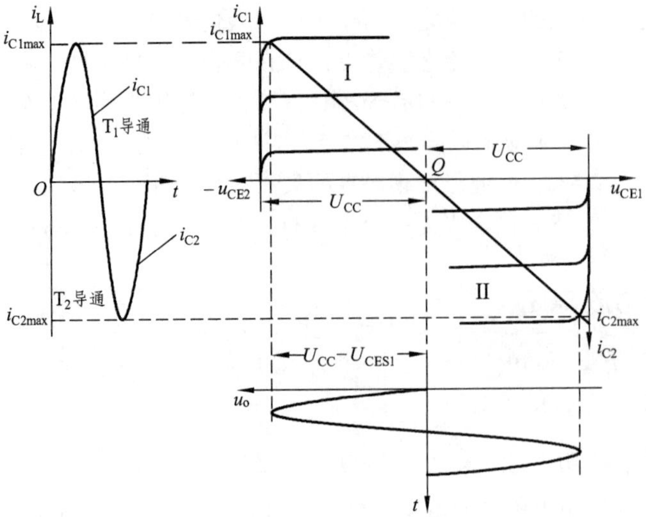

图 3-5-2　OCL 功放电路图解

$$P_E = \frac{2}{\pi} \cdot U_{CC} \cdot I_{CM} = \frac{2}{\pi} \cdot \frac{U_{CC}^2}{R_L}$$

则电路的效率为　$\eta = \frac{P_O}{P_E} \times 100\% = \frac{\pi}{4} \times 100\% = 78.5\%$

可以证明，对于乙类互补对称功放电路，每一个管子的最大管耗为

$$P_{CM} = 0.203 P_{OM}$$

上式可用来作为选择功放管的依据。譬如，要求输出功率为 50 W，则功放管可选两个额定管耗大于 10 W 的管子。

4）交越失真

由于三极管的输入特性存在死区，所以在信号比较小（u_i<0.5 V）的区间内，输出波形失真，即在两个半轴的信号的交界处存在交越失真，如图 3-5-3 所示。解决的办法是给三极管提供合适的小偏置，以正好越过死区为度，使两只三极管 T_1 和 T_2 均工作在临界导通或称微导通状态。工作点太高将造成效率降低，构成甲乙类互补对称功率放大电路，如图 3-5-4 所示。

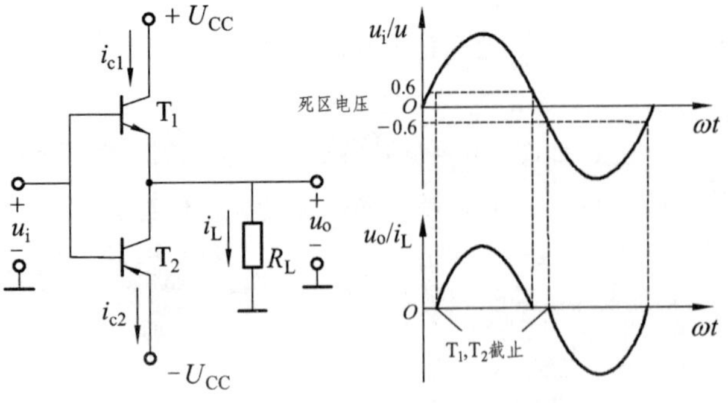

图 3-5-3　功放电路的交越失真

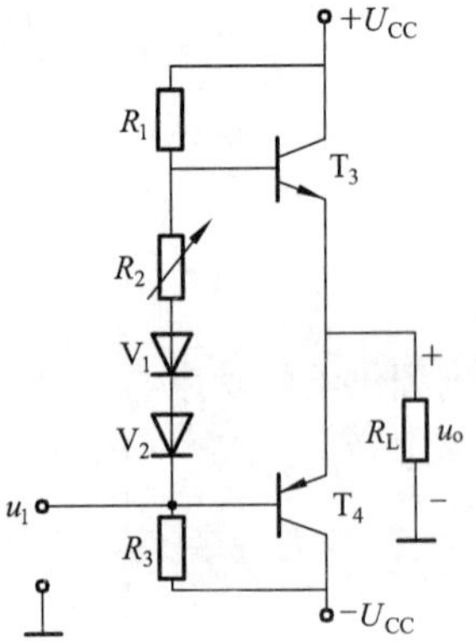

图 3-5-4　甲乙类互补对称功率放大电路

2. 单电源互补对称功率放大电路——OTL 电路

单电源互补对称功率放大电路（OTL 电路）如图 3-5-5 所示，这时负载 R_L 必须采用耦合电容 C，而且电容 C 的容量一般选择比较大，这样，除了有较好的低频特性外，由于两管的连接端 A 的直流电位为 $\frac{U_{CC}}{2}$，电容 C 上也将充电至 $\frac{U_{CC}}{2}$，当信号使 T_1 截止时，T_2 的电流不能依靠 U_{CC} 供给，而是通过 C 的放电来提供。也就是说，C 既作偶合输出信号用，隔断直流信号到负载的通路，也作直流电源用。

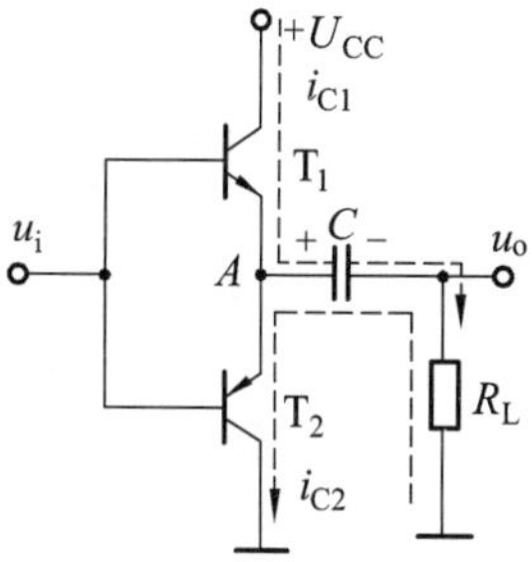

图 3-5-5　OTL 功放电路

静态时，由于电路上下对称，A 点电位为 $\frac{U_{CC}}{2}$，负载上无电流流过，电容被充电至 $\frac{U_{CC}}{2}$，极性为左正右负。而且因为 $u_i = 0$ 时，两管基极无直流偏置，$I_B = 0$，故电路工作于乙类状态。

输入正弦交流电时，当 u_i 为正半周时，T_1 导通，T_2 截止，负载上有电流 i_{c1} 流过，在负载上得到上正下负的正半周信号，输出电压的最大值为 $\frac{U_{CC}}{2}$；当 u_i 为负半周时，T_1 截止，T_2 导通，有 i_{c2} 电流流过负载，此时电容 C 通过 T_2 对负载放电，负载上获得的最大电压值也为 $\frac{U_{CC}}{2}$。

由此可见，采用一个电源的互补对称电路，其工作原理与双电源供电的 OCL 电路极其相似，只是由于每个管子的工作电压不是原来的 U_{CC}，而是 $\frac{U_{CC}}{2}$，所以前面导出的公式，P_{OM}、P_E、η 和 P_{CM} 的公式要加以修正，即把原来的 U_{CC} 换为 $\frac{U_{CC}}{2}$ 即可。同样地，该电路也会产生交越失真，也可以通过加小偏置的方法消除。

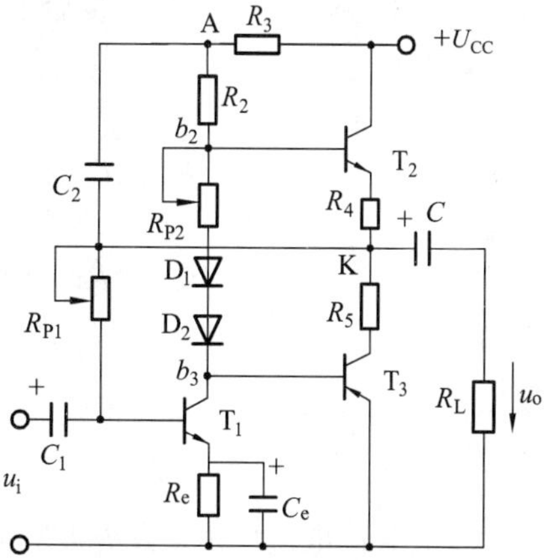

图 3-5-6　带自举电路的功放电路

为了提高输出电压的幅值，在电路中增加了 R_3C_2 构成的自举电路，如图 3-5-6 所示。当 $u_i = 0$ 时，$V_A = U_{CC} - I_{c1}R_3$，而 $V_K = U_{CC}/2$，因此电容 C_2 两端电压被充电到 $U_{C2} = U_{CC}/2 - I_{c1}R_3$。由于 C_2 很大，两端电压基本不变，U_{C2}（电容 C_2 两端电压）被认为是常数，不随 u_i 而改变。这样，当 u_i 为负时，T_1 导电，V_K 将由 $U_{CC}/2$ 向正方向变化，考虑到 $V_A = U_{C2}+V_K$，显然，随着 K 点电位升高，A 点电位 V_A 也自动升高。因而，即使输出电压幅度升得很高，也有足够的电流 i_{B1}，使 T_1 充分导电。这种工作方式称为自举，即电路自身把 V_A 提高了。因而提高了输出电压的幅值。

3.5.3　复合管

在互补对称功率放大电路中，要找到两只性能完全一致的反型号大功率管是十分困难的，而要找两只性能完全相同的同型号大功率管则会容易得多。集成电路功率放大器的输出级也是由于 PNP 管的 β 值很小（β 为 20 左右），不能和 NPN 管互补对称。解决这个问题的方法是用复合管实现等效互补对称。

复合管的连接原则是：各管的电流流向一致。

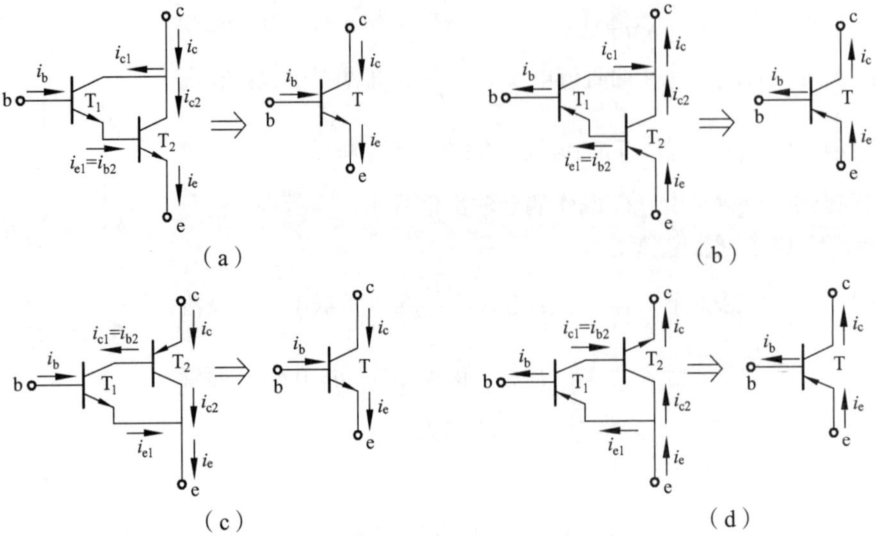

图 3-5-7　复合管

图 3-5-7（a）（b）是相同型号管子的复合，复合后的类型仍然是该类型；图 3-5-7（c）（d）是不同类型管子复合，复合后的等效类型由小功率管决定。复合后管子的电流放大系数β如下：

$$\beta = \frac{i_c}{i_b} = \frac{i_c}{i_{b1}}$$

$$i_c = i_{c1} + i_{c2} = \beta_1 i_{b1} + \beta_2(1+\beta_1)i_{b1}$$
$$= \beta_1 i_{b1} + \beta_2 i_{b1} + \beta_1\beta_2 i_{b1}$$

因为　　$\beta_1\beta_2 >> \beta_1$，$\beta_1\beta_2 >> \beta_2$

所以　　$i_c \approx \beta_1\beta_2 i_{b1}$

所以　　$\beta = \beta_1\beta_2$

复合管的电流放大系数β也近似等于两只管子电流放大系数的乘积，利用复合管也用以提高放大管的电流放大系数。

3.5.4　应用实例

电视机伴音功率放大器如图 3-5-8 所示。电路中 T_1 是基本的工作点稳定电路，构成前置电压放大级。输入信号被放大后，经 C_3 耦合至由 T_2 构成的推动级。R_{14} 的作用是形成电压串联负反馈，以便改善放大性能。C_2（以及 C_4、C_7）为相位补偿元件，用以防止高频自激。T_3 与 T_4 构成互补功率输出级，将信号经 C_6 耦合到负载 R_L 上。为防止开机时功放管中电流有可能过大而烧坏功放管，在它们的发射极电路中设置了 R_{11}、R_{12} 两个限流电阻。T_3、T_4 的静态工作点由 T_2 的静态电流及电阻 R_6、R_7、R_8、R_9 决定。其中 R_8 是热敏电阻，其阻值随温度升高而减小，可稳定功放管的静态电流。电阻 R_{10} 连在 V_2 的基极与电容 C_6 的正极之间，构成直流负反馈，以稳定 C_6 正极的电位（为 $U_{CC}/2$）。

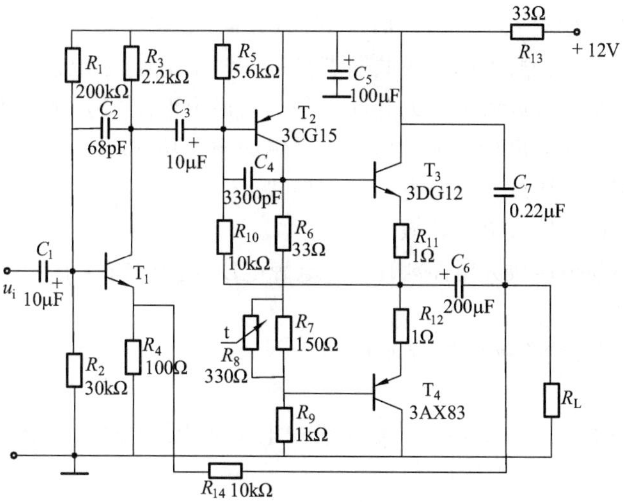

图 3-5-8　实用功放电路

总结功放电路的特点：

（1）功放电路是向负载提供足够信号功率的放大电路，要求同时输出较大的电压和电流，管子工作在接近极限状态，一般直接驱动负载，带载能力要强。

（2）功放电路和电压放大电路都是能量转换电路，本质上没有区别，只是放大的任务不同：电压放大电路主要任务是使负载得到不失真的电压信号，输出的功率并不一定大，在小信号状态下工作；功率放大电路主要任务是使负载得到不失真（或失真较小）的输出功率，在大信号状态下工作。

（3）功放电路和电压放大电路分析的指标也不同：电压放大电路主要指标是电压增益、输入阻抗和输出阻抗；功率放大电路主要指标是功率、效率、非线性失真。

小　结

1. 功率放大电路的要求是能够向负载提供足够大的输出功率，同时有较高的效率和较小的非线性失真。功率放大电路的主要技术指标有最大输出功率 P_{OM} 和效率 η。

2. 按照功率放大管的工作状态，可以将低频功率放大电路分为甲类、乙类和甲乙类等。其中甲类功率放大的失真小，但效率最低；互补对称的乙类功率放大效率最高，理想情况可以达到 78.5%，但存在交越失真。所以采用互补对称的甲乙类功率放大电路，既消除了交越失真，也可以获得接近乙类功率放大的效率。

3. 互补对称功率放大电路的电路形式，有双电源互补对称电路（OCL 电路）和单电源互补对称电路（OTL 电路）两种。OCL 电路中将输出端的大电容省去，改善了电路的低频响应，而且有利于实现集成化，但 OCL 电路需用正、负两路直流电源。对于单电源互补对称电路，计算输出功率、效率、管耗和直流电源提供的功率时，只需将 OCL 电路计算公式中的 U_{CC} 用 $U_{CC}/2$ 代替即可。

自测练习题

一、判别题

1. 功率放大电路的最大输出功率是指在基本不失真情况下，负载上可能获得的最大交流功率。（　　）

2. 当 OCL 电路的最大输出功率为 1W 时，功率放大管的集电极最大耗散功率应大于 1W。(　　)

3. 功率放大电路与电压放大电路的共同点是都使输出电压大于输入电压。(　　)

4. 功率放大电路与电流放大电路的共同点是都使输出电流大于输入电流。(　　)

5. 功率放大电路是使输出功率大于信号源提供的输入功率。(　　)

6. 功率放大电路比电压放大电路电压放大倍数大。(　　)

7. 功率放大电路比电压放大电路效率高。(　　)

8. 功率放大电路与电压放大电路相比，在电源电压相同的情况下，前者比后者的最大不失真输出电压大。(　　)

9. 图 3-5-9 所示的复合管接法是合理的。(　　)

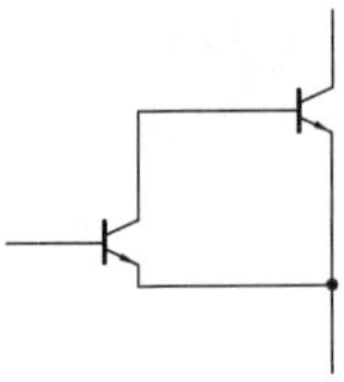

图 3-5-9

二、选择题

1. 功率放大电路的最大输出功率是指在输入电压为正弦波时，输出基本不失真情况下，负载上可能获得的最大(　　)。

A. 交流功率　　B. 直流功率　　C. 平均功率

2. 功率放大电路的转换效率是指(　　)。

A. 输出功率与晶体管所消耗的功率之比

B. 最大输出功率与电源提供的平均功率之比

C. 晶体管所消耗的功率与电源提供的平均功率之比

3. 在 OCL 乙类功率放大电路中，若最大输出功率为 1 W，则电路中功率放大管集电极最大功耗约为(　　)。

A. 1 W　　B. 0.5 W　　C. 0.2 W

习　题

1. 某 OCL 互补对称电路如图 3-5-10 所示，已知三极管 T1、T2 的饱和压降 $U_{CES} = 1$ V，$U_{CC} = 18$ V，$R_L = 8\ \Omega$。

(1) 计算电路的最大不失真输出功率 $P_{o,max}$；

(2) 计算电路的效率；

(3) 求每个三极管的最大管耗 $P_{o,max}$；

(4) 为保证电路正常工作，所选三极管的 U_{CEO} 和 I_{CM} 应为多大？

2. OTL 互补对称电路如图 3-5-11 所示，试分析电路的工作原理。

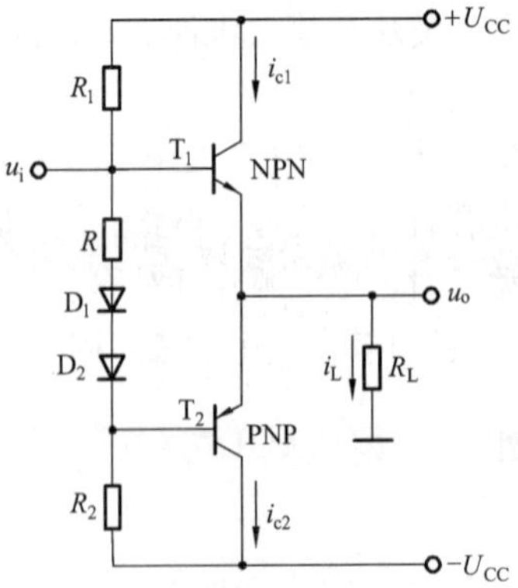

图 3-5-10

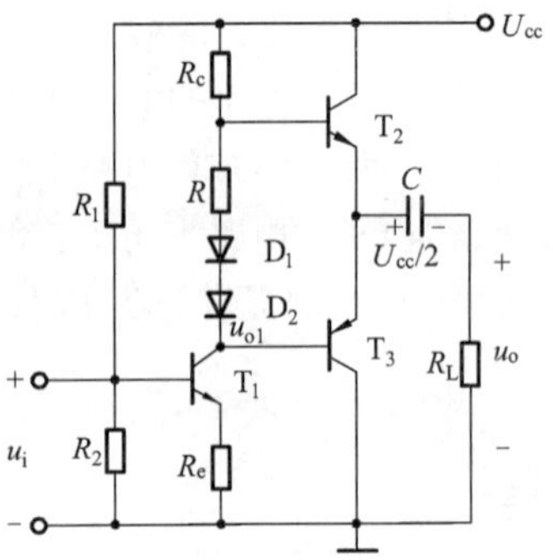

图 3-5-11

（1）电阻 R_1 与二极管 D_1、D_2 的作用是什么？

（2）静态时 T_1 管射极电位 U_E = ？负载电流 I_L = ？

（3）若电容 C 足够大，$U_{CC} = +15$ V，三极管饱和压降 $U_{CES} \approx 1$ V，$R_L = 8\ \Omega$，则负载 R_L 得到的最大不失真输出功率 $P_{o,max}$ 为多大？

3. 判别图 3-5-12 所示复合管是否连接正确。

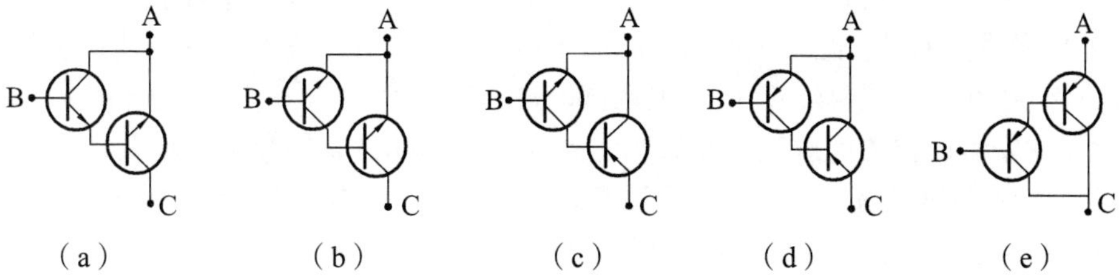

图 3-5-12

任务 6　音频功放电路的设计制作

3.6.1　功能要求

（1）电源电压 ±15 V，最大不失真功率 $P_O \geqslant 8$ W。

（2）频率响应 80 Hz ~ 15 kHz。

（3）适用于话筒输入和线路输入，其中话筒输入的信号电压是 3 ~ 5 mV，线路输入的信号电压是 100 ~ 200 mV，所以线路输入采用衰减电路。

3.6.2　项目引导

（1）小组制订工作计划。

（2）画出布线图。

（3）完成电路所需元器件的购买与检测。

（4）根据布线图制作电路。

（5）完成电路功能检测和故障排除。

（7）通过小组讨论完成电路的详细分析及编写项目实训报告。

3.6.3　制作思路

1. 布设导线的一般方法和要求

① 公共地线应尽可能布置在电路板的最边缘，以便电路板安装以及与地相连。同时导线与电路板边缘应留有一定的距离，以便进行机械加工和提高绝缘性能。

② 为减小导线间的寄生耦合，布线时应按信号的顺序进行排列，尽可能将输入线和输出线的位置远离，并最好采用地线将两端隔开。输入线和电源线的距离应大于 1 mm，以减小寄生耦合。另外输入电路的导线应尽量短，以减小感应现象及分布参数的影响。

③ 电源部分导线应和地线紧紧布设在一起，以减小电源线耦合所引起的干扰。

④ 高频电路中的高频导线、晶体管各电极引线及信号输入输出线应尽量做到短而直，易

引起自激的导线应避免互相平行，宜采取垂直或斜交布线。

2. 元器件布局的一般方法和要求

① 元器件在电路板上的分布应尽量均匀，密度一致。所有元器件都尽可能安装在板的同一面，以便加工、安装和维护。

② 电路板上元器件的排列应整齐美观，一般应做到横平竖直，并力求电路安装紧凑、密集，尽量缩短引线。如果装配工艺要求须将整个电路分割成几块安装时，应使每块装配好的印制电路板成为独立的功能电路，以便单独调试、检验和维护。

③ 元器件安装的位置应避免互相影响，元器件间不允许立体交叉和重叠排列，元器件的方向应与相邻印制导线交叉，电感器件要注意防电磁干扰，发热元件要放在有利于散热的位置，必要时可单独放置或装设散热器，以降温和减少对邻近元器件的影响。

3.6.4 制作调试

（1）检测元件，防止将已坏元器件装上线路板。

（2）焊接电路元器件。

（3）电路安装完毕后，应先对照电路图按顺序检查一遍。一般地，检查每个元件的规格型号、数值、安装位置管脚接线是否正确；检查每个焊点是否有漏焊、假焊和搭锡现象，线头和焊锡等杂物是否残留在电路板上；检查调试用仪器仪表是否正常，清理好测试场地和台面，以备做进一步的调试。

（4）静态调试。用万用表逐级测量各级的静态工作点。调节偏置电阻，使各级静态工作点正常。若测量值与计算值差太远的话，应考虑该级偏置电路有虚焊或短接的错误，检查修正。

（5）动态测试。在输入端输入 1 kHz 的正弦波信号，用示波器观察输出信号波形，信号由零逐渐增大，直至输出波形增大到恰好不失真为止。观察输出波形有无失真，波形正负半周是否对称。测电压放大倍数是否满足要求，测量最大不失真功率是否符合要求。

参考电路如图 3-6-1 所示。元器件清单见表 3-6-1。

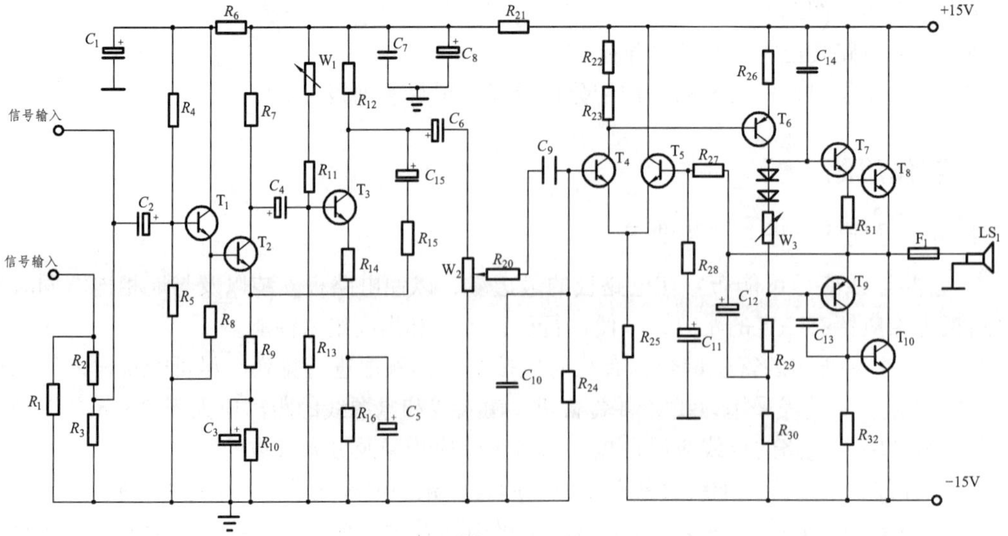

图 3-6-1

表 3-6-1　元件清单

名称	型号	名称	型号	名称	型号
R_1	330 Ω	R_{22}	510 Ω	C_{11}	47 μF/16 V
R_2	100 kΩ	R_{23}	510 Ω	C_{12}	100 μF/16 V
R_3	2 kΩ	R_{24}	47 kΩ	C_{13}	200 pF
R_4	300 kΩ	R_{25}	7.5 kΩ	C_{14}	200 pF
R_5	100 kΩ	R_{26}	330 Ω	W_1	470 kΩ
R_6	2 kΩ	R_{27}	47 kΩ	W_2	10 kΩ
R_7	4.7 kΩ	R_{28}	100 Ω	W_3	330 Ω
R_8	5.1 kΩ	R_{29}	5.1 kΩ	T_1	9011
R_9	100 Ω	R_{30}	330 Ω	T_2	9011
R_{10}	3 kΩ	R_{31}	200 Ω	T_3	9011
R_{11}	100 kΩ	R_{32}	200 Ω	T_4	9011
R_{12}		C_1	100 μF/16 V	T_5	9011
R_{13}	51 kΩ	C_2	10 μF/16 V	T_6	9012
R_{14}	5.1 kΩ	C_3	47 μF/16 V	T_7	9013
R_{15}	2 kΩ	C_4	10 μF/16 V	T_8	TIP41
R_{16}	100 Ω	C_5	47 μF/16 V	T_9	9012
R_{17}	5.1 kΩ	C_6	10 μF/16 V	T_{10}	TIP41
R_{18}		C_7	0.1 μF	D_1	4148
R_{19}		C_8	100 μF/16 V	D_2	4148
R_{20}	3 kΩ	C_9	100 μF/16 V	F_1	1.5 A
R_{21}	200 Ω	C_{10}	200 pF		

3.6.5　问题讨论

1. 元器件的检测

（1）如何用万用表来检测二极管的正负极，并应注意什么问题？用万用表测二极管的正向电阻时，不同的电阻档为什么读数不同？

（2）如何用万用表来判断三极管的基极和类型？

（3）电阻器上的色环有哪些颜色，它的含义是什么？

（4）如何用万用表来检验电容器的好坏？安装电解电容时应注意什么问题？

2. 电路原理的分析

（1）固定偏置、分压式偏置放大器的静态工作点的参数指哪些量，如何求得？如何选定放大器的静态工作点？当电源电压不改变情况下，如何调整静态工作点？

（2）什么是放大器的输入电阻和输出电阻？如何估算？它的数值大好还是小好？为什么？

（3）放大器的非线性失真有几种，是如何引起的，怎样消除它？

（4）T_1 的电路是什么放大器，它起什么作用？T_2、T_3 组成的是什么放大器，电路中各元件有何作用？如果分别将 C_3、C_5 开路，C_{15} 短路，对放大器有什么影响？（分析静态和动态）

（5）根据提供的参数要求条件，计算出该电路所需要的放大倍数，根据电路元件参数估算出该电路的放大倍数。如何测试该电路的放大倍数？

（6）W_2 在电路中起什么作用？T_4、T_5 组成的是什么放大电路？该电路有什么特点？电路中的 R_{25} 起什么作用，为什么要用 −15 V 电源？

（7）共模抑制比是什么参数？它的物理意义是什么？$T_4 \sim T_{10}$ 组成的功放电路，它的总体放大倍数是如何估算的？

（8）电路中 D_1、D_2、W_3 三个元件起什么作用？该支路如果短路、断路对电路会引起什么后果？电路中 C_{12}、R_{30} 两元件起什么作用？

（9）R_{21}、C_8、C_7、R_6、C_1 元件起什么作用？T_7、T_8 和 T_9、T_{10} 组成什么电路？它的电流放大系数是如何确定的？它的等效电路如何？

（10）如果输入信号太大，音量电位器又调得过大，会出现什么后果？

项目四　带电源函数发生器的分析与制作

项目功能描述

设计制作一个信号发生器。信号发生器能产生正弦波、方波、三角波和锯齿波三种周期性波形，并要求输出信号频率可调，电压峰-峰值可调。

项目任务分解

分析项目功能可知，项目涉及集成运放电路、正弦波发生器电路、方波发生器电路、三角波发生器电路、锯齿波发生器电路、电源电路等内容。学习者通过按照一个一个任务完成学习之后，能够按照拼图的方法，自己设计、制作完成项目，并能举一反三地灵活应用所学知识。

职业技能目标

1. 能认识常用集成运放 LM318、LM324 等芯片的外管脚排列及功能应用。
2. 能采用李沙育图形法测量波形的频率。
3. 能掌握调节波形频率的方法。
4. 掌握带电源函数发生器的分析调试方法。
5. 能阅读简单的英文技术资料。
6. 培养团队合作精神。

项目知识目标

1. 了解集成运放的组成及各部分的作用。
2. 掌握理想运放的条件和传输特性。
3. 能够正确判断电路中是否引入反馈以及反馈的类型。
4. 理解集成运放线性应用的条件和两个重要分析依据。
5. 掌握集成运放的基本运算电路。
6. 了解集成运放在信号处理方面的应用。
7. 理解集成运放非线性应用的条件和分析依据。
8. 掌握集成运放构成的电压比较器。
9. 了解集成运放构成的各种信号发生电路。
10. 掌握集成运放使用注意事项。
11. 掌握电源电路的组成及分析方法。

任务 1　集成运放的线性应用

随着半导体集成工艺的飞速发展，集成电路技术也快速发展，集成电路的出现为电子设备的微型化、低功耗和高可靠性开辟了一条广阔的途径，标志着电子技术发展的新阶段。

4.1.1　集成运算放大器

1. 集成运算放大器概述

集成运算放大器是指将各种元器件和连线等集成在一片硅片上制成的，具有一定功能的电路。集成运算放大器密度高、引线短、外部接线大为减少，可提高电子设备的可靠性和灵活性并降低电路成本。

集成运算放大器是一种高电压增益、高输入电阻和低输出电阻的多级直接耦合放大电路，它的类型很多，电路也不一样，但结构具有共同之处，一般由四部分组成，如图 4-1-1。

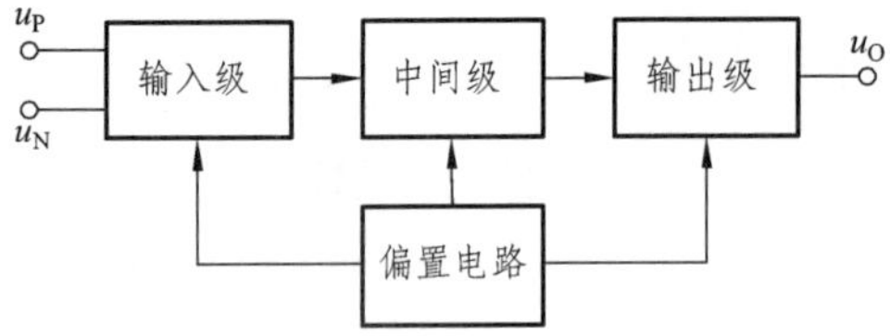

（a）结构框图

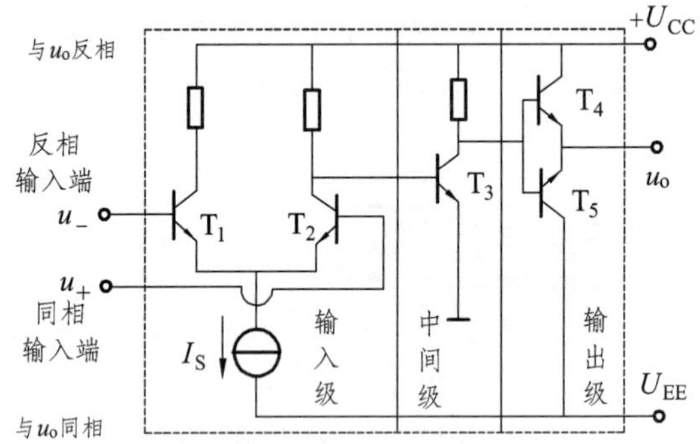

（b）内部结构示意图

图 4-1-1　集成电路的结构框图

（1）输入级一般是差动放大电路，利用它的对称特性可以提高整个电路的共模抑制比和其他方面的性能，它的两个输入端构成整个电路的反相输入端和同相输入端。

（2）中间级一般是电压放大电路，主要作用是提高电压增益，它可由一级或多级放大电路组成。

（3）输出级一般由电压跟随器或互补电压跟随器所组成，以降低输出电阻，提高带负载能力。

（4）偏置电路的作用是为各级提供合适的工作电流。此外还有一些辅助环节，如电平移动电路、过载保护电路以及高频补偿环节等。

集成运算放大器的外观有扁平式、双列直插式和金属圆帽封装，如图 4-1-2 所示。金属圆帽封装是以圆帽边缘上的凸点作为定位标志的，一般以对准定位标志的引脚定为最大的引脚号。双列直插器件的定位标志一般是在器件正表面上的一端设凹坑或标志点，引脚排列顺序是以顶视图并按逆时针方向，从定位标志开始的第一引脚顺序排列，如图 4-1-3 所示。

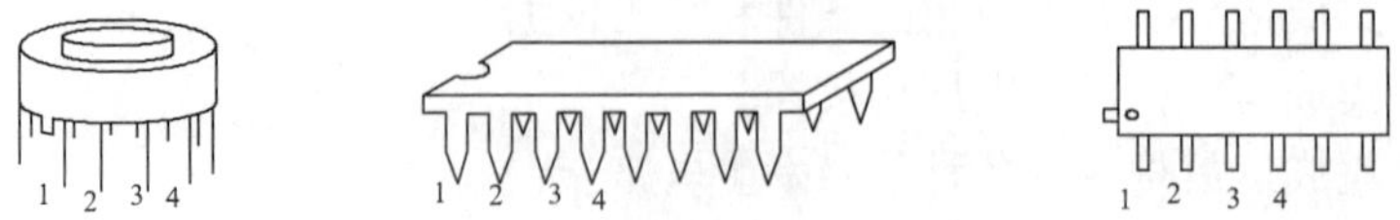

（a）圆帽式　（b）双列直插式　（c）扁平式

图 4-1-2　集成电路的外观图

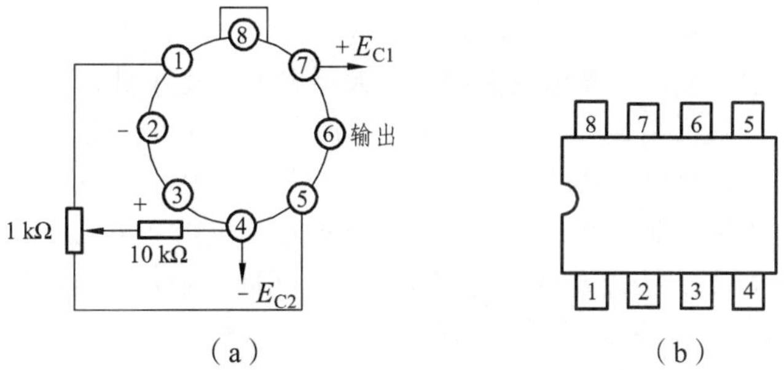

图 4-1-3　集成运放的外管脚排列图

集成运算放大器作为电子器件出现，有自己的电路符号，如图 4-1-4 所示。A 表示运放的开环电压增益；右侧为输出端，u_o是输出端对地的电压；左侧的“－”端标志为反相输入端，表示当信号由此端与地之间输入时，输出信号与输入信号反相，这种输入方式称为反相输入；图中左侧的“+“端为同相输入端，当信号由此端与地之间输入时，输出信号与输入信号同相，这种输入方式称为同相输入。

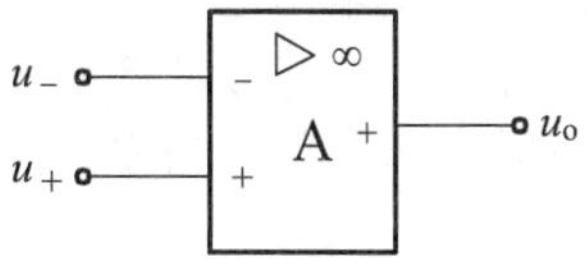

图 4-1-4　集成电路的符号

集成运算放大器有如下特点：

（1）电路元件制作在一个芯片上，元件参数偏差方向一致，温度均一性好。

（2）电阻元件由硅半导体构成，阻值范围在几十欧到 20 kΩ，精度低。高阻值电阻用三极管有源元件代替或外接。

（3）几十皮法以下的小电容用 PN 结的结电容构成，大电容要外接。

（4）二极管一般用三极管的发射结构成。

2. 集成运算放大器的传输特性及主要参数

输出 u_o 和输入 u_i 之间的关系称为传输特性。集成运算放大器的传输特性如图 4-1-5 所示。

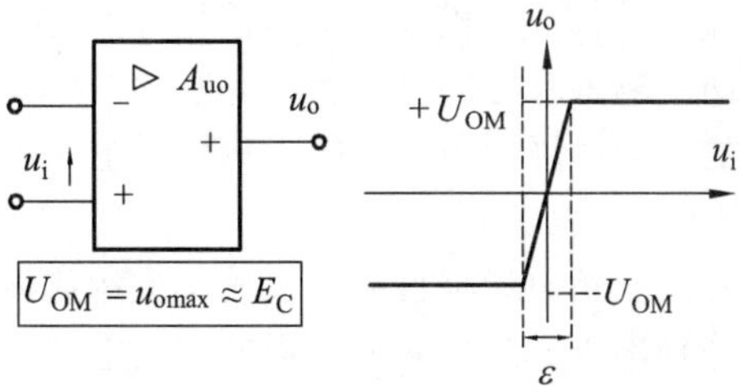

图 4-1-5　集成运放的传输特性

在线性区：$u_o=A_{uo}(u_+-u_-)$，A_{uo}是开环差模放大倍数。由于 A_{uo} 高达几十万倍，所以集成运放工作在线性区时的最大输入电压（u_+-u_-）的数值仅为几十微伏到一百多微伏。（u_+-u_-）的数值大于一定值时，集成运放的输出不是 $+U_{om}$，就是 $-U_{om}$，即集成运放工作在非线性区。

主要参数是集成运算放大器的外部体现，描述集成运算放大器的技术指标很多，其中一部分与差动放大器和功率放大器相同，另一部分则是根据运算放大器本身的特点而设立的。这里主要介绍与集成运算放大器相关的几个主要的参数。

（1）最大差模输入电压 U_{idmax}：运放两输入端能承受的最大差模输入电压，超过此电压时，差动管将出现反向击穿现象。

（2）最大共模输入电压 U_{icmax}：保证运放正常工作条件下，共模输入电压的允许范围。共模电压超过此值时，输入差动对管出现饱和，放大器失去共模抑制能力。

（3）开环差模电压放大倍数 A_{ud}：运放在无外加反馈条件下，输出电压的变化量与输入电压的变化量之比。集成运算放大器的开环差模电压放大倍数很大，一般可达 10^5 以上。

（4）差模输入电阻 r_{id}：输入差模信号时，运放的输入电阻。集成运放的输入电阻很大。

（5）共模抑制比 K_{CMR}：与差动放大电路中的定义相同，是差模电压增益 A_{ud} 与共模电压增益 A_{uc} 之比，是衡量集成运放性能的重要参数。

3. 使用集成运算放大器应该注意的几个问题

1）调零

由于集成运算放大器的内部电路参数不可能完全对称，因此当输入信号为零时，输出端会有一定的输出电压出现，使电路不能达到零输入零输出。通常的做法是外接调零电阻，图 4-1-6 所示为集成运放的调零电路图，①脚和⑤脚是差动输入级的外接调零电阻管脚，④脚为负电源端。在输入信号为零、也就是将两个输入端均接地时，调节 R_P 可使输出电压为零。

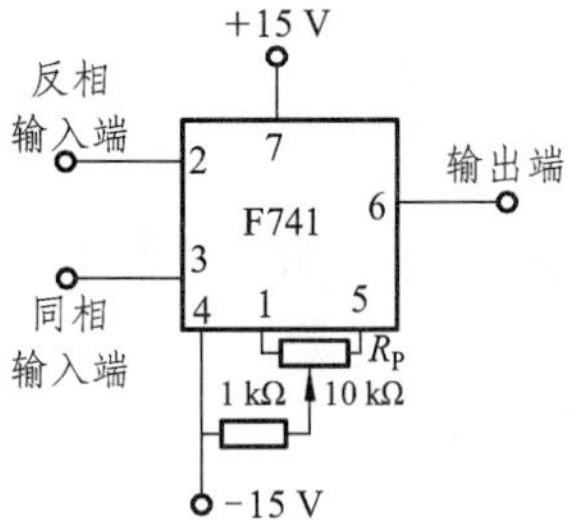

图 4-1-6　集成运放的调零电路

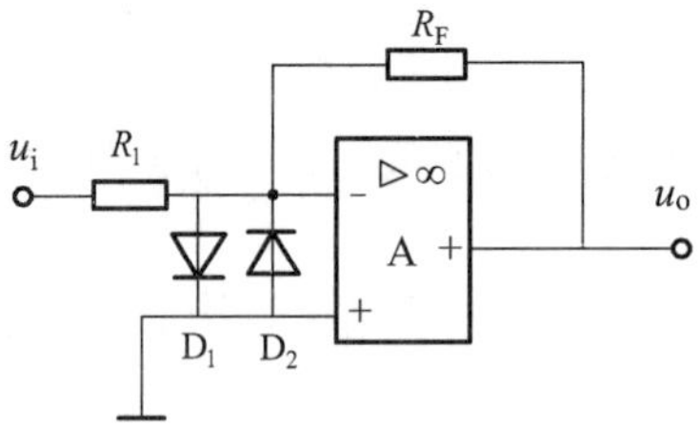

图 4-1-7　集成运放输入端的保护

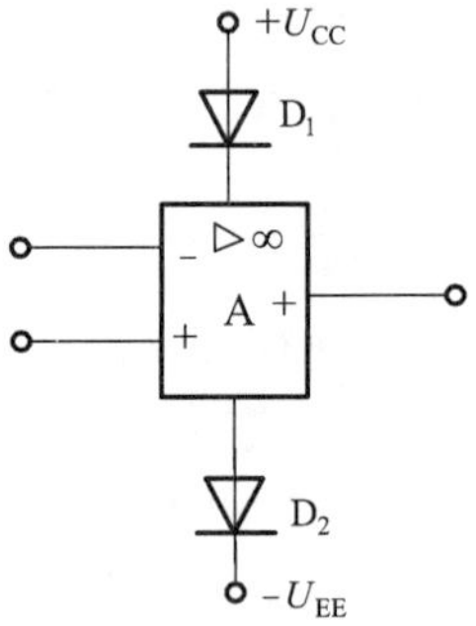

图 4-1-8　对电源极性接错时的保护

2）保护

当集成运算放大器输入端的差模或共模输入电压信号过大时，会使输入级晶体管的 PN 结击穿。所以可在集成运放的两个输入端之间接入反向并联的二极管，如图 4-1-7 所示，将输入电压的最大值限制在二极管的正向压降以下，若想提高输入电压等级，在安全的情况下也可使用反向串联的稳压管。

为防止将集成运算放大器的正负电源极性接反，使集成运放损坏，可利用图 4-1-8 所示的电路来保护。将两只二极管分别串于集成运算放大器的正负电源电路中，如果电源极性接错，二极管将处于截止状态而将电源电压隔断，从而起到保护集成运放的作用。

4.1.2　集成运算放大器的应用

1. 理想集成运算放大器

在分析集成运算放大器构成的应用电路时，将集成运放看成理想运算放大器，可以使分析大大简化。理想运算放大器应当满足以下各项条件：

A_{uo} 很大：$10^4 \sim 10^7$，理想的运放 $A_{uo} \to \infty$；

r_i 大：几十千欧至几百千欧，理想 $r_i \to \infty$；

r_o 小：几十千欧至几百欧，理想 $r_o \to 0$；

K_{CMR}很大，理想 $K_{CMR} \to \infty$。

对于工作在线性区的理想运放，可以利用它的理想参数导出两条重要的结论：

① 理想运放的 $A_{uo} \to \infty$，两输入端之间的电压为零，$u_i = u_+ - u_- = 0$，相当于两输入端短路，即“虚短”。

② 理想运放的输入电阻 $r_{id} \to \infty$，即两输入端不吸取电流，$I_+ = I_- = 0$，相当于两输入端之间是开路的，$I_i' = 0$，即“虚断”。

利用“虚短”和“虚断”，将使运放电路的分析非常方便。

微课

运算放大电路的
线性应用

2. 比例运算放大电路

1）反相比例运算电路

反相比例运算电路如图 4-1-9 所示。输入信号 u_i 经过外接电阻 R_1 接到集成运放的反相端，反馈电阻也接到其反相端，构成电压串联负反馈。

虚短：$u_- = u_+ = 0$

虚断：$i_1 = i_f$

$$\frac{u_i}{R_1} = -\frac{u_o}{R_f}$$

电压放大倍数 $A_f = -\dfrac{R_f}{R_1}$

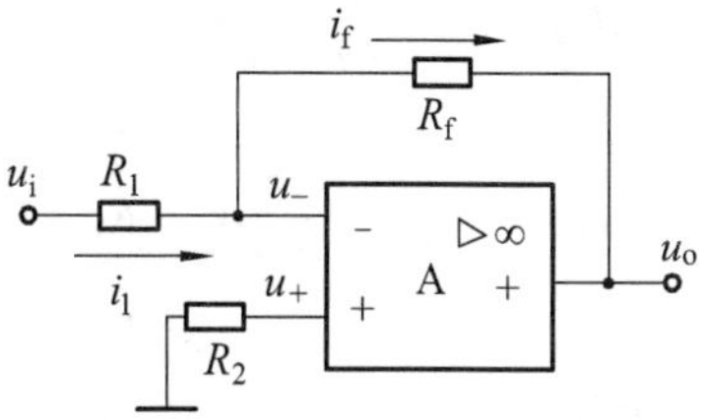

图 4-1-9　反相比例运算

R_2是均衡电阻，使两个输入端对地的静态电阻相等，$R_2 = R_1 // R_f$。

电路的特点：

① 由于反向比例运算放大器接成“虚地”，即 $u_+ = u_- = 0$，故它的共模输入电压为 0，因此对共模抑制比的要求低。

② 该电路的输入电阻低，$r_i = R_1$，所以，要求输入信号源有较强的负载能力。

2）同相比例运算电路

在图 4-1-10 中，输入信号 u_i 经过外接电阻 R_2 接到集成运放的同相端，反馈电阻接到其反相端，构成电压串联负反馈。

虚短：$u_- = u_+ = u_i$

虚断：$i_1 = i_f$

$$\frac{0 - u_i}{R_1} = \frac{u_i - u_o}{R_f}$$

电压放大倍数 $A_f = 1 + \dfrac{R_f}{R_1}$

若将电路接成全反馈的形式，即 $R_1 = \infty$，$R_f = 0$，同相输入比例放大器就构成电压跟随器，如图 4-1-11 所示。该电路输入电阻大、输出电阻小，在电路中的作用与分立元件的射极输出器相同，但是电压跟随性能好。

$$u_i = u_+ = u_- = u_o$$

电路的特点：

① 输入电阻很高，超过 100 MΩ。

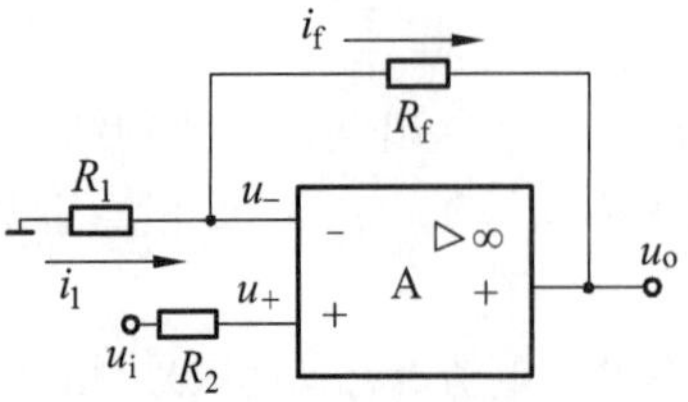

图 4-1-10　同相比例运算电路

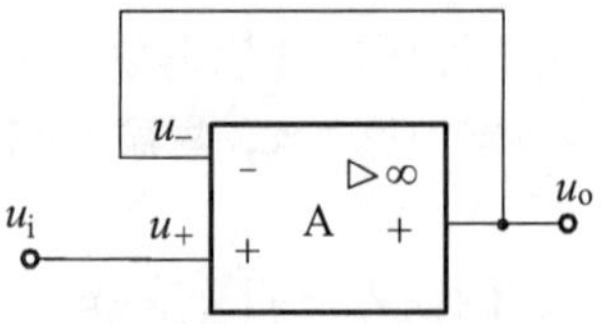

图 4-1-11　电压跟随器

② 由于 $u_+ = u_- = u_i$，所以同相输入电路的共模输入信号大，对集成运放的共模抑制比要求高，因而限制了其应用场合。

3. 加法运算放大器

1）反向加法运算放大器

反相输入端有两个信号输入，构成反向加法运算放大器，如图 4-1-12 所示。

虚短：$u_- = u_+ = 0$

虚断：$i_1 + i_2 = i_f$

$$\frac{u_{i1}}{R_1} + \frac{u_{i2}}{R_2} = -\frac{u_o}{R_f}$$

$$u_o = -\left(\frac{R_f}{R_1}u_{i1} + \frac{R_f}{R_2}u_{i2}\right)$$

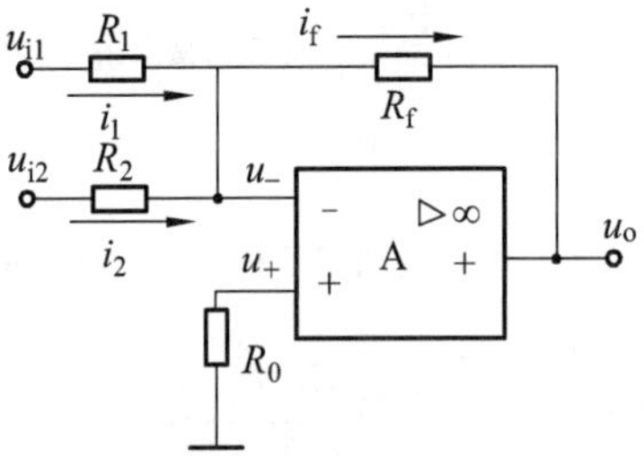

图 4-1-12　反向加法运算放大器

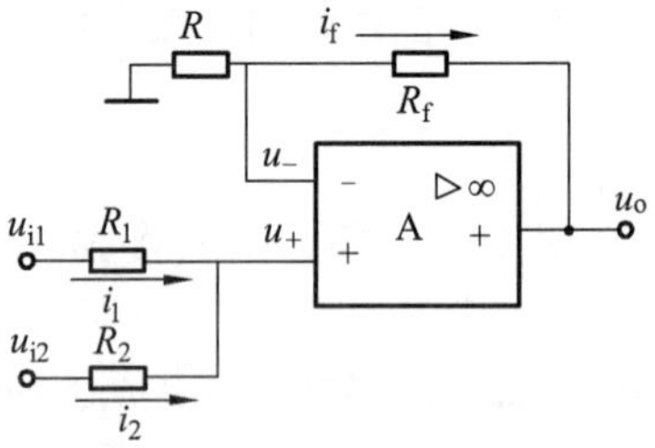

图 4-1-13　同相求和运算电路

2）同相求和运算放大器

两个输入信号接到同相端，构成同相求和运算放大器，如图 4-1-13 所示。

$$u_+ = \left(\frac{R_2}{R_1 + R_2}\right)u_{i1} + \left(\frac{R_1}{R_1 + R_2}\right)u_{i2}$$

$$u_o = A_u \cdot u_+ = \left(1 + \frac{R_f}{R}\right)\left[\left(\frac{R_2}{R_1 + R_2}\right)u_{i1} + \left(\frac{R_1}{R_1 + R_2}\right)u_{i2}\right]$$

当 $R_1 = R_2 = R_f = R$ 时，$u_o = u_{i1} + u_{i2}$。

比较同相和反向输入加法运算电路，可以看出，同相输入加法运算放大器的调试比较麻烦，因而一般不用同相输入加法器，而采用反向加法器加一级反相器组成。

4. 减法运算电路

1）两级运放构成减法电路

利用两级电路构成的减法运算电路如图 4-1-14 所示，第一级是反相比例运算放大器，第二级是反相输入加法运算放大器。

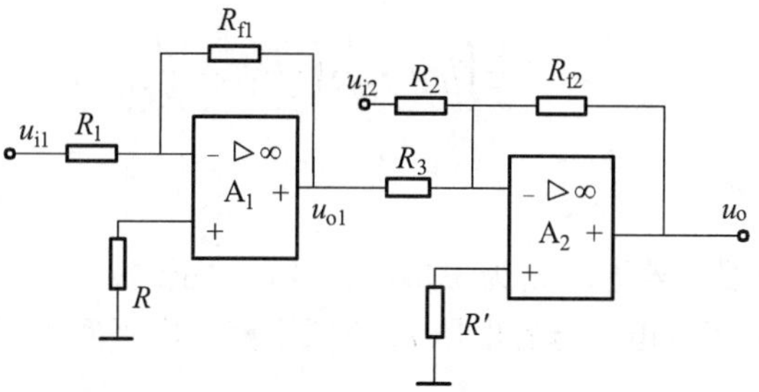

图 4-1-14　两级运放组成减法运算电路

$$u_{o1}=-\frac{R_{f1}}{R_1}u_{i1}$$

$$u_o=-\frac{R_{f2}}{R_2}u_{i2}-\frac{R_{f2}}{R_3}u_{o1}=\frac{R_{f1}R_{f2}}{R_1R_3}u_{i1}-\frac{R_{f2}}{R_2}u_{i2}$$

如果 $R_{f1}=R_1$，则

$$u_o=\frac{R_{f2}}{R_3}u_{i1}-\frac{R_{f2}}{R_2}u_{i2}$$

2）差动输入构成减法电路

利用差动输入构成的减法运算电路如图 4-1-15 所示。

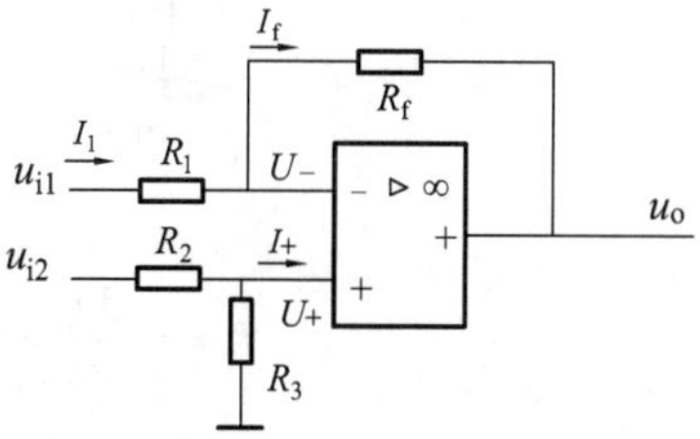

图 4-1-15　差动输入运算电路

$$u_o=-\frac{R_f}{R_1}u_{i1}+\left(1+\frac{R_f}{R_1}\right)U_+$$

其中，$U_+=\dfrac{u_{i2}}{R_2+R_3}R_3$。

比较两个电路，可以看出，不管是采用两级电路还是差动输入电路，都能实现减法运算。

5. 微分、积分电路

1）积分运算电路

把反相比例运算放大器中的反馈电阻 R_f 换成电容 C，即成为积分运算放大器，如图 4-1-16（a）所示。假设电容电压初值为 0，可以画出电容两端的电压波形如图 4-1-16（b）所示。

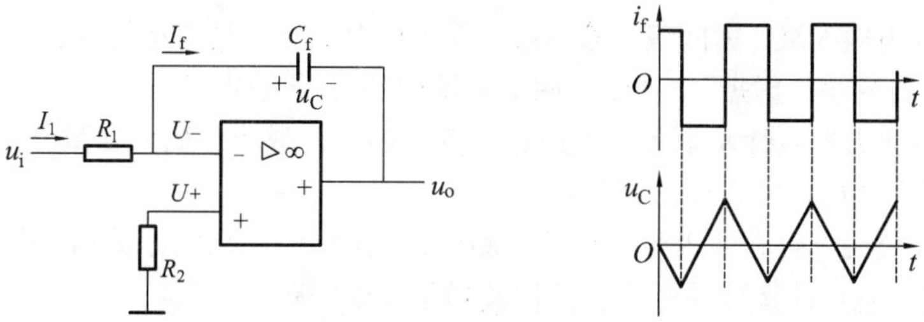

（a）电路图　　（b）波形图

图 4-1-16　积分运算电路

$$U_+=U_-=0$$

$$I_1=\frac{u_i}{R_1}=I_f$$

$$u_C = U_- - u_o = -u_o = \frac{1}{C}\int i_f \mathrm{d}t = \frac{1}{C}\int \frac{u_i}{R_1}\mathrm{d}t = \frac{1}{R_1 C}\int u_i \mathrm{d}t$$

$$u_o = -u_C = -\frac{1}{R_1 C}\int u_i \mathrm{d}t$$

R_1C 是积分的时间常数，若输入 u_i 为矩形波，当 u_i 为正时，电容被充电，电容电压 u_C 直线上升；而当 u_i 为负时，电容放电，电容电压 u_C 直线下降，电路实现了积分运算，u_o 为三角波。

2）微分运算电路

把反相比例运算放大器中的电阻 R_1 换成电容 C，即成为微分运算放大器，如图 4-1-17（a）所示。

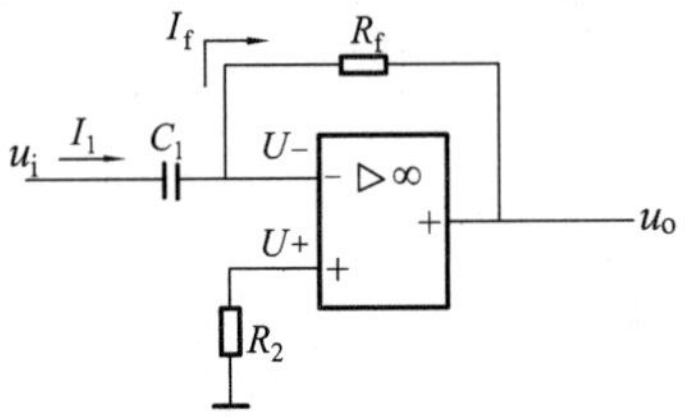

（a）电路图

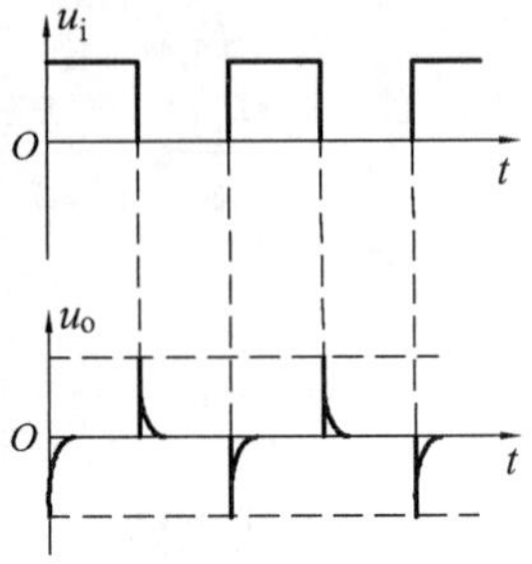

（b）波形图

图 4-1-17　微分运算电路

$$I_1 = C\frac{\mathrm{d}u_i}{\mathrm{d}t} = I_f = -\frac{u_o}{R_f}$$

所以
$$u_o = R_f C\frac{\mathrm{d}u_i}{\mathrm{d}t}$$

可以看出，u_o 与 u_i 之间构成了微分关系，其中 R_fC 是电路的时间常数。图 4-1-17（b）反映了输入信号 u_i 有变化，输出 u_o 就不为 0。由于是反向输入，当 u_i 增大时 u_o 为负，当 u_i 减小时 u_o 为正，u_o 反映了 u_i 的变化情况，实现了微分运算。

由于微分电路对输入电压的突变很敏感，所以比较容易受干扰，实际应用时要采用积分负反馈来得到微分运算。

小　结

1. 集成运放由输入级、中间级、输出级、偏置电路组成；集成运算放大器加入负反馈构成线性应用，此时要理解“虚短”“虚断”两个结论的意义及应用。

2. 集成运算放大器线性基本应用电路有比例、加法、减法、积分和微分等多种运算电路。需掌握电路的基本结构及输入输出的关系。

3. 集成运算放大电路在使用前必须进行测试，使用中应注意电参数和极限参数要符合电路要求，同时还应注意集成运放的调零、保护及相位补偿问题。

自测练习题

一、判断题

1. 集成运放是直接耦合放大电路，故只能放大直流或变化缓慢的信号，而不能放大交流信号。(　　)

2. 集成运算放大器的开环放大倍数 A_{uo} 越大，运放的线性范围越小。(　　)

3. 理想集成运算放大器的共模抑制比为 0。(　　)

4. 信号从反相输入端对地输入，输出信号与输入信号相位相反。(　　)

5. 信号从同相输入端对地输入，输出信号与输入信号相位相同。(　　)

6. 集成运放制造工艺使得同类半导体管的参数一致性很好,并且参数也不受温度的影响。(　　)

7. 如图 4-1-18 所示电路，运放为理想运放，当 S 闭合时，电压放大倍数 $A_u=1$。(　　)

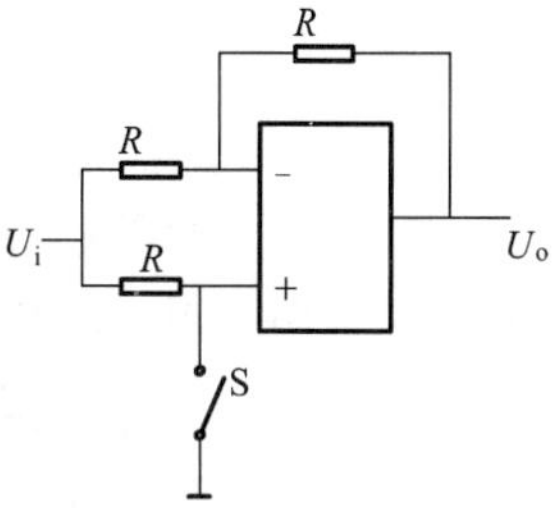

图 4-1-18

二、选择题

1. 集成运算放大电路实质上是一个(　　)。
   A. 阻容耦合的多级放大电路　　B. 直接耦合的多级放大电路
   C. 变压器耦合的多级放大电路　　D. 单级放大电路

2. 集成运算放大电路能处理的信号为(　　)。
   A. 交流信号　　B. 直流信号　　C. 交流信号和直流信号

3. 集成运算放大电路中间级的主要作用是提供较高的电压增益，所以一般采用(　　)。
   A. 共集电极放大电路　　B. 共发射极放大电路　　C. 共基极放大电路

4. 理想运算放大器的开环放大倍数为(　　)。
   A. ∞　　B. 0　　C 不定

5. 理想运算放大器的输入电阻为(　　)。
   A. ∞　　B. 0　　C. 不定

6. 理想运算放大器的输出电阻为(　　)。
   A. ∞　　B. 0　　C. 不定

7. 理想运算放大器的两个重要结论是(　　)。
   A. 虚地与反相　　B. 虚短与虚地　　C. 虚短和虚断　　D. 断路和短路

8. 集成运算放大器采用直接耦合方式是因为(　　)。
   A. 不宜制作大容量电容器　　B. 可以获得很大的放大倍数
   C. 可使温漂小　　D. 放大交流信号

9. 集成运放的输入级采用差动放大电路是因为可以(　　)。
   A. 提高输入电阻　　B. 可以增加放大倍数
   C. 减小温漂　　D. 扩展频带

10. 如图 4-1-19 所示电路中 u_o 的值是(　　)。
   A. 0.15 V　　B. －0.15 V　　C. 0.45 V　　D. －0.45 V

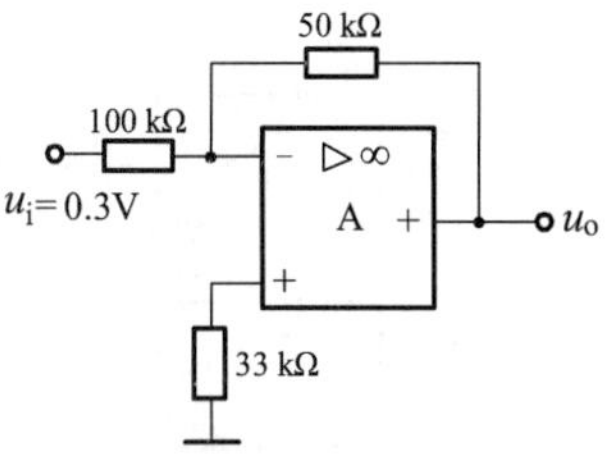

图 4-1-19

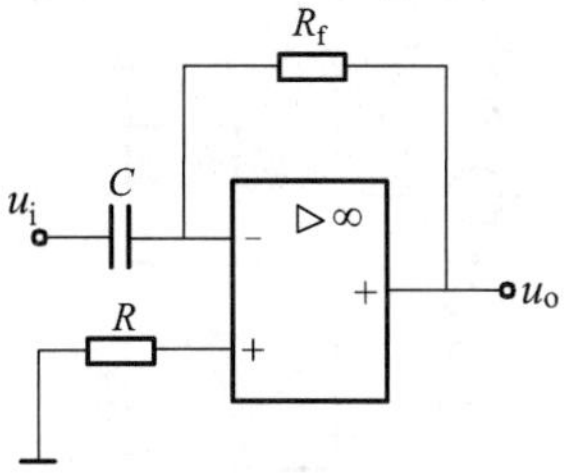

图 4-1-20

11. 图 4-1-20 所示电路能实现(　　)运算。

A. 积分　　B. 对数　　C. 微分　　D. 比例

12.（　　）运算电路可将方波电压转换成三角波电压。

A. 微分　　B. 积分　　C. 乘法　　D. 除法

习　题

1. 电路及参数如图 4-1-21 所示，求输出电压的值。

2. 电路如图 4-1-22 所示，求电路的电压放大倍数的可调范围。

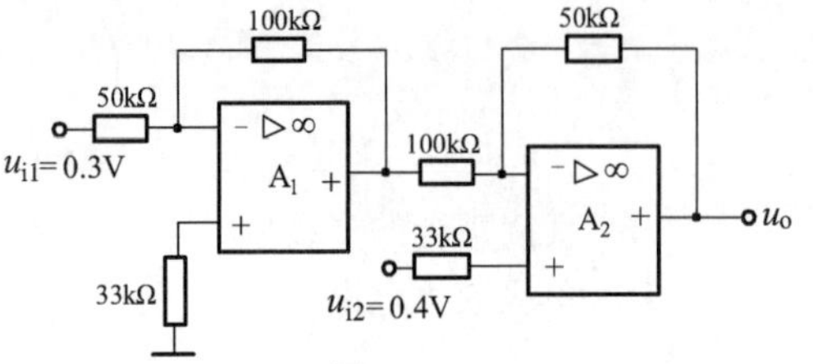

图 4-1-21

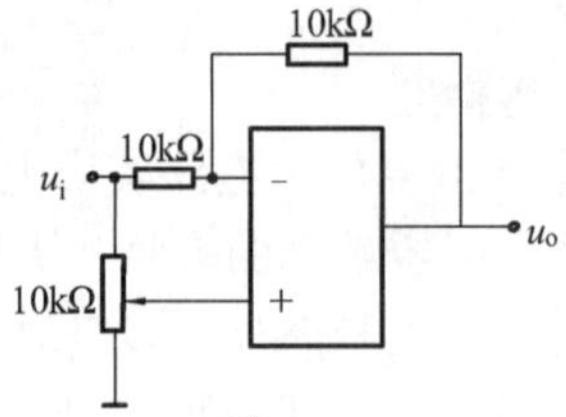

图 4-1-22

3. 如图 4-1-23 所示为三极管电流放大倍数的测试电路，试求：（1）E、B、C 各点的电压；（2）电压表读数为 200 mV 时，三极管β的值。

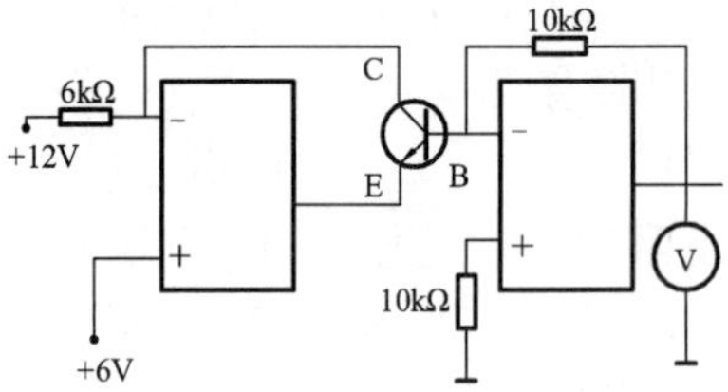

图 4-1-23

任务 2　正弦波发生器的制作

在模拟电子电路中，存在着各种类型的信号产生电路，就其产生的波形而言，通常可以分为两大类：正弦波和非正弦波。非正弦波又可分为方波、三角波、锯齿波，等等。这些波形信号常被作为信号源广泛应用于许多工程领域。

4.2.1　正弦波振荡产生的基本原理

正弦波产生电路是指在没有外加输入信号的情况下，依靠电路自激振荡而产生正弦波输出的电路。如图 4-2-1（a）所示，假定在放大器的输入端有一个信号 X_i，经放大电路放大后，从输出端取出信号反馈回输入端的信号 X_f，如果 $X_f \geqslant X_i$ 且相位相同，那么此时就可以除去外接信号 X_i，将 1 端和 2 端连接在一起，4-2-1（b）中虚线所示，最终在输出端得到一个稳定的输出信号 X_o，这就构成了正弦波自激振荡电路。

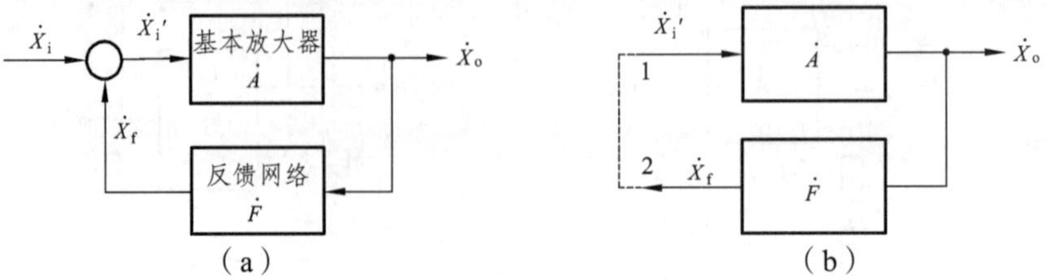

图 4-2-1　正弦波发生器组成框图

1. 正弦波振荡的平衡条件

当反馈信号 $\dot{X}_{\mathrm{f}}$ 等于放大器的输入信号 $\dot{X}_{\mathrm{i}}$ 时，振荡电路的输出电压 $\dot{X}_{\mathrm{o}}$ 稳定，电路达到平衡状态，因此将 $\dot{X}_{\mathrm{f}}=\dot{X}_{\mathrm{i}}$ 称为振荡的平衡条件。需要强调的是，这里 $\dot{X}_{\mathrm{f}}$ 和 $\dot{X}_{\mathrm{i}}$ 都是复数，所以两者相等是指大小相等而且相位也相同。

$$\dot{A}=\frac{\dot{X}_{\mathrm{o}}}{\dot{X}_{\mathrm{i}}'},\quad \dot{F}=\frac{\dot{X}_{\mathrm{f}}}{\dot{X}_{\mathrm{o}}}$$

由此可得振荡的平衡条件为

$$\dot{A}\dot{F}=\left|\dot{A}\dot{F}\right|\angle(\varphi_a+\varphi_f)=1$$

其中，$\dot{A}$ 为放大器放大系数的相量，$\dot{X}_{\mathrm{o}}$ 为输出正弦信号，$\dot{X}_{\mathrm{i}}$ 为输入信号，$\dot{X}_{\mathrm{f}}$ 为反馈信号，$\dot{X}_{\mathrm{i}}$ 为净输入信号，$\dot{F}$ 为反馈网络反馈系数的相量。

由于 $\dot{A}$ 和 $\dot{F}$ 都是频率的函数，我们把它分为幅度和相位两个平衡条件：

$$\left|\dot{A}\dot{F}\right|=AF=1$$

$$\varphi_A+\varphi_F=\pm 2n\pi\quad (n=0,1,2,\cdots)$$

2. 正弦波信号振荡电路的组成

一个正弦波振荡电路主要由放大电路、正反馈网络、选频网络和稳幅环节 4 个部分组成。

（1）放大电路用于放大信号，满足起振条件，并把直流电源的能量转为振荡信号的交流能量。

（2）正反馈网络用于满足振荡电路的相位平衡条件。

（3）选频网络用于在振荡电路中选择一个单一频率即产生正弦波振荡，这个单一频率 f_0 就是振荡电路的振荡频率。选频网络可设置在放大电路中，由 *LC* 选频网络组成，构成 *LC* 振荡器；也可以设置在反馈网络中，由 *RC* 选频电路组成，构成 *RC* 振荡器。

（4）稳幅环节用于稳定振荡电路信号的输出幅度，改善波形，减小失真。

3. 正弦波振荡的过程

振荡最初的信号来源于瞬时干扰信号，主要来源于电源电压的突变和电路本身的热噪声，这些干扰信号虽然很微弱，但频率分布非常广，经过选频网络选出其中某一个频率的信号进行放大，其余频率分量就被衰减了。被选的信号不会无限地放大，因为，随着信号的增大，三极管将进入饱和区，放大系数随之下降，而且，放大信号的能量有赖于电源能量，而电源能量不可能无限提供，于是，振荡器最终能稳定。在实际电路中，往往加入稳幅环节，使振荡器输出信号稳定。

微课

RC 正弦波
振荡电路

4.2.2　正弦波产生电路

1. *RC* 振荡电路

RC 振荡电路一般用于产生 1 Hz ~ 1 MHz 的低频信号，*RC* 桥式振荡电路由 *RC* 桥式选频网络和放大电路构成。

1）*RC* 串并联网络的选频特性

RC 串并联网络由 R_2 和 C_2 并联后与 R_1 和 C_1 串联组成，如图 4-2-2 所示。

设 R_1、C_1 的串联阻抗用 Z_1 表示，R_2 和 C_2 的并联阻抗用 Z_2 表示，那么

$$Z_1 = R_1 + \frac{1}{j\omega C_1}$$

$$Z_2 = \frac{R_2}{1 + j\omega C_2 R_2}$$

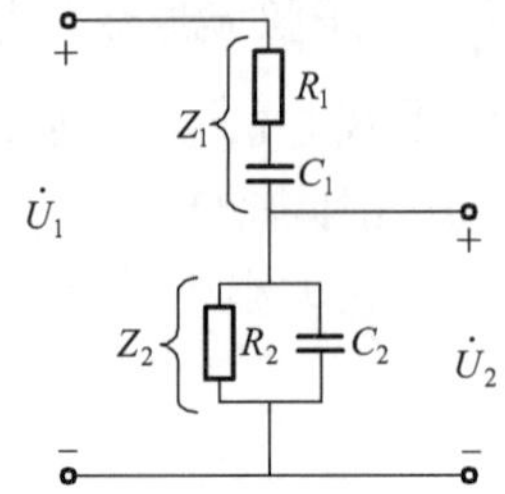

图 4-2-2　*RC* 串并联网络

输出电压 U_2 与输入电压 U_1 之比为 *RC* 串并联网络传输系数，记为 *F*，则

$$\dot{F} = \frac{\dot{U}_2}{\dot{U}_1} = \frac{Z_2}{Z_1 + Z_2} = \frac{\dfrac{R_2}{1 + j\omega C_2 R_2}}{R_1 + \dfrac{1}{j\omega C_1} + \dfrac{R_2}{1 + j\omega C_2 R_2}}$$

$$= \frac{1}{\left(1 + \dfrac{R_1}{R_2} + \dfrac{C_2}{C_1}\right) + j\left(\omega R_1 C_2 - \dfrac{1}{\omega R_2 C_1}\right)}$$

在实际电路中，取 $C_1 = C_2 = C$，$R_1 = R_2 = R$，则上式可简化为

$$\dot{F} = \frac{1}{3 + j\left(\omega RC - \dfrac{1}{\omega RC}\right)}$$

$$F = |\dot{F}| = \frac{1}{\sqrt{3^2\left(\omega RC - \dfrac{1}{\omega RC}\right)^2}}$$

$$\varphi_F = -\arctan \frac{\omega RC - \dfrac{1}{\omega RC}}{3}$$

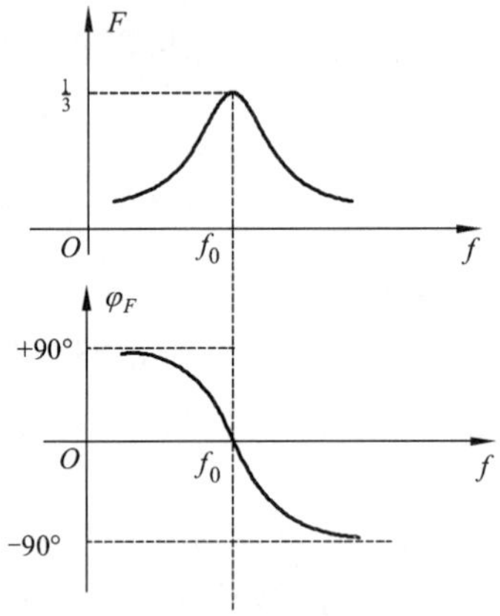

图 4-2-3　*RC* 串并联网络的频率特性

令：$\omega_0 = 2\pi f_0 = \dfrac{1}{RC}$，$f_0 = \dfrac{1}{2\pi RC}$，可以得到 *RC* 串并联网络频率特性如图 4-2-3 所示。图中的 *RC* 串并联网络构成选频正反馈电路，该电路的特点是：当信号频率 $f = f_0 = \dfrac{1}{2\pi RC}$ 时，反馈系数最大，$F = \dfrac{1}{3}$，此时，电路的相移 $\varphi_F = 0°$。

2）*RC* 桥式振荡器的工作原理

图 4-2-4 所示的 *RC* 桥式振荡器中，集成运放组成一个同相放大器，它的输出电压 u_o 作为 *RC* 串并联网络的输入电压，而将 *RC* 串并联网络的输出电压作为放大器的输入电压，当 $f = f_0$ 时，*RC* 串并联网络的相位移为零，放大器是同相放大器，电路的总相位移是零，满足相位平衡条件。由于 *RC* 串并联网络在 $f = f_0$ 时的传输系数 $F = 1/3$，因此要求放大器的总电压增益 A_u 应大于 3，这对于集成运放组成的同相放大器来说是很容易满足的。

要使该电路产生正弦波，放大器的放大倍数必须满足 $A_f = 1 + \dfrac{R_f}{R_1} \geqslant 3$，即 $R_f \geqslant 2R_1$，满足幅值条件；并且，选频正反馈应在同相端输入，保证输入输出同相，$\varphi_A = 0°$，满足相位条件。此时，输出波形的频率是 $f = \dfrac{1}{2\pi RC}$。

RC 桥振荡电路的稳幅作用是靠热敏电阻 R_4 实现的。R_4 是正温度系数热敏电阻，当输出电压升高时，R_4 上所加的电压也升高，此时温度升高，R_4 的阻值随之增加，负反馈增强，从而导致输出幅度下降。反之输出幅度增加。若热敏电阻是负温度系数电阻，则应放置在 R_3 的位置。

也可以采用如图 4-2-5 所示的二极管进行稳压。起振时信号小，这时二极管的等效电阻较大，放大电路的电压放大倍数较大，加速起振过程；而当输出电压幅度大到一定程度时，二极管的等效电阻变小，放大电路的电压放大倍数下降，从而达到稳定幅度的目的。

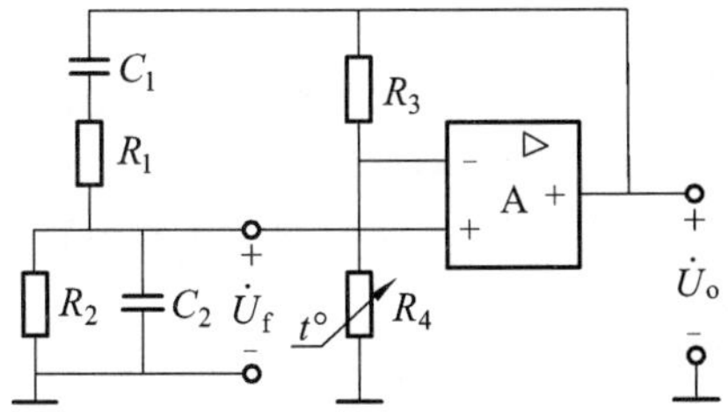

图 4-2-4　*RC* 桥式振荡器

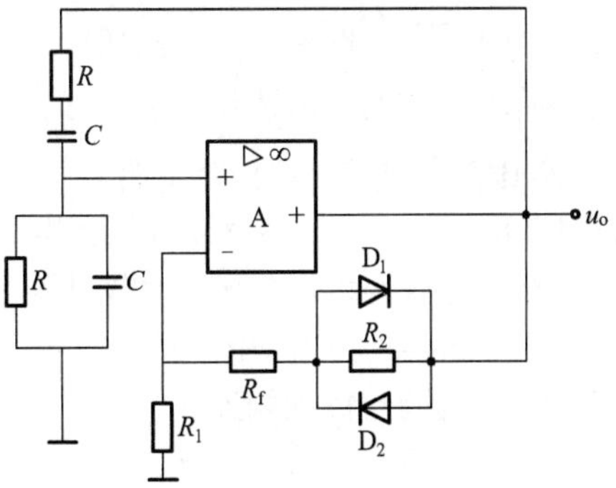

图 4-2-5　带稳压的 *RC* 桥式振荡器

2. *LC* 振荡器

LC 振荡电路用来产生几兆赫兹以上的高频信号，分为变压器反馈式 *LC* 振荡电路、电感反馈式 *LC* 振荡电路、电容反馈式 *LC* 振荡电路。

图 4-2-6 所示为 *LC* 并联谐振回路，其等效阻抗 Z 为

$$Z=\frac{(r+\mathrm{j}\omega L)\cdot\dfrac{1}{\mathrm{j}\omega C}}{r+\mathrm{j}\omega L+\dfrac{1}{\mathrm{j}\omega C}}$$

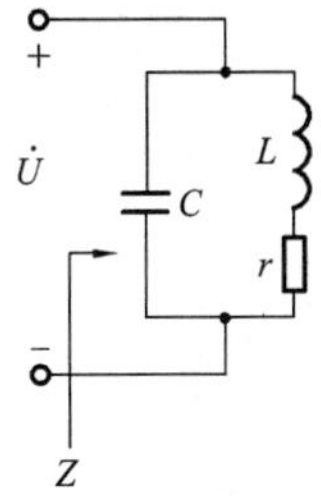

图 4-2-6　*LC* 并联谐振回路

由上式可见，Z 的大小不仅与 r、L、C 有关，而且是 ω 的函数。

当 $\omega\to 0$ 时，虽然容抗 $\dfrac{1}{\omega C}$ 很大，但感抗 ωL 很小，它们又是并联的，所以阻抗很小且呈感性；随着 ω 的逐渐增大，Z 也随之增大。

当 $\omega\to\infty$ 时，虽然感抗 ωL 很大，但容抗 $\dfrac{1}{\omega C}$ 很小，所以阻抗 Z 仍很小且呈容性。随着 ω 逐渐减小，Z 也随之增大。

从上面的定性分析可知，对于 L 和 C 值确定的 *LC* 并联谐振回路，在 ω 从 $0\to\infty$ 的变化过程中，其等效阻抗 Z 随之变化，变化过程是由小变大再变小，特性是由感性变到容性。对应于某一个角频率 ω_0，Z 等于最大值且是纯阻性。

如图 4-2-7 所示 Z 与 ω 之间的关系曲线，称为 *LC* 并联谐振回路的谐振曲线。图中的 ω_0 称为回路的谐振角频率。

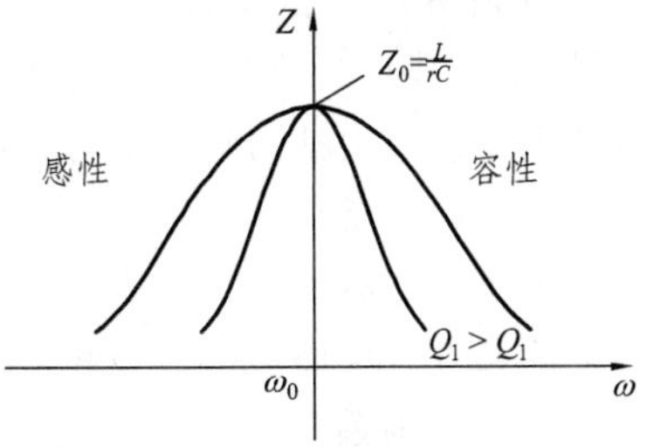

图 4-2-7　*LC* 并联谐振回路的谐振曲线

经分析可知：

$$\omega_0=\frac{1}{\sqrt{LC}}\quad 或\quad f_0=\frac{1}{2\pi\sqrt{LC}}$$

称 f_0 为 LC 并联谐振回路的谐振频率。

图中 Z_0 是 LC 并联谐振回路等效阻抗的最大值且呈纯阻性，经分析可知：

$$Z_0 = \frac{L}{rC} = Q\omega_0 L = \frac{Q}{\omega_0 C}$$

$$Q = \frac{1}{r}\sqrt{\frac{L}{C}} = \frac{\omega_0 L}{r} = \frac{1}{\omega_0 Cr}$$

称 Q 为 LC 并联谐振回路的品质因数，它是评价回路损耗大小的重要指标。Q 值越大，表示回路的品质因数越高，选频特性越好，回路的损耗越小。

1）变压器反馈式 LC 振荡电路

图 4-2-8 是一个变压器反馈式振荡电路，图中并联回路 L_1C 作为三极管 T 的集电极负载，是振荡电路的选频网络。变压器反馈式振荡电路由放大电路、变压器反馈电路和 LC 选频电路三部分组成。图 4-2-8 电路中，三个线圈作变压器耦合，线圈 L_1 与电容 C 组成选频电路，L_2 是反馈线圈，L_3 线圈与负载相连。

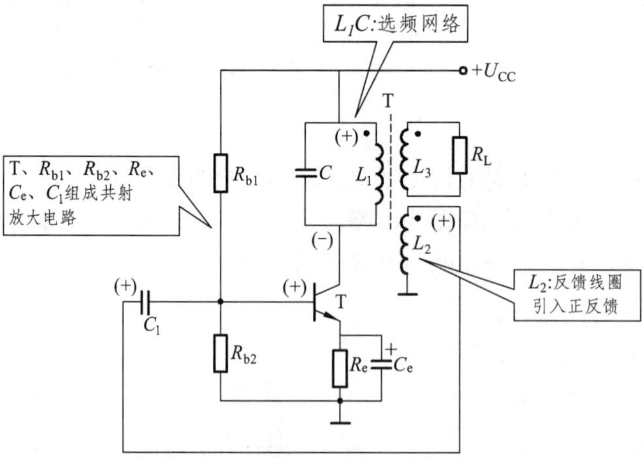

图 4-2-8 变压器反馈式 LC 振荡电路

（1）相位平衡条件。

为了满足相位平衡条件，变压器初级线圈与次级线圈的同名端必须正确连接。

电路振荡时，$f=f_0$，LC 回路的谐振阻抗是纯电阻性，由图中 L_1 及 L_2 同名端可知，反馈信号与输出电压极性相反，即 $\varphi_F = 180°$。于是 $\varphi_A+\varphi_F = 360°$，保证了电路的正反馈，满足振荡的相位平衡条件。

对频率 $f \neq f_0$ 的信号，LC 回路的阻抗不是纯阻抗，而是感性或容性阻抗。此时，LC 回路对信号会产生附加相移，造成 $\varphi_F \neq 180°$，于是 $\varphi_A+\varphi_F \neq 360°$，不能满足相位平衡条件，电路也不可能产生振荡。由此可见，LC 振荡电路只有在 $f=f_0$ 这个频率上，才有可能发生振荡。

（2）幅度条件。

为了满足幅度条件 $AF \geq 1$，对晶体管的 β 值有一定要求。一般只要 β 值较大，就能满足振幅平衡条件。反馈线圈匝数越多，耦合越强，电路越容易起振。

（3）振荡频率：

$$f_0 = \frac{1}{2\pi\sqrt{LC}}$$

（4）电路优缺点：

① 易起振，输出电压较大。由于采用变压器耦合，易满足阻抗匹配的要求。

② 调频方便。一般在 LC 回路中采用接入可变电容器的方法来实现调频，调频范围较宽，工作频率通常在几兆赫左右。

③ 输出波形不理想。由于反馈电压取自电感两端，它对高次谐波的阻抗大，反馈也强，因此在输出波形中含有较多高次谐波成分。

2）电感反馈式 LC 振荡电路

电感反馈式振荡电路如图 4-2-9 所示。L_1、L_2 和 C 组成振荡回路，起选频和反馈作用。电感线圈 L_1、L_2 的三个抽头分别与三极管的三个极连接，故又称电感三点式振荡电路。

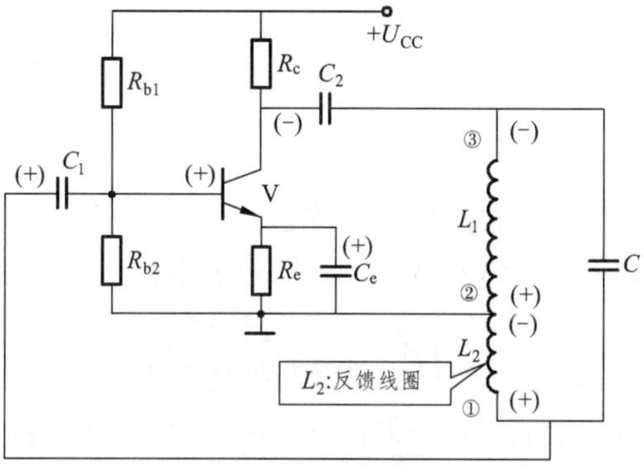

图 4-2-9　电感反馈式 LC 振荡电路

（1）相位条件。

设基极瞬时极性为正，由于放大器的倒相作用，集电极电位为负，与基极相位相反，则电感的③端为负，②端为公共端，①端为正，各瞬时极性如图 4-2-9 所示。反馈电压由①端引至三极管的基极，故为正反馈，满足相位平衡条件。

（2）幅度条件。

从图中可以看出反馈电压是取自电感 L_2 两端，加到晶体管 b、e 间的。所以改变线圈抽头的位置，即改变 L_2 的大小，就可以调节反馈电压的大小。当满足 $|AF|>1$ 的条件时，电路便可起振。

（3）振荡频率。

$$f_0 = \frac{1}{2\pi\sqrt{LC}} = \frac{1}{2\pi\sqrt{(L_1 + L_2 + 2M)C}}$$

（4）电路优缺点：

① 由于 L_1 和 L_2 之间耦合很紧，故电路易起振，输出幅度大。

② 调频方便，电容 C 若采用可变电容器，就能获得较大的频率调节范围。

③ 由于反馈电压取自电感 L_2 两端，它对高次谐波的阻抗大，反馈也强，因此在输出波形中含有较多高次谐波成分，输出波形不理想。

3）电容反馈式振荡电路

电容反馈式振荡电路与电感反馈式振荡电路比较，只是把 LC 回路中的电感和电容的位置互换，电路如图 4-2-10 所示。可以认为，回路电容也有 3 个连接点，分别接到三极管的 3 个极，因此也称为电容三点式振荡电路。

（1）相位条件。

与分析电感反馈式振荡电路相位条件的方法相同，该电路也满足相位平衡条件。

（2）幅度条件。

反馈电压取自电容 C_2 两端，所以适当地选择 C_1、C_2 的数值，并使放大器有足够的放大量，电路便可起振。

（3）振荡频率

$$f_0=\frac{1}{2\pi\sqrt{LC}}$$

其中，$C=\frac{C_1C_2}{C_1+C_2}$。

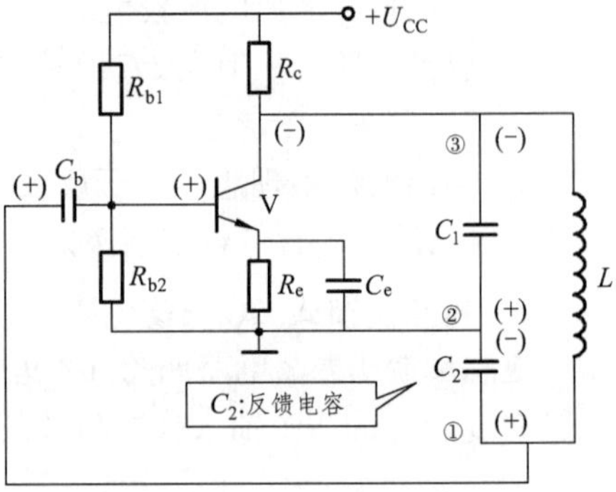

图 4-2-10　电容反馈式振荡电路

（4）电路优缺点：

① 容易起振，振荡频率高，可超过 100 MHz。

② 输出波形较好，这是由于 C_2 对高次谐波的阻抗小，反馈电压中的谐波成分少，故振荡波形较好。

③ 频率调节不方便。因为 C_1、C_2 的大小既与振荡频率有关，也与反馈量有关。

④ 改变 C_1（或 C_2）时会影响反馈系数，从而影响反馈电压的大小，造成电路工作性能不稳定。

三种 LC 正弦波振荡电路的特性总结如表 4-2-1 所示。

表 4-2-1　三种 LC 正弦波振荡电路比较

名称	变压器反馈式	电感三点式	电容三点式
振荡频率	$f_0=\frac{1}{2\pi\sqrt{LC}}$	$f_0=\frac{1}{2\pi\sqrt{(L_1+L_2+2M)C}}$	$f_0=\frac{1}{2\pi\sqrt{L\frac{C_1C_2}{C_1+C_2}}}$
振荡波形	一般	较差	较好
频率稳定性	一般	一般	较高
使用频率范围	几千赫兹到几十兆赫兹	几千赫兹到几十兆赫兹	100 MHz 以上
频率的调节	方便，调节范围大	方便，调节范围大	不方便，调节范围小

3. 晶体振荡电路

石英晶体振荡器的频率稳定性非常高，适合用作标准频率信号源。石英晶体振荡器是利用石英晶体（二氧化硅的晶体）的压电效应而制成的一种谐振器件。所谓压电效应，就是在石英晶体的两个电极施加交流电压时，晶体会产生振荡；而对晶体施加周期性的机械压力使其振荡时，晶体两极会产生周期性交流电。

把石英晶体按一定的切割方式，切割成一定的几何形状和尺寸的薄片，在两个对应表面上涂敷银层做电极，在每个电极上各焊一根引线到管脚并用金属或玻璃封装，便制成了石英晶体振荡器。

石英晶体振荡器的代表符号如图 4-2-11（a）所示，它可以用一个 LC 串并联电路来等效，如图 4-2-11（b）所示。其中 C_0 是晶片两表面涂敷银膜形成的电容，L 和 C 分别模拟晶片的质量（代表惯性）和弹性，晶片振动时因摩擦而造成的损耗用电阻 R 来代表。等效电路有两个谐振频率，一个是 RLC 串联支路的串联谐振频率 f_s，另一个是串联支路的等效电感和组成并联回路的电容并联谐振的频率 f_p，分别为

$$f_s = \frac{1}{2\pi\sqrt{LC}}$$

$$f_p = \frac{1}{2\pi\sqrt{L\frac{CC_0}{C+C_0}}} = f_s\sqrt{1+\frac{C}{C_0}}$$

其中 C_0>>C，所以 f_s、f_p 很接近。图 4-2-11（c）为石英晶体的频率特性曲线，由图可知，当频率在 f_s 和 f_p 之间时，电抗呈感性，且由于 f_s 和 f_p 很接近，因而石英晶体的频率稳定度非常好。

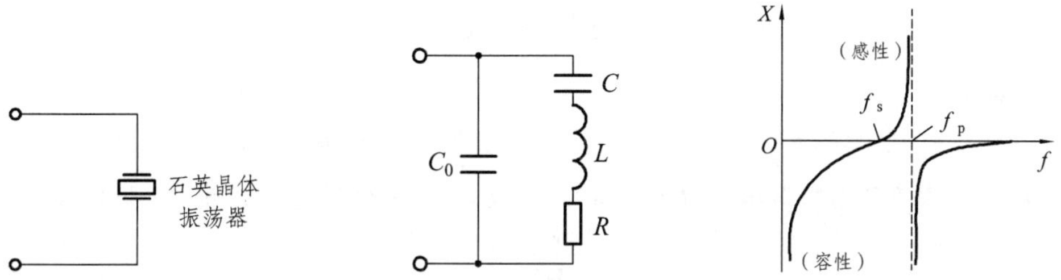

（a）图形符号　　（b）等效电路　　（c）频率特性曲线

图 4-2-11　晶体谐振器的等效电路

石英晶体的基本电路只有两类，即串联型晶体振荡器和并联型晶体振荡器，前者石英晶体以串联谐振的形式出现，而后者以并联谐振的形式出现，如图 4-2-12 所示。

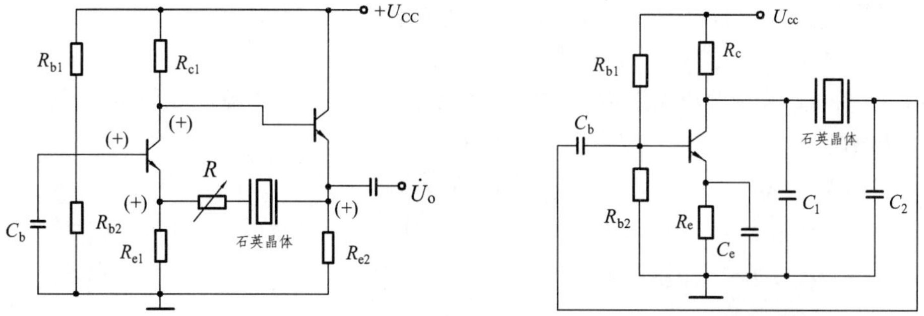

（a）串联型晶体振荡器　　（b）并联型晶体振荡器

图 4-2-12　石英晶体基本电路

电路特点：

石英晶体工作在 f_s 与 f_p 之间，相当一个大电感，与 C_1、C_2 组成电容三点式振荡器。由于石英晶体的 Q 值很高（可达到几千），所以电路可以获得很高的振荡频率稳定性。

小　结

1. 信号产生电路通常称为振荡器。振荡器用于产生一定频率和幅度的正弦波信号和非正弦波信号。正弦波振荡电路又有 RC、LC、石英晶体振荡电路等，非正弦波振荡电路又有方波、

三角波、锯齿波产生电路等。

2. 正弦波振荡电路是由放大器、正反馈、选频网络和稳幅电路组成的。产生振荡的振幅平衡条件为$\left|\dot{A}\dot{F}\right|=1$，相位平衡条件为$\varphi_{A}+\varphi_{F}=2\pi n$（$n=0$，1，2，…）。

3. RC正弦波振荡电路适用于低频振荡，一般在1 MHz以下；当RC串并联选频网络中$R_1=R_2=R$，$C_1=C_2=C$时，其振荡频率$f=\dfrac{1}{2\pi RC}$。为了满足振荡条件，要求RC桥式振荡电路中的放大电路应满足下列条件：① 同相放大，$A_u=3$；② 高输入阻抗、低输出阻抗。

4. LC振荡电路的选频网络由LC回路构成，它可以产生较高频率的正弦波振荡信号。它有变压器耦合、电感三点式和电容三点式等电路，其振荡频率近似等于LC谐振回路的谐振频率。石英晶体振荡电路是采用石英晶体振荡器代替LC谐振回路构成的，其振荡频率的准确性和稳定性非常高。石英晶体振荡电路有并联型和串联型两种。

自测练习题

一、判断题

1. 正弦波振荡电路的相位平衡条件是$\varphi_{A}=\varphi_{F}$，幅值平衡条件是$\left|\dot{A}\dot{F}\right|=1$。（　　）

2. RC串并联正弦波振荡电路在$R_1=R_2=R$，$C_1=C_2=C$时，振荡频率$f_0=1/RC$。（　　）

3. RC串并联正弦波振荡电路的反馈系数$|F|=1$。（　　）

4. 对于正弦波振荡电路，只要相位平衡条件不能满足，即使放大电路的放大倍数很大，它也不可能产生正弦波振荡。（　　）

5. 振荡电路与放大电路的主要区别之一是：放大电路输出信号与输入信号频率相同，而振荡电路一般不需要输入信号。（　　）

6. 要制作频率稳定度很高且频率可调的正弦波振荡电路，一般采用晶体振荡电路。（　　）

7. 在正弦波振荡电路中，只允许存在正反馈，不允许负反馈。（　　）

8. 电路只要存在正反馈就一定产生正弦波振荡。（　　）

9. RC振荡电路采用两级共射放大电路，主要是为了满足振荡器的相位条件。（　　）

二、选择题

1. 正弦波振荡电路的相位平衡条件和幅值平衡条件是（　　）。

A. $\varphi_{A}+\varphi_{F}=2\pi n$，$\left|\dot{A}\dot{F}\right|=1$　　B. $\varphi_{A}+\varphi_{F}=(2n+1)\pi$，$\left|\dot{A}\dot{F}\right|=1$

C. $\varphi_{A}+\varphi_{F}=2\pi n$，$\left|\dot{A}\dot{F}\right|=1$　　D. $\varphi_{A}+\varphi_{F}=(2n+1)\pi$，$\left|\dot{A}\dot{F}\right|<1$

2. RC串并联正弦波振荡电路$R_1=R_2=16\ \text{k}\Omega$，$C_1=C_2=0.01\ \mu\text{F}$，该电路的振荡频率为（　　）。

A. 16 kHz　　B. 1 590 Hz　　C. 625 Hz　　D. 995 Hz;

3. 一台电子设备中如需要正弦波振荡电路的频率为20MHz，且频率稳定要求很高，应采用的正弦波振荡电路是（　）。

A. LC振荡器　　B. 石英晶体振荡器　　C. RC振荡器

4. 正弦波振荡器一般由（　　）组成。

A. 基本放大电路和反馈网络　　B. 基本放大电路和选频网络

C. 基本放大电路、反馈网络和选频网络

5. 正弦波振荡器的振荡频率由（　　）而定。

A. 基本放大电路　B. 选频网络　　　C. 反馈网络

6. 振荡器的输出信号最初是由（　　）中而来的。

A. 基本放大电路　B. 选频网络　　　C. 干扰或噪声信号

7. 组成文氏电桥振荡器的基本放大器的放大倍数应（　　）。

A. A>3　　　B. A < 3　　　C. A⩾3

8. 频率稳定度最高的是（　　）。

A. 石英晶体振荡器　　　B. *LC* 振荡器　　　C. *RC* 振荡器

9. RC 振荡器谐振频率的适用范围是（　　）。

A. 几赫兹 ~ 几百千赫兹　　　B. 几兆赫兹　　　C. 几百兆赫兹

10. 几兆赫兹且频率连续可调的振荡器应选用（　　）。

A. *RC* 振荡器　B. *LC* 振荡器　　C. 石英晶体振荡器

11. 为了满足振荡的相位平衡条件，反馈信号与输入信号的相位差应为（　　）。

A. 90°　　B. 180°　　C. 360°

12. 已知某 *LC* 振荡电路的振荡频率范围为 50 Hz ~ 10 MHz，通过电容 *C* 来调节，因此可知电容量的最大值与最小值之比等于（　　）。

A. 2.5×10^{-5}　　B. 2×10^{2}　　C. 4×10^{4}　　D. 2×10^{-5}

13. 在图 4-2-13 所示的桥式 *RC* 振荡电路中，设深度反馈电路中的电阻 $R_1 = 1\ \text{k}\Omega$，为了满足起振条件，反馈电阻 R_2 的值不能不少于（　　）。

A. 1 kΩ　　B. 2 kΩ　　C. 33 kΩ

14. 如图 4-2-13 所示 *RC* 正弦波振荡器电路，当 R_2 出现短路时，对电路的影响是（　　）

A. 振荡器输出电压减小

B. 没任何影响

C. $A_F<3$，振荡器停振，$U_o = 0$

D. $A_F \gg 1$，运算放大器将处于饱和区工作状态，输出严重失真，近似方波

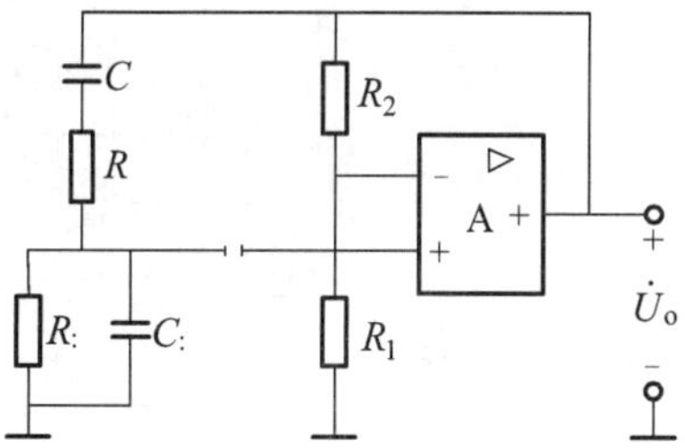

图 4-2-13

习　题

1. *RC* 桥式正弦波振荡器如图 4-2-14 所示：

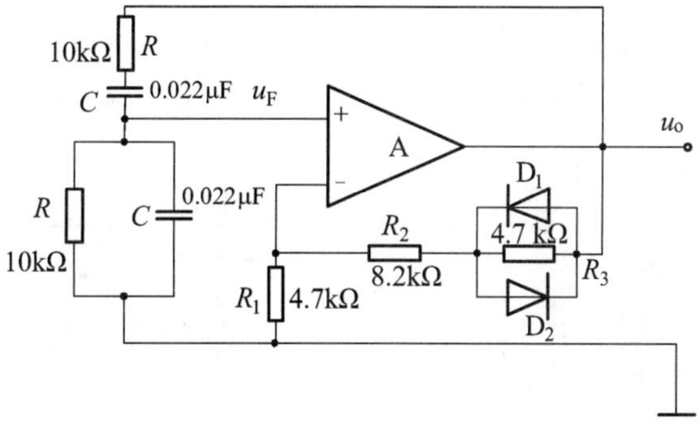

图 4-2-14

（1）该电路输出正弦波频率 f_0 的值是多少？

（2）若输出正弦波电压有效值 $U_o = 3$ V，则 U_F 的值是多少？

（3）振荡时，u_o 与 u_F 的相位差 φ 是多少？

（4）稳幅振荡时，D_1、D_2 及 R_3 并联稳幅环节的等效电阻值是多少？

（5）假如 u_o 波形出现顶部和底部都削平的失真，试分析可能是什么原因造成的。

2. 设运放是理想的，试分析如图 4-2-15 所示正弦波振荡电路：

（1）正确连接 A、B、P、N 四点，使之成为 RC 桥式振荡电路；

（2）求出该电路的振荡频率；

（3）若 $R_1 = 2$ kΩ，试分析 R_F 的阻值应大于多少？

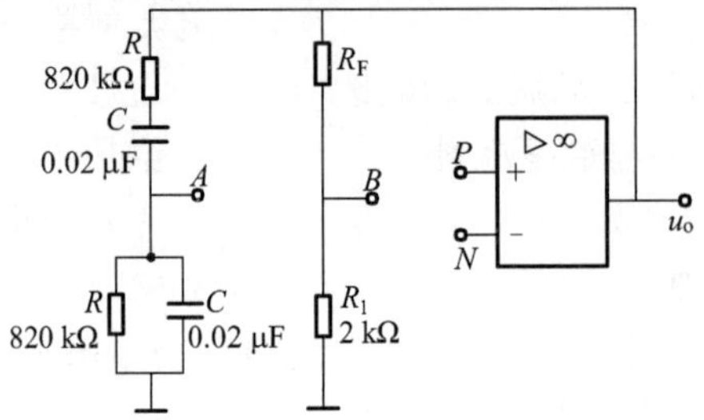

图 4-2-15

3. 用相位条件判断图 4-2-16 所示各 LC 正弦波振荡电路能否起振，并说明原因。

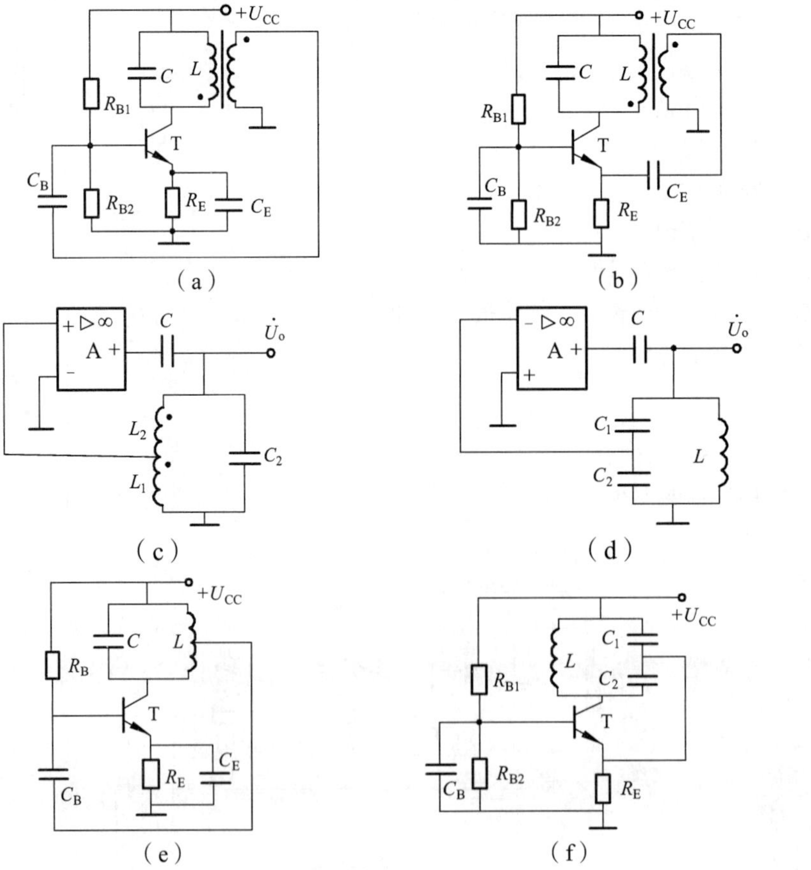

图 4-2-16

任务 3　三角波和方波的制作

在自动控制系统和脉冲数字电子装备中，方波、三角波和锯齿波等非正弦波有着广泛的用途，这些波形可以由正弦波转换而得，也可由电路直接产生，非正弦波的基本组成电路是比较器。

4.3.1　电压比较器

电压比较器是对工作在非线性状态下的理想运放的两个输入端电压进行比较，并用输出电平的两个极端值（高电平或低电平）表示比较的结果，如图 4-3-1 所示。电压比较器是集成运放非线性应用的典型电路，它只有开环状态和正反馈状态两种，前者是电压比较器，后者时迟滞比较器。

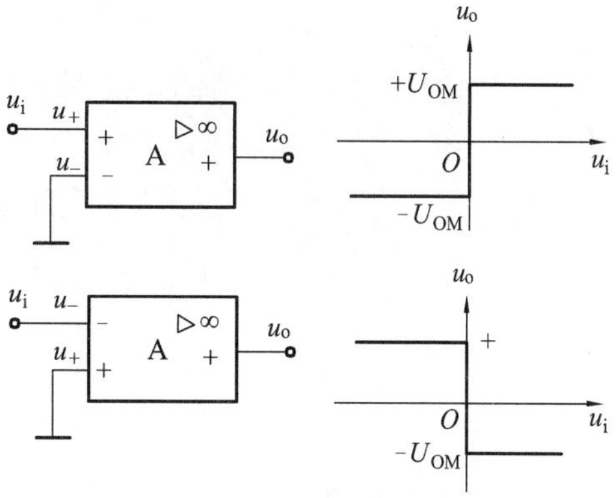

图 4-3-1　过零电压比较器

1. 电压比较器

1）过零电压比较器

过零电压比较器如图 4-3-1 所示，它有两种输入，当信号从同相端输入时（反向端接 0），或 $U_+>0$，则 $U_o=+U_{om}$；若 $U_+<0$，则 $U_o=-U_{om}$。

当信号从反向端输入时（同相端接 0），若 $U_->0$，则 $U_o=-U_{om}$；若 $U_-<0$，则 $U_o=+U_{om}$。

2）单门限电压比较器

若上述电路参考电压 $U_{REF}\neq 0$，则构成单门限电压比较器，如图 4-3-2 所示。根据参考电压的不同，输出方波的占空比可调。U_{REF} 为参考电压，当 $u_i>U_{REF}$ 时，$u_o=+U_{om}$；当 $u_i<U_{REF}$ 时，$u_o=-U_{om}$。

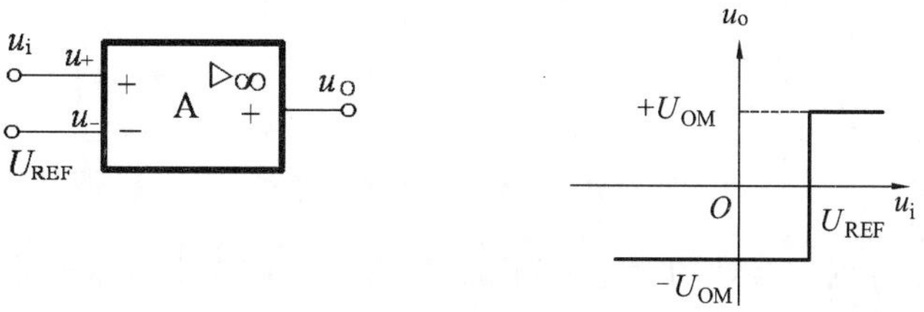

图 4-3-2　单门限电压比较器

例 4-3-1　如图 4-3-3 所示，已知输入电压的波形，画出输出端的波形。

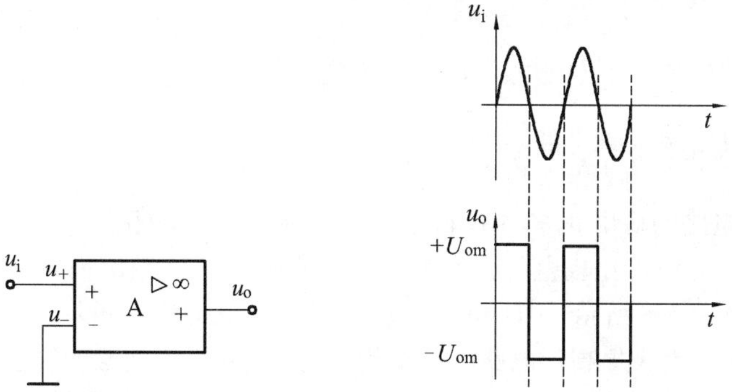

（a）　（b）

图 4-3-3　例 4-3-1 电路

解：如图 4-3-3 所示，输入为正弦波交流电，电路连接成图 4-3-3（a）所示的过零电压比较器，则输出为方波。利用电压比较器，可以把正弦波转换成方波输出，如图 4-3-3（b）。

3）限幅电路 ——使输出电压为一稳定的确定值

图 4-3-4（a）所示是用稳压管稳定输出电压的比较器电路，当 $u_i > 0$ 时，$u_o = +U_Z$；当 $u_i < 0$ 时，$u_o = -U_Z$。

电压比较器的特点：（1）电路简单；（2）当 A 不够大时，输出边沿不陡；（3）抗干扰能力弱。

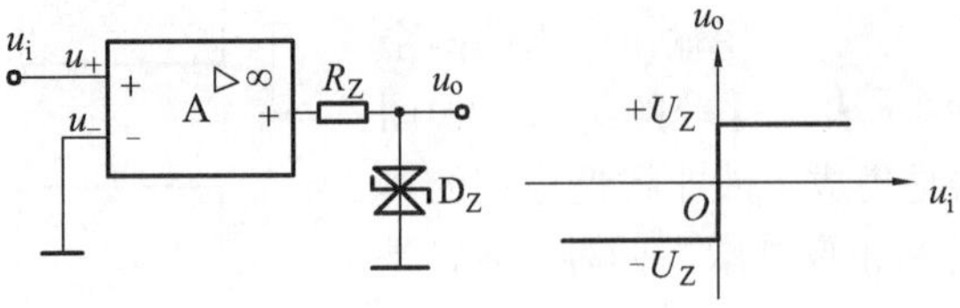

图 4-3-4　具有稳幅的比较器电路

2. 迟滞比较器

为了克服单门限电压比较器抗干扰能力差的缺点，在比较器电路中引入了正反馈，构成了抗干扰能力较强的双门限电压比较器 ——迟滞比较器，如图 4-3-5 所示。

微课

迟滞比较器

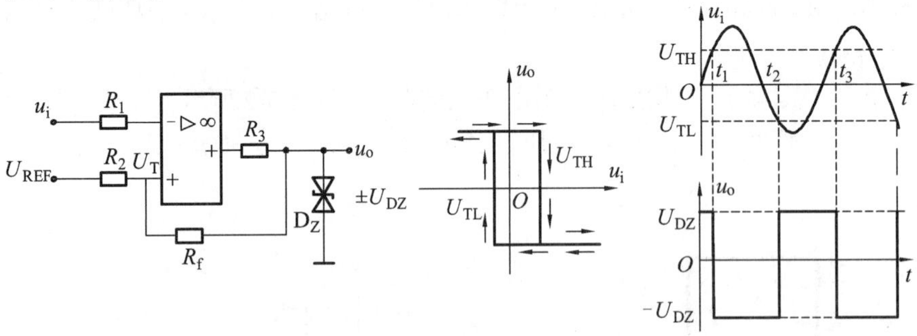

图 4-3-5　迟滞比较器

由于集成运放工作在非线性的状态，当 $u_o = U_{DZ}$ 时，同相端电压（即用于比较的电压）用 U_{TH} 来表示，根据叠加原理，可求得

$$U_{TH} = \frac{U_{REF}R_f}{R_f + R_2} + \frac{U_{DZ}R_2}{R_f + R_2}$$

当 $u_o = -U_{DZ}$ 时，同相端电压 U_{TL} 来表示，可求得

$$U_{TL} = \frac{U_{REF}R_f}{R_f + R_2} - \frac{U_{DZ}R_2}{R_f + R_2}$$

当 $u_i < U_{TH}$ 时，电路的输出 $u_o = U_{DZ}$；随着 u_i 的增加，当 $u_i \geqslant U_{TH}$ 时，输出将变为 $u_o = -U_{DZ}$，由于正反馈的存在，此时的比较电压将变为 U_{TL}，即 $u_i \geqslant U_{TL}$，输出仍为 $u_o = -U_{DZ}$，比较出现迟滞，传输特性如图 4-3-5 所示。其中 $\Delta U_T = U_{TH} - U_{TL}$，成为称为回差。

回差电压的存在，大大提高了电路的抗干扰能力。只要干扰信号的峰值小于半个回差电压，比较器就不会因为干扰而误动作。回差越大，抗干扰能力越大，但灵敏度越低。

例 4-3-2　$R_f = 10\ \text{k}\Omega$，$R_2 = 10\ \text{k}\Omega$，$U_Z = 6\ \text{V}$，$U_{REF} = 10\ \text{V}$。当输入 u_i 为如图 4-3-6 所示的

波形时，画出输出 u_o 的波形。

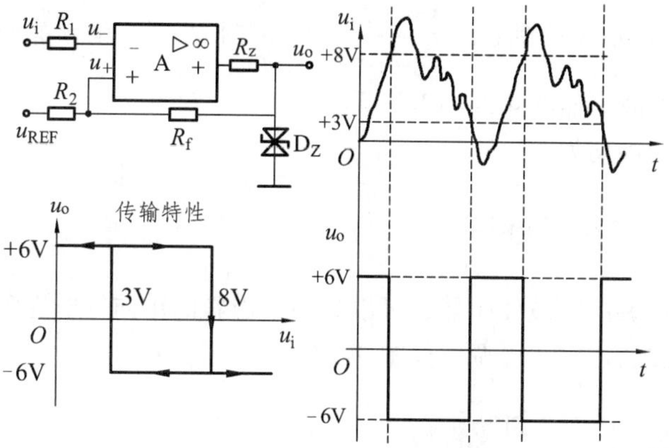

图 4-3-6　例题 4-3-2 的电路图

解： 计算 U_{TH} 和 U_{TL} 的值，再根据 U_{TH} 和 U_{TL} 画出波形图如图 4-3-6 所示。

$$U_{TH} = \frac{R_2}{R_f + R_2}U_Z + \frac{R_2}{R_f + R_2}U_R = 8\ (V)$$

$$U_{TL} = -\frac{R_2}{R_f + R_2}U_Z + \frac{R_2}{R_f + R_2}U_R = 3\ (V)$$

4.3.2　方波发生器

方波发生器可以直接产生方波或矩形波信号，是数字系统常用的一种信号源。方波发生器的基本电路如图 4-3-7 所示，集成运放和 R_1、R_2 组成反相输入迟滞比较器；R_3 和 D_Z 用来对输出电压幅度双向限幅；R 和电容 C 组成积分电路，用来将比较器输出电压的变化反馈回集成运放的反相输入端，以控制输出方波的周期。

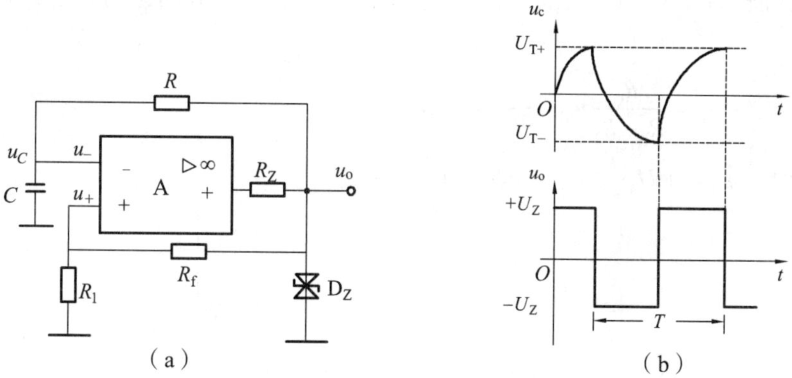

图 4-3-7　方波发生器

图 4-3-7（a）中，电容 C 上的电压加在集成运放的反相端，集成运放工作在非线性区，输出只有两个值：$+U_z$ 和 $-U_z$。接通电源瞬间，电容 C 两端电压为零，$U_- < U_+$，输出为高电平 $u_o = U_{DZ}$。此时，一方面 u_o 向 C 充电，使 u_C 上升；另一方面，u_o 通过 R_1、R_2 反馈到同相输入端，使 $U_+ = U_{TH} = \frac{R_1}{R_1 + R_2}U_{DZ}$。

当 u_C 上升到 U_{TH} 并稍超过后，输出出现转换，$u_o = -U_{DZ}$；当 $u_o = -U_{DZ}$ 时，电容将放电，电容电压逐渐下降，当 u_C 下降到 $U_{TL} = -\frac{R_1}{R_1+R_2}U_{DZ}$ 并稍小时，输出又一次转换。如此周而复始，形成振荡，产生方波，如图 4-3-7（b）所示。

可以证明，电路的周期为

$$T = 2R_f C \ln\left(1+\frac{2R_2}{R_1}\right)$$

为了获得占空比可调的方波发生器，可以利用二极管的单向导电性和电位器改变充放电的时间常数，从而使方波的占空比可调，如图 4-3-8 所示。

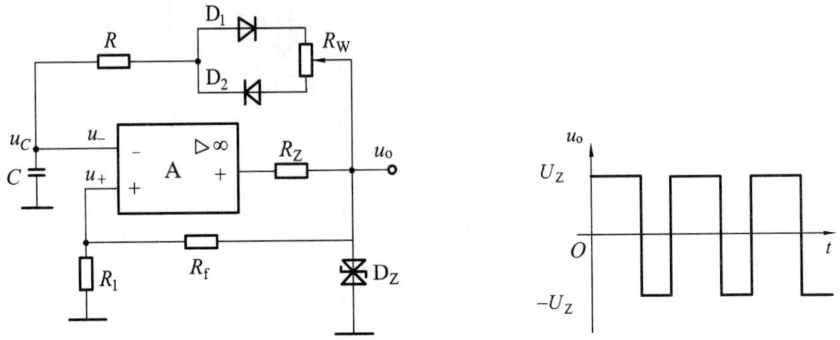

图 4-3-8　占空比可调的方波发生器

4.3.3　三角波发生器

三角波产生电路如图 4-3-9（a）所示，由迟滞比较器和反相积分器构成。积分器的作用是将迟滞比较器输出的方波转换为三角波，同时反馈给比较器的同相输入端，使比较器产生随三角波的变化而翻转的方波。迟滞比较器反相端接地，集成运放 A_1 同相端的电压由 u_{o2} 和 u_{o1} 共同决定。

$$u_+ = \frac{R_1}{R_1+R_2}u_{o1} + \frac{R_2}{R_1+R_2}u_{o2}$$

当 $u_+>0$ 时，$u_{o1} = +U_z$；当 $u_+<0$ 时，$u_{o1} = -U_z$。

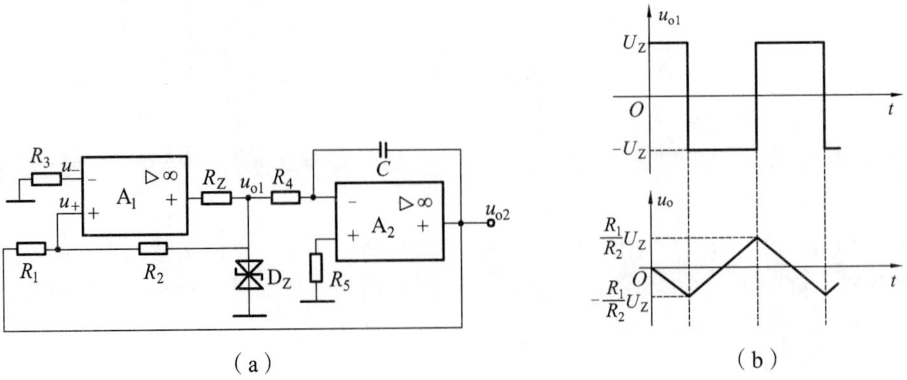

图 4-3-9　三角波发生器

在电源刚接通时，假设电容器初始电压为零，集成运放 A_1 输出电压为正饱和电压值 $+U_Z$，积分器输入为 $+U_Z$，电容 C 开始充电，输出电压 u_o 开始减小，u_+ 值也随之减小；当 u_o 减小到 $-\frac{R_1}{R_2}U_Z$ 时，u_+ 由正值变为零，滞回比较器 A_1 翻转，集成运放 A_1 的输出 $u_{o1}=-U_Z$。当 $U_{o1}=-U_Z$ 时，积分器输入负电压，输出电压 u_o 开始增大，u_+ 值也随之增大；当 u_o 增加到 $\frac{R_1}{R_2}U_Z$ 时，u_+ 由负值变为零，滞回比较器 A_1 翻转，集成运放 A_1 的输出 $u_{o1}=+U_Z$，输出的波形即为三角波，如图 4-3-9（b）所示。

可以证明，电路的频率为

$$f=\frac{R_1}{4R_2R_3C}$$

4.3.4 锯齿波发生器

若三角波波形上升和下降的速率不同，就成为锯齿波波形。所以只要令积分器的正、负向积分常数不同，就可以得到锯齿波。

锯齿波发生器的电路图如图 4-3-10（a）所示，其工作原理与三角波发生电路基本相同，只是在集成运放 A_2 的反相输入电阻 R_3 上并联由二极管 D_1 和电阻 R_5 组成的支路，这样积分器的正向积分和反向积分的速度明显不同，当 $u_{o1}=-U_z$ 时，D_1 反偏截止，正向积分的时间常数为 R_3C；当 $u_{o1}=+U_z$ 时，D_1 正偏导通，负向积分常数为（$R_3 /\!/ R_5$）C，若取 $R_5 \ll R_3$，则负向积分时间小于正向积分时间，形成如图 4-3-10（b）所示的锯齿波。

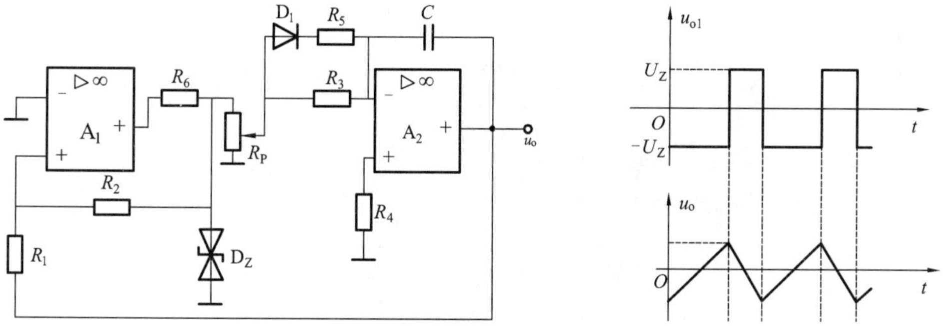

（a）　　　　（b）

图 4-3-10　锯齿波发生器

4.3.5 集成函数发生器 8038

集成函数发生器 8038 是一种多用途的波形发生器，可以产生正弦波、方波、三角波和锯齿波，其频率可以通过外加的直流电压进行调节，使用方便，性能可靠。图 4-3-11 为其结构框图。

在图 4-3-11 中，电压比较器 A、B 的门限电压分别为两个电源电压之和（$U_{CC}+U_{EE}$）的 2/3 和 1/3，电流源 I_1 和 I_2 的大小可通过外接电阻调节，其中 I_2 必须大于 I_1。当触发器的输出端为低电平时，它控制开关 S 使电流源 I_2 断开。而电流源 I_1 则向外接电容 C 充电，使电容两端电压随时间线性上升，当 u_C 上升到 $u_C=2\,(U_{CC}+U_{EE})/3$ 时，比较器 A 的输出电压发生跳变，使触发器输出端由低电平变为高电平，这时，控制开关 S 使电流源 I_2 接通。由于 $I_2>I_1$，因此外接电容 C 放电，u_C 随时间线性下降。当 u_C 下降到 $u_C\leqslant(U_{CC}+U_{EE})/3$ 时，比较器 B 输出发生跳变，使触发器输出端又由高电平变为低电平，I_2 再次断开，I_1 再次向 C 充电，u_C 又随时间线性上升。如此周而复始，产生振荡。外接电容 C 交替地从一个电流源充电后向另一个电流源放电，就会在电容 C 的两端产生三角波并输出到脚 3。该三角波经电压跟随器缓冲后，一路经正弦波变换器变成正弦波后由脚 2 输出；另一路通过比较器和触发器，并经过反向器缓冲，由脚 9 输出方波。图 4-3-12 为 8038 的外部引脚排列图。

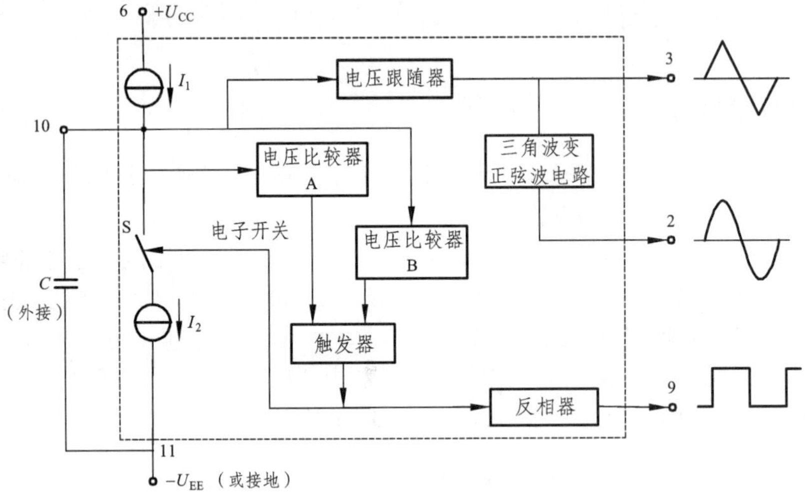

图 4-3-11　集成函数发生器 8038 的结构框图

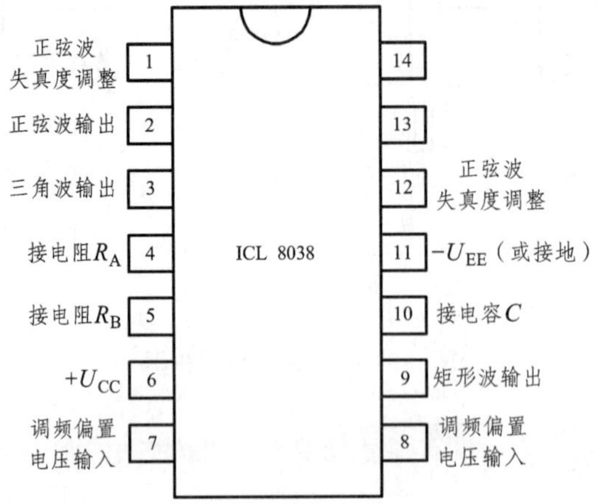

图 4-3-12　8038 的外部引脚排列图

利用 8038 构成的函数发生器的典型应用电路如图 4-3-13 所示，其振荡频率由电位器 R_{P1} 滑动触点的位置、C 的容量、R_A 和 R_B 的阻值决定。图中 C_1 为高频旁路电容，用以消除 8 脚的寄生交流电压；R_{P2} 为方波占空比和正弦波失真度调节电位器，当 R_{P2} 位于中间时，可输出方波。

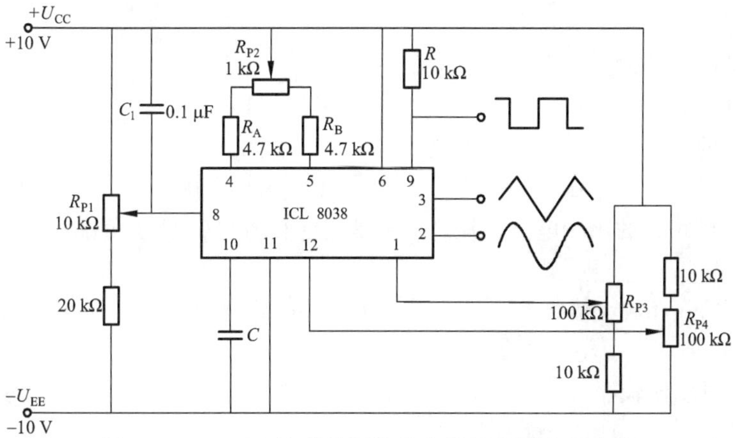

图 4-3-13　8038 构成的函数发生器的典型应用电路

小　结

1. 电压比较器是集成运放非线性应用的典型电路，是对工作在非线性状态下的集成运放的两个输入端电压进行比较，并用输出电平的两个极端值（高电平或低电平）表示比较的结果。

2. 由迟滞比较器、积分电路和反馈电路等组成方波、矩形波、三角波和锯齿波产生电路等非正弦波产生电路，利用电容的充、放电，得到振荡波形，改变电容可以调节振荡周期。

3. 利用集成运放可以实现信号的转换。

自测练习题

一、判断题

1. 电压比较器的输出电压与输入电压成正比。(　　)

2. 迟滞比较器和单门限电压比较器相比，迟滞比较器的抗干扰能力较强。(　　)

3. 图 4-3-14 所示电路是迟滞比较器。(　　)

4. 图 4-3-15 所示电路，u_{o1} 输出正弦波，u_{o2} 输出方波，u_{o3} 输出锯齿波。(　　)

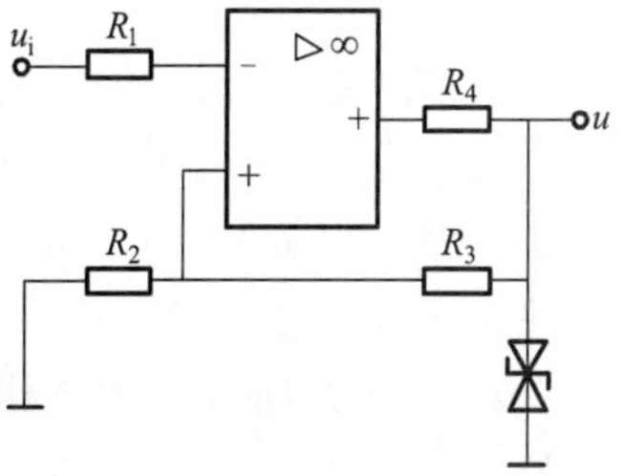

图 4-3-14

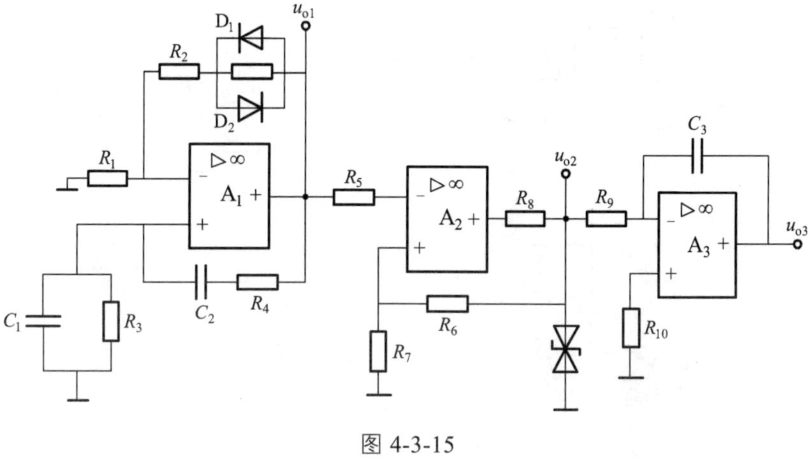

图 4-3-15

二、选择题

1. 各种比较电路的输出只有（　　）状态。

   A. 一种　　B. 两种　　C. 三种

2. 分析运放的非线性应用电路，不能使用（　　）的概念。

   A. 虚短　　B. 虚断　　C. 虚短和虚断

3. 工作在开环状态的比较电路，其输出不是正饱和值$+U_{om}$就是负饱和值$-U_{om}$，它们的大小取决于（　　）。

   A. 运放的开环放大倍数　　B. 外电路参数　　C. 运放的工作电源

4. 相对来说，（　　）灵敏度高。

   A. 双限电压比较器　　B. 基本电压比较器　　C. 迟滞电压比较器

5. 相对来说，（　　）抗干扰能力强。

   A. 双限电压比较器　　B. 基本电压比较器　　C. 迟滞电压比较器

6. 迟滞比较器如图 4-3-16 所示。输入为正弦波时，其输出为（　　）。

   A. 仍为正弦波　　B. 三角波

   C. 锯齿波　　D. 矩形波

7. 若要求仅在输入电压过零时输出电压发生跳变，除此之外，输出电压保持不变，则应当选用（　　）。

   A. 反相比例放大器　　B. 过零比较器

   C. 迟滞比较器　　D. 窗口比较器

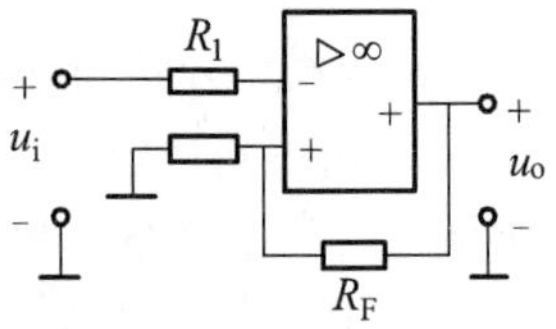

图 4-3-16

习　题

1. 图 4-3-17 所示的集成运算放大器的开环电压放大倍数为 104，其最大输出电压为 ± 10 V，在开环状态下，满足零入零出的要求。问：当输入电压u_I分别为 ± 0.5 mV，± 5 mV，± 50 mV 时的输出电压值各是多少？该电路的线性放大范围是多少？

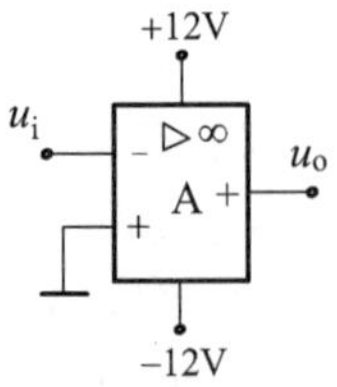

图 4-3-17

2. 图 4-3-18 所示的电压比较器中，已知$U_{REF}=2$ V，集成运放的饱和电压为 ± 12 V，双向稳压管的稳定电压$U_Z=\pm 6$ V，画出各比较器的电压传输特性曲线。若$u_I=5\sin\omega t$（V），画出各电路的输出电压波形。

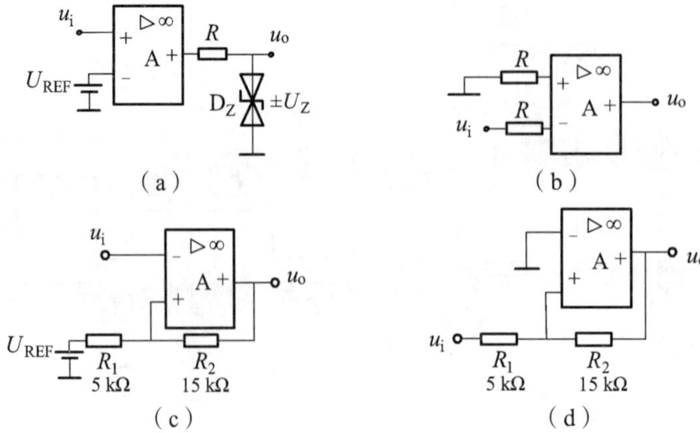

图 4-3-18

3. 图 4-3-19 所示为简单的监控报警装置。u_I 是传感器对温度、压力等被监控量传感而取得的电压信号，U_{REF} 为参考电压。当超过设定的正常值时，报警灯发光，试分析该电路的工作原理，并回答下列问题：

（1）电阻 R_4 和二极管 D 的作用是什么？

（2）若将电路中的迟滞电压比较器替换为单门限比较器，可能会出现什么问题？

4. 图 4-3-20 为方波-三角波产生电路，试计算电路的振荡频率，并画出 u_{o1} 和 u_{o2} 的波形。

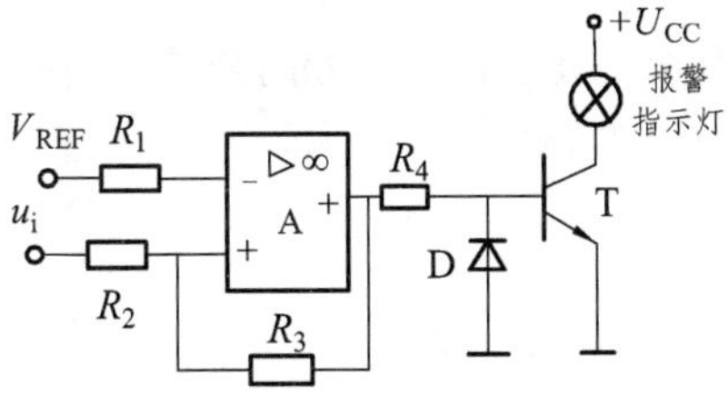

图 4-3-19

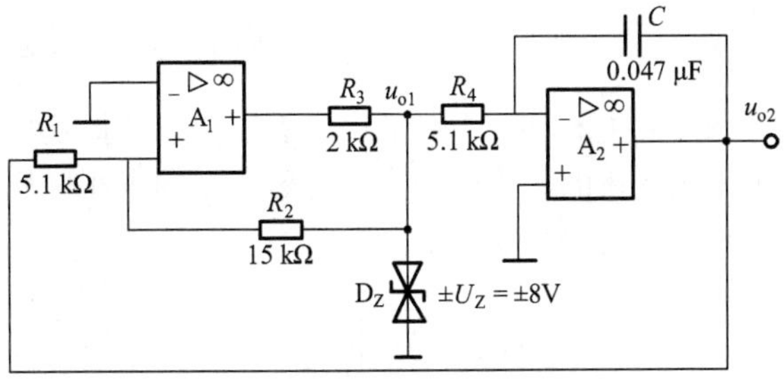

图 4-3-20

任务 4　电源电路的制作

电子电路工作时都需要直流电源提供能量，电池因使用费用高，一般只用于低功耗便携式的仪器设备中。由交流电源变换为直流稳压电源，一般直流电源由变压、整流、滤波和稳压 4 部分组成，如图 4-4-1 所示。

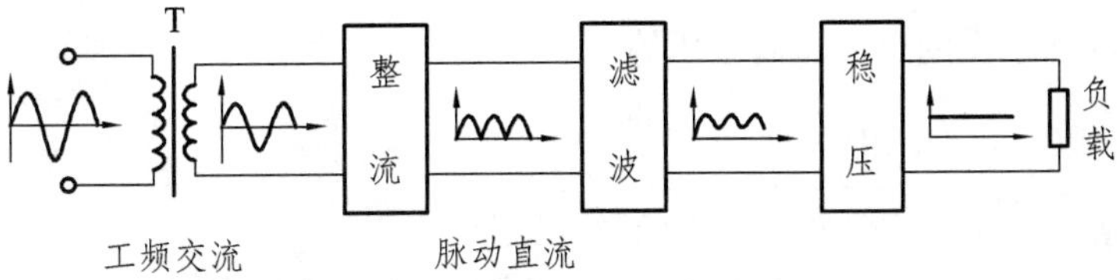

图 4-4-1　直流稳压电源原理框图

4.4.1　整流电路

整流是将工频交流电转为具有直流电成分的脉动直流电的过程。由于二极管具有单向导电性，故利用二极管可进行整流。

1. 单相半波整流电路

单相半波整流电路如图 4-4-2（a）所示。设 $u_2 = \sqrt{2}\,U_2\sin\omega t$，由于二极管的单向导电性的作用，当电源电压为正半周时，二极管承受正向的电压而导通，有电流流过负载，负载上得到一个上正下负的电压，当忽略电路的电阻时，负载上的电压 u_L 等于电源变压器次级边的电压 u_2；当电源电压为负半周时，二极管承受反向电压而截止，没有电流流过负载，此时，负载上的电压 $u_L = 0$。整流波形如图 4-4-2（b）所示。

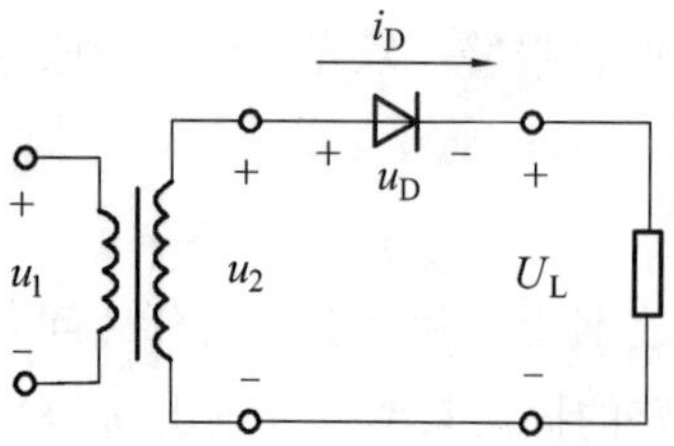

（a）

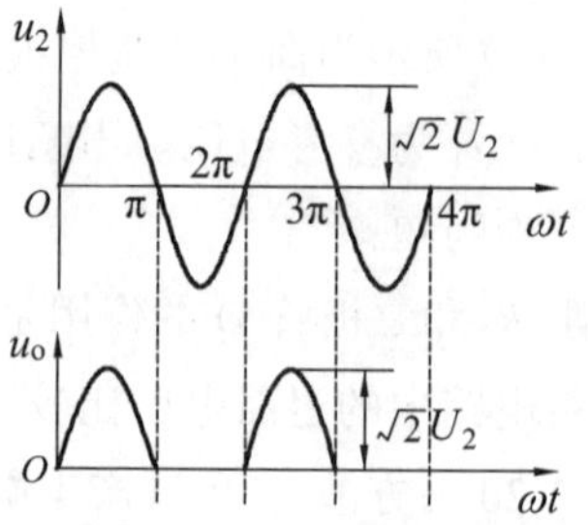

（b）

图 4-4-2　单相半波整流电路

从图 4-4-2（b）的波形可以看出，一个周期内负载只有半个波形输出，方向是单方向的，大小却是变化的，称脉动直流电压，它的大小常用一个周期内的平均值来表示。

负载上的平均电压的为

$$U_L = \frac{1}{2\pi}\int_0^{2\pi} u_L \, d(\omega t) = \frac{1}{2\pi}\int_0^{\pi}\sqrt{2}U_2 \sin\omega t d(\omega t) = 0.45U_2$$

而由于是电阻性负载，负载平均直流电流 I_L 为

$$I_L = \frac{U_L}{R_L} = 0.45\frac{U_2}{R_L}$$

根据电路的原理和负载上的直流电流值，可以算出整流元件的平均电流和最大反向电压。

流过二极管的平均电流 I_D 与负载电流 I_L 相等，即

$$I_D = I_L = 0.45\frac{U_2}{R_L}$$

二极管截止时所承受的最大反向电压等于变压器次边电压的幅值，即

$$U_{DRM} = \sqrt{2}\,U_2$$

根据 I_D 和 U_{DRM} 的值，可以选择合适的整流二极管。

单相半波整流电路的特点是电路简单、成本低；缺点是输出直流电压波动大，电源的利用率低。为了克服这些缺点，常采用全波整流电路，其中最常见的是桥式整流电路。

2. 单相桥式整流电路

单相桥式整流电路如图 4-4-3（a）所示。设电源变压器的次边电压 $u_2 = \sqrt{2}\,U_2\sin\omega t$，四只二极管接成电桥的形式，当电源为正半周时，$D_1D_3$ 承受正压而导通，D_2D_4 承受反向电压而截止，导电通路为 a→D_1→R_L→D_3→b，负载上流过电流 $i_{D1,3}$；当电源为负半周时，D_2D_4 承受正向电压而导通，D_1D_3 承受反向电压而截止，导通回路为 b→D_2→R_L→D_4→a，负载上流过电流 $i_{D2,4}$，即一个周期内负载上都有电流流过，且方向一致，u_L 为双半周波形，如图 4-4-3（b）所示。

如图 4-4-3（b）所示，单相桥式整流电路的整流输出电压的平均值 U_o 比半波时增加了 1 倍，即输出电压的平均电压和平均电流为

$$U_L = \frac{1}{\pi}\int_0^{\pi}\sqrt{2}U_2 \sin\omega t d\omega t = 0.9U_2$$

$$I_L = \frac{U_L}{R_L} = 0.9\frac{U_2}{R_L}$$

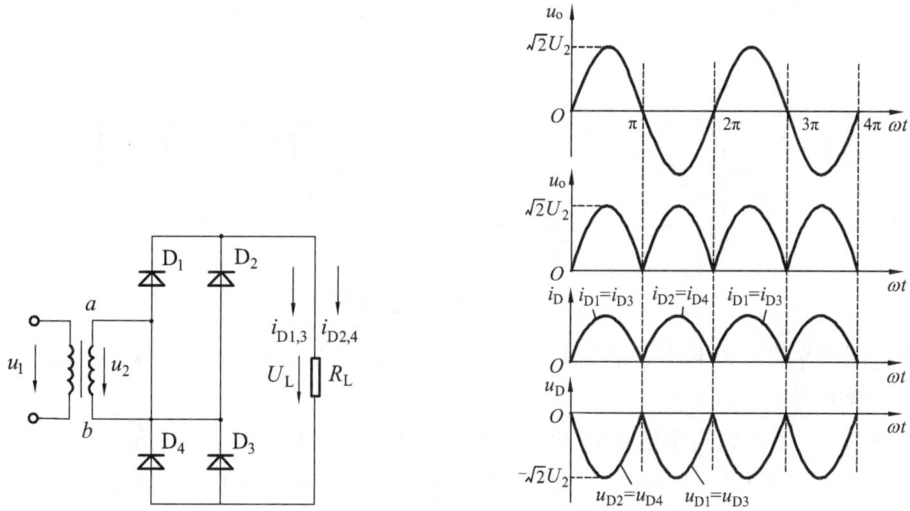

（a）　　　　（b）

图 4-4-3　单相桥式整流电路

电路中每个二极管的平均电流和所承受的最大反向电压为

$$I_{D1} = I_{D2} = \frac{1}{2}I_L = 0.45\frac{U_2}{R_L}$$

$$U_{DRM} = \sqrt{2}\,U_2$$

桥式整流电路的两个半周都有电流自上而下流过负载 R_L，从而使输出电压的直流成分提高，脉动减少，提高了电源利用率，是当前电子电路中应较广泛的整流电路。

4.4.2　滤波电路

交流电压经整流电路整流后输出的是脉动直流，其中既有直流成分又有交流成分。滤波电路利用储能元件电容两端的电压（或通过电感中的电流）不能突变的特性，将电容与负载 R_L 并联（或将电感与负载 R_L 串联），滤掉整流电路输出电压中的交流成分，保留其直流成分，达到平滑输出电压波形的目的。常用的滤波电路有电容滤波、电感滤波和复式滤波等。

1. 电容滤波电路

电容滤波电路如图 4-4-4（a）所示。将合适电容器与负载电阻 R_L 并联，负载电阻上就能得到较为平直的输出电压。为了保证输出品质的电压，需要选择容量较大的电容器，一般采用电解电容器。电解电容有极性，使用时要注意别接错。

设电容电压初始值为 0，当 u_2 为正半周时，D_1、D_3 正偏导通，u_2 给电容充电，由于二极管的导通电阻很小，电容电压随 u_2 变化很快上升到 $\sqrt{2}U_2$。其后，u_2 开始下降，当其值小于电容电压时，二极管因反偏而截止，电容通过 R_L 放电。若放电时间常数足够大，则放电过程很慢，u_C 按指数规律下降；在负半周，当 u_2 开始大于 u_C 时，D_2、D_4 导通，电容再次被充电。如此循环往复，负载上便可得到比较平滑的直流电压，如图 4-4-4（b）所示。

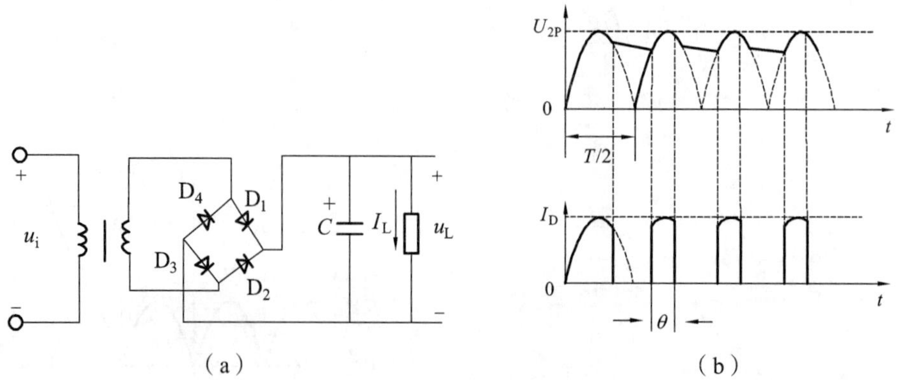

图 4-4-4　电容滤波电路

输出电压的平滑程度和平均值与电容的放电时间常数 R_LC 有关。R_LC 越小，输出电压越低，输出电压中含纹波成分越大。

一般情况下，半波整流带电容滤波负载时的输出电压为 $U_o = U_2$；桥式整流带电容滤波负载时的输出电压为 $U_o = 1.2U_2$；带电容滤波空载时的输出电压为 $U_o = 1.4U_2$。

为了获得良好的滤波效果，一般取：

$$R_LC \geqslant (3 \sim 5)\frac{T}{2}$$

式中，T 为输入交流电压的周期。

电容滤波电路有如下特点：

（1）输出电压 U_o 与放电时间常数 R_LC 有关。R_LC 越大→ 电容器放电越慢→U_o（平均值）越大。

（2）流过二极管瞬时电流很大。R_LC 越大→U_o 越高→负载电流的平均值越大；整流管导电时间越短→i_D 的峰值电流越大。

所以，电容滤波电路适用于输出电压较高、负载电流较小且负载变动不大的场合。

2. 电感滤波

利用电感对交流阻抗大的特性，在整流电路与负载间串接电感，同样可以平滑输出电压。电感滤波一般使用于负载变动大、负载电流较大的场合。图 4-4-5 所示是电感滤波电路。电感滤波的原理是：电感线圈能阻碍通过它的电流变化，当电流上升时，L 阻止它上升；而当电流下降时，L 又阻止它下降，结果使电流变化较为平滑。理论上讲，滤波电感越大，效果越好，但 L 太大会增大成本，同时，支流损耗会增加，使输出电压和电流降低，所以一般 L 取几亨到几十亨。

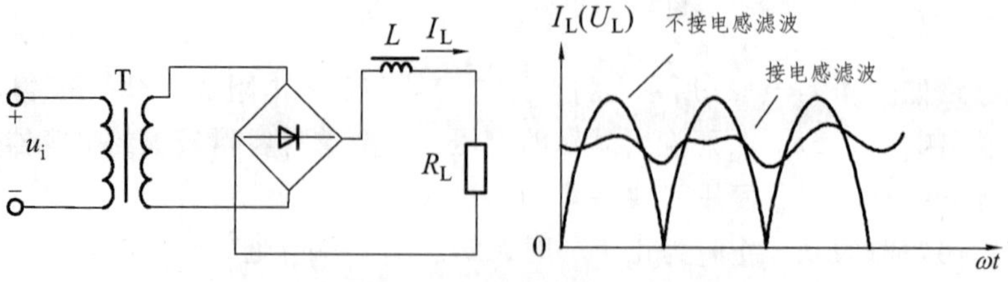

图 4-4-5　电感滤波电路

电感滤波电路有如下特点：

（1）整流管导电角较大，峰值电流很小，输出特性比较平坦。

（2）电感铁芯笨重，体积大，易引起电磁干扰。

所以，电感滤波适用于低电压大电流（R_L较小）的场合。

3. 其他形式的滤波电路

为了改善滤波特性，常采取多级滤波的方法，如图 4-4-6 所示。

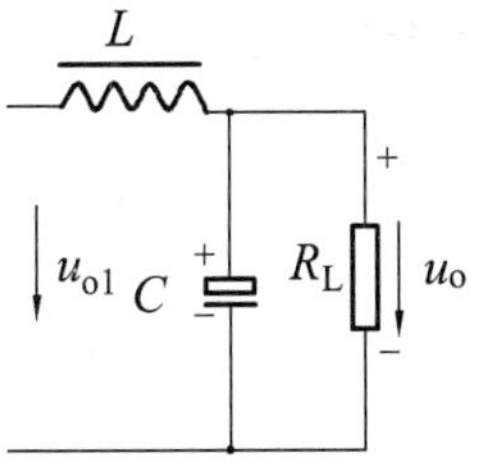

（a）*LC* 型

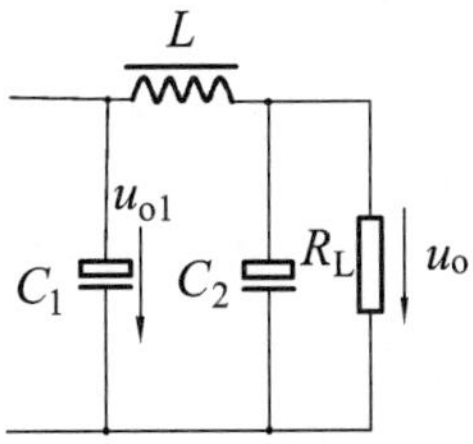

（b）*LC*-π 型

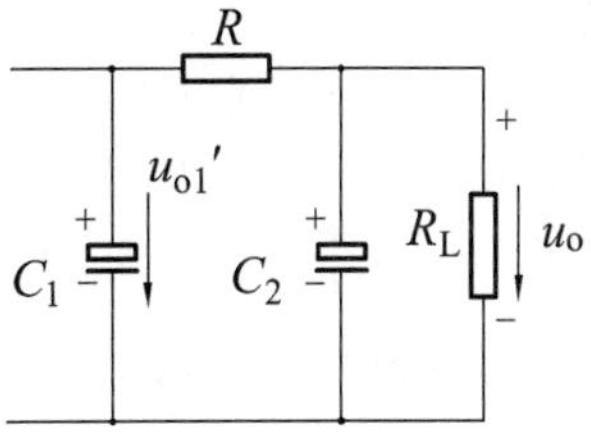

（c）*RC*–π 型

图 4-4-6　复合滤波电路

LC 型滤波电路：在电感滤波后面再接一电容。电路特点：外特性比较好，输出电压对负载影响小，电感元件限制了电流的脉动峰值，减小了对整流二极管的冲击。它主要适用于电流较大、要求电压脉动较小的场合。*LC* 滤波电路的直流输出电压和电感滤波电路一样，$U_o = 0.9U_2$。

LC-π 型滤波电路：在电容滤波后面再接 *LC* 型滤波电路。π型滤波电路的输出电流波形更加平滑，适当选择电路参数，同样可以达到珯 $U_o = 1.2U_2$。当负载电阻 R_L 值较大、负载电流较小时，可用电阻代替电感，组成 *RC*-π型滤波电路。

RC-π 型滤波电路：在电容滤波后再接一级 *RC* 滤波电路。

显然，*LC*-π 型滤波电路输出电压的脉动系数比只有 *LC* 滤波时更小，波形更加平滑；由于在输入端接入了电容，因而较只有 *LC* 滤波时提高了输出电压。

4.4.3　稳压电路

1. 稳压管稳压电路

1）稳压管的伏安特性和主要参数

稳压管是特殊的二极管，其伏安特性如图 4-4-7 所示。稳压管工作在反相击穿区，管子的电流在很大的范围内变化时，管子两端的电压基本不变，稳压特性好，而且，管子击穿时，电流变化很大，为了不致烧坏管子，要求管子的电流小于它的最大允许电流 $I_{Z,max}$，所以管子能够长期持续使用，一旦撤销反向击穿电压，稳压管可恢复原来的正常状态。使用时，常配合限流电阻使用。

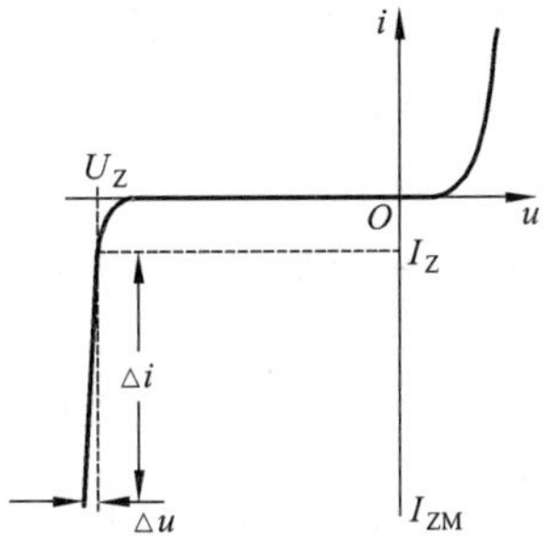

（a）稳压二极管的特性

（b）稳压二极管的符号

图 4-4-7　稳压二极管的特性及符号

稳压管的主要参数有：

① 稳定电压 U_Z，即反向击穿电压。由制造上的原因，同一型号、同一批管子，U_Z 值并不完全一样，有一定的离散性，而且与温度和工作电流有关，所以不是一个固定值。手册上查到的是一个范围，例如 2CW13 的 U_Z，其范围为 5 ~ 6.5 V。选用时应以实际测量结果为准。

② 稳定电流 I_Z，即稳压管正常工作时的电流值，其范围在 $I_{Z,\min} \sim I_{Z,\max}$ 之间。I_Z 较小时，稳压效果不佳，内阻较大；I_Z 过大时，管子功耗也将增大，超过管子允许值时，管子将不够安全；I_Z 一般选用安全范围内偏大的电流。

③ 耗散功率 P_M，即管子所允许的最大功耗，$P_M = I_{Z,\max}U_Z$。管子功耗超过最大允许功耗时，管子将产生热击穿而损坏。

④ 动态电阻 r_z，是衡量管子稳压性能好坏的重要参数，$r_z = \dfrac{\Delta u_z}{\Delta i_z}$。$r_z$ 越小，反映管子在击穿段曲线越陡峭，电压越稳定；反之，r_z 越大，管子稳压性能越差。

⑤ 稳定电压的温度系数 K，指稳压管的特性受温度的影响，即温度变化 1 °C 所引起的稳定电压的相对变化量，$K = \dfrac{\Delta U_Z}{U_Z}/\Delta T(\%/°C)$。$U_Z<6$ V 的稳压管为负温系数；$U_Z>6$ V 的稳压管为正温系数。而稳定电压在 6 V 左右的管子，其温度系数最小。在使用中，为了提高稳定电压的温度稳定性，常将正温系数的管子和负温系数的管子串联使用，使其温度系数得到补偿。

2）并联型稳压电路

图 4-4-8 所示为并联型稳压电路，稳压管与负载并联，R 为限流电阻，该电阻既起到使管子工作于安全工作区内的作用，同时又起到调整电压的作用。

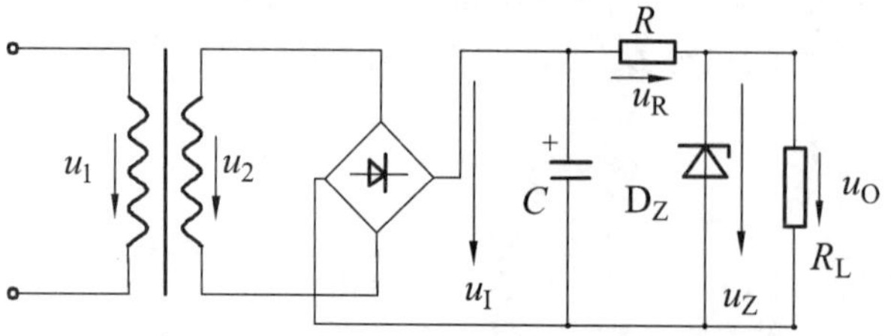

图 4-4-8　并联型稳压电路

下面简单讨论该电路的稳压原理。

① 输入电压波动、负载电阻不变的情况。

当输入电压 U_i 增大时，R_L 上的电压也将增大，因而 D_Z 的电压也将增大，流过 D_Z 的电流 I_Z 将大大增大，$I_R = I_Z + I_L$ 也将大大增大，R 两端的压降将增大，所以 U_I 的增加量几乎全部降在 R 上，从而使输出电压保持基本稳定。其过程可以表示如下：

$$U_I\uparrow \rightarrow U_O\uparrow \rightarrow I_Z\uparrow \rightarrow I_R\uparrow \rightarrow U_R\uparrow \rightarrow U_o\downarrow$$

同理，当 U_i 减小时，I_Z 将减小，R 两端的电压也将减小，U_i 的减小量将变成 R 上电压的减小，从而保证输出电压稳定。

② 负载波动，输入电压不变的情况。

当负载电流 I_L 增大时，则 I_R 也增加，在 R 上的压降增大，输出电压 U_O 将下降，I_Z 也将大大减小，从而使流过 R 的电流 $I_R = I_Z + I_L$ 基本保持不变，R 上的压降也将不变，输出电压基本不变。其过程可以表示如下：

$$I_L\uparrow \rightarrow I_R\uparrow \rightarrow U_R\uparrow \rightarrow U_O\downarrow \rightarrow I_Z\downarrow \rightarrow U_R\downarrow \rightarrow U_O\uparrow$$

同理，当 I_L 减小时，U_O 将增加，引起稳定电流 I_Z 增加，从而 I_R 也将增加，R 上的电压降不变，输出电压也基本保持不变。

综上所述可以看出：稳压管的自动调节作用，使输出电压基本保持不变。但输出电压的大小受稳压管的稳定电压所决定，输出电压不可调，同时稳定性能较差，输出电流受 I_Z 所限制。若要提高稳压电源性能，可采用串联型稳压电源。

2. 晶体管串联型稳压电路

图 4-4-9 所示为晶体管串联型稳压电路及其框图，它由取样环节、基准环节、比较放大环节和调整环节四部分构成。

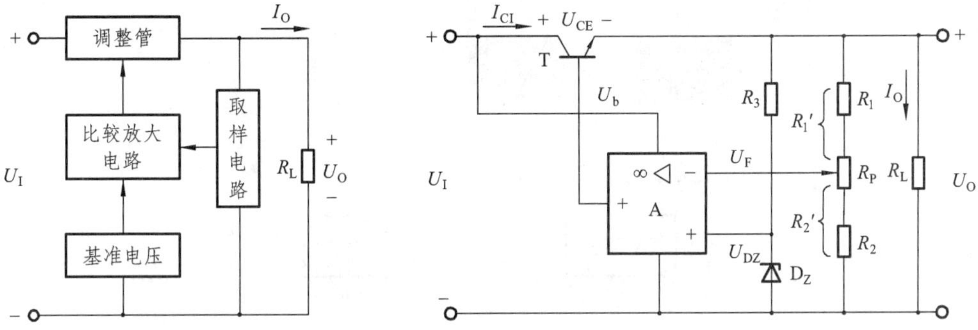

（a）组成框图　　（b）原理电路图

图 4-4-9　串联型稳压电路

图中 T 为调整管，它工作在线性放大区，故又称为线性稳压电路。R_3 和稳压管 D_Z 组成基准电压源，为集成运放 A 的同相输入端提供基准电压，R_1、R_2 和 R_p 组成取样电路，它将稳压电路的输出电压分压后送到集成运放 A 的反相输入端，集成运放 A 构成比较放大电路，用来对取样电压与基准电压的差值进行放大。当输入电压 U_I 增大（或负载电流 I_O 减小）引起输出电压 U_O 增加时，取样电压 U_F 随之增大，U_Z 与 U_F 的差值减小，经 A 放大后使调整管的基极电压 U_B 减小，集电极 I_C 减小，管压降 U_{CE} 增大，输出电压 U_O 减小，从而使得稳压电路的输出电压上升趋势受到抑制，稳定了输出电压。同理，当输入电压 U_I 减小或负载电流 I_O 增大引起 U_O 减小时，电路将产生与上述相反的稳压过程，亦将维持输出电压基本不变。

由图可得

$$U_F = \frac{R_2'}{R_1 + R_2 + R_P} U_O$$

由于 $U_Z \approx U_F$，所以稳压电路输出电压 U_O 等于：

$$U_O = \frac{R_1 + R_2 + R_P}{R_2'} U_Z$$

由此可见，串联反馈式稳压电路通过调节电位器 R_P 的动端即可调节输出电压 U_O 的大小。由于运算放大器调节方便，电压放大倍数很高，输出阻抗较低，因而可以获得极其优良的稳压特性。其应用十分广泛。

串联型稳压电路的特点：输出电压稳定度高，纹波电压小，响应速度快，电路简单，维护方便。但调整管 T 一直处于线性放大状态，输入输出的电压差一直加在 T 的 C-E 之间，因此，当负载电流较大时，T 的功耗很大，不但管子发热，而且电源的效率也较低。

3. 三端集成稳压电源

1）三端集成稳压电源简介

将串联稳压电源和保护电路集成在一起就是集成稳压器。早期的集成稳压电源外引线较多，现在的集成稳压器的外引线只有三个：输入端、输出端和公共端，因而称为三端集成稳压器，如图 4-4-10 所示。

三端集成稳压电源的特点：体积小，可靠性高，使用灵活，价格低廉。

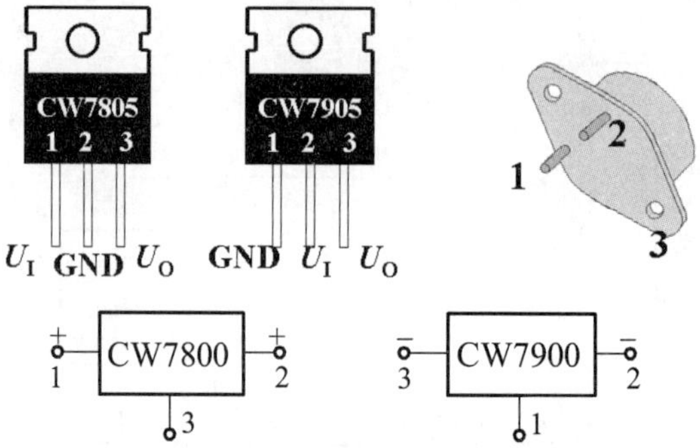

图 4-4-10　三端稳压电源的外形及符号

CW7800、CW7900 系列三端稳压电源的型号命名规则如下：

CW　78/79 XX

集成　稳压　输出正电压　输出负电压　输出电压值

无字母：输出电流 1.5A

L：输出电流 0.1A

M：输出电流 0.5A

例如：型号 CW7805 表示输出为 5 V，最大电流为 1.5 A。

2）集成稳压电路的应用

（1）基本应用电路。

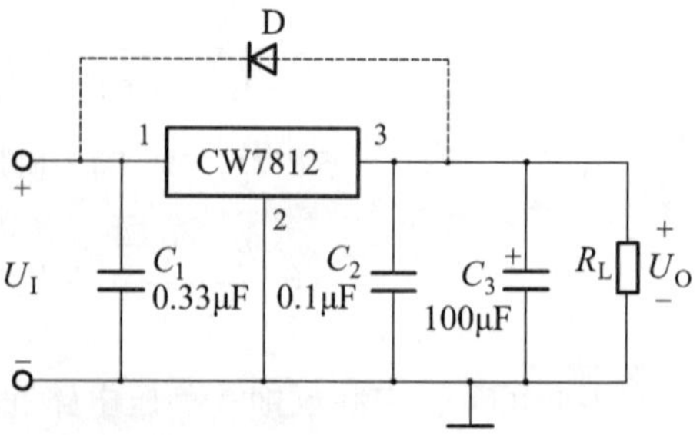

图 4-4-11　三端稳压电源的基本应用电路

图 4-4-11 所示为 7800 系列集成稳压电源的基本应用电路。由于输出电压取决于集成稳压器，所以图 4-4-11 输出电压为 12 V，最大输出电流为 1.5 A。为使电路正常工作，要求输入电压 U_I 比输出电压 U_O 大 2.5 ~ 3 V。输入端电容 C_1 用以抵消输入端较长接线的电感效应，以防止自激振荡，还可以抑制电源的高频脉冲干扰。输出端电容 C_2、C_3 一般取 0.1 ~ 1 μF，用以改善负载的瞬态响应，消除电路的高频噪声，同时也具有消振作用。D 是保护二极管，用来防止在输入端短路时输出电容 C_3 所存储电荷通过稳压器放电而损坏器件。CW7900 系列的接线与 CW7800 系列基本相同。

（2）输出正负电压。

图 4-4-12 所示为采用 CW78XX 和 CW79XX 三端稳压器各一块组成的具有同时输出正、负两组电压的稳压电路。

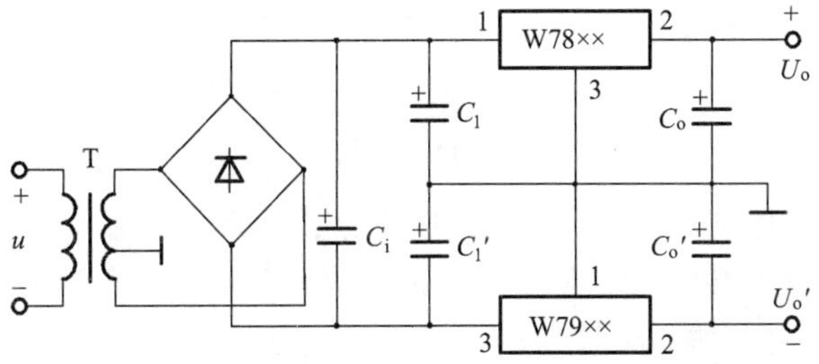

图 4-4-12　输出正负电源的电路

（3）提高输出电压的电路。

实际需要的直流稳压电源，如果超过集成稳压器的输出电压数值时，可外接一些元件提高输出电压。图 4-4-13（a）所示电路能使输出电压高于固定电压，图中的 U_{XX} 为 CW78 系列稳压器的固定输出电压数值，显然

$$U_O = U_{XX} + U_Z$$

也可以采用图 4-4-13（b）所示的电路提高输出电压。图中 R_1、R_2 为外接电阻，R_1 两端的电压为三端集成稳压器的额定输出电压 U_{XX}，R_1 上流过的电流为 $I_{R1} = U_{XX}/R_1$，则三端集成稳压器的静态电流为 I_Q，则

$$I_{R2} = I_{R1}+I_Q$$

稳压电路输出电压为

$$U_O = U_{XX}+I_{R2}R_2 = I_{R1}R_1+I_{R1}R_2+I_QR_2 = \left(1+\frac{R_2}{R_1}\right)U_{XX}+I_QR_2$$

若忽略 I_Q 的影响，则

$$U_O = \left(1+\frac{R_2}{R_1}\right)U_{XX}$$

由此可见，提高 R_1 和 R_2 的比值，可以提高 U_O 的值。这种接法的缺点是当输入电压变化时，I_Q 也变化，将降低稳压器的精度。

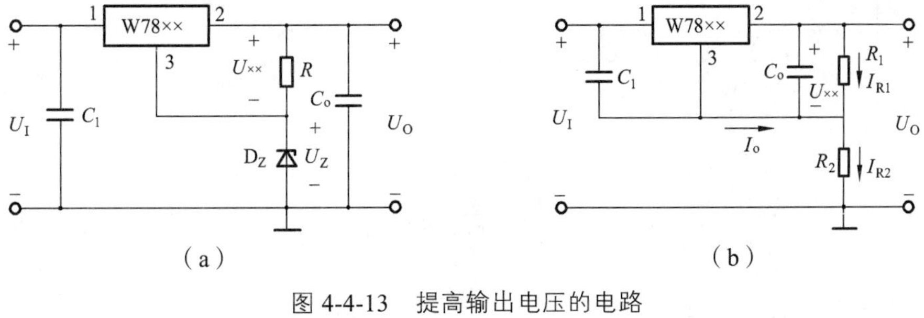

图 4-4-13　提高输出电压的电路

另外，集成稳压器还有三端可调输出集成稳压器。三端可调输出集成稳压器是在三端固定输出集成稳压器的基础上发展起来的，集成片的输入电流几乎全部流到输出端，流到公共端的电流非常小，因此可以用少量的外部元件方便地组成精密可调的稳压电路，应用更为灵活。典

型产品 CW117/CW217/CW317 系列为正电压输出，负电源系列有 CW137/CW237/CW337 等。同一系列的内部电路和工作原理基本相同，只是工作温度不同，如 CW117/CW217/C W317 的工作温度分别为 – 55 ~ 150 °C、 – 25 ~ 150 °C、0 ~ 125 °C。根据输出电流的大小，每个系列又分为 L 型系列（I_O≤0.1 A）、M 型系列（I_O≤0.5 A）。如果不标 M 或 L 的则表示该器件 I_O≤1.5 A。

小　结

1. 直流稳压电源是电子设备中的重要组成部分，用来将交流电网电压变为稳定的直流电压。一般小功率直流电源由电源变压器、整流滤波电路和稳压电路等部分组成。

2. 整流电路的作用是利用二极管的单向导电性，将交流电压变成单方向的脉动直流电压，目前广泛采用整流桥构成桥式整流电路。为了消除脉动电压的纹波电压，需采用滤波电路，单相小功率电源常采用电容滤波。

3. 稳压电路用于在交流电源电压波动或负载变化时稳定直流输出电压。目前广泛采用集成稳压器，在小功率供电系统中多采用线性集成稳压器，而中、大功率稳压电源一般采用开关稳压器。

自测练习题

一、判断题

1. 直流电源是一种能量转换电路，它将交流能量转换为直流能量。(　　)

2. 整流电路可将正弦交流电变为脉动的直流电。(　　)

3. 交流电经过整流电路后，大小依然随时间而发生变化，所以经过整流电路后还是交流电。(　　)

4. 电容滤波电路适用于小负载电流，而电感滤波电路适用于大负载电流。(　　)

5. 电感滤波适用输出电压高、负载电流小且变化小的场合。(　　)

6. 三端集成稳压器 W78××是固定输出正电压的三端集成稳压器。(　　)

7. 三端集成稳压器 W79××是固定输出正电压的三端集成稳压器。(　　)

8. 集成稳压电源 W7905 输出电压为 5 V，输出的是负压。(　　)

9. 在电容滤波电路中，电容量越大，滤波效果越好。(　　)

二、选择题

1. 正弦交流电通过桥式整流电路后，所得到的输出电压是（　　）。

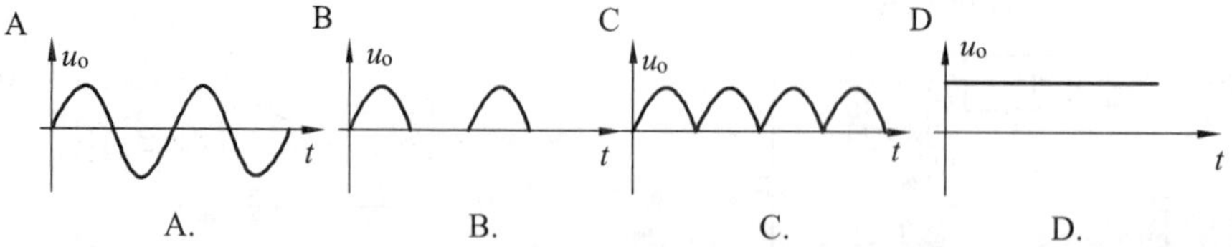

图 4-4-14

2. 变压器二次侧电压 $u_2=\sqrt{2}U_2\sin\omega t$，经过单相桥式整流后，负载电阻 R_L 上的平均电压等于（　　）。

A. $0.45U_2$　　B. $0.9U_2$　　C. $1.2U_2$　　D. $1.4U_2$

3. 整流电路的作用是（　）。

A. 将脉动直流中的交流成分去掉　　B. 将正弦波变成方波

C. 将高频信号变成低频信号　　D. 将交流电变成单向脉动直流电

4. 下列不能起到滤波作用的是图（　　）。

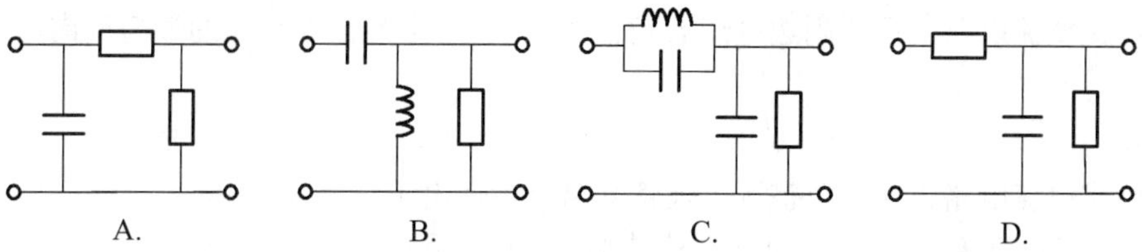

图 4-4-15

5. 直流稳压电源中滤波电路的目的是（　　）。

A. 将交流变为直流

B. 将交、直流混合量中的交流成分全部去掉

C. 将交、直流混合量中的交流成分去掉一部分

D. 将高频变为低频

6. 下列元件常被用作为滤波元件的是（　　）。

A. 电阻和电容　　B. 电感和二极管　　C. 电阻和二极管　　D. 电容和电感

7. 单相桥式整流电路中，如果某二极管接反了，则电路会（　　）。

A. 等效为半波整流电流　　B. 正常工作

C. 整流管将因电流过大而烧坏

8. 单相桥式整流电路如图 4-4-16 所示，若其输入交流电压有效值为 10 V，则整流后的输出电压平均值等于（　　）。

A. 12 V　　B. 10 V　　C. 9 V　　D. 4.5 V

9. 电路如图 4-4-17 所示，桥式整流电容滤波电路中，设 U_2 的有效值为 10V，则 U_o 为(　　)。

A. 4.5 V　　B. 9 V　　C. 12 V　　D. 14 V

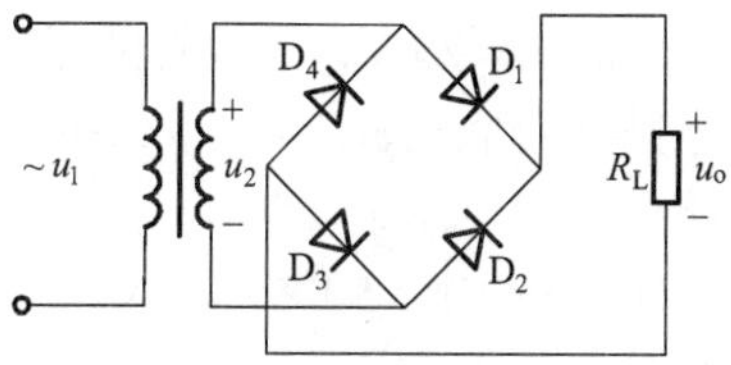

图 4-4-16

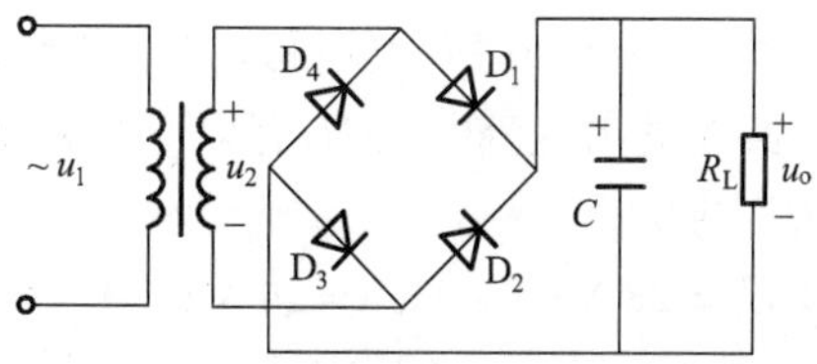

图 4-4-17

10. 稳压管 D_{Z1}、D_{Z2} 稳定电压分别为 5.5 V 和 8.5 V，正向压降都是 0.5 V，按图 4-4-18 所示接法，得到的稳定电压是（　　）。

A. 6 V　　B. 9 V　　C. 14 V　　D. 3 V

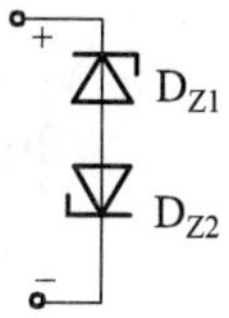

图 4-4-18

11. 三端集成稳压器 W7915 固定输出（　　）。

A. +9 V　　B. －9 V　　C. +15 V　　D. －15 V

12. 三端集成稳压器 W7812 固定输出（　　）。

A. +8 V　　B. －8V　　C. +12 V　　D. －12 V

13. 电容滤波通常适用于（　　）的场合。

A. 平均电压低，负载电流大　　B. 平均电压高，负载电流小

C. 没有任何限制

14. 桥式整流电路，若输出电流平均值为 I_O，整流二极管电流平均值 I_D =（　　）。

A. $I_O/4$　　B. $I_O/2$　　C. I_O　　D. $I_O/\sqrt{2}$

13. 桥式整流电路变压器副边电压有效值为 U_2，每个二极管承受的最高反向电压 $U_{Drm}=$（　　）。

A. $2\sqrt{2}U_2$　　B. $\sqrt{2}U_2$　　C. $U_2/\sqrt{2}$　　D. U_2

15. 桥式整流电路，若一个整流二极管开路，则输出（　　）。

A. 半波整流波形　B. 全波整流波形　　C. 无波形

习　题

1. 在图 4-4-19 所示电路中，已知输入电压 u_i 为正弦波，试分析哪些电路可以作为整流电路？哪些不能，为什么？应如何改正？

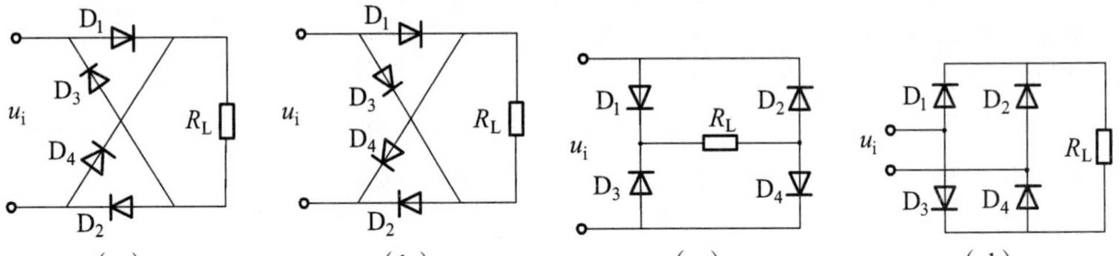

图 4-4-19

2. 已知桥式整流电路负载 $R_L=20\ \Omega$，需要直流电压 $U_o=36$ V。试求变压器二次侧电压、电流及流过整流二极管的平均电流。

3. 在桥式整流电容滤波电路中，已知 $R_L=120\ \Omega$，$U_o=30$ V，交流电源频率 $f=50$ Hz。试选择整流二极管，并确定滤波电容的容量和耐压值。

4. 在如图 4-4-20 所示的桥式整流电容滤波电路中，已知 $U_2=20$ V，二极管的正向压降可忽略，经实测输出直流电压 U_o 有以下几种情况，试分析电路是否能正常工作。如不能，分析是何种原因产生的。

（1）$U_o=28$ V；（2）$U_o=24$ V；（3）$U_o=20$ V；（4）$U_o=18$ V；（5）$U_o=9$ V。

5. 在图 4-4-21 所示的串联型稳压电路中，已知取样电阻 $R_1=1\ \text{k}\Omega$，$R_2=1.5\ \text{k}\Omega$，可调电阻 $R_W=0.5\ \text{k}\Omega$，基准电压 $U_Z=6$ V，求输出电压的调节范围。

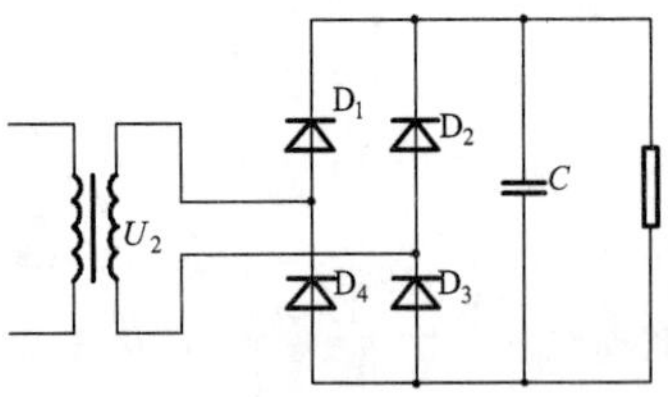

图 4-4-20

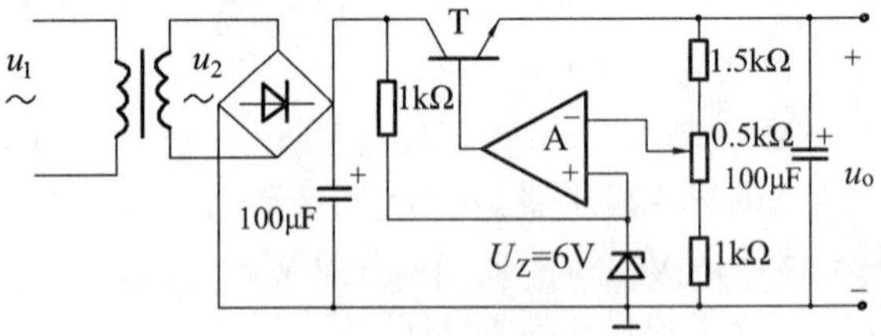

图 4-4-21

任务 5　带电源的函数信号发生器的设计与制作

4.5.1　功能要求

制作一个函数信号发生器，要求自带电源，能输出正、负 12 V 电压；通过波形选择开关，可输出对称方波、占空比可调的方波、三角波、正弦波；输出信号频率分档连续可调，频率调节范围为几十赫兹到几百千赫兹；输出信号的电压幅值连续可调。

4.5.2 项目引导

（1）小组制订工作计划，了解集成运放、集成电源芯片的外管脚意义及应用。

（2）完成电源电路的设计和函数信号发生器的电路设计。

（3）画出布线图。

（4）完成电路所需元器件的购买与检测。

（5）根据布线图制作电路。

（6）完成电路功能检测和故障排除。

（7）了解把各个单元电路组成电子产品的方法和注意的问题，通过小组讨论完成电路的详细分析及编写项目实训报告。

4.5.3 设计思路——框图

选择电源电路，可以采用市电通过变压、整流、滤波并采用集成稳压电源来实现，正弦波电路可以采用 *RC* 桥式振荡电路，方波可以考虑由正弦波变换获得，也可以考虑采用方波产生电路。框图如图 4-5-1 所示。

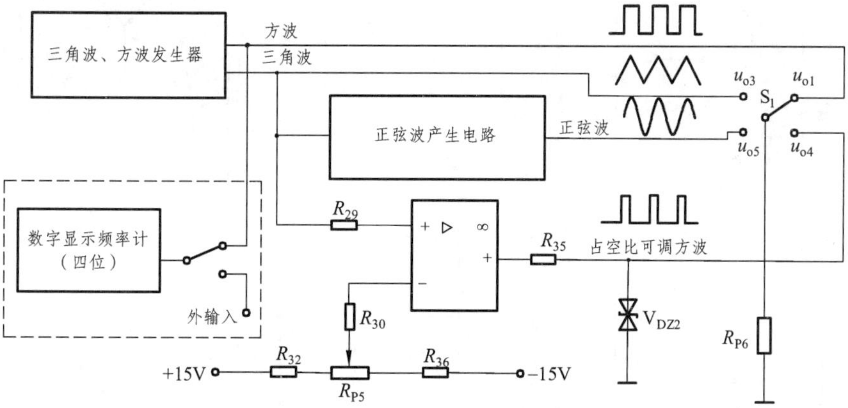

图 4-5-1　函数信号发生器框图

4.5.4 制作调试

采用万能板焊接。

（1）直流电源调试。接通电源，用万用表测量输出端电压是否是+12 V 和 − 12 V。若不是预想的数据，应逐项检测变压器二次侧的电压、整流输出的电压、滤波输出的电压，依次判定是哪里出了故障，进行逐一排查。

（2）正弦波信号调试。用示波器测量正弦波输出电压波形，若没有正弦波或者是失真的正弦波，可以调节电阻的阻值，若还是出现问题，则应考虑电路是否接错或者是否元件的参数有问题。

（3）方波、三角波和占空比可调的方波调试。

4.5.5 参考电路

参考电路如图 4-5-2 所示

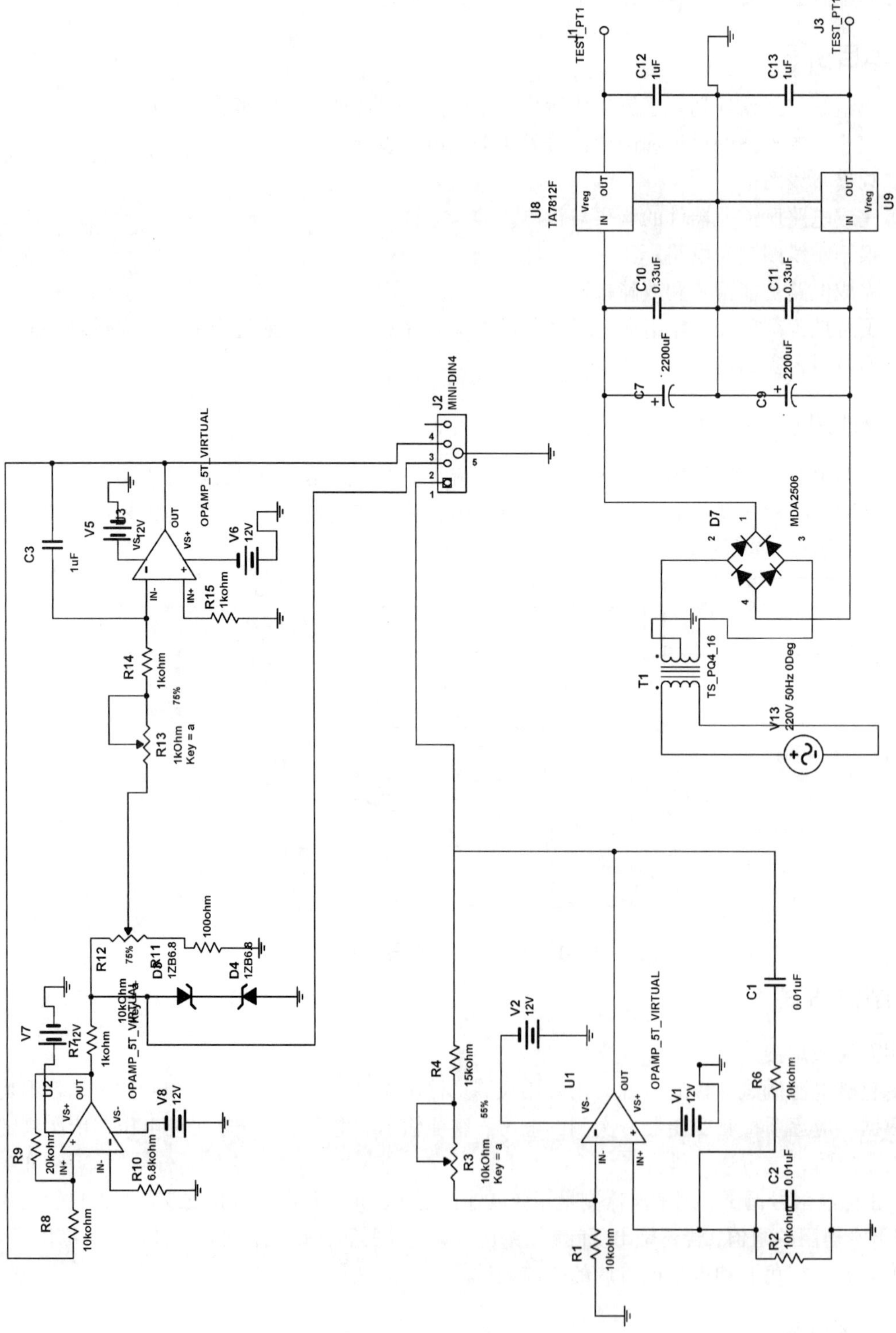
TEST_PT1
J1
C12
1uF
C13
1uF
J3
TEST_PT1
U8
TA7812F
Vreg
IN
OUT
U9
UPC7912
C10
0.33uF
C11
0.33uF
C7
2200uF
C9
2200uF
J2
MINI-DIN4
D7
MDA2506
T1
TS_PQ4_16
V13
220V 50Hz 0Deg
C3
1uF
V5
12V
OPAMP_5T_VIRTUAL
U3
V6
12V
R15
1kohm
R14
1kohm
R13
1kOhm
Key = a
75%
R12
10kOhm
Key = a
R11
100ohm
D3
1ZB6.8
D4
1ZB6.8
V7
12V
R7
1kohm
U2
OPAMP_5T_VIRTUAL
V8
12V
R9
20kohm
R10
6.8kohm
R8
10kohm
R4
15kohm
R3
10kOhm
Key = a
55%
V2
12V
U1
OPAMP_5T_VIRTUAL
V1
12V
C1
0.01uF
R6
10kohm
C2
0.01uF
R2
10kohm
R1
10kohm

图 4-5-2

4.5.6 问题讨论

（1）项目由几部分组成？写出各部分的名称。

（2）u_{o4} 和 u_{o1} 有哪些参数是相同的？不同的是什么？

（3）电路中由运放组成的电压跟随器的作用是什么？

（4）电路是通过什么方法改变各种输出信号的频率的？四种信号的频率是否相同，为什么？

（5）怎样得到正的矩形波？

（6）分析三角波和方波发生器各个组成部分的作用。

（7）如何计算三角波的幅度和频率？

项目五　带数显的四路抢答器的设计与实现

项目功能描述

带数显的四路抢答器用于四组智力竞赛抢答应用场景，每组有一个对应的抢答按钮，主持人有一个发令的总按钮，主持人发令按下启动总按钮后开始抢答，此后哪组最先按下抢答按钮，数码显示即显示该组的组号并锁定，同时，蜂鸣器及指示灯发出声光提示音，之后其他组别再按下按钮则无效，主持人通过“复位”按钮清除 LED 数码管的显示和停止响声。

项目任务分解

分析项目功能可知，项目涉及数字电路的基本知识、逻辑电路的分析与设计方法、逻辑门及编码显示等常用的中规模集成逻辑器件，因而，编者拟将项目切成相互联系的任务碎片，并按任务逐一推进，对所涉及的知识增加冗余度，使学习者一个一个任务完成学习之后，能够按照拼图的方法，自己设计、制作完成项目，并能举一反三地灵活应用所学知识。

职业技能目标

1. 能认识常用 74 系列、4000 系列等集成芯片，能进行功能测试及好坏判断。
2. 能正确辨识 TTL 及 CMOS 集成芯片的种类
3. 能利用计算机和网络等媒介，查找 74 系列、4000 系列等集成芯片的资料，能读懂功能表，能根据管脚排列图知道管脚含义。
4. 能阅读简单的英文技术资料。
5. 培养团队合作精神。

项目知识目标

1. 了解数字电路和数字信号的特点。
2. 掌握与、或、非三种基本逻辑运算以及与非门、异或门等常用的逻辑门的逻辑功能。
3. 了解逻辑代数的基本运算法则和基本定律。
4. 掌握应用逻辑代数运算法则和卡诺图进行化简的方法。
5. 掌握几种逻辑函数表示形式之间的转换方法。
6. 了解集成逻辑门电路的特点和多余输入端、输出端的处理方法。
7. 掌握组合逻辑电路的分析和设计的方法。
8. 熟练掌握常用的组合逻辑模块的使用方法。

任务 1　数字电路的基本知识

5.1.1　数字信号和数字电路

1. 数字信号

模拟信号是指在时间上和数值上连续的信号，如图 5-1-1（a）所示。正弦波、锯齿波等属于模拟信号。传输、处理模拟信号的电路称为模拟电路，如放大电路等。

数字信号是指在时间上和数值上不连续的（即离散的）信号，如图 5-1-1（b）所示。脉冲信号等就属于数字信号。传输、处理数字信号的电路称为数字电路，如计数器等。数字信号只要求分辨两种状态——高电平和低电平，对应表示逻辑 1 和逻辑 0。

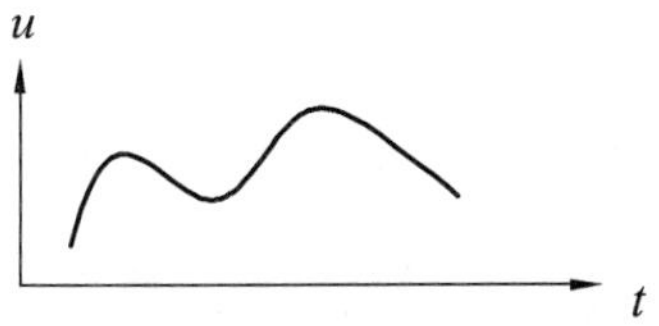

（a）模拟信号

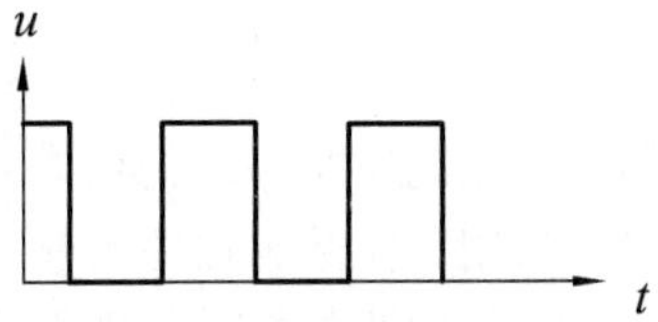

（b）数字信号

图 5-1-1　数字信号和模拟信号

2. 脉冲信号

实际矩形波的上升沿和下降沿并不是很陡峭，如图 5-1-2 所示，描述一个矩形波可以有如下几个主要参数。

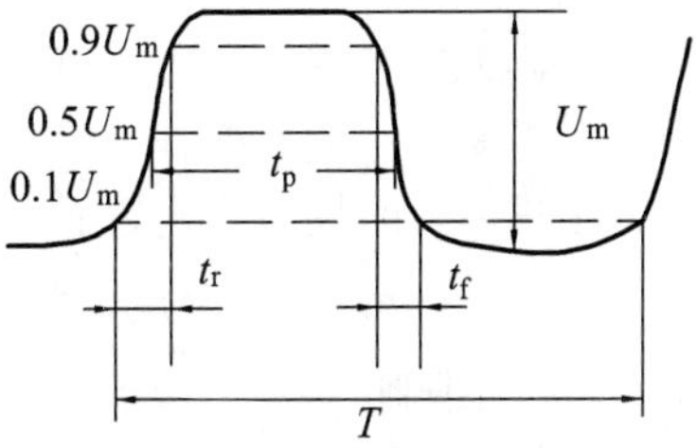

图 5-1-2　矩形波及参数

（1）脉冲宽度 t_p：脉冲波形上升到 $50\%U_m$ 至下降到 $50\%U_m$ 所需的时间。

（2）脉冲上升时间 t_r：脉冲从幅值的 10%处上升到幅值的 90%处所需的时间值。

（3）脉冲下降时间 t_f：脉冲从 90%幅值下降到 10%幅值所需的时间。

（4）脉冲幅值 U_m：脉冲波形最大值。

（5）脉冲周期 T：相邻两个脉冲信号上升沿（或下降沿）上，脉冲幅度的 10%两点之间的时间间隔。

（6）占空比：脉冲宽度与周期比值的百分比，$q(\%) = t_p/T \times 100\%$。

3. 数字电路的优点

（1）由于数字电路是以二值数字逻辑为基础的，只有“0”和“1”两个基本字符，只要处理两种电平——高电平与低电平，因此易于用电路来实现。

（2）高电平、低电平允许有一定的范围，因此数字电路的抗干扰能力较强。

（3）数字电路不仅能完成数值运算，而且能进行逻辑判断和运算，这在控制系统中是不可缺少的。

（4）数字信息便于长期保存，凡是可以区分两种状态的物体就可以记录数字信号，比如可将数字信息存入磁盘、光盘等长期保存。

4. 数字电路的分类

（1）按电路组成结构不同，数字电路可分为分立元件电路和集成电路两类。根据集成度不同，数字集成电路又可分为小规模（SSI）、中规模（MSI）、大规模（LSI）和超大规模（VLSI）等。

（2）按电路所用开关器件的种类不同，可以把数字电路分为双极型和单极型电路。双极型电路如 DTL、TTL、ECL、IIL 和 HTL 等，单极型电路如 NMOS、PMOS 和 CMOS 等。

（3）按电路逻辑功能的不同，数字电路可分为组合逻辑电路和时序逻辑电路。组合逻辑电路的输出状态只取决于当前各输入状态的组合，与先前的状态无关，即无记忆性。时序逻辑电路的输出不仅和当前的输入状态有关，而且还与以前的状态有关，即具有记忆性。

5.1.2 数制与编码

1. 数制

数制是指多位数码中每一位的构成方法及低位向相邻高位的进位规则。

表示数时，仅用一位数码往往不够，必须用进位计数的方法组成多位数码。多位数码每一位的构成以及从低位到高位的进位规则称为进位计数制，简称进位制。常见的有二进制、八进制、十进制和十六进制。

进位制的基数，就是在该进位制中可能用到的数码个数。

在某一进位制的数中，每一位的大小都对应着该位上的数码乘上一个固定的数，这个固定的数就是这一位的权数。权数是一个幂。

1）十进制

数码为：0 ~ 9；基数是 10。

运算规律：逢十进一，即 9 + 1 = 10。

十进制数的权展开式如下：

$$(5555)_{10} = 5\times10^3 + 5\times10^2 + 5\times10^1 + 5\times10^0$$

2）二进制

数码为：0、1；基数是 2。

运算规律：逢二进一，即 1 + 1 = 10。

二进制数的权展开式如下：

$$(101.01)_2 = 1\times2^2 + 0\times2^1 + 1\times2^0 + 0\times2^{-1} + 1\times2^{-2} = (5.25)_{10}$$

3）八进制

数码为：0 ~ 7；基数是 8。

运算规律：逢八进一，即 7 + 1 = 10。

八进制数的权展开式如下：

$$(207.04)_8 = 2\times8^2 + 0\times8^1 + 7\times8^0 + 0\times8^{-1} + 4\times8^{-2} = (135.0625)_{10}$$

4）十六进制

数码为：0 ~ 9、A ~ F；基数是 16。

运算规律：逢十六进一，即 F + 1 = 10。

十六进制数的权展开式如下：

$$(D8.A)_{16} = 13 \times 16^{1} + 8 \times 16^{0} + 10 \times 16^{-1} = (216.625)_{10}$$

微课

数制转换

2. 数制间的转换

将 N 进制数按权展开，即可以转换为十进制数。

1）二进制与十进制的转换

（1）二进制转换成十进制。

将二进制数按权展开，即可以转换为十进制数。如：

$$(10001.01)_2 = 1 \times 2^4+0 \times 2^3+0 \times 2^2+0 \times 2^1+1 \times 2^0+0 \times 2^{-1}+1 \times 2^{-2}$$
$$= 16+0+0+0+1+0+0.25 = 17.25$$

（2）十进制转换成二进制。

整数部分采用基数连除法——先得到的余数为低位，后得到的余数为高位。

小数部分采用基数连乘法——先得到的整数为高位，后得到的整数为低位。

转换后再合并。

例 5-1-1 将十进制数（23.562）$_{10}$转换成二进制数。

解：先将十进制整数 23 转换成二进制数，转换步骤如图 5-1-3 所示。则$(23)_{10} = (10111)_2$。

再将十进制小数$(0.562)_{10}$转换成误差 ε 不大于 2^{-6} 的二进制数。用“乘 2 取整”法，按如图 5-1-4 所示步骤转换。

2 | 23	………余1	b_0	读取次序（↑）
2 | 11	………余1	b_1	
2 | 5	………余1	b_2	
2 | 2	………余0	b_3	
2 | 1	………余1	b_4	
0			

图 5-1-3 十进制整数转换成二进制

		取整		
	0.562×2=1.124	… 1	…b_{-1}	读取次序（↓）
余数	0.124×2=0.248	… 0	…b_{-2}	
余数	0.248×2=0.496	… 0	…b_{-3}	
余数	0.496×2=0.992	… 0	…b_{-4}	
余数	0.992×2=1.984	… 1	…b_{-5}	

图 5-1-4 十进制小数转换成二进制

由于最后的小数 0.984 > 0.5，根据“四舍五入”的原则，b_{-6}应为 1。因此

$$(0.562)_{10} = (0.100011)_2$$

其误差$\varepsilon < 2^{-6}$。

则：$(23.562)_{10} = (10111.100011)_2$

2）二进制数与八进制数的相互转换

（1）二进制数转换为八进制数：将二进制数由小数点开始，整数部分向左，小数部分向右，每 3 位分成一组，不够 3 位补零，则每组二进制数的权位值便是一位八进制数。如：

$$(110\ 101.001)_2 = (65.1)_8$$

（2）八进制数转换为二进制数：将每位八进制数用 3 位二进制数表示。如：

$$(374.26)_8 = (011\ 111\ 100.010\ 110)_2$$

3）二进制数与十六进制数的相互转换

二进制数与十六进制数的相互转换，与二进制与八进制的互换方法相同，只是按照每 4 位二进制数对应于一位十六进制数进行转换。如：

$$(1011\ 0110.1100\ 0101)_2 = (B6.C5)_{16}$$

$$(AF4.76)_{16} = 1010 \quad 1111 \quad 0100.0111 \quad 0110$$

思考：将十进制数转换为十六进制数，可以怎么转换呢？

例：$(25.125)_{10} = (11001.001)_2 = (00011001.0010)_2 = (19.2)_{16}$

3. 码制

由于数字系统是以二值数字逻辑为基础的，因此数字系统中的信息（包括数值、文字、控制命令等）都是用一定位数的二进制码表示的，这个二进制码称为代码。

二进制编码方式有多种，其中二-十进制码，又称 BCD 码（Binary-Coded-Decimal），是其中一种常用的码制，即用二进制代码来表示十进制的 0 ~ 9 十个数。

要用二进制代码来表示十进制的 0 ~ 9 十个数，至少要用 4 位二进制数。4 位二进制数有 16 种组合，可从这 16 种组合中选择 10 种组合分别来表示十进制的 0 ~ 9 十个数。选哪 10 种组合，有多种方案，这就形成了不同的 BCD 码。具有一定规律的常用的 BCD 码见表 5-1-1。

表 5-1-1　常用 BCD 码

十进制数	8421 码	2421 码	5421 码	余三码
0	0 0 0 0	0 0 0 0	0 0 0 0	0 0 1 1
1	0 0 0 1	0 0 0 1	0 0 0 1	0 1 0 0
2	0 0 1 0	0 0 1 0	0 0 1 0	0 1 0 1
3	0 0 1 1	0 0 1 1	0 0 1 1	0 1 1 0
4	0 1 0 0	0 1 0 0	0 1 0 0	0 1 1 1
5	0 1 0 1	1 0 1 1	1 0 0 0	1 0 0 0
6	0 1 1 0	1 1 0 0	1 0 0 1	1 0 0 1
7	0 1 1 1	1 1 0 1	1 0 1 0	1 0 1 0
8	1 0 0 0	1 1 1 0	1 0 1 1	1 0 1 1
9	1 0 0 1	1 1 1 1	1 1 0 0	1 1 0 0
位权	8 4 2 1 $b_3b_2b_1b_0$	2 4 2 1 $b_3b_2b_1b_0$	5 4 2 1 $b_3b_2b_1b_0$	无权

注意，BCD 码用 4 位二进制码表示的只是十进制数的一位。如果是多位十进制数，应先将每一位用 BCD 码表示，然后组合起来。

例 5-1-2　将十进制数 83 分别用 8421 码、2421 码和余 3 码表示。

解： 由表可得

$$(83)_{10} = (1000\ 0011)_{8421BCD}$$

$$(83)_{10} = (1110\ 0011)_{2421BCD}$$

$$(83)_{10} = (1011\ 0110)_{余3码}$$

还有一种常用的四位无权码叫格雷码（Gray），这种码看似无规律，它是按照“相邻性”编码的，即相邻两码之间只有一位数字不同。格雷码常用于模拟量的转换中，当模拟量发生微小变化而可能引起数字量发生变化时，格雷码仅改变 1 位，这样与其他码同时改变两位或多位的情况相比更为可靠，可减少出错的可能性。十进制数的格雷码表示如表 5-1-2 所示。

表 5-1-2　格雷码

十进制数	0	1	2	3	4	5	6	7
$G_3G_2G_1G_0$	0000	0001	0011	0010	0110	0111	0101	0100
十进制数	8	9	10	11	12	13	14	15
$G_3G_2G_1G_0$	1100	1101	1111	1110	1010	1011	1001	1000

注意：格雷码不是 BCD 码。

小　结

1. 数字信号是指在时间上和数值上都是断续变化的离散信号。数字电路是传输、处理数字信号的电路。在数字电路中，人们研究的主要问题是电路的输入信号的状态（0 或 1）和输出状态（0 或 1）之间的逻辑关系。

2. 数字电路中采用二进制数，它只有 1、0 两个代码。常用数制有十进制、二进制、八进制和十六进制，在数字系统中常使用二进制，各种进制间可以相互转换。二进制在运算中遵从“逢二进一”的规则。它转换成十进制的方法是“按权展开”。十进制整数转换成二进制整数时，方法为：“除 2 取余，逆序排列”。由于二进制书写较长，故又有八进制和十六进制。

3. 二进制代码既可以表示数，又可以表示各种符号，二进制编码就是用二进制代码表示各种数或符号的方法。

自测练习题

一、判断题

1. 数字电路中用“1”和“0”分别表示两种状态，二者无大小之分。(　　)
2. 所谓的 8421BCD 码其实就是 4 位的二进制代码且符合“逢二进一”的规律。(　　)
3. 在时间和幅度上都断续变化的信号是数字信号，语音信号不是数字信号。(　　)
4. 逻辑变量的取值，1 比 0 大。(　　)。

二、选择题

1. 十进制数 43 转换成二进制数是（　　）。

A. $(101011)_2$　　B. $(110101)_2$　　C. $(110111)_2$　　D. $(100111)_2$

2. 二进制数$(10011)_2$转换成十进制数是（　　）。

A. 27　　B. 19　　C. 23　　D. 13

3. 十六进制数$(27)_{16}$转换成十进制数是（　　）。

A. 37　　B. 39　　C. 43　　D. 47

4. 二进制数$(11011111101)_2$转换成十六进制数（　　）。

A. $(6FD)_{16}$　　B. $(4F2)_{16}$　　C. $(377)_{16}$　　D. $(C52)_{16}$

习　题

1. 将下列十进制数转换为二进制数：

（1）$(19)_{10}$；（2）$(255)_{10}$

2. 将下列各数转换为十进制数：

（1）$(10101011)_2$；（2）$(1100011)_2$；（3）$(179)_{16}$。

3. 将下列各数转换为二进制数：

（1）$(9A3)_{16}$；（2）$(101)_{16}$；（3）$(C00)_{16}$。

4. 将下列各数转换为十六进制数：

（1）$(10011110010)_2$；（2）$(110001010010)_2$。

5. 已知 $A=(1011010)_2$，$B=(111101)_2$，$C=(1010)_2$，试求（结果请用二进制表示）：

（1）$A+B$；（2）$A-B$；（3）$B\times C$；（4）$A\div C$。

任务 2　逻辑函数及其表示方法

在数字电路中，输入信号与输出信号之间存在一定的逻辑关系，表示输入和输出的逻辑关系的函数称为逻辑函数。逻辑的表示方法有逻辑状态表（真值表）、逻辑表达式及波形图、逻辑符号等。

微课

基本逻辑关系

5.2.1　基本逻辑关系

1.“与”逻辑关系

“与”逻辑指的是：决定事件（L）发生的所有条件（A，B，C，…）均满足时，事件（L）才能发生。如图 5-2-1（a）所示电路，当开关 A、B 都闭合（条件都满足）时，灯才能亮（结果才发生）。条件与结果的对应关系可列表表示，如图 5-2-1（b）所示。

“与”逻辑通常有五种表示方式，即逻辑表达式、逻辑符号、真值表和时序图、卡诺图（在后面介绍）。

（1）与逻辑表达式为：$L = AB$，读作“A 与 B”，是逻辑乘的关系。

（2）与逻辑符号如图 5-2-1（d）所示。

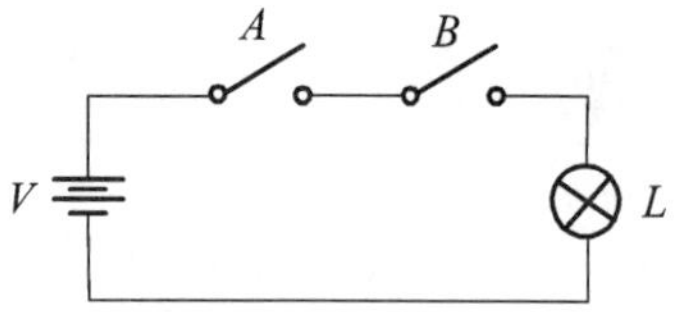

（a）

A	B	灯 L
不闭合	不闭合	不亮
不闭合	闭合	不亮
闭合	不闭合	不亮
闭合	闭合	亮

（b）

A	B	L
0	0	0
0	1	0
1	0	0
1	1	1

（c）

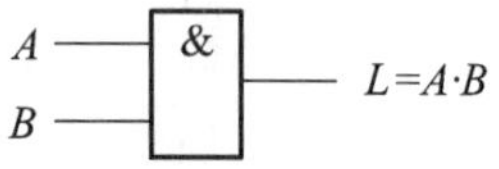

（d）

图 5-2-1　与逻辑

③ 真值表：把电路中条件和结果的两种对立的情况用符号“0”和“1”表示，并在一张表中列出所有条件的所有可能组合及其对应结果，这种表就叫做真值表。

如图 5-2-1（a）所示，将开关接通记作 1，断开记作 0；灯亮记作 1，灯灭记作 0。那么可以用图 5-2-1（c）表格来描述，该表格就是真值表。

“与”逻辑功能可概括为：输入有 0，输出为 0；输入全 1，输出为 1。

（4）时序图：指输入和输出在时序上的关系。例如，$F = ABC$ 的逻辑关系的时序图可以表示为图 5-2-2 所示。

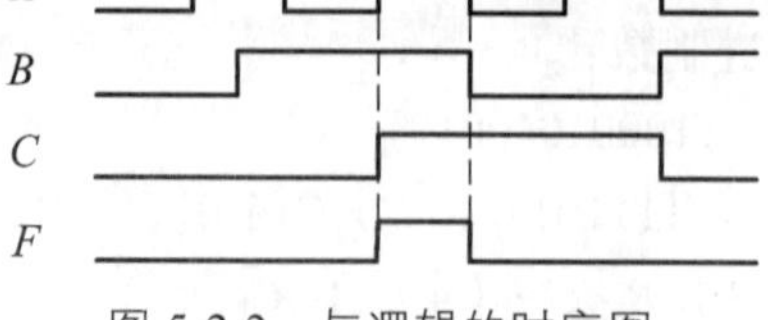

图 5-2-2　与逻辑的时序图

2.“或”逻辑关系

“或”逻辑指的是：决定事件（*L*）发生的各种条件（*A*，*B*，*C*，…）中，只要有一个或多个条件具备时，事件（*L*）就能发生。如图 5-2-3（a）所示电路，当开关 *A*、*B* 只要有一个闭合（至少有一个条件满足）时，灯就能亮（结果就会发生）。条件与结果的对应关系可列表表示，如图 5-2-3（b）所示。

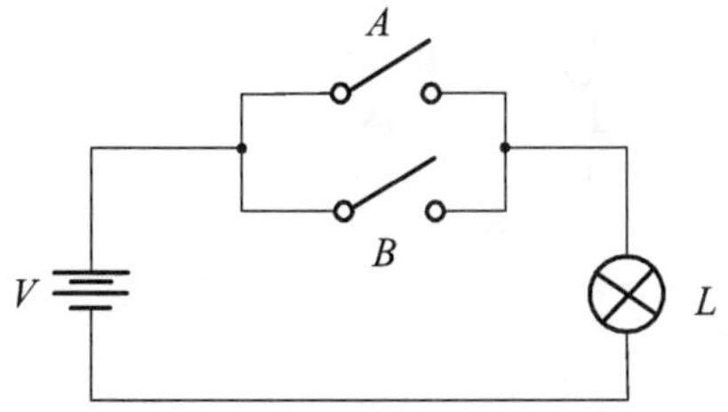

（a）

开关*A*	开关*B*	灯*L*
不闭合	不闭合	不亮
不闭合	闭合	亮
闭合	不闭合	亮
闭合	闭合	亮

（b）

A	*B*	*L*=*A*+*B*
0	0	0
0	1	1
1	0	1
1	1	1

（c）

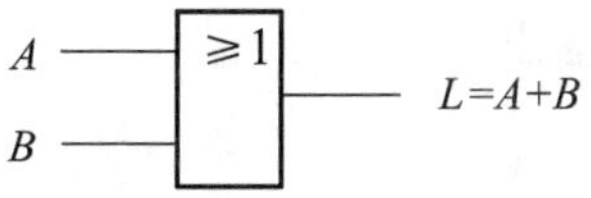

（d）

图 5-2-3　或逻辑

“或”逻辑的表示方式：

（1）或逻辑表达式为：$L = A$+B，读作“A 或 B”，是逻辑“和”的关系。

（2）或逻辑符号如图 5-2-3（d）所示。

（3）“或”逻辑的真值表如图 5-2-3（c）所示。

“或”逻辑功能可概括为：输入有 1，输出为 1；输入全 0，输出为 0。

（4）时序图：已知或逻辑 $F = A+B+C$，其输入 *A*、*B*、*C* 的波形如图 5-2-4 所示，画出输出 *F* 的波形图（时序图）如图 5-2-4 所示。

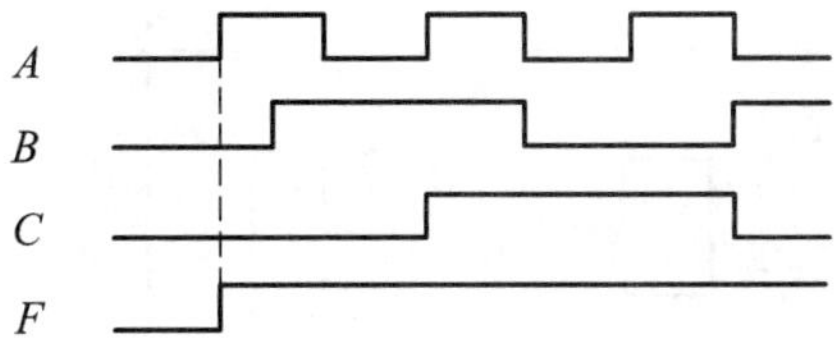

图 5-2-4　$F = A+B+C$ 的时序图

3.“非”逻辑关系

“非”逻辑指的是逻辑的否定。当决定事件（*L*）发生的条件（*A*）满足时，事件不发生；条件不满足，事件反而发生。如图 5-2-5（a）所示电路，当开关 A 闭合（条件满足）时，灯反而灭（结果不会发生）；相反，当开关断开时，灯亮。条件与结果的对应关系可用表图 5-2-5（b）表示。

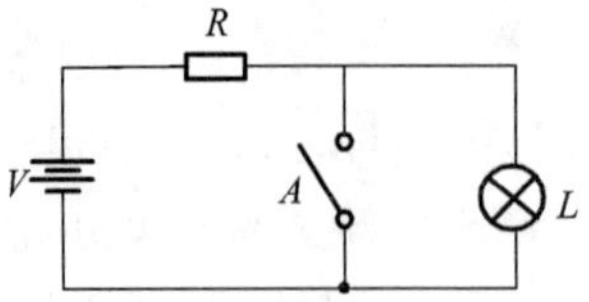

（a）

开关A	灯L
不闭合	亮
闭合	不亮

（b）

A	$L=\overline{A}$
0	1
1	0

（c）

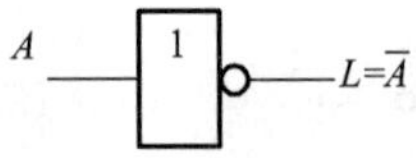

（d）

图 5-2-5　非逻辑

（1）非逻辑表达式为：$L=\overline{A}$，读作 A 非，是取反的意思。

（2）非逻辑符号如图 5-2-5（d）所示，符号中的小圆圈代表“非”的意思。

（3）非逻辑的真值表如图 5-2-5（c）所示，非门只有一个输入端。

“非”逻辑功能可概括为：输入为 1，输出为 0；输入为 0，输出为 1。

（4）非逻辑的时序图如图 5-2-6 所示。

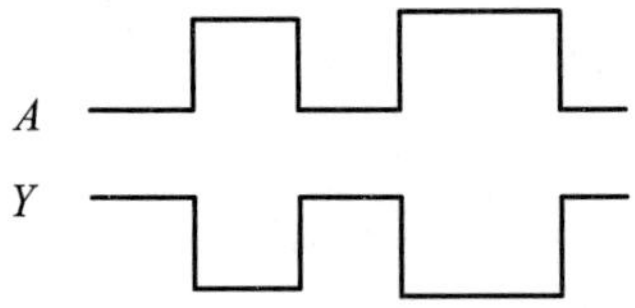

图 5-2-6　非逻辑的时序图

4. 复合逻辑关系

由三种基本逻辑关系可以构成复合逻辑关系，常用的几种复合逻辑关系如表 5-2-1 所示。

表 5-2-1　复合逻辑关系

逻辑名称	与非	或非	与或非	异或	同或
逻辑表达式	$Y=\overline{AB}$	$Y=\overline{A+B}$	$Y=\overline{AB+CD}$	$Y=A\oplus B$	$Y=A\odot B$
逻辑符号	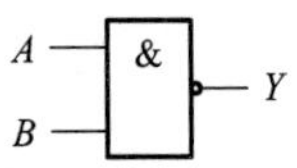	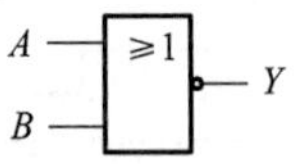	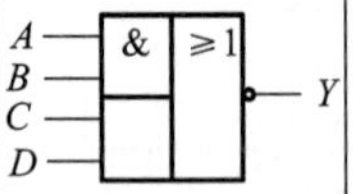	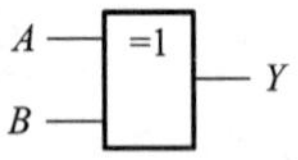	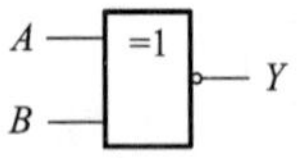
真值表	A B / Y 0 0 / 1 0 1 / 1 1 0 / 1 1 1 / 0	A B / Y 0 0 / 1 0 1 / 0 1 0 / 0 1 1 / 0	A B C D / Y 0 0 0 0 / 1 0 0 0 1 / 1 … … … … / … 1 1 1 1 / 0	A B / Y 0 0 / 0 0 1 / 1 1 0 / 1 1 1 / 0	A B / Y 0 0 / 1 0 1 / 0 1 1 / 0 1 1 / 1
逻辑运算规律	有0得1 全1得0	有1得0 全0得1	与项为1 结果为0 其余输出全为1	不同为1 相同为0	不同为0 相同为1

注意：

①“与非”逻辑是逻辑“与”的结果再经过“非”的运算，其表达式是$Y=\overline{AB}\neq\overline{A}\,\overline{B}$；

② 异或和同或互为反逻辑，即：$Y=A\oplus B=\overline{A\odot B}$或者 $Y=A\odot B=\overline{A\oplus B}$；异或表示相异为1，同或表示相同为1。

5.2.2 逻辑函数的基本定律和规则

逻辑函数和普通代数一样，有一套完整的运算规则，包括公理、定理和定律，用它们对逻辑函数式进行处理，可以完成对电路的化简、变换、分析与设计。

1. 逻辑函数的基本公式

1）常量之间的关系

与运算：$0\cdot 0=0$　　$0\cdot 1=0$　　$1\cdot 0=0$　　$1\cdot 1=1$

或运算：$0+0=0$　　$0+1=1$　　$1+0=1$　　$1+1=1$

非运算：$\overline{0}=1$　　$\overline{1}=0$

2）逻辑函数的基本定律

0-1 律：$\begin{cases}A+0=A\\A\cdot 1=A\end{cases}$　$\begin{cases}A+1=1\\A\cdot 0=0\end{cases}$

互补律：$A+\overline{A}=1$　　$A\overline{A}=0$

等幂律：$A+A=A$　　$AA=A$

双重否定律：$\overline{\overline{A}}=A$

3）逻辑函数的基本定理

交换律：$\begin{cases}A\cdot B=B\cdot A\\A+B=B+A\end{cases}$

结合律：$\begin{cases}(A\cdot B)\cdot C=A\cdot(B\cdot C)\\(A+B)+C=A+(B+C)\end{cases}$

分配律：$\begin{cases}A\cdot(B+C)=A\cdot B+A\cdot C\\A+B\cdot C=(A+B)\cdot(A+C)\end{cases}$

反演律（摩根定律）：$\begin{cases}\overline{A\cdot B}=\overline{A}+\overline{B}\\\overline{A+B}=\overline{A}\cdot\overline{B}\end{cases}$

其中，分配律$A+BC=(A+B)(A+C)$与普通的数学代数不一样，要特别注意。下面证明分配律：$A+BC=(A+B)(A+C)$。

证明：$(A+B)(A+C)=AA+AB+AC+BC$

$=A+AB+AC+BC$

$=A(1+B+C)+BC$

$=A+BC$

4）常用公式

还原律：$\begin{cases}A\cdot B+A\cdot\overline{B}=A\\(A+B)\cdot(A+\overline{B})=A\end{cases}$

吸收率：$\begin{cases} A+A\cdot B=A \\ A\cdot(A+B)=A \end{cases}$ $\begin{cases} A\cdot(\overline{A}+B)=A\cdot B \\ A+\overline{A}\cdot B=A+B \end{cases}$

冗余率：$\begin{cases} AB+\overline{A}C+BC=AB+\overline{A}C \\ AB+\overline{A}C+BCD=AB+\overline{A}C(\text{推广公式}) \end{cases}$

例 5-2-1 证明吸收律 $A+\overline{A}B=A+B$。

证明
$$\begin{aligned} A+\overline{A}B &= A(B+\overline{B})+\overline{A}B \\ &= AB+A\overline{B}+\overline{A}B \\ &= AB+AB+A\overline{B}+\overline{A}B \\ &= A(B+\overline{B})+B(A+\overline{A}) \\ &= A+B \end{aligned}$$

2. 逻辑函数的三个基本规则

1）代入规则

代入规则的基本内容是：对于任何一个逻辑等式，以某个逻辑变量或逻辑函数同时取代等式两端任何一个逻辑变量后，等式依然成立。

利用代入规则可以方便地扩展公式。例如，在反演律 $\overline{AB}=\overline{A}+\overline{B}$ 中用 BC 去代替等式中的 B，则新的等式仍成立：

$$\overline{ABC}=\overline{A}+\overline{BC}=\overline{A}+\overline{B}+\overline{C}$$

2）对偶规则

将一个逻辑函数 L 进行下列变换：

$$\begin{array}{cccccc} \cdot & + & 0 & 1 & A & \overline{A} \\ \downarrow & \downarrow & \downarrow & \downarrow & \downarrow & \downarrow \\ + & \cdot & 1 & 0 & A & \overline{A} \end{array}$$

并按运算的先后顺序，所得新函数表达式叫作 L 的对偶式，用 L' 表示。

对偶规则的基本内容是：如果两个逻辑函数表达式相等，那么它们的对偶式也一定相等。

3）反演规则

将一个逻辑函数 L 进行下列变换：

$$\begin{array}{cccccc} \cdot & + & 0 & 1 & A & \overline{A} \\ \downarrow & \downarrow & \downarrow & \downarrow & \downarrow & \downarrow \\ + & \cdot & 1 & 0 & \overline{A} & A \end{array}$$

并按运算的先后顺序，所得新函数表达式叫作 L 的反函数，用 $\overline{L}$ 表示。

利用反演规则，可以非常方便地求得一个函数的反函数。

例 5-2-2 求函数 $L=\overline{A}C+B\overline{D}$ 的反函数。

解： $\overline{L}=(A+\overline{C})\cdot(\overline{B}+D)$

例 5-2-3 求函数 $L=A\cdot\overline{B+C+\overline{D}}$ 的反函数。

解： $\overline{L}=\overline{A}+\overline{\overline{B}\cdot\overline{C}\cdot D}$

在应用反演规则求反函数时要注意：保持运算的优先顺序不变，必要时加括号表明。变换中，几个变量（一个以上）的公共非号保持不变。

5.2.3 逻辑函数表示形式的相互转换

微课

逻辑函数表示形式的相互转换

1. 由真值表转换到与或表达式

第一步：如表 5-2-2 所示，取真值表中函数值为“1”的各项，将变量写成“与”的形式；（变量为 1，取其本身；变量为 0，取其反）。

第二步：将各项写成“或”的形式。

$$Y = \overline{A}BC + A\overline{B}C + AB\overline{C} + ABC$$

表 5-2-2　真值表

输　入			输　出
A	B	C	Y
0	0	0	0
0	0	1	0
0	1	0	0
0	1	1	1
1	0	0	0
1	0	1	1
1	1	0	1
1	1	1	1

2. 由逻辑表达式转换到真值表

例如，将逻辑表达式 $Y = \overline{A}B + A\overline{B}$ 转换成真值表。

第一步：把逻辑表达式中变量的各种取值组合有序地添入真值表中（有 n 个变量时，变量的取值组合有 2^n 个）；

第二步：计算出变量的各种取值组合对应的函数值，并添入表 5-2-3 中。

表 5-2-3　真值表

输入		输出
A	B	Y
0	0	0
0	1	1
1	0	1
1	1	0

3. 逻辑表达式转换到逻辑图

逻辑表达式的运算顺序是先“非”后“与”再“或”，画成逻辑图时，先找出输入变量，如果包含非函数，则先用非逻辑，再找出与逻辑（即乘积项的个数），画出与逻辑符号；最后，用或逻辑实现表达式中“或”（即“+”）的关系。

例 5-2-4　画出下列逻辑表达式的电路图。

$$L = \overline{A}BC + A\overline{B}C + AB\overline{C} + ABC$$

解：画出电路图如图 5-2-7 所示。

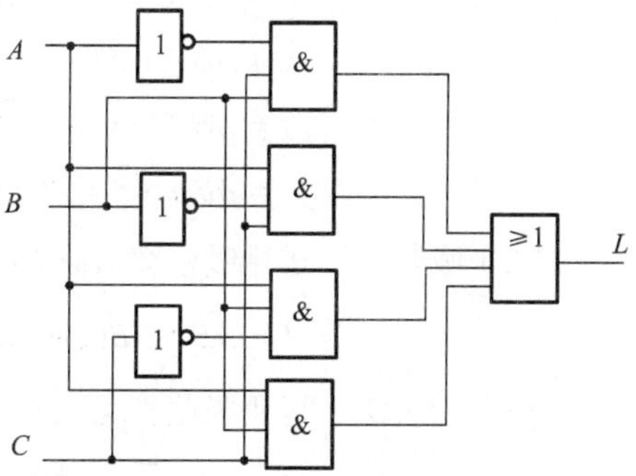

图 5-2-7　例 5-2-4 电路图

5.2.4 逻辑函数及其化简

1. 逻辑函数化简的意义

先举一个例子，利用逻辑函数的公式将下列逻辑表达式进行变换。

$$
\begin{aligned}
Y &= AB+\bar{A}C \\
&= (A+C)(\bar{A}+B) \\
&= \overline{\overline{AB}\cdot\overline{\bar{A}C}} \\
&= \overline{\overline{A+C}+\overline{\bar{A}+B}} \\
&= \overline{\bar{A}\bar{C}+A\bar{B}}
\end{aligned}
$$

所以，一个逻辑函数的表达式可以有多种表示形式。

（1）与或表达式：$Y=AB+\bar{A}C$

（2）或与表达式：$Y=(\bar{A}+B)(A+C)$

（3）与非-与非表达式：$Y=\overline{\overline{AB}\cdot\overline{\bar{A}C}}$

（4）或非-或非表达式：$Y=\overline{\overline{\bar{A}+B}+\overline{A+C}}$

（5）与或非表达式：$Y=\overline{A\bar{B}+\bar{A}\bar{C}}$

一种形式的函数表达式对应一种逻辑电路。尽管一个逻辑函数表达式的各种表示形式不同，但逻辑功能是相同的。

逻辑表达式越简单，实现它的电路越简单，级数越少，工作速度越高，电路工作越稳定可靠。逻辑函数最常用的表达式是与-或式，最简与-或表达式的标准是：

① 与项最少，即表达式中“+”号最少。

② 每个与项中的变量数最少，即表达式中“·”号最少。

把逻辑函数化成最简与-或式的方法有公式法和图形法两种。

2. 逻辑函数的公式法化简

用公式法化简逻辑函数，就是直接利用逻辑函数的基本公式和基本规则进行化简。公式法化简没有固定的步骤，常用的化简方法有以下几种。

（1）并项法。运用公式 $A+\bar{A}=1$，将两项合并为一项，消去一个变量。如：

$$L=AB\bar{C}+ABC=AB(\bar{C}+C)=AB$$

$$
\begin{aligned}
L &= A(BC+\bar{B}\bar{C})+A(B\bar{C}+\bar{B}C) \\
&= ABC+A\bar{B}\bar{C}+AB\bar{C}+A\bar{B}C \\
&= AB(C+\bar{C})+A\bar{B}(C+\bar{C}) \\
&= AB+A\bar{B}=A(B+\bar{B})=A
\end{aligned}
$$

（2）吸收法。运用吸收律 $A+AB=A$ 消去多余的与项。如：

$$L=A\bar{B}+A\bar{B}(C+DE)=A\bar{B}$$

（3）消去法。运用吸收律 $A+\bar{A}B=A+B$ 消去多余的因子。如：

$$L=AB+\bar{A}C+\bar{B}C=AB+(\bar{A}+\bar{B})C=AB+\overline{AB}C=AB+C$$

$$L=\overline{A}+AB+\overline{B}E=\overline{A}+B+\overline{B}E=\overline{A}+B+E$$

（4）配项法。先通过乘以 $A+\overline{A}$（$=1$）或加上 $A\overline{A}$（$=0$），增加必要的乘积项，再用以上方法化简。如：

$$L=AB+\overline{A}C+BCD=AB+\overline{A}C+BCD(A+\overline{A})=AB+\overline{A}C+ABCD+\overline{A}BCD=AB+\overline{A}C$$

$$L=AB\overline{C}+\overline{ABC}\cdot\overline{AB}=AB\overline{C}+\overline{ABC}\cdot\overline{AB}+AB\cdot\overline{AB}=AB(\overline{C}+\overline{AB})+\overline{ABC}\cdot\overline{AB}$$

$$=AB\cdot\overline{ABC}+\overline{ABC}\cdot\overline{AB}=\overline{ABC}(AB+\overline{AB})=\overline{ABC}$$

在化简逻辑函数时，要灵活运用上述方法，才能将逻辑函数化为最简。但往往在增加配项时会感到没有规律可循，同时，经过变换的表达式是不是最简的表达式也无从判定，如下例。

例 5-2-5 化简逻辑函数 $L=A\overline{B}+B\overline{C}+\overline{B}C+\overline{A}B$

解法 1 $L=A\overline{B}+B\overline{C}+\overline{B}C+\overline{A}B+A\overline{C}$ （增加冗余项 $A\overline{C}$）

$=A\overline{B}+\overline{B}C+\overline{A}B+A\overline{C}$ （消去 1 个冗余项 $B\overline{C}$）

$=\overline{B}C+\overline{A}B+A\overline{C}$ （再消去 1 个冗余项 $A\overline{B}$）

解法 2 $L=A\overline{B}+B\overline{C}+\overline{B}C+\overline{A}B+\overline{A}C$ （增加冗余项 $\overline{A}C$）

$=A\overline{B}+B\overline{C}+\overline{A}B+A\overline{C}$ （消去 1 个冗余项 $\overline{B}C$）

$=A\overline{B}+B\overline{C}+A\overline{C}$ （再消去 1 个冗余项 $\overline{A}B$）

由上例可知，逻辑函数的化简结果不是唯一的。

公式法化简的优点是不受变量数目的限制。缺点是：没有固定的步骤可循；需要熟练运用各种公式和定理；需要一定的技巧和经验；有时很难判定化简结果是否最简。

3. 逻辑函数的图形法化简

逻辑函数的图形法化简，就是利用卡诺图来化简逻辑函数。卡诺图是最小项的方格图，下面先来介绍最小项的概念。

1）最小项

如果函数的某个乘积项包含了函数的全部变量，并且每个变量都以原变量或反变量的形式出现且仅出现一次，那么，该乘积项就是该函数的最小项。

n 变量逻辑函数的全部最小项共有 2^n 个。如三变量逻辑函数 $L=f(A,B,C)$ 的最小项共有 $2^3=8$ 个，如表 5-2-4 所示。

表 5-2-4 三变量逻辑函数的最小项及编号

最小项	变量取值 $A\ B\ C$	编号
$\overline{A}\,\overline{B}\,\overline{C}$	0 0 0	m_0
$\overline{A}\,\overline{B}C$	0 0 1	m_1
$\overline{A}B\overline{C}$	0 1 0	m_2
$\overline{A}BC$	0 1 1	m_3
$A\overline{B}\,\overline{C}$	1 0 0	m_4
$A\overline{B}C$	1 0 1	m_5
$AB\overline{C}$	1 1 0	m_6
ABC	1 1 1	m_7

为了叙述和书写的方便，用符号 m_i 来表示最小项，其中下标 i 是这样确定的：把最小项中原变量记为 1，反变量记为 0，并确定变量的高低位排列顺序，这样就可以得到一个二进制数，则与这个二进制数相对应的十进制数，就是下标 i。

2）逻辑函数的最小项表达式

任何一个逻辑函数表达式都可以转换为一组最小项之和，称为最小项表达式。最小项表达式也称为函数的标准与或表达式。

例 5-2-6 将逻辑函数 $L(A, B, C) = AB + \overline{A}C$ 转换成最小项表达式。

解：该函数为三变量函数，而表达式中每项只含有两个变量，不是最小项。要变为最小项，就应补齐缺少的变量，办法为将各项乘以 1，如 AB 项乘以 $(C+\overline{C})$，$\overline{A}C$ 项乘以 $(B+\overline{B})$。

$$L(A, B, C) = AB + \overline{A}C = AB(C+\overline{C}) + \overline{A}C(B+\overline{B}) = ABC + AB\overline{C} + \overline{A}BC + \overline{A}\,\overline{B}C$$
$$= m_7 + m_6 + m_3 + m_1$$

为了简化，也可用最小项下标编号来表示最小项，故上式也可写为

$$L(A, B, C) = \sum m(1, 3, 6, 7)$$

如果函数不是以“与-或表达式”的形式出现时，应先将其变成“与—或表达式”再转换。式中有很长的非号时，可先把非号去掉。

例 5-2-7 将逻辑函数 $F(A, B, C) = AB + \overline{AB + \overline{A}\,\overline{B} + \overline{C}}$ 转换成最小项表达式。

解：$F(A, B, C) = AB + \overline{AB + \overline{A}\,\overline{B} + \overline{C}}$

$$= AB + \overline{AB} \cdot \overline{\overline{A}\,\overline{B}} \cdot C = AB + (\overline{A}+\overline{B})(A+B)C = AB + \overline{A}BC + A\overline{B}C$$
$$= AB(C+\overline{C}) + \overline{A}BC + A\overline{B}C = ABC + AB\overline{C} + \overline{A}BC + A\overline{B}C$$
$$= m_7 + m_6 + m_3 + m_5 = \sum m(3, 5, 6, 7)$$

3）卡诺图

卡诺图也叫函数最小项的方格图，将逻辑函数的最小项重新排列成矩阵形式，并且使矩阵的横方向和纵方向的逻辑变量的取值按照格雷码的顺序排列，保证相邻的两个最小项中只有一个变量不同，这样构成的图形就是卡诺图。

卡诺图的方格是用来存放最小项的，并且利用几何位置上的相邻性来表示最小项的逻辑相邻性，因而可知：卡诺图的方格数与最小项的个数是相同的。图 5-2-8 是二变量、三变量和四变量的卡诺图。

B \ A	0	1
0	m_0	m_2
1	m_1	m_3

（a）2 变量卡诺图

C \ AB	00	01	11	10
0	m_0	m_2	m_6	m_4
1	m_1	m_3	m_7	m_5

（b） 三变量卡诺图

CD \ AB	00	01	11	10
00	m_0	m_4	m_{12}	m_8
01	m_1	m_5	m_{13}	m_9
11	m_3	m_7	m_{15}	m_{11}
10	m_2	m_6	m_{14}	m_{10}

（c）四变量卡诺图

图 5-2-8 二变量、三变量和四变量的卡诺图

卡诺图的特点如下：

① 卡诺图中行、列两组变量的取值要按格雷码排列，才能保证相邻的两个方格在逻辑关系上也是相邻的。

② 对于含有 n 个逻辑变量的函数，卡诺图有 2^n 个方格，且需要整齐排列。

③ 卡诺图的相邻不仅指卡诺图中的几何位置上相邻，也指对称相邻，即方格以左右或上下中心线为轴线对称位置上的方格，如：图（c）中 m_0、m_2、m_8、m_{10} 也相邻。

4）图形法化简逻辑函数

（1）函数的图形法化简的步骤：

逻辑表达式或真值表→卡诺图→画卡诺圈→合并最小项→最简与或表 达式。

（2）函数向卡诺图的移植。

情形 1：如果函数是以真值表的形式出现，如表 5-2-5 所示，从真值表可知该函数有三个输入变量，则先画出三变量卡诺图，然后将真值表中使 L 的取值为 1 的输入的组合所对应的最小项填入卡诺图中对应的小方格中，其余的填 0 或不填即可，如图 5-2-9 所示。

表 5-2-5 真值表

A	B	C	L
0	0	0	0
0	0	1	0
0	1	0	0
0	1	1	1
1	0	0	0
1	0	1	1
1	1	0	1
1	1	1	1

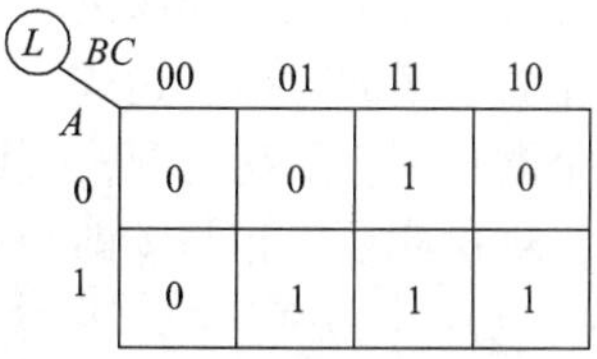

图 5-2-9 卡诺图

情形 2：如果逻辑表达式为最小项表达式，则同样先分析输入变量的个数，画出卡诺图，然后将函数式中出现的最小项在卡诺图对应的小方格中填入 1，没出现的最小项则在卡诺图对应的小方格中填入 0 或不填。

例 5-2-8 用卡诺图表示逻辑函数 $F=\overline{A}\,\overline{B}\,\overline{C}+\overline{A}BC+AB\overline{C}+ABC$。

解：该函数为三变量，且为最小项表达式，写成简化形式 $F=m_0+m_3+m_6+m_7$，然后画出三变量卡诺图，将卡诺图中 m_0、m_3、m_6、m_7 对应的小方格填 1，其他小方格填 0，如图 5-2-10 所示。

情形 3：若函数不是以最小项出现的，而是以一般的与或表达式出现的，则首先画出输入变量卡诺图，然后，每一个与项在卡诺图中利用交叉重叠的分析，把对应的所有小方格全部填入 1，已经填过 1 的就不用再填了。

例 5-2-9 用卡诺图表示逻辑函数 $G=A\overline{B}+B\overline{C}D$。

解：如图 5-2-11 所示，$A\overline{B}$ 即把最下面的 4 个方格填上 1，而 $B\overline{C}D$ 则在中间的两个方格中填 1。

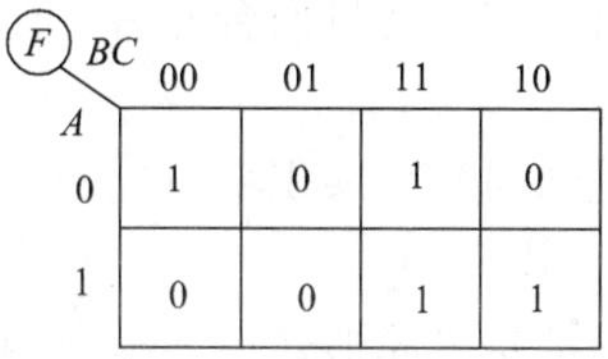

图 5-2-10 例 5-2-8 卡诺图

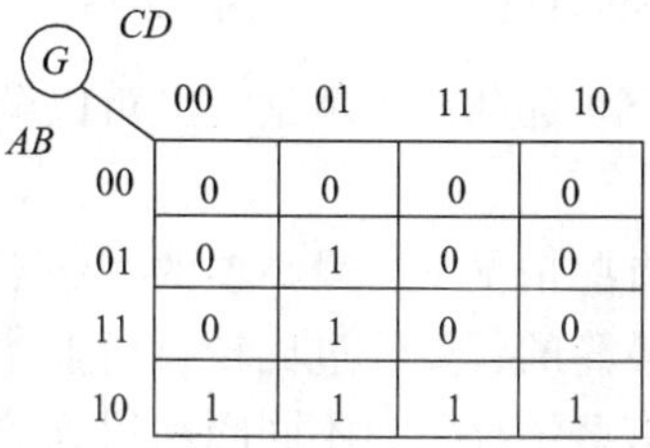

图 5-2-11 例 5-2-9 卡诺图

情形 4：如果逻辑表达式不是“与-或表达式”，可先将其化成“与-或表达式”再填入卡诺图，这里不再赘述。

（3）卡诺圈的画法。

用卡诺图化简逻辑函数，就是在卡诺图中找相邻的最小项，即画卡诺圈。为了保证将逻辑函数化到最简，画卡诺圈时必须遵循以下原则：

① 每个圈必须包含 2^n（$n=0$，1，2，3，…）个 1 方格，并且这些 1 方格应成方阵或矩阵排列。

② 圈要尽可能大，这样消去的变量就多。要特别注意对边相邻性和四角相邻性。

③ 圈的个数尽量少，这样化简后的逻辑函数的与项就少。

④ 卡诺图中所有取值为 1 的方格均要被圈过，即不能漏下取值为 1 的最小项。

⑤ 取值为 1 的方格可以被重复圈在不同的包围圈中，但在新画的包围圈中至少要含有 1 个未被圈过的 1 方格，否则该包围圈是多余的。

（4）化简卡诺圈写出表达式。

每一个圈写一个最简与项，规则是：取值为 1 的变量用原变量表示，取值为 0 的变量用反变量表示，将这些变量相与（即去异存同）。然后将所有与项进行逻辑加，即得最简与-或表达式。

卡诺圈包含 2 个相邻的最小项时，可以消去 1 个取值不同的变量而合并为 1 项，如图 5-2-12 所示。

卡诺圈包含 4 个相邻的最小项时，可以消去 2 个取值不同的变量而合并为 1 项，如图 5-2-13 所示。

卡诺圈包含 8 个相邻的最小项时，可以消去 3 个取值不同的变量而合并为 1 项，如图 5-2-14 所示。

消去变量的原则是“去异存同”。如图 5-2-13 中，四个角的包围圈去异存同，则可以写出表达式 $\overline{B}\overline{D}$。

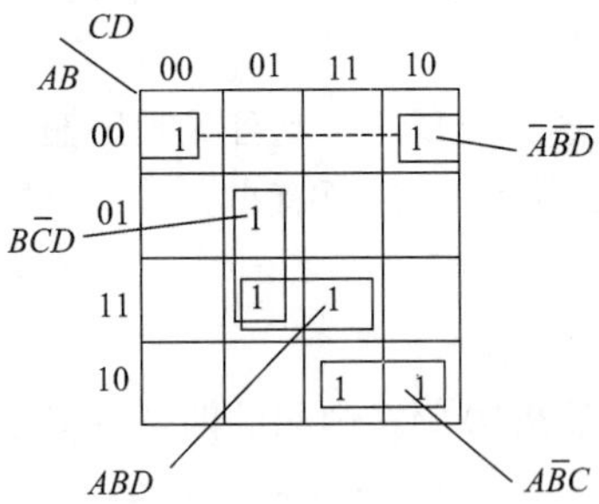

图 5-2-12　2 个相邻的最小项合并

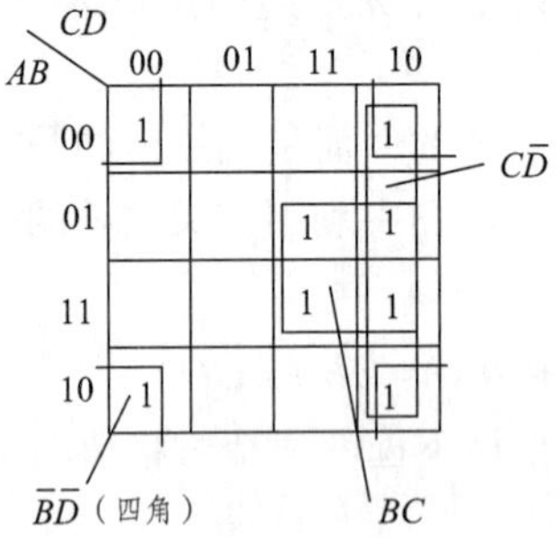

图 5-2-13　4 个相邻的最小项合并

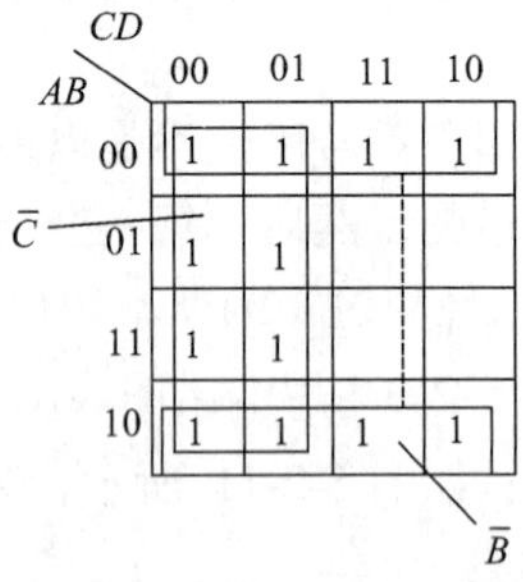

图 5-2-14　8 个相邻的最小项合并

总之，2^n 个相邻的最小项结合，可以消去 n 个取值不同的变量而合并为 1 项。

两点说明：

第一：在有些情况下，最小项的圈法不只一种，得到的各个乘积项组成的与或表达式各不相同，哪个是最简的，要经过比较、检查才能确定。

第二：在有些情况下，不同圈法得到的与或表达式都是最简形式。即一个函数的最简与或表达式不是唯一的。

例 5-2-10　化简逻辑函数 $L = A\overline{B} + B\overline{C} + \overline{B}C + \overline{A}B$。

解法 1　① 将逻辑函数与或式移植到卡诺图，如图 5-2-15（a）所示。

② 画包围圈合并最小项，如图 5-2-15（a）所示，得简化的与-或表达式：

$$L = \overline{B}C + \overline{A}B + A\overline{C}$$

解法 2　① 将逻辑函数与或式移植到卡诺图，如图 5-2-15（b）所示。

② 画包围圈合并最小项，如图 5-2-15（b）所示，得简化的与-或表达式：

$$L = A\overline{B} + B\overline{C} + \overline{A}C$$

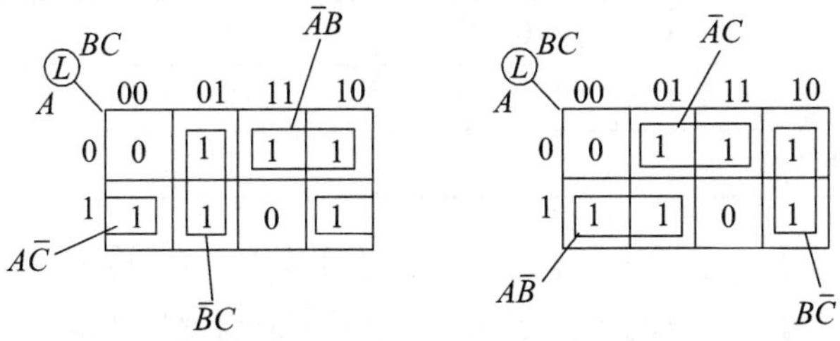

（a）解法 1　　（b）解法 2

图 5-2-15　例 5-2-10 卡诺图

通过这个例子可以看出，一个逻辑函数的卡诺图是唯一的，但化简结果（即与-或表达式）有时不是唯一的。

（5）常见的错误卡诺圈。

常见的卡诺圈错误有：多画一个圈，如图 5-2-16（a）所示；圈的面积不够大，如图（b）所示；有一个圈无新的 1 方格，如图（c）所示。

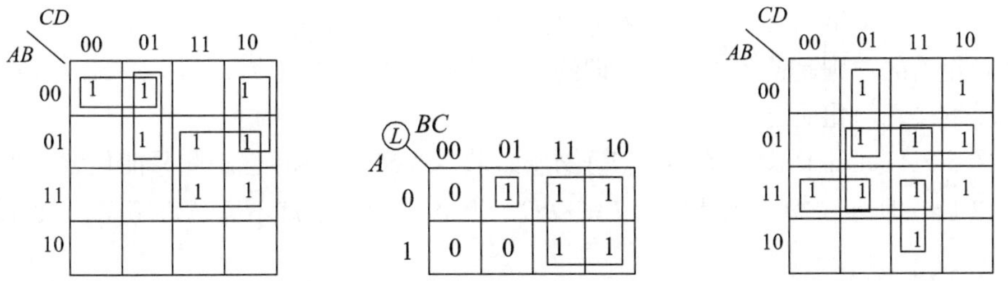

（a）多画一个圈　　（b）圈的面积不够大　　（c）有一个圈无新的 1 方格

图 5-2-16　常见的错误卡诺圈

4. 具有约束项的逻辑函数的化简

1）什么是约束项

实际应用中经常会遇到这样的问题，在真值表内对应于变量的某些取值下，函数的值可以是任意的，或者说这些变量的取值根本不会出现，这些变量取值所对应的最小项称为约束项。

例 5-2-11　在十字路口有红、绿、黄三色交通信号灯，规定红灯亮停，绿灯亮行，黄灯亮等一等。试分析车行与三色信号灯之间逻辑关系。

解：设红、绿、黄灯分别用 A、B、C 表示，且灯亮为 1，灯灭为 0。车用 L 表示，车行 $L = 1$，车停 $L = 0$。列出该函数的真值表如表 5-2-6 所示。

表 5-2-6　真值表

红灯 A	绿灯 B	黄灯 C	车 L
0	0	0	×
0	0	1	0
0	1	0	1
0	1	1	×
1	0	0	0
1	0	1	×
1	1	0	×
1	1	1	×

显而易见，在这个函数中，有 5 个最小项是不会出现的，如 $\overline{A}\,\overline{B}\,\overline{C}$（三个灯都不亮）、$AB\overline{C}$（红灯绿灯同时亮）等。因为一个正常的交通灯系统不可能出现这些情况，如果出现了，车可以行也可以停，即逻辑值任意。这样的取值组合所对应的最小项称为无关项、任意项或约束项，在卡诺图中用符号 × 来表示其逻辑值。

带有无关项的逻辑函数的最小项表达式为：

$$L = \sum m(\quad) + \sum d(\quad)$$

例如，本例函数可写成 $L = \sum m(2) + \sum d(0, 3, 5, 6, 7)$

2）具有无关项的逻辑函数的化简

由于约束项不会出现，那么与这些约束项所对应的电路的输出是什么也就无所谓了，所以化简具有无关项的逻辑函数时，无关项可以假定为 1，也可以假定为 0。

约束项化简的原则是使函数最简，即约束项的值可以取 0 或取 1，具体取什么值，可以根据使函数尽量得到简化而定。

画出例 5-2-11 的卡诺图如图 5-2-17 所示，如果不考虑无关项，包围圈只能包含一个最小项，如图 5-2-17（a）所示，写出表达式为 $L = \overline{A}B\overline{C}$，其含义为：红灯不亮黄灯不亮，只有绿灯亮，车才能行。

如果把与它相邻的三个无关项当作 1，则包围圈可包含 4 个最小项，如图 5-2-17（b）所示，写出表达式为 $L = B$，其含义为：只要绿灯亮，车就能行。

注意，在考虑无关项时，哪些无关项当作 1、哪些无关项当作 0，要以尽量扩大卡诺圈、减少圈的个数、使逻辑函数更简为原则。

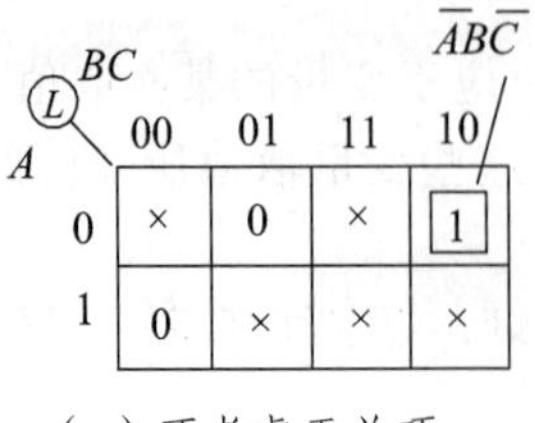

（a）不考虑无关项

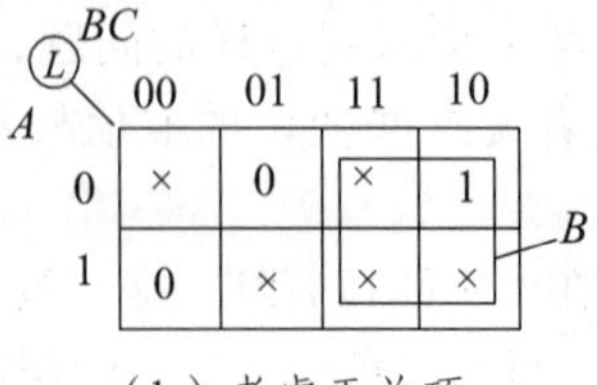

（b）考虑无关项

图 5-2-17　例 5-2-11 的卡诺图

卡诺图化简法的优点是简单、直观，有一定的化简步骤可循，不易出错，且容易化到最简。但是在逻辑变量超过 5 个时，就失去了简单、直观的优点，其实用意义大打折扣。

小　结

1. 逻辑代数是进行逻辑运算的数字工具。逻辑变量是用来表示逻辑关系的一种二值量，它只有 0 和 1 两种取值，此时的 0 和 1 不是数量大小符号，而是代表两种相对的状态，如高、低电平。

2. 与、或、非是三种最基本的逻辑运算。逻辑代数有五种表示方法：真值表、表达式、逻辑图、波形图和卡诺图，它们之间可以进行互换。

3. 逻辑代数的运算规则和公式是逻辑化简和变换的依据。要熟练掌握其基本公式、基本定律和基本规则。

4. 逻辑函数的化简方法主要有两种：公式法化简和卡诺图法化简。公式法化简的优点是不受任何条件限制，但要求使用者能熟练运用各种公式和规则，而且还需要一定的运算技巧和经验。卡诺图化简的优点是简单、直观，而且有一定的步骤可循，但变量数太多时，也将失去了简单、直观的优点。

自测练习题

一、判断题

1. 若两个函数具有不同的逻辑表达式，则两个逻辑函数必然不相等。(　　)
2. 对于任何一个确定的逻辑函数，其函数表达式和逻辑图的形式是唯一的。(　　)
3. 因为 $A(A+B)=A$，所以 $A+B=1$。(　　)
4. 若两个函数具有相同的真值表，则两个逻辑函数必然相等。(　　)
5. 因为逻辑函数表达式 $A+B+AB=A+B$ 成立，所以 $AB=0$ 成立。(　　)
6. $\overline{AB}C$ 为三变量逻辑函数的一个最小项。(　　)
7. $\overline{ABC}$ 为三变量逻辑函数的一个最小项。(　　)
8. 真值表能反映逻辑函数最小项的所有取值。(　　)
9. 卡诺图中为 1 的方格均表示一个逻辑函数的最小项。(　　)

二、选择题

1. 在逻辑运算中，只有两种逻辑取值，它们是（　　）。
   A. 0 V 和 5 V　　B. 负电位和正电位　　C. 0 和 1
2. 逻辑函数式 $Y=ABC+(\overline{A}+\overline{B}+\overline{C})$ 的逻辑值为（　　）。
   A. 0　　B. 1　　C. ABC　　D. $\overline{A}+\overline{B}+\overline{C}$
3. 下列逻辑运算式成立的等式是（　　）。
   A. $A+A=2A$　　B. $A\cdot A=A^2$　　C. $A+A\ \ =1$　　D. $A+1=1$
4. 与逻辑式 $A+B+C$ 相等的表达式为（　　）。
   A. $\overline{A}\cdot\overline{B}\cdot\overline{C}$　　B. $\overline{A\cdot B\cdot C}$　　C. $\overline{\overline{A}\cdot\overline{B}\cdot\overline{C}}$　　D. $\overline{\overline{A}+\overline{B}+\overline{C}}$
5. 若逻辑表达式 $F=\overline{A+B}$，则下列表达式中与 F 相同的是（　　）。
   A. $F=\overline{A}\,\overline{B}$　　B. $F=\overline{AB}$　　C. $F=\overline{A}+\overline{B}$

6. 已知逻辑函数 $F=A+B$，则它的反函数表达式为（　　）。

A. $\overline{A}+\overline{B}$　　B. $\overline{A}\,\overline{B}$　　C. $\overline{\overline{A+B}}$

7. 下列逻辑函数表示方法中，具有唯一性的是（　　）。

A. 真值表　　B. 逻辑表达式　　C. 逻辑图

8. 图 5-2-18 所示电路中，（　　）的逻辑表达式为 $F=\overline{AB}$ 。

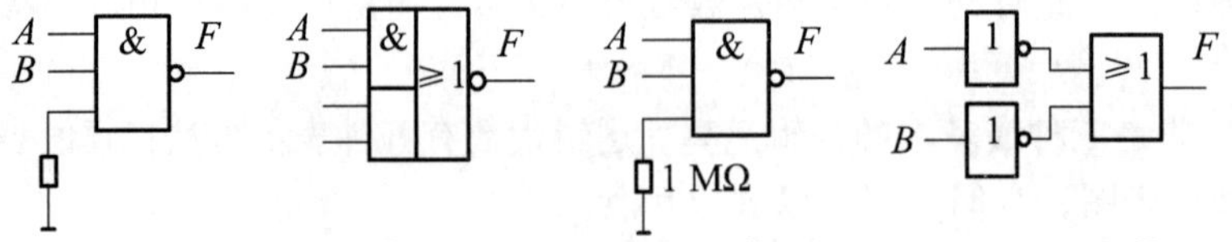

A　　B　　C　　D

图 5-2-18

9. n 个变量的逻辑函数，所具有的全部最小项的个数为（　　）。

A. n　　B. $2n$　　C. n^2　　D. 2^n

10. 使逻辑函数 $Y=AB+BC+CA$ 的值为 1 的全部 A、B、C 取值组合为（　　）。

A. 110，011，101，100　　B. 001，100，010，111

C. 100，110，010，101　　D. 011，101，110，111

11. 逻辑函数 $F(A, B, C)=AB+BC+CA$ 的最小项标准式为（　　）。

A. $F(A, B, C)=\sum m(0, 2, 4)$　　B. $F(A, B, C)=\sum m(3, 5, 6, 7)$;

C. $F(A, B, C)=\sum m(0, 2, 3, 4)$　　D. $F(A, B, C)=\sum m(2, 4, 6, 7)$;

12. 若一个逻辑函数由三个变量组成，则最小项共有（　　）。

A. 8　　B. 7　　C. 4　　D. 3

13. 下列各式中（　　）是三变量 A、B、C 逻辑函数的最小项。

A. $A+B+C$　　B. $A+BC$　　C. ABC

14. 与逻辑函数 $F=AB+A\overline{B}+\overline{A}\,\overline{B}$ 相等的是（　　）。

A. $A+\overline{B}$　　B. $A+\overline{A}\,\overline{B}$　　C. A

15. 图 5-2-19 为三变量逻辑函数的卡诺图，则其最简的“与或”表达式为（　　）。

A. $F=AB+AC+BC$　　B. $F=A\overline{B}+\overline{B}C+AC$　　C. $F=AB+B\overline{C}+A\overline{C}$

A \ BC	00	01	11	10
0	0	0	1	0
1	0	1	1	1

图 5-2-19

A \ BC	00	01	11	10
0	1			1
1	1		1	1

图 5-2-20

16. 图 5-2-20 为三变量逻辑函数的卡诺图，则最简的“与或”表达式为（　　）。

A. $F=\overline{B}\,\overline{C}+BC+AB$　　B. $F=AB+\overline{C}$　　C. $F=A\overline{C}+\overline{A}C+AB$　　D. $F=AB+B\overline{C}$

习　题

1. 判断下列逻辑等式成立与否。

（1）$\overline{A+B}=\overline{A}+\overline{B}$；

（2）$A+BC=(A+B)(A+C)$；

（3）$\overline{A}+AB=A+B$；

（4）$A+AB=A$。

2. 逻辑函数表达式 $F=(A+B)(A+B+C)(AB+CD)+E$，写出其对偶式。

3. 直接由反演规则写出函数 $F=ABC+(A+\overline{B}\,\overline{C})(A+C)$ 的反函数。

4. 写出函数 $Y=AB+BD$ 的最小项表达式。

5. 证明：$A\overline{B}+B\overline{C}+C\overline{A}=\overline{A}B+\overline{B}C+\overline{C}A$。

6. 用公式法化简下列函数：

（1）$Y=ABC+\overline{C}+ABDE$；

（2）$F=AB+\overline{A}\,C+\overline{B}\,C+A\,\overline{B}\,CD$。

7. 用图形法化简下列函数：

（1）$F(A,B,C)=\sum m(0,1,2,4,5,7)$；

（2）$F(A,B,C)=\sum m(1,3,4)+\Sigma d(5,6,7)$；

（3）$F(A,B,C,D)=\sum m(5,6,7,8,9)+\sum d(10,11,12,13,14,15)$；

（4）$F(A,B,C,D)=\overline{A}\,\overline{B}\,\overline{C}+A\overline{C}\,\overline{D}+A\overline{B}+ABC\overline{D}+\overline{A}\,\overline{B}C$。

8. 分析图 5-2-21 所示的逻辑电路，做出真值表，说明其逻辑功能。

9. 分析如图 5-2-22 所示的逻辑电路，做出真值表，说明其逻辑功能。

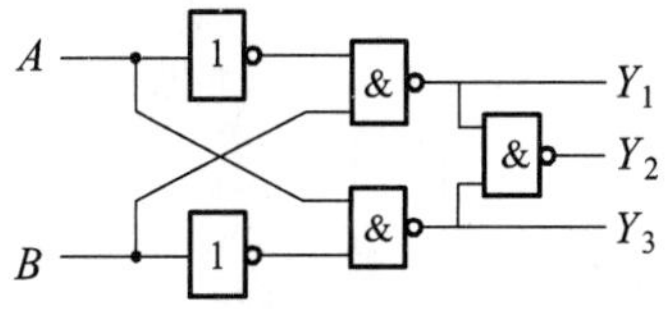

图 5-2-21

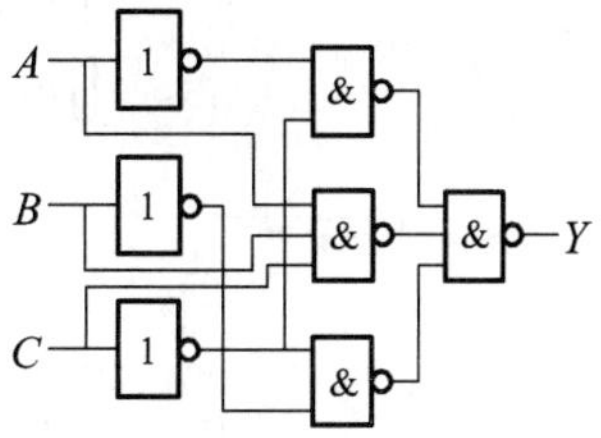

图 5-2-22

任务 3 门电路及其应用

能够实现逻辑关系的电路称为逻辑门电路，逻辑门电路是逻辑函数的外化形式。逻辑门可以由半导体器件来实现，现在市面上有品种繁多的集成逻辑门，下面主要介绍各种门的外部特性和常用典型电路的结构和原理，达到熟练掌握集成电路芯片的选型和应用的目的。

5.3.1 基本逻辑门

1. 分立元件逻辑门

1）二极管与门电路

由二极管构成的与门电路如图 5-3-1 所示，输入端 A、B 可以输入高电平或者低电平，设输入高电平为 3 V，低电平为 0 V。分析输出 Y 与输入 A、B 之间的电位及电平关系如表 5-3-1 所示，可知该电路能够实现与逻辑关系。

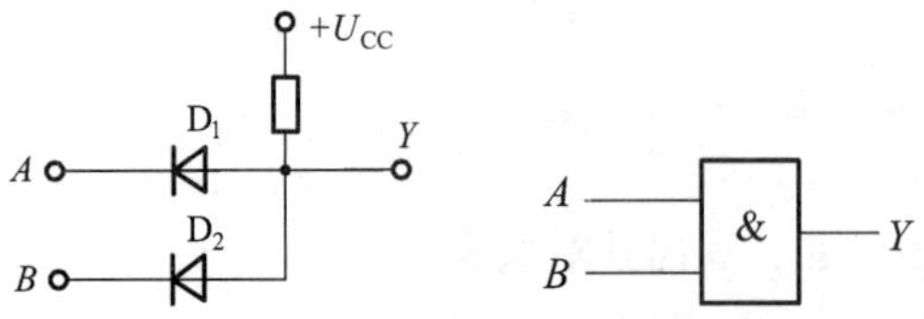

（a）电路　　　（b）符号

图 5-3-1　二极管与门电路

表 5-3-1　二极管工作状态及输入、输出对应逻辑关系

A		B		D_1	D_2	Y	
0 V	0	0 V	0	导通	导通	0 V	0
0 V	0	3 V	1	导通	截止	0 V	0
3 V	1	0 V	0	截止	导通	0 V	0
3 V	1	3 V	1	导通	导通	3 V	1

2）二极管或门

二极管构成的或门电路如图 5-3-2 所示，功能分析如表 5-3-2 所示。

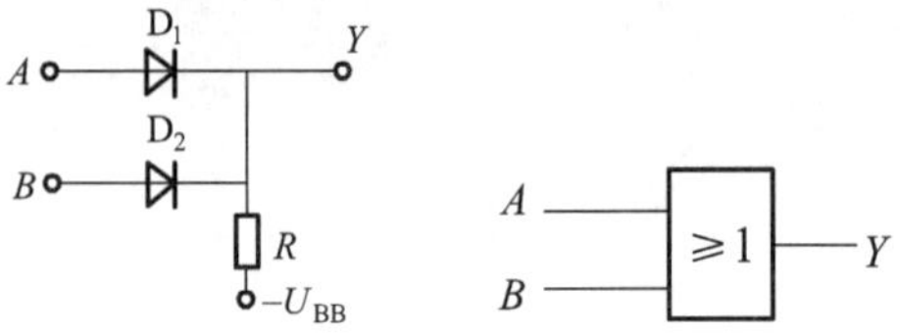

（a）电路　　　（b）符号

图 5-3-2　二极管或门电路

表 5-3-2　二极管工作状态及输入、输出对应逻辑关系

A		B		D_1	D_2	Y	
0 V	0	0 V	0	截止	截止	0 V	0
0 V	0	3 V	1	截止	导通	3 V	1
3 V	1	0 V	0	导通	截止	3 V	1
3 V	1	3 V	1	导通	导通	3 V	1

3）非门

同理，非门电路如图 5-3-3 所示，三极管工作在开关状态，其功能如表 5-3-3。

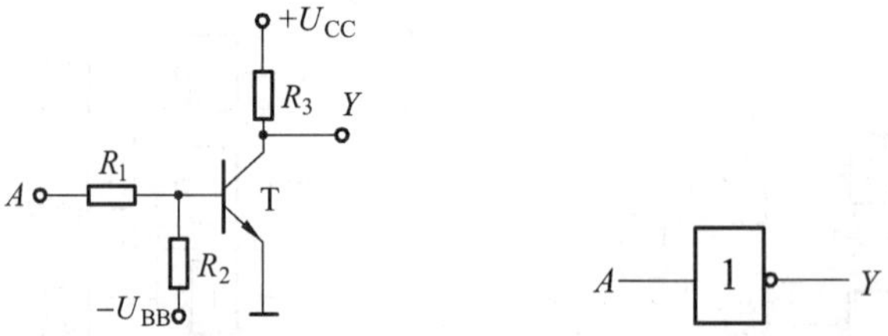

（a）电路　　　（b）符号

图 5-3-3　非门电路

表 5-3-3　晶体管工作状态及输入、输出对应逻辑关系

A		T	Y	
0V	0	截止	$U_{CC} = 5$ V	1
5V	1	饱和导通	$U_{CES} = 0.3$ V	0

2. 集成逻辑门

1）TTL 与非门电路

（1）TTL 与非门电路的结构。

TTL 与非门的内部电路如图 5-3-4（a）所示，电路由输入级、中间级和输出级组成，输入级采用多发射极管构成，其等效电路如图 5-3-4（b）所示，多发射极管既实现“与”的逻辑关系，同时也提高了管子的开关速度。中间级 T_2 和电阻 R_2、R_3 组成的放大器有两个互为反相的输出端 U_{C2} 和 U_{E2}，产生两个互补的信号去驱动 T_3、T_4 组成的推拉式输出级。输出级采用推拉式结构，具有较强的负载能力。

TTL 与非门电路的特点如下：

① 采用多发射极管做输入级，实现与的逻辑关系；

② 中间倒相级输出一对相位相反的信号；

③ 复合管构成的推拉输出级能够保证 T_5 饱和导通时 T_4 可靠截止。

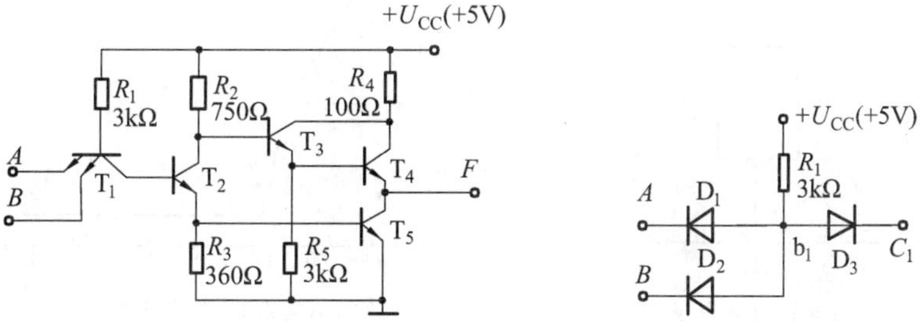

（a）TTL 与非门的电路图　　（b）内部 V1 管的等效电路图

图 5-3-4　TTL 与非门的电路结构

（2）TTL 与非门电路的功能分析。

当输入信号不全为 1 时：如 $u_A = 0.3$ V，$u_B = 3.6$ V，则 $u_{B1} = 0.3+0.7 = 1$ V，T_2、T_5 截止，T_3、T_4 导通，忽略 i_{B3}，输出端的电位为 $u_F \approx 5 - 0.7 - 0.7 = 3.6$（V），即输出 F 为高电平 1。

当输入信号全为 1 时：如 $u_A = u_B = 3.6$ V，则 $u_{B1} = 2.1$ V，T_2、T_5 导通，T_3、T_4 截止。输出端的电位为 $U_F = U_{CES} = 0.3$ V，输出 F 为低电平 0。

分析可知：该电路实现了与非的逻辑关系，用表达式表示为

$$L = \overline{AB}$$

（3）集成器件的外管脚排列图。

两输入与非门和四输入与非门双列直插式的引脚排列图如图 5-3-5 所示。74LS00 芯片中集成了四个两输入的与非门，而 74LS20 中则集成了两个四输入的与非门。

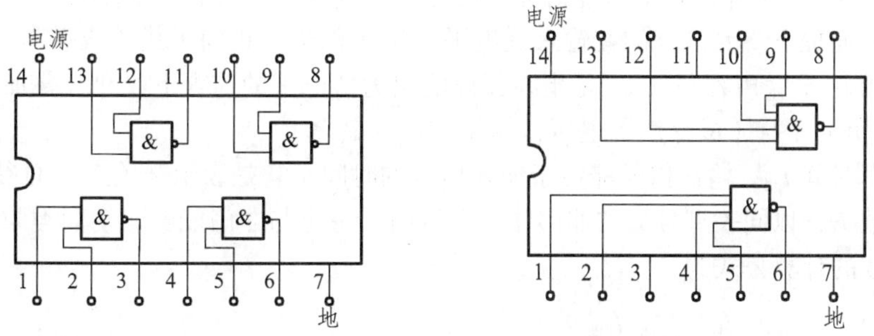

（a）74LS00 的引脚排列图　　（b）74LS20 的引脚排列图

图 5-3-5　集成与非门器件的外管脚排列图

（4）电压传输特性。

TTL 与非门电压传输特性是表示输出电压 u_O 随输入电压 u_I 变化的一条曲线，如图 5-3-6（b）所示，电压传输特性体现了输入低电平时输出高电平、输入高电平时输出低电平的逻辑关系。

（5）主要参数。

门电路的主要参数是门电路特性的外在体现，也是应用门电路的基本依据。TTL 与非门的主要参数介绍如下。

输出高电平 U_{OH}：输入端有一个或一个以上为低电平时，输出端得到的高电平值，典型值是 3.6 V。

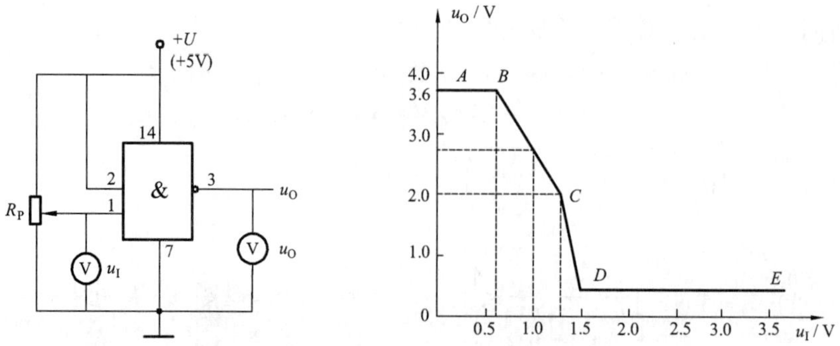

（a）测试电路　　　　（b）电压传输曲线

图 5-3-6　TTL 与非门的电压传输特性图

输出低电平 U_{OL}：输入端全部为高电平时，输出端得到的低电平值，典型值是 0.3 V。一般产品规定 $U_{OH} \geqslant 2.4$ V，$U_{OL} < 0.4$ V。

开门电平 U_{ON}：保证输出电平达到额定低电平（0.3 V）时，允许输入高电平的最小值，称为开门电平 U_{ON}。通常 $U_{ON} \approx 1.4$ V，一般产品要求 $U_{ON} \leqslant 1.8$ V。

关门电平 U_{OFF}：保证输出电平为额定高电平（2.7 V 左右）时，允许输入低电平的最大值，称为关门电平 U_{OFF}。通常 $U_{OFF} \approx 1$ V，一般产品要求 $U_{OFF} \geqslant 0.8$ V。

输入短路电流 I_{IS}：当 $U_I = 0$ 时，流经这个输入端的电流称为输入短路电流 I_{IS}。输入短路电流的典型值约为 $I_{IS} = \dfrac{U_{CC} - U_{BE1}}{R_1} = -\dfrac{5-0\cdot 7}{3} = 1.5$（mA）。

高电平输入电流 I_{IH}：当 U_I 输入高电平时，流经输入端的电流称为高电平输入电流 I_{IH}，其值很小，约为 10 μA。

噪声容限 U_{NL}、U_{NH}：表示门电路抗干扰能力的参数。低电平噪声容限 U_{NL} 是指在保证输出为高电平的前提下，允许叠加在输入低电平 U_{IL} 上的最大正向干扰（或噪声）电压，$U_{NL} = U_{OFF} - U_{IL}$；高电平噪声容限 U_{NH} 是指在保证输出为低电平的前提下，允许叠加在输入高电平 $\mathrm{U_{IH}}$ 上的最大负向干扰（或噪声）电压，$U_{NH} = U_{IH} - U_{ON}$。

平均延迟时间 t_{pd}：输出信号滞后于输入信号的时间，它是表示开关速度的参数。

扇出系数 N：以同一型号的与非门作为负载时，一个与非门能够驱动同类与非门的最大数目。扇出系数的计算公式为

$$\mathrm{N} = \frac{I_{OH}}{I_{IH}} \text{或者} \frac{I_{OL}}{I_{IL}}$$

例 5-3-1　已知 74ALS00 的电流参数为 $I_{OL(max)} = 8$ mA，$I_{IL(max)} = 0.1$ mA，$I_{OH(max)} = 0.4$ mA，$I_{IH(max)} = 20$ μA，求一个 74ALS00 与非门能驱动多少个 74ALS00 与非门。

解：首先考虑低电平的状态。

在低电平状态下能驱动的与非门个数为

$$\text{低电平扇出系数} = \frac{I_{OL}}{I_{IL}} = \frac{8\ \text{mA}}{0.1\ \text{mA}} = 80$$

其次考虑高电平状态。

在高电平状态下能驱动的输入个数为

$$\text{高电平扇出系数} = \frac{I_{\text{OH}}}{I_{\text{IH}}} = \frac{0.4\ \text{mA}}{20\ \mu\text{A}} = 20$$

如果低电平扇出系数和高电平扇出系数不相同，则扇出系数选择两者中较小的那个。因此，74ALS00 与非门能驱动 20 个同类门。

2）集电极开路门（OC 门）

（1）OC 门的结构。

在工程实践中，有时需要将几个门的输出端并联使用，以实现与逻辑，称为“线与”。TTL 门电路的输出结构决定了它不能进行“线与”。

为满足实际应用中实现线与的要求，专门生产了一种可以进行线与的门电路——集电极开路门，简称 OC 门，如图 5-3-7（a）所示。集电极开路门电路与推拉式输出结构的 TTL 门电路区别在于：当输出三极管 T3 截止时，OC 门的输出端 Y 处于高阻状态，而推拉式输出结构 TTL 门的输出为高电平。所以，实际应用时，若希望 T_3 管截止时 OC 门也能输出高电平，必须在输出端外接上拉电阻 R_L 到电源 U_{CC}。电阻 R_L 和电源 U_{CC} 的数值选择必须保证 OC 门输出的高、低电平符合后级电路的逻辑要求，同时 T_3 的灌电流负载不能过大，以免造成 OC 门受损。

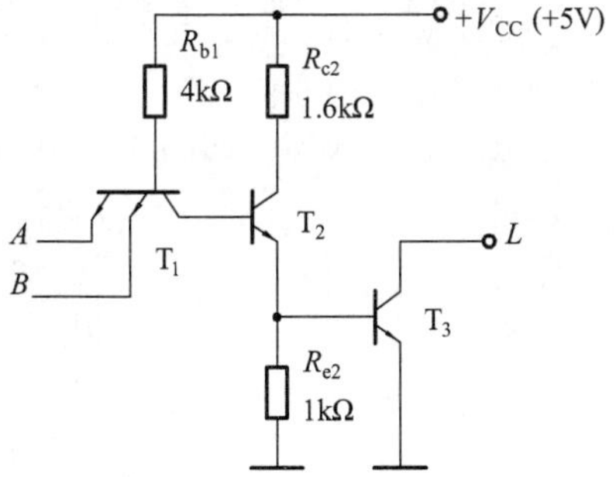

（a）结构

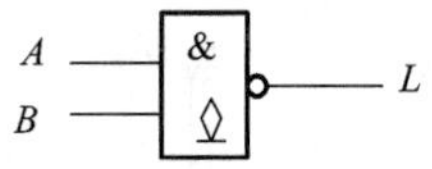

（b）符号

图 5-3-7　OC 门

外接电阻 R 的取值范围为

$$\frac{U_{CC} - U_{OL,\max}}{I_{OL} - mI_{IL}} \leqslant R \leqslant \frac{U_{CC} - U_{OH,\min}}{nI_{OH} - mI_{IH}}$$

式中　$U_{OH,\min}$——OC 门输出高电平最小值；

$U_{OL,\max}$——OC 门输出低电平最大值；

U_{CC}——负载电阻 R_L 所接的外接电源电压；

m——接入电路的负载门输入个数；

n——“线与”输出的 OC 门的个数；

I_{IH}——负载门高电平输入电流；

I_{IL}——负载门低电平输入电流；

$I_{OL,\max}$——OC 门导通时输出端允许的最大灌电流；

I_{OH}——OC 门输出截止时的漏电流。

（2）OC 门的主要用途。

① 实现“线与”。

2 个 OC 门实现线与时的电路如图 5-3-8 所示。此时的逻辑关系为

$$L = L_1 \cdot L_2 = \overline{AB} \cdot \overline{CD} = \overline{AB + CD}$$

即在输出线上实现了与运算，通过逻辑变换可转换为与或非运算。

② 电平转移。

在数字系统的接口部分（与外部设备相连接的地方），有时需要进行电平转换，这时可以用 OC 门来完成。如图 5-3-9 把上拉电阻接到 10 V 电源上，这样在 OC 门输入普通的 TTL 电平，而输出高电平就可以变为 10 V。

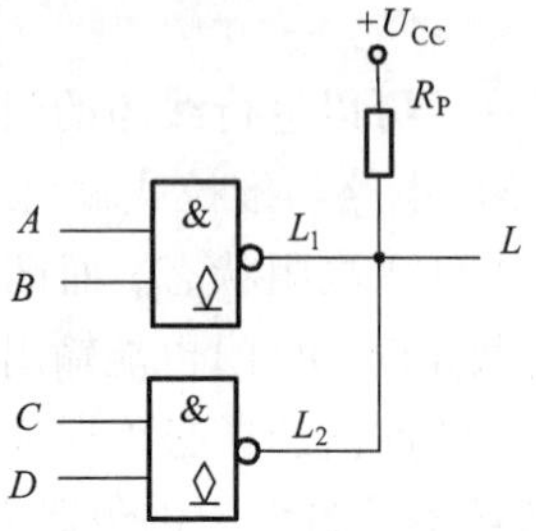

图 5-3-8 实现“线与”

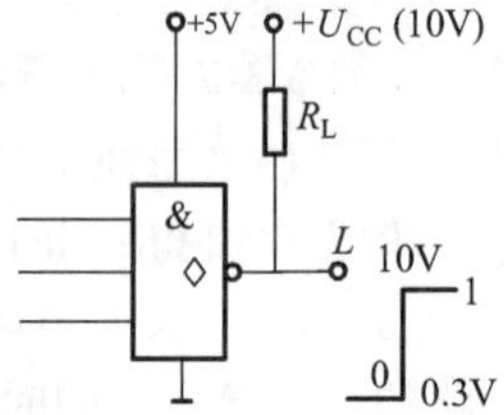

图 5-3-9 OC 门实现电平转换

③ 用作驱动电路。

可用它来驱动发光二极管、指示灯、继电器和脉冲变压器等，如图 5-3-10 所示。

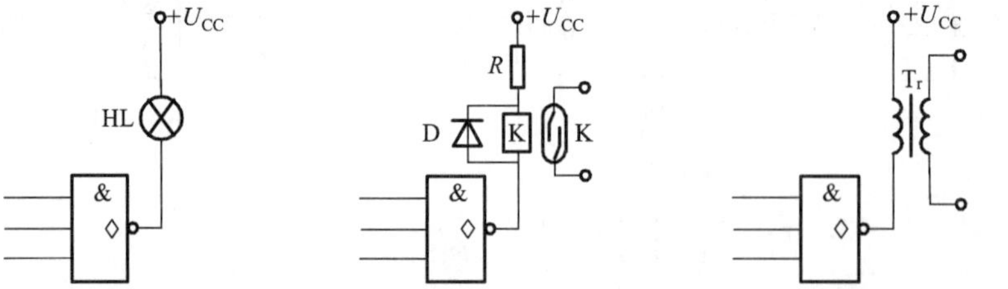

（a）驱动指示灯（b）带动继电器（c）带动脉冲变压器

图 5-3-10 OC 门用作驱动电路

3）三态门

（1）三态门的结构。

三态门与一般门电路不同，它的输出端除了出现高电平、低电平外，还可以出现第三个状态，即高阻状态，电路如图 5-3-11 所示，其中 EN 是使能端，控制与非门能否正常工作，其工作原理如下。

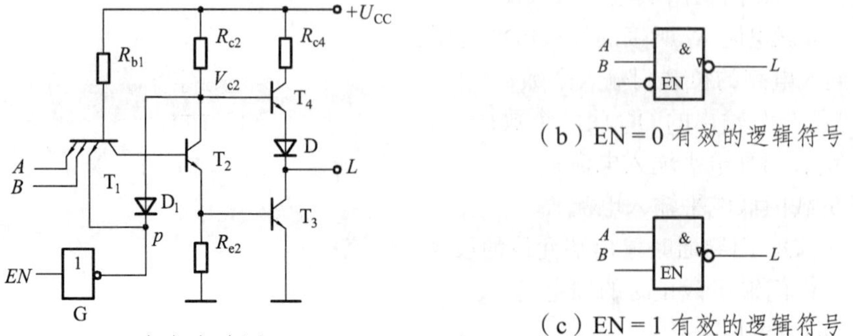

（a）电路图

（b）EN＝0 有效的逻辑符号

（c）EN＝1 有效的逻辑符号

图 5-3-11 三态门的结构与符号

当 EN = 0 时，G 输出为 1，D_1 截止，与 p 端相连的 T_1 的发射结也截止。此时，三态门相当于一个正常的二输入端与非门，输出 $L=\overline{AB}$，称为正常工作状态。

当 EN = 1 时，G 输出为 0，即 $V_p = 0.3$ V，这一方面使 D_1 导通，$V_{c2} = 1$ V，T_4、D 截止；另一方面使 $V_{b1} = 1$ V，T_2、T_3 也截止。这时从输出端 L 看进去，对地和对电源都相当于开路，呈现高阻。所以称这种状态为高阻态或禁止态。

这种 EN = 0 时为正常工作状态的三态门称为低电平有效的三态门，其逻辑符号，如图 5-3-11（b）所示。如果将图 5-3-11（a）中的非门 G 去掉，则使能端 EN = 1 时为正常工作状态，EN = 0 时为高阻状态，这种三态门称为高电平有效的三态门，其逻辑符号如图 5-3-11（c）所示。

（2）三态门的应用。

随着数字系统和数据通信系统越来越多地采用总线结构形式，而且要求数据传输速度快，三态门的应用越来越重要，三态门主要应用在多路信号分时传输、双向信号传输、总线传输上。

作多路开关：$\overline{E}=0$ 时，门 G_1 使能，G_2 禁止，$Y=\overline{A}$；$\overline{E}=1$ 时，门 G_2 使能，G_1 禁止，$Y=\overline{B}$。如图 5-3-12（a）所示。

信号双向传输：$\overline{E}=0$ 时信号向右传送，$B=\overline{A}$；$\overline{E}=1$ 时信号向左传送，$A=\overline{B}$。如图 5-3-12（b）所示。

构成数据总线：让各门的控制端轮流处于低电平，即任何时刻只让一个 TSL 门处于工作状态，而其余 TSL 门均处于高阻状态，这样总线就会轮流接受各 TSL 门的输出。如图 5-3-12（c）所示。

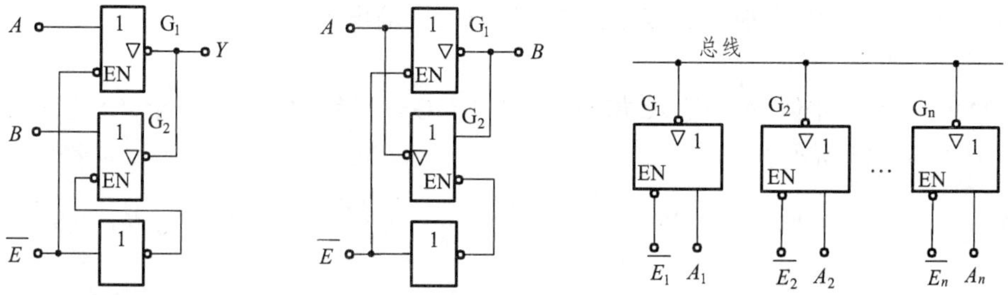

（a）多路开关　　（b）双向传输　　（c）单向总线

图 5-3-12　三态门的应用电路

3. CMOS 门电路

MOS 逻辑门电路是继 TTL 之后发展起来的另一种应用广泛的数字集成电路。由于它功耗低、抗干扰能力强、工艺简单，几乎所有的大规模、超大规模数字集成器件都采用 MOS 工艺。就其发展趋势看，MOS 电路特别是 CMOS 电路有可能超越 TTL 成为占统治地位的逻辑器件。

1）CMOS 非门

CMOS 逻辑门电路是由 N 沟道 MOSFET 和 P 沟道 MOSFET 互补而成，如图 5-3-13 所示，通常称为互补型 MOS 逻辑电路，简称 CMOS 逻辑电路。

当输入为低电平，即 $U_i = 0$ V 时，T_N 截止、T_P 导通，T_N 的截止电阻约为 500 MΩ，T_P 的导通电阻约为 750 Ω，所以输出 $U_o \approx U_{DD}$，即 U_o 为高电平。

当输入为高电平，即 $U_i = U_{DD}$ 时，T_N 导通、T_P 截止，T_N 的导通电阻约为 750 Ω，T_P 的截止电阻约为 500 MΩ，所以输出 $U_o \approx 0V$，即 U_o 为低电平。

该电路实现了非逻辑。无论输入高低，T_N、T_P 中总有一管截止，使静态漏极电流 $i_D \approx 0$。因此 CMOS 反相器静态功耗极微小。

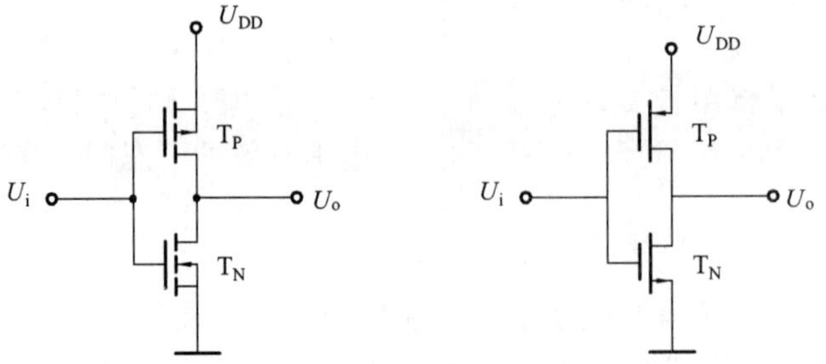

（a）电路图　　（b）简化电路

图 5-3-13　CMOS 非门电路

2）其他的 CMOS 门电路

（1）CMOS 与非门。

CMOS 与非门每个输入端对应一对 NMOS 管和 PMOS 管。NMOS 管为驱动管，PMOS 管为负载管。输入端与它们的栅极相连。所以与非门结构特点是：驱动管相串联，负载管相并联，如图 5-3-14 所示。

当输入均为高电平时，驱动管均导通，负载管均截止，输出为低电平；当输入均为低电平时，低电平输入端相对应的驱动管截止，负载管导通，输出为高电平。

（2）或非门电路。

与 CMOS 与非门相似，每个输入端对应一对 NMOS 管和 PMOS 管。NMOS 管并联，PMOS 管串联，如图 5-3-15 所示。

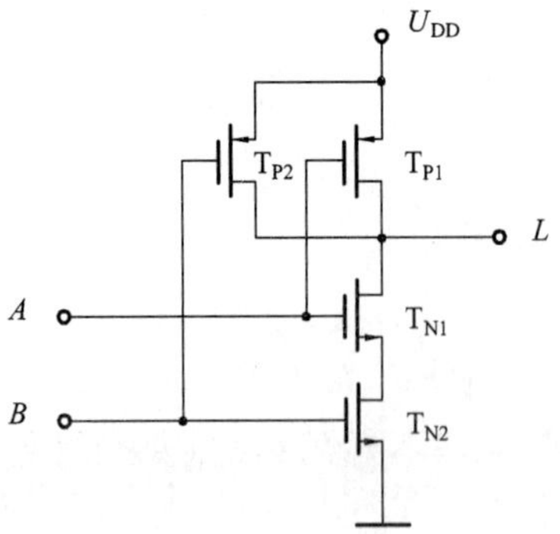

图 5-3-14　CMOS 与非门电路

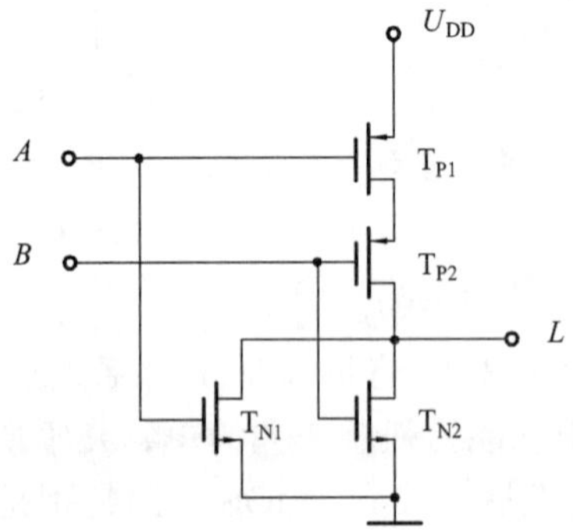

图 5-3-15　CMOS 或非门电路

（3）CMOS 三态门电路。

如图 5-3-16（a）所示，当 $EN = 0$ 时，T_{P2} 和 T_{N2} 同时导通，T_{N1} 和 T_{P1} 组成的非门正常工作，输出 $L = \overline{A}$。当 $EN = 1$ 时，T_{P2} 和 T_{N2} 同时截止，输出 L 对地和对电源都相当于开路，为高阻状态。所以，这是一个低电平有效的三态门，逻辑符号如图 5-3-16（b）所示。

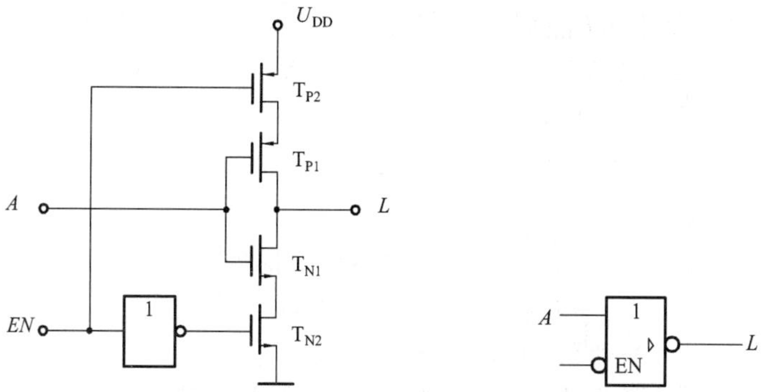

（a）电路图　　（b）逻辑符号

图 5-3-16　CMOS 三态门

（4）CMOS 传输门。

CMOS 传输门由一个 NMOS 管 T_N 和一个 PMOS 管 T_P 组成，如图 5-3-17 所示，C 和 $\overline{C}$ 为控制端，使用时总是加互补的信号。CMOS 传输门可以传输数字信号，也可以传输模拟信号，其工作原理如下。

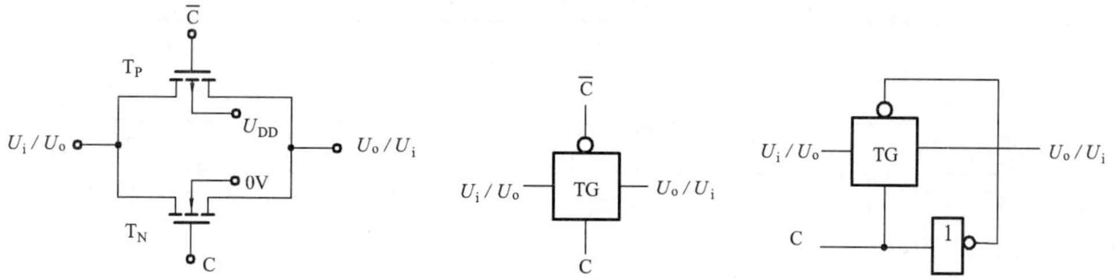

（a）　　（b）　　（c）

图 5-3-17　CMOS 传输门及模拟开关

设两管的开启电压 $U_{TN}=|U_{TP}|$。如果要传输的信号 U_i 的变化范围为 $0\sim U_{DD}$，则将控制端 C 和 $\overline{C}$ 的高电平设置为 U_{DD}，低电平设置为 0，并将 T_N 的衬底接低电平 0 V，T_P 的衬底接高电平 U_{DD}。

当 C 接高电平 U_{DD}、$\overline{C}$ 接低电平 0 V 时，若 $0\text{ V}<U_i<(U_{DD}-U_{TN})$，$T_N$ 导通；若 $|U_{TP}|\leqslant U_i\leqslant U_{DD}$，$T_P$ 导通。即 U_i 在 $0\text{ V}\sim U_{DD}$ 的范围变化时，至少有一管导通，输出与输入之间呈低电阻，将输入电压传到输出端，$U_o=U_i$，相当于开关闭合。

当 C 接低电平 0 V、$\overline{C}$ 接高电平 U_{DD} 时，U_i 在 $0\text{ V}\sim U_{DD}$ 的范围变化时，T_N 和 T_P 都截止，输出呈高阻状态，输入电压不能传到输出端，相当于开关断开。

可见，CMOS 传输门实现了信号的可控传输。将 CMOS 传输门和一个非门组合起来，由非门产生互补的控制信号，如图 5-3-17（c）所示，称为模拟开关。

5.3.2　门电路的使用注意问题

1. TTL 与 CMOS 器件之间的接口问题

两种不同类型的集成电路相互连接，驱动门必须要为负载门提供符合要求的高低电平和足够的输入电流，即要满足下列条件：

驱动门的 $U_{OH(min)}\geqslant$ 负载门的 $U_{IH(min)}$；

驱动门的 $U_{OL(max)}$≤负载门的 $U_{IL(max)}$；

驱动门的 $I_{OH(max)}$≥负载门的 $I_{IH(总)}$；

驱动门的 $I_{OL(max)}$≥负载门的 $I_{IL(总)}$。

下面分别讨论 TTL 驱动 CMOS 和 CMOS 驱动 TTL 的情况。

1）TTL 门驱动 CMOS 门

由于 TTL 门的 $I_{OH(max)}$和 $I_{OL(max)}$远远大于 CMOS 门的 I_{IH} 和 I_{IL}，所以 TTL 门驱动 CMOS 门时，主要考虑 TTL 门的输出电平是否满足 CMOS 输入电平的要求。

（1）TTL 门驱动 4000 系列和 74HC 系列。

常用数字集成电路技术参数如表 5-3-4 所示。可以看出，当都采用 5 V 电源时，TTL 的 $U_{OH(min)}$为 2.4 V 或 2.7 V，而 CMOS4000 系列和 74HC 系列电路的 $U_{IH(min)}$为 3.5 V，显然不满足要求。这时可在 TTL 电路的输出端和电源之间接一上拉电阻 R_P，如图 5-3-18（a）所示。R_P 的阻值取决于负载器件的数目及 TTL 和 CMOS 器件的电流参数，一般在几百欧至几千欧。

如果 TTL 和 CMOS 器件采用的电源电压不同，则应使用 OC 门，同时使用上拉电阻 R_P，如图 5-3-18（b）所示。

表 5-3-4　常用数字集成电路技术参数比较

参数名称	CMOS4000	CMOS57/74HC	LSTTL54/74LS
电源电压范围/V	3 ~ 18	2 ~ 6	5（1 ± 5%）
低电平输出电压/V	0.05	0.1	0.25/0.35
高电平输出电压/V	4.95	4.4	2.5/2.7
低电平输入电压/V	≤1.5	≤1.0	≤0.8
高电平输入电压/V	≥3.5	≥3.15	≥2.0
低电平输出电流/mA	0.51	3.4/4	4/8
高电平输出电流/mA	0.51	3.4/4	0.4
低电平输入电流/μA	<1	≤1	≈400
高电平输入电流/μA	<1	≤1	≈20
噪声容限/V	~ 1.5	~ 1	~ 0.4
每门传输延时/nS	~ 25	~ 8	~ 8
最高工作频率/MHz	~ 7	~ 50	~ 50
速度、功率积/pJ	0.03 ~ 10	0.03 ~ 10	~ 40
工作温度范围/°C	− 40 ~ 85	− 40 ~ 85	0 ~ 70

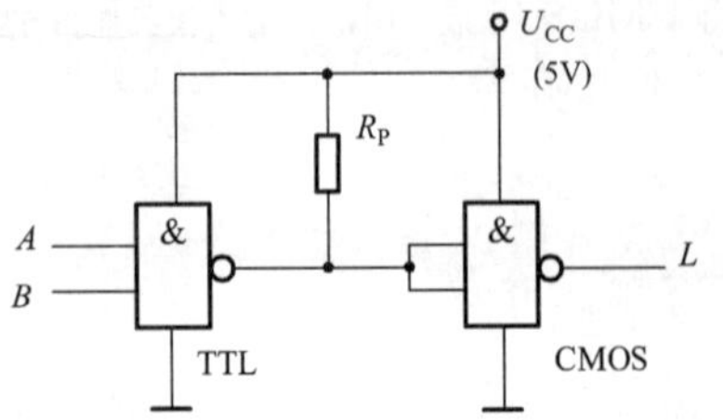

（a）电源电压都为 5 V 时的接口

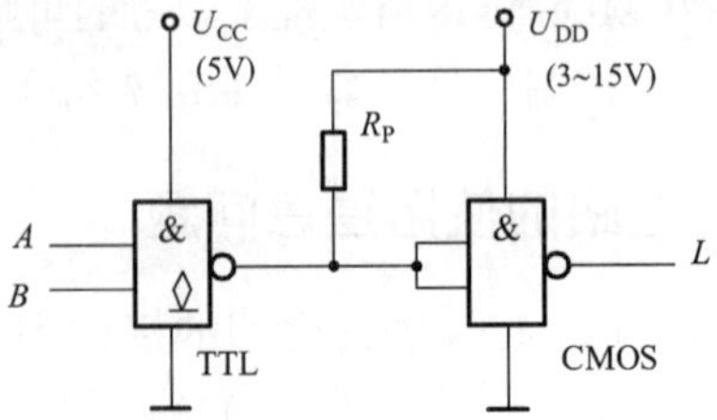

（b）电源电压不同时的接口

图 5-3-18　TTL 驱动 CMOS 门电路

（2）TTL 门驱动 74HCT 系列。

74HCT 系列与 TTL 器件电压兼容，它的输入电压参数为 $U_{IH(min)} = 2.0$ V，而 TTL 的输出电压参数 $U_{OH(min)}$为 2.5 V 或 2.7 V，因此两者可以直接相连，不需要外加其他器件。

2）CMOS 门驱动 TTL 门

从表 5-3-4 中可以看出，当都采用 5 V 电源时，CMOS 门的 $U_{OH(min)}$大于 TTL 门的 $U_{IH(min)}$，CMOS 的 $U_{OL(max)}$小于 TTL 门的 $U_{IL(max)}$，两者电压参数相容。但是 CMOS 门的 I_{OH}、I_{OL} 参数较小，所以，这时主要考虑 CMOS 门的输出电流是否满足 TTL 输入电流的要求。如图 5-3-19 所示。

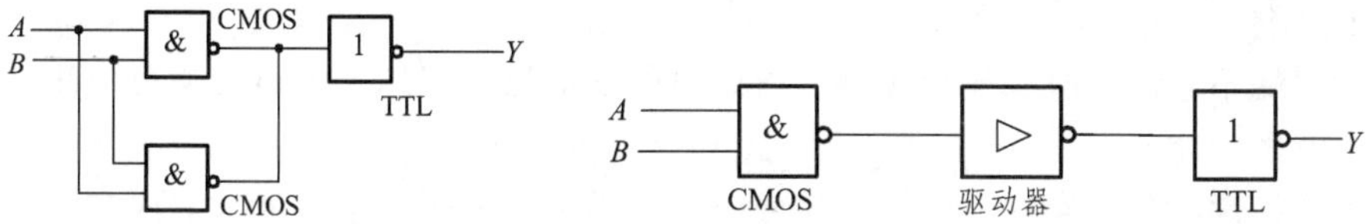

（a）并联使用提高灌电流　　（b）用 CMOS 驱动器驱动 TTL 电路

图 5-3-19　CMOS 门驱动 TTL 门

2. TTL 和 CMOS 电路带负载时的接口问题

在工程实践中，常常需要用 TTL 或 CMOS 电路去驱动指示灯、发光二极管 LED、继电器等负载。

对于电流较小、电平能够匹配的负载可以直接驱动，图 5-3-20（a）所示为用 TTL 门电路驱动发光二极管 LED，这时只要在电路中串接一个几百欧的限流电阻即可。图 5-3-20（b）所示为用 TTL 门电路驱动 5V 低电流继电器，其中二极管 D 作保护，用以防止过电压。

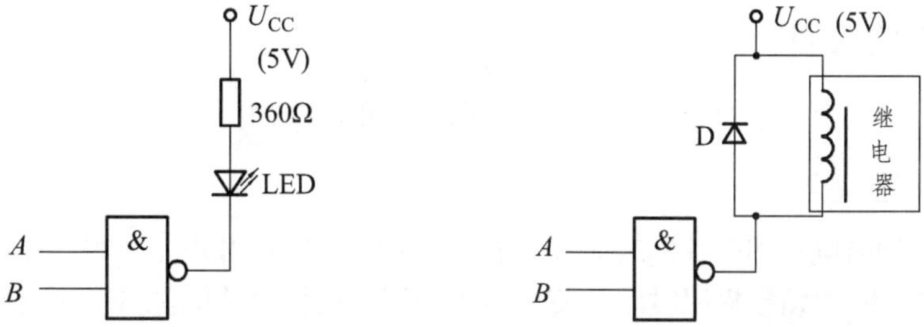

（a）驱动发光二极管　　（b）驱动低电流继电器

图 5-3-20　门电路带小电流负载

如果负载电流较大，可将同一芯片上的多个门并联作为驱动器，如图 5-3-21（a）所示。也可以在门电路输出端接三极管，以提高负载能力，如图 5-3-21（b）所示。

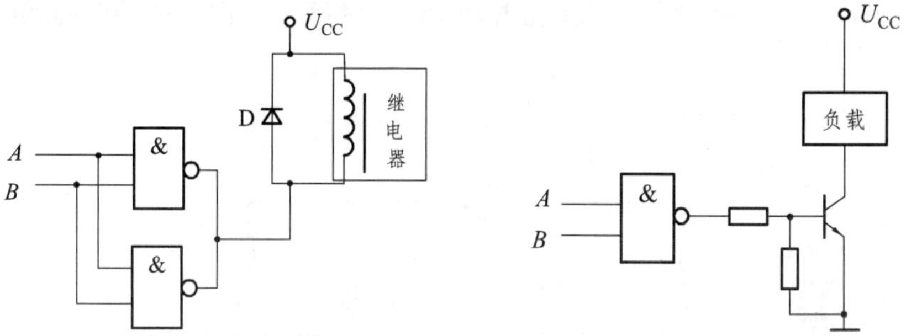

（a）门电路并联使用　　（b）加驱动三极管

图 5-3-21　门电路带大电流负载

3. 使用 TTL 和 CMOS 要注意的问题

（1）TTL 集成电路的电源电压不能高于 + 5.5 V，不能将电源与地错接，否则将会因为电流过大而造成器件损坏。

（2）电路的各输入端不能直接与高于 + 5.5 V 和低于 – 0.5 V 的低内阻电源连接，因为低内阻电源能提供较大的电流，会导致器件过热而烧坏。

（3）除三态门电路和集电极开路的电路外，输出端不允许并联使用。如果要将集电极开路的门电路输出端并联使用而使电路具有线与功能时，应在其输出端加一个预先计算好的上拉负载电阻到 U_{CC} 端。

（4）输出端不允许与电源或地短路，否则可能造成器件损坏；但可以通过电阻与地相连，以提高输出电平。

（5）电源接通时，不要移动或插入集成电路，因为电流的冲击可能会造成其永久性损坏。

（6）多余的输入端最好不要悬空。虽然悬空相当于高电平，并不影响与非门的逻辑功能，但悬空容易受干扰，有时会造成电路的误动作，这一点在时序电路中表现更为明显。因此，多余输入端一般不采用悬空办法，而是根据需要处理。如与门的多余端要接高电平；或门的多余端要接低电平。

接高电平的方式有：① 接 U_{CC}；② 接高电平 3.6 V；③ 与其他输入端并接；④ 接大于 2 kΩ 的电阻到地。

接低电平的方式有：① 接地；② 接低电平 0.3 V；③ 与其他输入端并接；④ 接小于 700 Ω 的电阻到地。

5.3.3 门电路的应用

门电路可用于实现数字逻辑函数，这里仅以最简单的应用为例说明门电路的应用。

1. 定时灯光提醒器

定时灯光提醒器电路如图 5-3-22 所示，由六非门 CD4069 和电阻、电容、电源等组成。此电路可在 1 ~ 25 min 内预定提醒时间，使用时，利用时间标尺（电位器）预定时间。打开电源开关，定时器绿灯亮，表示开始计时；到达预定时间，绿灯灭、红灯亮。

电路的工作原理：当开关在开的位置时，C 上的电压由 0 V 逐渐上升，上升的速度由 R_1、R_P 和 C 决定，第一个非门的输入端的电位由电容 C 上的电压决定。当 C 的电压比较低时，门 1 的输入为低电平，输出为高电平，绿灯亮；门 2 的输出为低电平，红灯灭；当 C 的电压随着充电的进行而逐渐上升到高电平的位置时，门 1 的输出为低电平，绿灯灭，门 2 的输出为高电平，红灯亮。

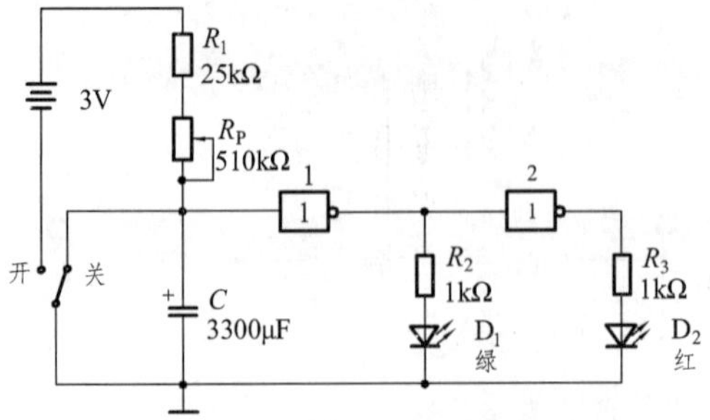

图 5-3-22　定时灯光提醒器

2. 汽车制动灯故障监测器

图5-3-23所示为汽车制动灯故障监测器电路。该电路用一块CMOS与非门集成电路CD4011接成非门的形式，用来自动监测汽车制动灯泡工作状况，X_{D1}、X_{D2}为尾部制动信号灯泡，LED_1和LED_2为驾驶室内工作指示灯，K为制动开关。当X_{D1}、X_{D2}完好时，由于灯丝阻值较小，故二极管和与非门1、与非门3的输入端全为低电平，与非门2、与非门4的输出端也为低电平，发光二极管LED_1、LED_2均不亮。当X_{D1}或X_{D2}断路时，与非门1或与非门3的输入端由于R_1、R_2的接入变高电平，故与非门2、与非门4的输出端为高电平，发光二极管LED_1、LED_2亮。

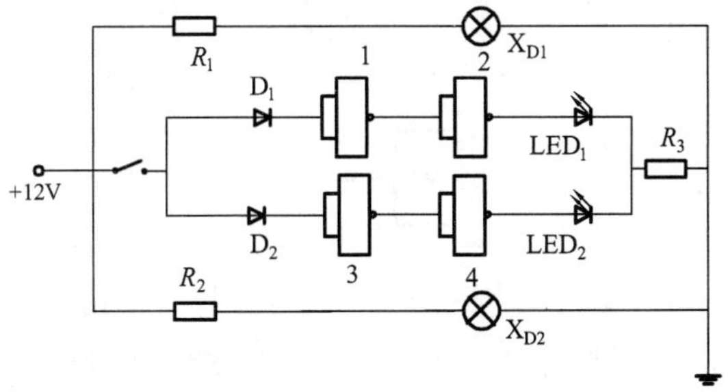

图 5-3-23　与非门电路制动灯故障检测器

小　结

1. 在数字电路中，二极管、晶体管和MOS管都工作在开关状态。

2. 门电路是构成数字电路的基本逻辑单元，应该熟练掌握常用门电路的逻辑功能。

3. 数字集成电路有TTL（双极型）和CMOS（单极型）两种，OC门输出端可以并联实现“线与”，三态门输出端也可以并联使用。

4. TTL和CMOS集成电路在使用时应重点掌握其外特性及相关参数，还要解决不同类型电路之间的接口问题。

自测练习题

一、判断题

1. TTL与非门的多余输入端可以接固定高电平。（　　）
2. TTL与非门的输入端悬空时，相当于输入为逻辑0。（　　）
3. 与非门的逻辑功能是“有0出1，全1出0”。（　　）
4. 或非门的逻辑功能是“有0出1，全1出0”。（　　）
5. 异或门的逻辑功能是“相同为1，相异为0”。（　　）
6. 同或门的逻辑功能是“相同为1，相异为0”。（　　）
7. 与门的逻辑功能是“有0出0，全1出1”。（　　）
8. 或门的逻辑功能是“有0出0，全1出1”。（　　）
9. 逻辑门输入端通过小电阻接地相当于输入逻辑0。（　　）
10. TTL与非门的闲置输入端必须接地。（　　）
11. TTL或非门的闲置输入端应该接低电平。（　　）
12. 用两个与非门不可能实现与运算。（　　）

二、选择题

1. 如图 5-3-24 所示电路的输出（　　）。

   A. $Y=0$　　B. $Y=1$

   C. $Y=A$　　D. $Y=\overline{A}$

2. 如图 5-3-25 所示电路的输出（　　）。

   A. $F=0$　　B. $F=1$　　C. $F=A$　　D. $F=\overline{A}$

3. 如图 5-3-26 所示电路的输出（　　）。

   A. $Y=1$　　B. $Y=0$　　C. $Y=AB$　　D. $Y=\overline{AB}$

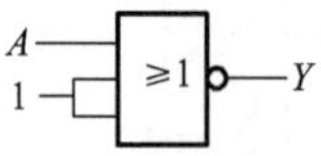

图 5-3-24

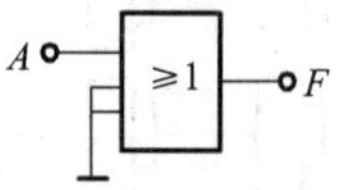

图 5-3-25

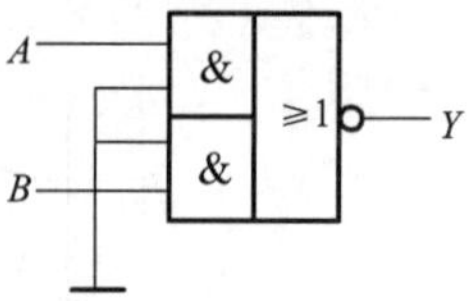

图 5-3-26

4.（　　）是最常用的集成逻辑器件之一，常用它来组成实际的逻辑电路。

   A. 与门　　B. 或门　　C. 与非门　　D. 或非门

5. 图 5-3-27 中可以实现 $A\odot B$ 的门电路是（　　）。

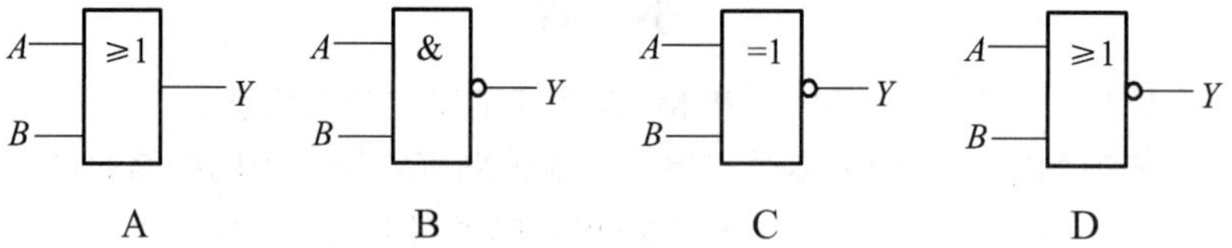

图 5-3-27

6. 图 5-3-28 中能完成 $Y=\overline{AB}$ 的电路是（　　）。

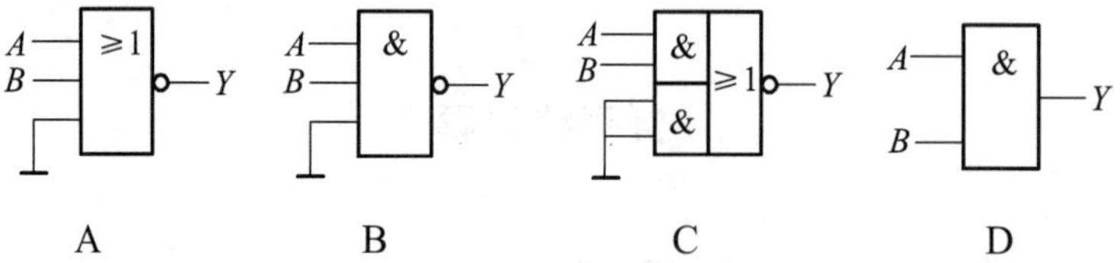

图 5-3-28

7. 图 5-3-29 中能完成 $Y=\overline{A+B}$ 的电路是（　　）。

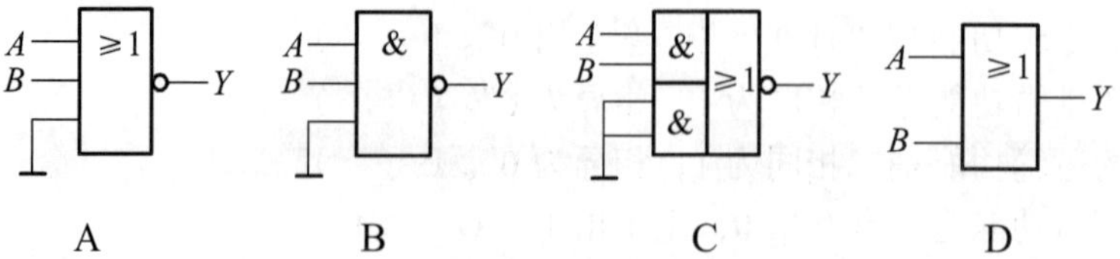

图 5-3-29

8. 一个两输入端的门电路，当输入为 1 和 0 时，输出不是 1 的门是（　　）。

   A. 与非门　　B. 或门　　C. 或非门　　D. 异或门

9. 如图 5-3-30 所示，电路输出逻辑表达式 $Y=$（　　）。

   A. $A+B$　　B. AB　　C. $\overline{A+B}$　　D. $A-B$

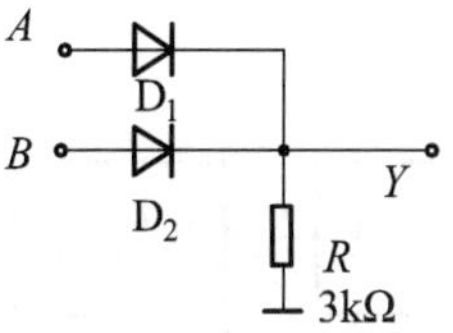

图 5-3-30

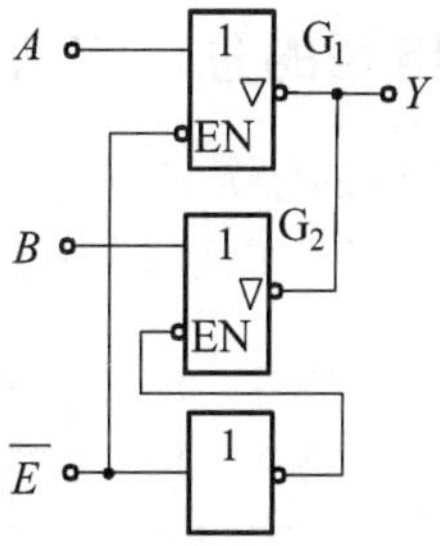

图 5-3-31

10. 电路如图 5-3-31 所示，下列说法正确的是（　　）。

A. 作多路开关：$E=0$ 时，门 G_1 使能，G_2 禁止，$Y=A$；$E=1$ 时，门 G_2 使能，G_1 禁止，$Y=B$。

B. 作多路开关：$E=1$ 时，门 G_1 使能，G_2 禁止，$Y=A$；$E=0$ 时，门 G_2 使能，G_1 禁止，$Y=B$。

C. 信号双向传输：$E=0$ 时信号向右传送，$A=Y$；$E=1$ 时信号向左传送，$Y=A$。

D. 信号双向传输：$E=1$ 时信号向右传送，$B=Y$；$E=0$ 时信号向左传送，$Y=B$。

习　题

1. 分析并写出图 5-3-32 所示电路的输出函数表达式。

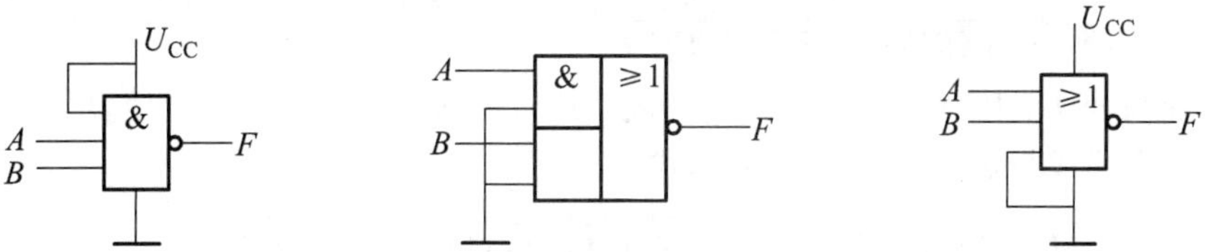

（a）　　（b）　　（c）

图 5-3-32

2. 试画出图 5-3-33 所示各门电路在输入如波形图所示信号时的输出波形。

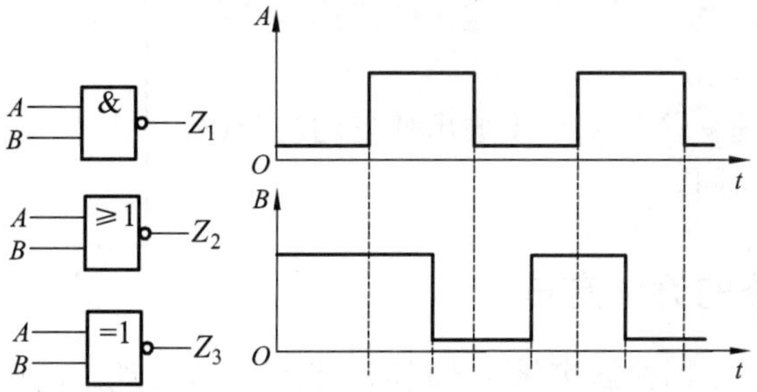

图 5-3-33

任务 4　组合逻辑电路的简单设计

逻辑电路的简单设计，就是通过选用合适的门或者器件来实现某些逻辑功能。这里介绍逻辑电路的分析方法和设计方法。

5.4.1　组合逻辑电路的分析方法

微课

组合逻辑
电路的分析

组合逻辑电路分析的任务就是分析一个组合电路的逻辑功能，一般的分析方法如图 5-4-1 所示。下面以例题来逐一介绍。

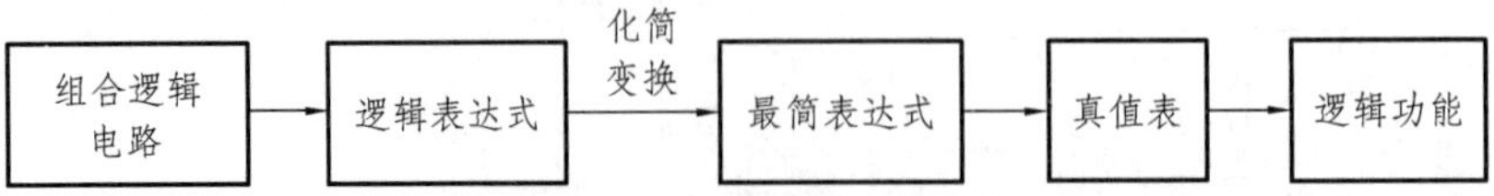

图 5-4-1　组合逻辑电路的分析方法

例 5-4-1　组合电路如图 5-4-2 所示，分析该电路的逻辑功能。

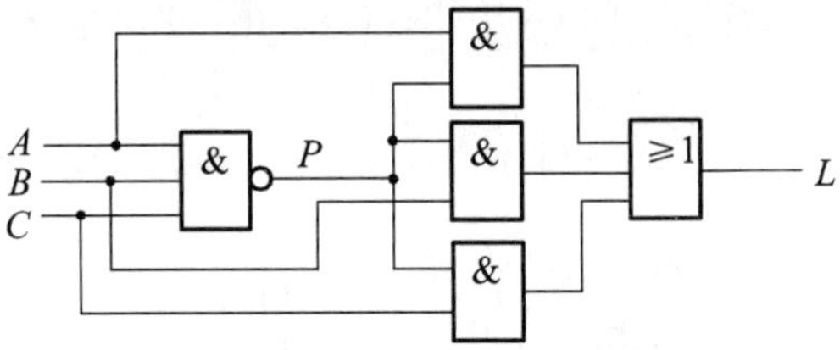

图 5-4-2　例 5-4-1 电路图

解：（1）由逻辑图逐级写出逻辑表达式。为了写表达式方便，借助中间变量 P。

$$P=\overline{ABC}$$
$$L=AP+BP+CP$$
$$=A\overline{ABC}+B\overline{ABC}+C\overline{ABC}$$

（2）化简与变换。因为下一步要列真值表，所以要通过化简与变换，使表达式有利于列真值表，一般应变换成与-或式或最小项表达式。

$$L=\overline{ABC}(A+B+C)=\overline{ABC+\overline{A+B+C}}=\overline{ABC+\bar{A}\bar{B}\bar{C}}$$

（3）由表达式列出真值表，见表 5-4-1。经过化简与变换的表达式为两个最小项之和的非，所以很容易列出真值表。

（4）分析逻辑功能。由真值表可知，当 A、B、C 三个变量不一致时，电路输出为"1"，所以这个电路称为"不一致电路"。

上例中输出变量只有一个。对于多输出变量的组合逻辑电路，分析方法完全相同。

表 5-4-1　真值表

A	B	C	L
0	0	0	0
0	0	1	1
0	1	0	1
0	1	1	1
1	0	0	1
1	0	1	1
1	1	0	1
1	1	1	0

5.4.2　组合逻辑电路的设计方法

微课

组合逻辑
电路的设计

组合逻辑电路的设计，即根据实际的逻辑问题设计出能实现该逻辑功能要求的电路。其一般的方法如图 5-4-3 所示。

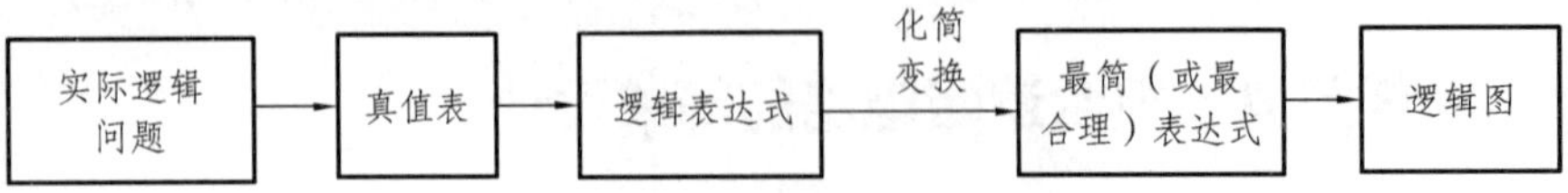

图 5-4-3　组合逻辑电路的设计方法

组合逻辑电路的设计一般应以电路简单、所用器件最少为目标，并尽量减少所用集成器件的种类，因此在设计过程中要用到前面介绍的代数法和卡诺图法来化简或转换逻辑函数。

例 5-4-2 设计三人表决器。即三个人表决一件事情，结果按“少数服从多数”的原则决定。用与非门实现。

分析：

第一步：设置输入量和输出量。将三人的意见设置为输入量 A、B、C，并规定只能有同意或不同意两种意见。将表决结果设置为输出量 L，显然也只有两个情况。

第二步：状态赋值。对于输入变量 A、B、C，假设同意为逻辑“1”、不同意为逻辑“0”；对于输出量 L，设事情通过为逻辑“1”、没通过为逻辑“0”。

第三步：根据题意及上述规定列出函数的真值表如表 5-4-2 所示。

由真值表可以看出，当输入变量 A、B、C 取确定值后，输出变量 L 的值也就完全确定了。所以，L 就是 A、B、C 的函数。

由真值表可以转换为函数表达式，方法为：在真值表中依次找出函数值等于 1 的变量组合，变量值为 1 的写成原变量，变量值为 0 的写成反变量，把组合中各个变量相乘。这样，对应于函数值为 1 的每一个变量组合就可以写成一个乘积项。然后，把这些乘积项相加，就得到相应的函数表达式了。例如，用此方法可以直接由表 5-4-2 写出“三人表决”函数的逻辑表达式：

$$L=\overline{A}BC+A\overline{B}C+AB\overline{C}+ABC$$

因为要求使用与非门来实现，所以对逻辑函数进行以下变换：

$$\begin{aligned} L &= \overline{A}BC+A\overline{B}C+AB\overline{C}+ABC && (1)\\ &= BC+AC+AB && (2)\\ &= \overline{\overline{BC}\cdot\overline{AC}\cdot\overline{AB}} && (3) \end{aligned}$$

按（3）式画出逻辑电路图如图 5-4-4 所示。

表 5-4-2　真值表

A	B	C	L
0	0	0	0
0	0	1	0
0	1	0	0
0	1	1	1
1	0	0	0
1	0	1	1
1	1	0	1
1	1	1	1

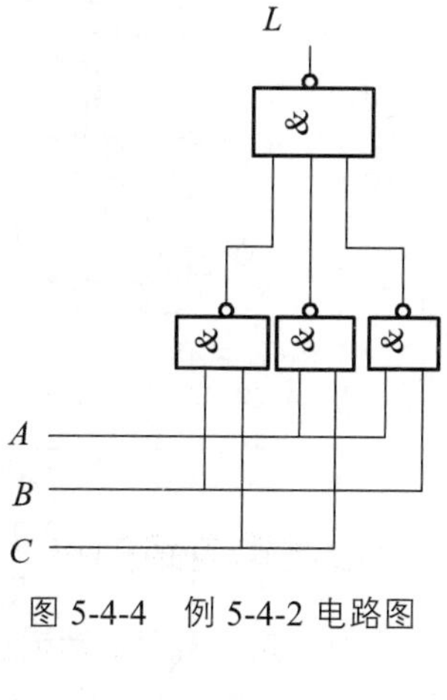

图 5-4-4　例 5-4-2 电路图

下面举例说明如何选用器件实现功能。

例 5-4-3 设计一个可控的双路选择开关电路。

分析： 电路有三个输入端，设 A 为控制开关，B、C 为数据传送端，即：当 $A=1$ 时，输出 F 接通 B 端；当 $A=0$ 时，输出 F 接通 C 端。故可以写出真值表如表 5-4-3 所示。

把真值表填进卡诺图，如图 5-4-5 所示。

表 5-4-3　真值表

A	B	C	L
0	0	0	0
0	0	1	1
0	1	0	0
0	1	1	1
1	0	0	0
1	0	1	0
1	1	0	1
1	1	1	1

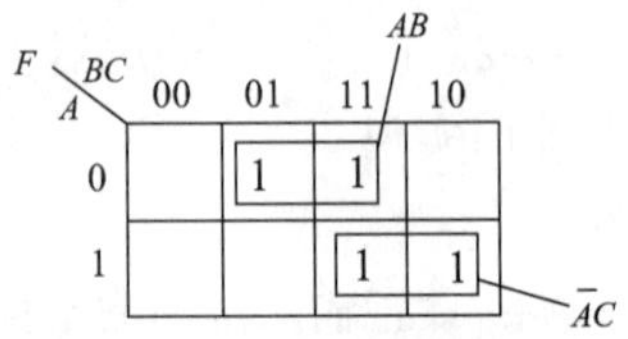

图 5-4-5　卡诺图

由卡诺图写出逻辑表达式并做变换如下

$$F = AB + \bar{A}C = (A+C)(\bar{A}+B) = \overline{\overline{AB}\cdot\overline{\bar{A}C}} = \overline{\overline{A+C}+\overline{\bar{A}+B}} = \overline{\bar{A}\bar{C}+A\bar{B}}$$

用与非门实现如图 5-4-6（a）所示，用与门和或门实现如图 5-4-6（b）所示。

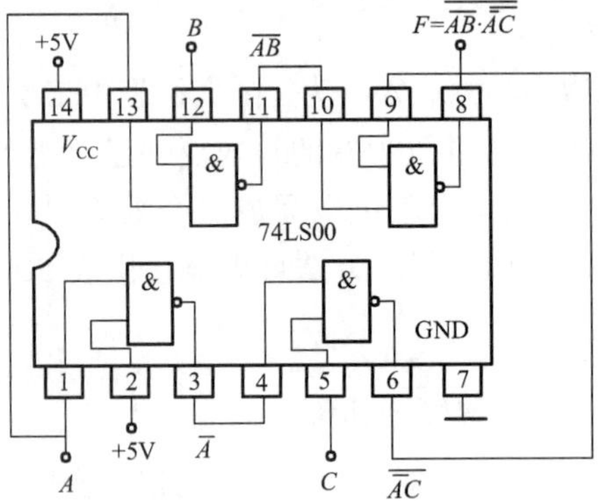

（a）用与非门实现

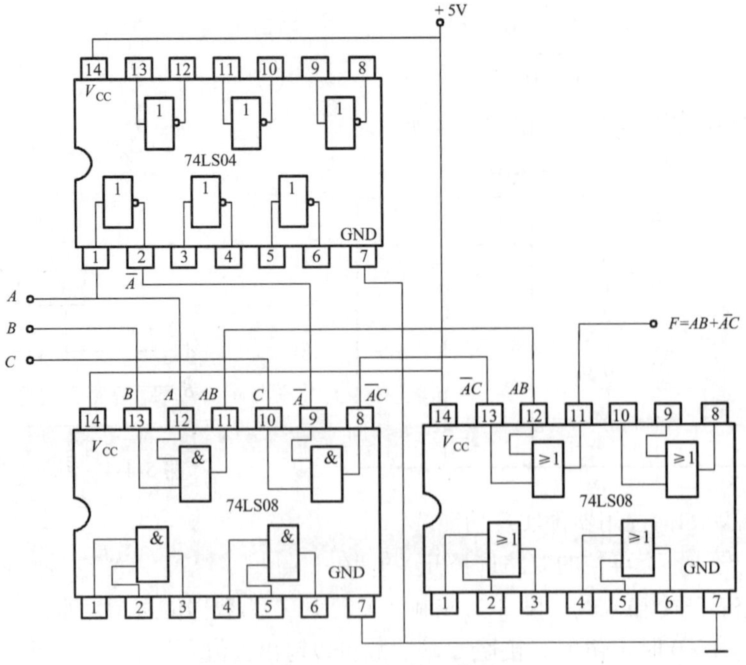

（b）用与门和或门实现

图 5-4-6　例 5-4-3 电路图

由此可见，设计的电路图不是唯一的，所用器件也不是唯一的。到底采用哪个方案要根据实际情况合理选用。

5.4.3 组合逻辑电路中的竞争冒险

前面在分析和设计组合逻辑电路时，都没有考虑门电路延迟时间对电路的影响。实际上，由于延迟时间的存在，当一个输入信号经过多条路径传送后又重新会合到某个门上时，由于不同路径上门的级数不同，或者门电路延迟时间的差异，会导致到达会合点的时间有先有后，从而产生瞬间的错误输出。这一现象称为竞争冒险。

1. 产生竞争冒险的原因

图 5-4-7（a）所示的电路中，逻辑表达式为 $L=A\overline{A}$，理想情况下，输出应恒等于 0。但是由于 G_1 门的延迟时间 t_{pd}，$\overline{A}$ 下降沿到达 G_2 门的时间比 A 信号上升沿晚 t_{pd}，因此，使 G_2 输出端出现了一个正向窄脉冲，如图 5-4-7（b）所示，通常称之为“1 冒险”。

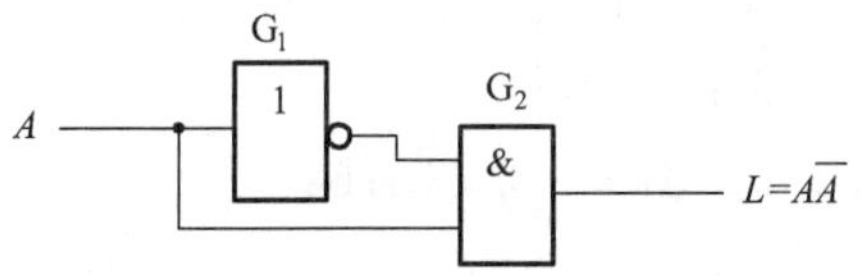

（a）逻辑图

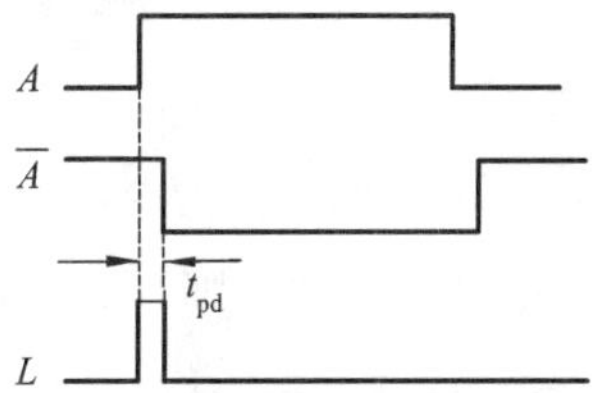

（b）波形图

图 5-4-7 产生 1 冒险

同理，在图 5-4-8（a）所示的电路中，由于 G_1 门的延迟时间 t_{pd}，会使 G_2 输出端出现了一个负向窄脉冲，如图 5-4-8（b）所示，通常称之为“0 冒险”。

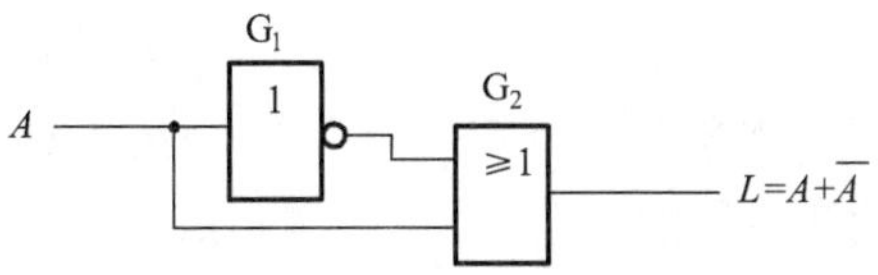

（a）逻辑图

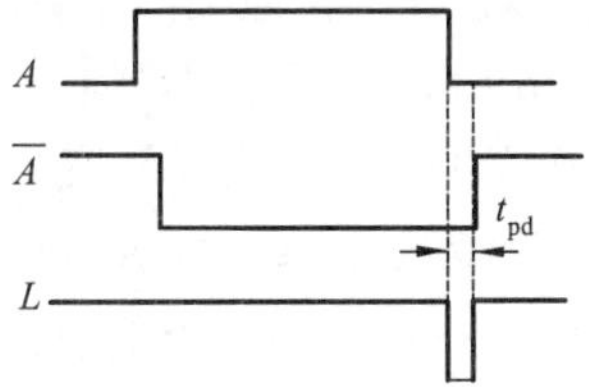

（b）波形图

图 5-4-8 产生 0 冒险

“0 冒险”和“1 冒险”统称冒险，是一种干扰脉冲，有可能引起后级电路的错误动作。产生冒险的原因是一个门（如 G_2）的两个互补的输入信号分别经过两条路径传输，由于延迟时间不同，而到达的时间不同。这种现象称为竞争。

2. 冒险现象的识别

可采用代数法来判断一个组合电路是否存在冒险，方法为：写出组合逻辑电路的逻辑表达式，当某些逻辑变量取特定值（0 或 1）时，如果表达式能转换为：

$L=A\overline{A}$　　则存在 1 冒险；

$L=A+\overline{A}$　　则存在 0 冒险。

例 5-4-4 判断图 5-4-9（a）所示电路是否存在冒险，如有，指出冒险类型，画出输出波形。

解：写出逻辑表达式：$L = A\overline{C} + BC$

若输入变量 $A = B = 1$，则有 $L = C + \overline{C}$。因此，该电路存在“0 冒险”。下面画出 $A = B = 1$ 时 L 的波形。在稳态下，无论 C 取何值，F 恒为 1；但当 C 变化时，由于信号的各传输路径的延时不同，将会出现图 5-4-9（b）所示的负向窄脉冲，即“0”冒险。

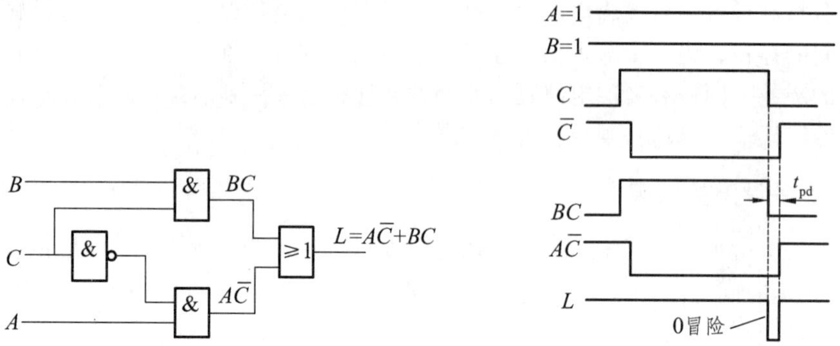

（a）逻辑图　　（b）波形图

图 5-4-9　例 5-4-4 图

例 5-4-5　判断逻辑函数 $L = (A + B)(\overline{B} + C)$ 是否存在冒险。

解：如果令 $A = C = 0$，则有 $L = B \cdot \overline{B}$，因此，该电路存在“1 冒险”。

3. 冒险现象的消除方法

当组合逻辑电路存在冒险现象时，可以采取以下方法来消除冒险现象。

（1）加冗余项。

在例 5-4-4 中，电路存在冒险现象。如在其逻辑表达式中增加乘积项 AB，使其变为 $L = A\overline{C} + BC + AB$，则在原来产生冒险的条件 $A = B = 1$ 时，$L = 1$，不会产生冒险。这个函数增加了乘积项 AB 后，已不是“最简”，故这种乘积项称冗余项。

（2）变换逻辑式，消去互补变量。

例 5-4-5 的逻辑式 $L = (A + B)(\overline{B} + C)$ 存在冒险现象。如将其变换为 $L = A\overline{B} + AC + BC$，则在原来产生冒险的条件 $A = C = 0$ 时，$L = 0$，不会产生冒险。

（3）增加选通信号。

在电路中增加一个选通脉冲，接到可能产生冒险的门电路的输入端。当输入信号转换完成并进入稳态后，才引入选通脉冲，将门打开。这样，输出就不会出现冒险脉冲。

（4）增加输出滤波电容。

由于竞争冒险产生的干扰脉冲的宽度一般都很窄，在可能产生冒险的门电路输出端并接一个滤波电容（一般为 4 ~ 20 pF），利用电容两端的电压不能突变的特性，使输出波形上升沿和下降沿都变得比较缓慢，从而起到消除冒险现象的作用。

微课

电动机运行故障监测报警电路的设计

5.4.4　设计实例——电动机运行故障监测报警电路的设计

1. 任务要求

某车间有 3 台电动机工作，监测电路对 3 台电动机工作状态进行监测，使用发光二极管显示检测结果，要求：

① 有 1 台电动机出现故障，黄色指示灯亮。

② 有 2 台电动机出现故障，红色指示灯亮。

③ 当 3 台电动机都出现故障时，黄色和红色指示灯都亮。

试用逻辑门设计该电路。

2. 设计过程

第一步：明确电路功能。

电动机工作状态检测有输入逻辑量 A、B、C，分别表示 3 台电动机的工作状态，电动机工作正常时设为 0，电动机出现故障时设为 1。

分析电路功能要求，本电路有 2 个输出，分别为：F_1——黄色发光二极管状态；F_2——红色发光二极管状态；假设灯亮为 1，等不亮为 0。

第二步：根据要求列出 3 个发光二极管与 3 台电动机工作状态逻辑关系的真值表，如表 5-4-4 所示。

表 5-4-4 真值表

输入			输出	
A	B	C	F_1（黄灯）	F_2（红灯）
0	0	0	0	0
0	0	1	1	0
0	1	0	1	0
0	1	1	0	1
1	0	0	1	0
1	0	1	0	1
1	1	0	0	1
1	1	1	1	1

第三步：根据真值表得到表达式。

$$F_1=\overline{A}\overline{B}C+\overline{A}B\overline{C}+A\overline{B}\overline{C}+ABC$$

$$F_2=\overline{A}BC+A\overline{B}C+AB\overline{C}+ABC$$

第四步：变换表达式。

$$\begin{aligned}F_1&=\overline{A}\,\overline{B}\,C+\overline{A}\,B\,\overline{C}+A\,\overline{B}\,\overline{C}+A\,BC\\&=\overline{A}\,(\overline{B}C+B\overline{C})+A(\overline{B}\,\overline{C}+BC)\\&=\overline{A}(B\oplus C)+A\overline{(B\oplus C)}\\&=A\oplus B\oplus C\end{aligned}$$

$$\begin{aligned}F_2&=\overline{A}BC+A\overline{B}C+AB\overline{C}+ABC\\&=\overline{A}\,B\,C+A\,\overline{B}\,C+A\,B\\&=(\overline{A}\,B+A\,\overline{B})C+AB\\&=(A\oplus B)C+A\,B\\&=\overline{\overline{(A\oplus B)C}\cdot\overline{AB}}\end{aligned}$$

第五步：画逻辑电路图如图 5-4-10 所示。

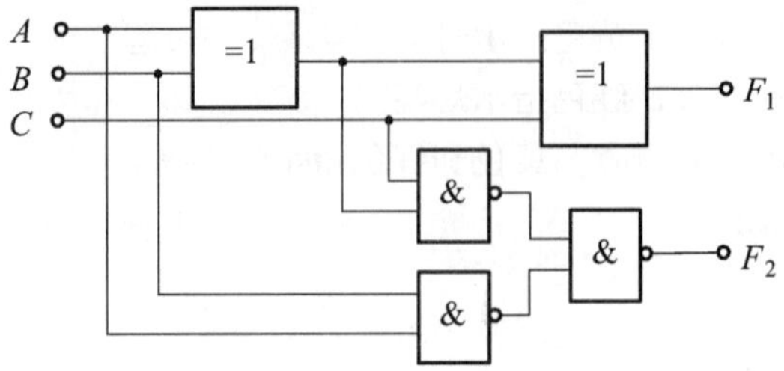

图 5-4-10 逻辑电路图

（3）选用器件，画出电路连接图，用试验箱实现。（略）

小　结

1. 组合逻辑电路的特点是：由逻辑门组成，任何时刻的输出仅取决于该时刻的输入，而与电路原来的状态无关。

2. 组合逻辑电路的分析方法：写出逻辑表达式→化简和变换逻辑表达式→列出真值表→确定功能。组合电路的设计：由要求设计的逻辑功能，列出真值表，写出逻辑函数式，最后画出实现该要求的逻辑电路图。实现同一逻辑要求的逻辑电路不唯一。

3. 组合电路中有产生竞争冒险的可能性。当电路中任何一个门电路的两个输入信号同时朝相反方向变化时，则该门电路输出端可能出现干扰脉冲。消除竞争冒险的方法：加选通脉冲、修改逻辑设计、输出端并联滤波电容等。

自测练习题

一、判断题

1. 组合逻辑电路的输出只取决于输入信号的现态。（　　）
2. 已知逻辑功能，求解逻辑表达式的过程，称为逻辑电路的设计。（　　）
3. 组合逻辑电路是一种多输入、多输出而相互无关联的逻辑电路。（　　）
4. 组合逻辑电路的输入和输出信号端子数可以相同也可以不同。（　　）
5. 组合逻辑电路是由门电路组合而成的，电路中没有记忆单元。（　　）
6. 组合逻辑电路的分析就是画出能满足某一实际要求的逻辑电路。（　　）

二、选择题

1. 设计一个组合逻辑电路，其逻辑电路的形式（　　）。
   A. 具有唯一性　　B. 可以有多种形式　　C. 只有与非形式
2. 组合逻辑电路的输出取决于（　　）。
   A. 输入信号的状态　　B. 输出信号的状态
   C. 输入信号的现态和输入信号变化前的状态
3. 组合逻辑电路的分析是指（　　）。
   A. 已知逻辑图，求解逻辑表达式的过程
   B. 已知真值表，求解逻辑功能的过程
   C. 已知逻辑图，求解逻辑功能的过程
4. 组合逻辑电路的设计是指（　　）。

A. 已知逻辑要求，求解逻辑表达式并画逻辑图的过程

B. 已知逻辑要求，列真值表的过程

C. 已知逻辑图，求解逻辑功能的过程

5. 组合逻辑电路是由（　）。

A. 门电路构成　　B. 触发器构成　　C. A 和 B

6. 图 5-4-11 所示电路的功能是（　　）。

A. 奇偶校验电路　B. 三人表决电路　　C. 判一致电路

7. 图 5-4-12 所示电路的功能是（　　）。

A. 奇偶校验电路　B. 三人表决电路　　C. 判一致电路

8. 图 5-4-13 所示电路的功能是（　　）。

A. 奇偶校验电路　B. 三人表决电路　　C. 判一致电路

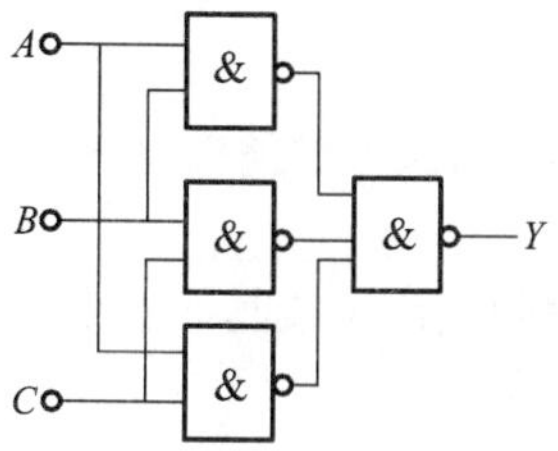

图 5-4-11

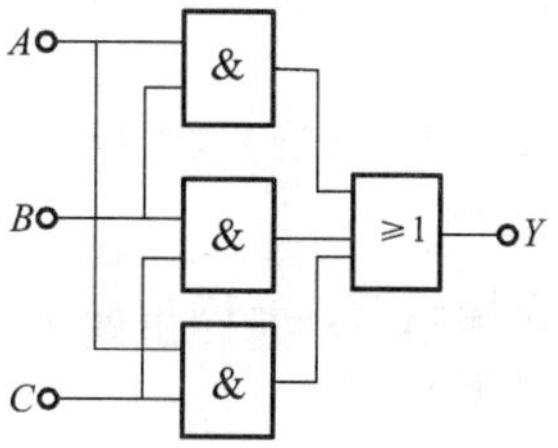

图 5-4-12

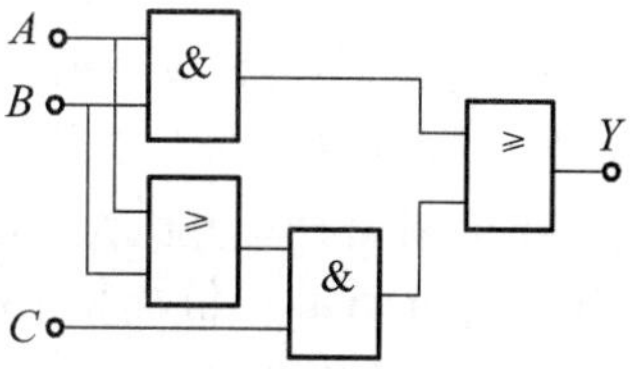

图 5-4-13

习　题

1. 写出图 5-4-14 所示电路的输出与或表达式，并说明电路功能。

2. 分析如图 5-4-15 所示逻辑电路，完成以下任务：

（1）列真值表；（2）写出逻辑表达式；（3）分析说明其逻辑功能。

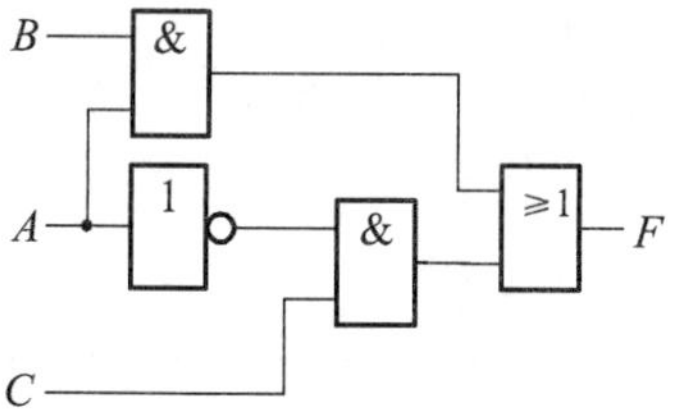

图 5-4-14

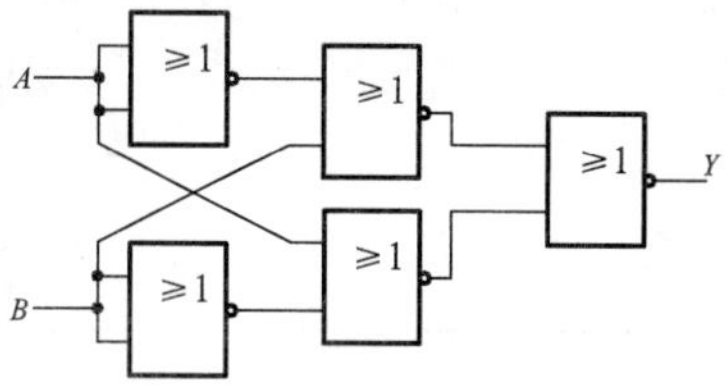

图 5-4-15

3. 一三变量奇偶检测电路，当三变量中有偶数个 1 时输出为 1，否则输出为 0。试分析绘制逻辑电路实现其功能。

4. 组合电路设计。用与非门设计一个举重裁判表决电路。设举重比赛有 3 个裁判，一个主裁判和两个副裁判。杠铃完全举上的裁决由每一个裁判按一下自己面前的按钮来确定。只有当两个或两个以上裁判判明成功，并且其中有一个为主裁判时，表明成功的灯才亮。

5. 设计一个故障显示电路，要求：

（1）两台电动机 A 和 B 正常工作时，绿灯 F_1 亮；

（2）A 或 B 发生故障时，黄灯 F_2 亮；

（3）A 和 B 都发生故障时，红灯 F_3 亮。

任务 5　常用逻辑部件的应用

常用逻辑部件是指由门电路作为基本组成单元，按照完成某种逻辑功能而设计的完整电路，并封装成一个完整的器件。在使用这些组合逻辑部件构成电路的时候，主导思想是充分发挥其逻辑功能，使整体电路紧凑合理，所以重点在于掌握其外部特性。常用的逻辑部件有编码器、译码器、数据选择器和数据分配器、加法器、数据比较器等。

5.5.1　编码器

用二进制代码表示文字、符号或者数码等特定对象的过程，称为编码。实现编码的逻辑电路，称为编码器。

编码器按照被编码的信号的不同特点和要求，有各种不同的类型，最常见的有二进制编码器、二-十进制编码器和优先编码器。

二进制编码器是将编码的信息编成二进制代码的电路，n 位二进制代码最多可以为 2^n 被编码的信息进行编码，称为 2^n 线/n 线编码器。

二-十进制编码器也称为 8421BCD 编码器，它的功能是将十进制数码（或其他十个信息）转换为 8421BCD 码，也称为 10 线/4 线编码器。

当几个输入信号同时出现时，只对其中优先权最高的一个进行编码，优先级别的高低由设计者根据输入信号的轻重缓急情况而定，则称之为优先编码器。

1. 普通 8 线-3 线二进制编码器

普通 8 线-3 线二进制编码器是用 3 位二进制代码对 8 个信号进行编码的电路，示意图如图 5-5-1 所示，8 个输入端的信号相互排斥，在任何时刻只能对一个输入信号进行编码，不允许有两个或两个以上的输入信号同时请求编码，否则输出编码会发生混乱。由此可以写出 8 线-3 线编码器的真值表如表 5-5-1 所示。

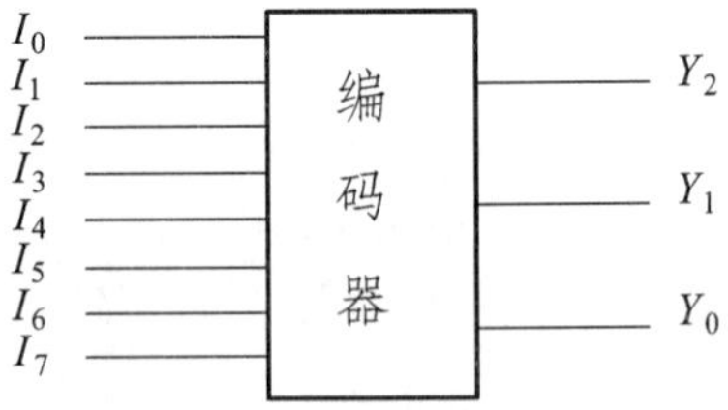

图 5-5-1　编码器示意图

表 5-5-1　8 线-3 线编码器的功能表

输入								输出		
I_0	I_1	I_2	I_3	I_4	I_5	I_6	I_7	Y_2	Y_1	Y_0
1	0	0	0	0	0	0	0	0	0	0
0	1	0	0	0	0	0	0	0	0	1
0	0	1	0	0	0	0	0	0	1	0
0	0	0	1	0	0	0	0	0	1	1
0	0	0	0	1	0	0	0	1	0	0
0	0	0	0	0	1	0	0	1	0	1
0	0	0	0	0	0	1	0	1	1	0
0	0	0	0	0	0	0	1	1	1	1

2. 二-十进制编码器

二-十进制编码器是将十个信号按照 8421BCD 码输出四位二进制代码的电路，其真值表如表 5-5-2 所示。

表 5-5-2　8421BCD 码编码器真值表

输入										输出				
S_9	S_8	S_7	S_6	S_5	S_4	S_3	S_2	S_1	S_0	A	B	C	D	GS
1	1	1	1	1	1	1	1	1	1	0	0	0	0	0
1	1	1	1	1	1	1	1	1	0	0	0	0	0	1
1	1	1	1	1	1	1	1	0	1	0	0	0	1	1
1	1	1	1	1	1	1	0	1	1	0	0	1	0	1
1	1	1	1	1	1	0	1	1	1	0	0	1	1	1
1	1	1	1	1	0	1	1	1	1	0	1	0	0	1
1	1	1	1	0	1	1	1	1	1	0	1	0	1	1
1	1	1	0	1	1	1	1	1	1	0	1	1	0	1
1	1	0	1	1	1	1	1	1	1	0	1	1	1	1
1	0	1	1	1	1	1	1	1	1	1	0	0	0	1
0	1	1	1	1	1	1	1	1	1	1	0	0	1	1

3. 优先编码器

普通编码器的输入只能有一个信号是有效的，这不符合实际的应用，在数字系统中，特别是计算机系统中，常需要对若干个工作对象进行控制，例如，打印机、输入键盘、U 盘驱动等。当几个部件同时发出服务请求时，电路只对其中优先级别最高的信号进行编码，优先级别高的编码器信号排斥级别低的信号，优先权的顺序完全是根据实际需要来确定的，这就是优先编码器。

1）3 位二进制优先编码器——74LS148

3 位二进制优先编码器 74LS148 的功能表如表 5-5-3 所示，其外管脚排列如图 5-5-2 所示。$\overline{ST}$ 为使能输入端，低电平有效。Y_S 为使能输出端，通常接至低位芯片的端。Y_S 和 $\overline{ST}$ 配合，可以实现多级编码器之间的优先级别的控制。$\overline{Y_{EX}}$ 为扩展输出端，是控制标志。$\overline{Y_{EX}}=0$ 表示是编码输出，$\overline{Y_{EX}}=1$ 表示不是编码输出。

表 5-5-3　74LS148 的功能表

输入									输出				
$\overline{ST}$	$\bar{I}_7$	$\bar{I}_6$	$\bar{I}_5$	$\bar{I}_4$	$\bar{I}_3$	$\bar{I}_2$	$\bar{I}_1$	$\bar{I}_0$	$\bar{Y}_2$	$\bar{Y}_1$	$\bar{Y}_0$	$\bar{Y}_{EX}$	Y_S
1	×	×	×	×	×	×	×	×	1	1	1	1	1
0	1	1	1	1	1	1	1	1	1	1	1	1	0
0	0	×	×	×	×	×	×	×	0	0	0	0	1
0	1	0	×	×	×	×	×	×	0	0	1	0	1
0	1	1	0	×	×	×	×	×	0	1	0	0	1
0	1	1	1	0	×	×	×	×	0	1	1	0	1
0	1	1	1	1	0	×	×	×	1	0	0	0	1
0	1	1	1	1	1	0	×	×	1	0	1	0	1
0	1	1	1	1	1	1	0	×	1	1	0	0	1
0	1	1	1	1	1	1	1	0	1	1	1	0	1

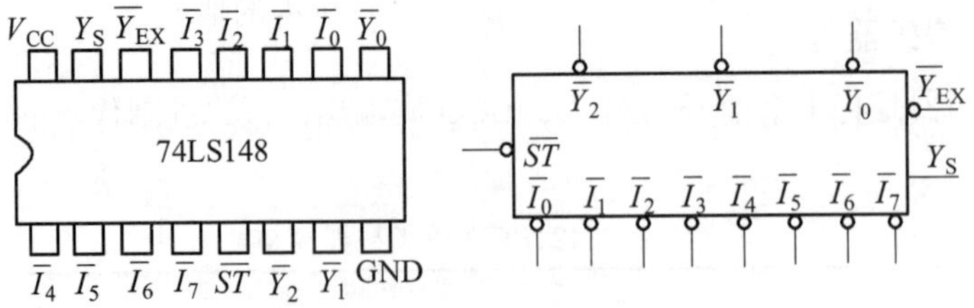

图 5-5-2　74LS148 的外管脚排列图和逻辑符号

2）二-十进制优先编码器——74LS147

二-十进制编码器 74LS147 的功能表如表 5-5-4 所示，其外管脚排列如图 5-5-3 所示。

① 数码输出端 $\overline{Y_3}$ 、$\overline{Y_2}$ 、$\overline{Y_1}$ 、$\overline{Y_0}$ ，为 8421BCD 码的反码。

② 编码信号输入端 $\overline{I_1}$ ~ $\overline{I_9}$ ：输入低电平 0 有效，这时表示有编码请求；输入高电平 1 无效，表示无编码请求。

③ 优先级别：$\overline{I_9}$ 最高，$\overline{I_8}$ 次之，其余依次类推，$\overline{I_0}$ 的级别最低。当 $\overline{I_9}=0$ 时，其余输入信号不论是 0 还是 1 都不起作用，电路只对 $\overline{I_9}$ 进行编码，输出 $\overline{Y_3}$ 、$\overline{Y_2}$ 、$\overline{Y_1}$ 、$\overline{Y_0}=0110$，为反码，其原码为 1001。其余类推。

④ 没有 $\overline{I_9}$ ，这是因为当 $\overline{I_1}$ ~ $\overline{I_9}$ 都为高电平 1 时，输出 $\overline{Y_3}$ 、$\overline{Y_2}$ 、$\overline{Y_1}$ 、$\overline{Y_0}=1111$，其原码为 0000，相当于输入 $\overline{I_0}$ 。因此，在逻辑功能示意图中没有输入端 $\overline{I_0}$ 。

表 5-5-4　74LS147 功能表

输入									输出			
$\overline{I_1}$	$\overline{I_2}$	$\overline{I_3}$	$\overline{I_4}$	$\overline{I_5}$	$\overline{I_6}$	$\overline{I_7}$	$\overline{I_8}$	$\overline{I_9}$	$\overline{Y_3}$	$\overline{Y_2}$	$\overline{Y_1}$	$\overline{Y_0}$
1	1	1	1	1	1	1	1	1	1	1	1	1
×	×	×	×	×	×	×	×	0	0	1	1	0
×	×	×	×	×	×	×	0	1	0	1	1	1
×	×	×	×	×	×	0	1	1	1	0	0	0
×	×	×	×	×	0	1	1	1	1	0	0	1
×	×	×	×	0	1	1	1	1	1	0	1	0
×	×	×	0	1	1	1	1	1	1	0	1	1
×	×	0	1	1	1	1	1	1	1	1	0	0
×	0	1	1	1	1	1	1	1	1	1	0	1
0	1	1	1	1	1	1	1	1	1	1	1	0

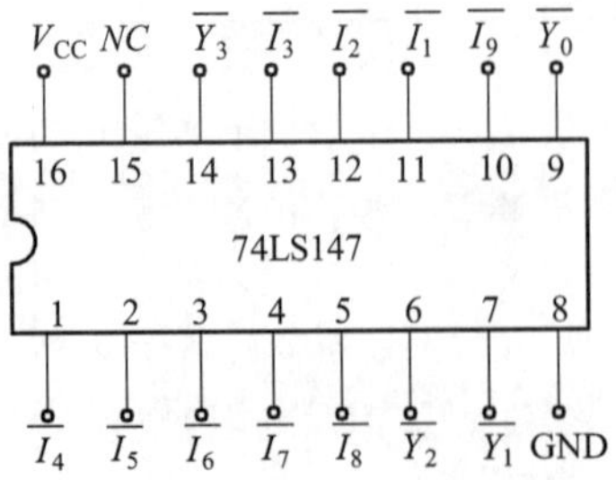

图 5-5-3　74LS147 的外管脚排列图

5.5.2　译码器

译码是编码的逆过程，是将编码时赋予代码的特定含义“翻译”出来。译码器的使用场合非常广泛，例如，数字仪表中的各种显示译码器，计算机中的地址译码器、指令译码器，通信设备中由译码器构成的分配器，以及各种代码变换译码器等。在实际应用中，有许多译码器集成芯片可供选择，有二进制译码器、二-十进制译码器和数字显示译码器等。

1. 二进制译码器

二进制译码器是把二进制代码的所有组合状态都翻译出来的电路，属于全译码器。如果输入信号有 n 位二进制代码，输出信号为 m 个，则 $m=2^n$。其典型器件是 74LS138。

1）74LS138 的逻辑图和逻辑符号

74LS138 的逻辑图和引脚图如图 5-5-4 所示。它有 3 个输入端 A_2、A_1、A_0，8 个输出端 Y_0 ~ Y_7，所以常称为 3 线-8 线译码器。输出为低电平有效，G_1、G_{2A} 和 G_{2B} 为使能输入端。

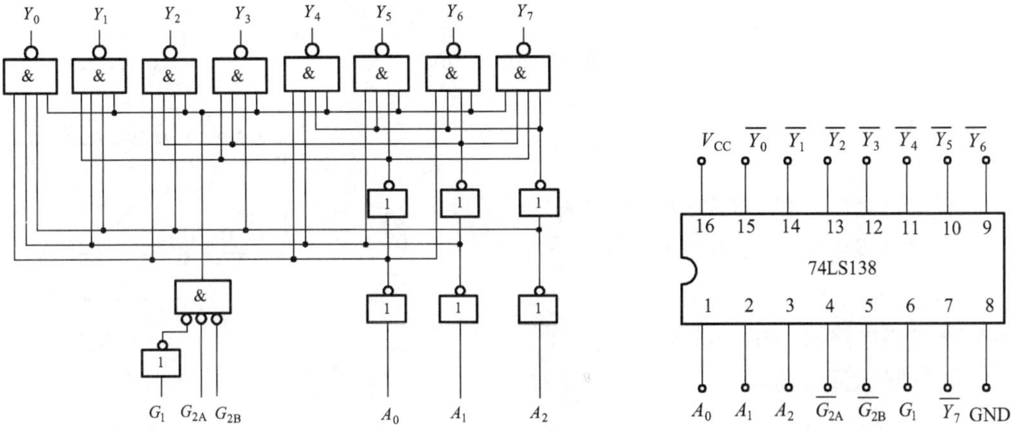

（a）逻辑图　　　　（b）外管脚排列图

图 5-5-4　74LS138 译码器的逻辑图和外管脚排列图

2）功能表

3 线-8 线译码器 74138 功能表如表 5-5-5 所示。

表 5-5-5　3 线-8 线译码器 74138 功能表

输入		输出							
G_1 $\overline{G_{2A}}$ $\overline{G_{2B}}$	A_2 A_1 A_0	Y_0	Y_1	Y_2	Y_3	Y_4	Y_5	Y_6	Y_7
× 1 ×	× × ×	1	1	1	1	1	1	1	1
× × 1	× × ×	1	1	1	1	1	1	1	1
0 × ×	× × ×	1	1	1	1	1	1	1	1
1 0 0	0 0 0	0	1	1	1	1	1	1	1
1 0 0	0 0 1	1	0	1	1	1	1	1	1
1 0 0	0 1 0	1	1	0	1	1	1	1	1
1 0 0	0 1 1	1	1	1	0	1	1	1	1
1 0 0	1 0 0	1	1	1	1	0	1	1	1
1 0 0	1 0 1	1	1	1	1	1	0	1	1
1 0 0	1 1 0	1	1	1	1	1	1	0	1
1 0 0	1 1 1	1	1	1	1	1	1	1	0

① 当 $G_1=1$ 或 $\overline{G_{2A}}+\overline{G_{2B}}=1$ 时，译码器处于工作状态，输出低电平 0 有效，输出 Y_7 ~ Y_0 由输入二进制代码决定。

② 当 $G_1=0$ 或 $\overline{G_{2A}}+\overline{G_{2B}}=1$ 时，译码器处于禁止状态，输出 Y_7 ~ Y_0 都为高电平 1。

从功能表可以写出输出逻辑函数式如下：

$$\overline{Y_0}=\overline{\overline{A_2}\,\overline{A_1}\,\overline{A_0}}=\overline{m_0} \qquad \overline{Y_1}=\overline{\overline{A_2}\,\overline{A_1}A_0}=\overline{m_1}$$

$$\overline{Y_2} = \overline{\bar{A}_2 A_1 \bar{A}_0} == \overline{m_2} \qquad \overline{Y_3} = \overline{\bar{A}_2 A_1 A_0} = \overline{m_3}$$

$$\overline{Y_4} = \overline{A_2 \bar{A}_1 \bar{A}_0} = \overline{m_4} \qquad \overline{Y_5} = \overline{A_2 \bar{A}_1 A_0} = \overline{m_5}$$

$$\overline{Y_6} = \overline{A_2 A_1 \bar{A}_0} = \overline{m_6} \qquad \overline{Y_7} = \overline{A_2 A_1 A_0} = \overline{m_7}$$

3）74LS138 的应用

例 5-5-1 试用译码器和门电路实现逻辑函数 $Y = \bar{A}\bar{B}C + AB\bar{C} + C$。

解：① 根据逻辑函数选用译码器。

由于逻辑函数 Y 中有 A、B、C 三个变量，故应选用 3 线-8 线译码器 74LS138。其输出为低电平有效，故选用与非门。

② 写出标准与-或表达式为

$$\begin{aligned} Y &= \bar{A}\bar{B}C + AB\bar{C} + C \\ &= \bar{A}\bar{B}C + \bar{A}BC + A\bar{B}C + AB\bar{C} + ABC \\ &= m_1 + m_3 + m_5 + m_6 + m_7 \end{aligned}$$

$$Y = \overline{\overline{m_1} \cdot \overline{m_3} \cdot \overline{m_5} \cdot \overline{m_6} \cdot \overline{m_7}}$$

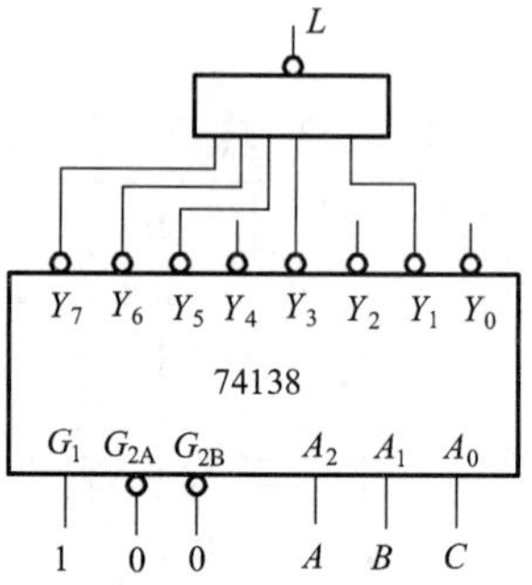

图 5-5-5 例 5-5-1 的逻辑电路图

③ 将逻辑函数 Y 和 74LS138 的输出表达式进行比较。

设 $A = A_2$、$B = A_1$、$C = A_0$，比较得

$$Y = \overline{\overline{Y_1} \cdot \overline{Y_3} \cdot \overline{Y_5} \cdot \overline{Y_6} \cdot \overline{Y_7}}$$

④ 画逻辑电路箘 如图 5-5-5 所示。

2. 数码显示译码器

在数字系统中，将用二进制代码表示的数字、文字、符号翻译成人们习惯的形式直观地显示出来的电路，称为数字显示译码器。

常用的数字显示器有多种类型。按显示方式分，有字型重叠式、点阵式、分段式等。

按发光物质分，有半导体显示器，又称发光二极管（LED）显示器、荧光显示器、液晶显示器、气体放电管显示器等。目前应用最广泛的是由发光二极管构成的七段数字显示器。

1）七段数字显示器原理

七段数字显示器就是将七个发光二极管（加小数点为八个）按一定的方式排列起来，七段 a、b、c、d、e、f、g（小数点 DP）各对应一个发光二极管，利用不同发光段的组合，显示不同的阿拉伯数字。按内部连接方式不同，七段数字显示器分为共阴极和共阳极两种。如图 5-5-6 所示。半导体显示器的优点是工作电压较低（1.5 ~ 3 V）、体积小、寿命长、亮度高、响应速度快、工作可靠性高。缺点是工作电流大，每个字段的工作电流为 10 mA 左右。

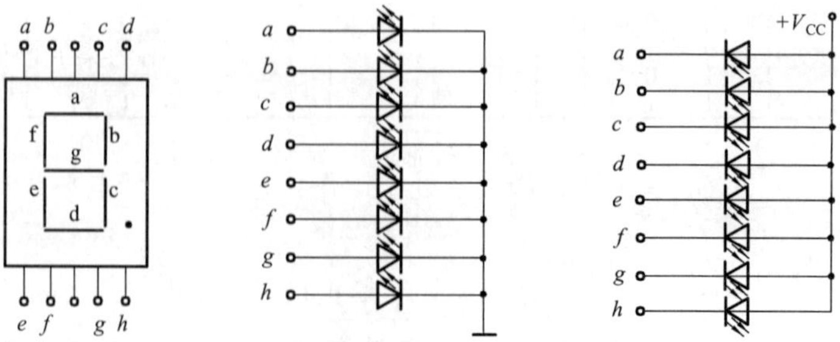

（a）外形图　（b）共阴极　（c）共阳极

图 5-5-6 七段数字显示器原理

2）集成显示译码器 74LS48

要使发光二极管点亮，需要一定的驱动电流，所以这两种显示器也需要相应的驱动电路，如共阳极驱动器 74LS47 和共阴极驱动器 74LS48。下面以共阴极驱动器 74LS48 为例做介绍，图 5-5-7 所示为 74LS48 的外管脚排列图，表 5-5-6 为它的逻辑功能表。

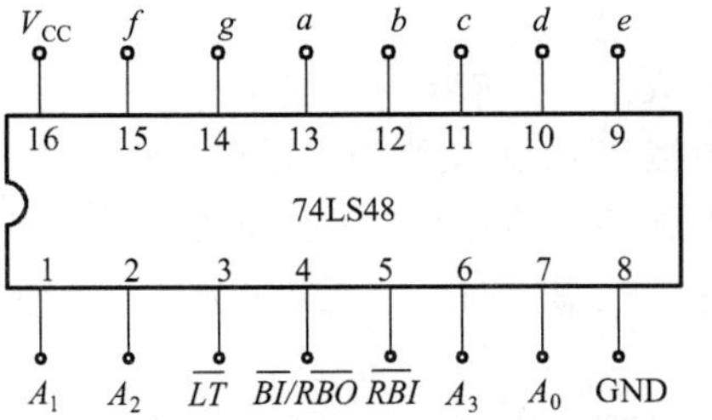

图 5-5-7　74LS48 的外管脚排列图

表 5-5-6　七段显示译码器 74LS48 的逻辑功能表

功能（输入）	输入						输入/输出	输出							显示字形
	LT	RBI	A_3	A_2	A_1	A_0	BI/RBO	a	b	c	d	e	f	g	
0	1	1	0	0	0	0	1	1	1	1	1	1	1	0	
1	1	×	0	0	0	1	1	0	1	1	0	0	0	0	
2	1	×	0	0	1	0	1	1	1	0	1	1	0	1	
3	1	×	0	0	1	1	1	1	1	1	1	0	0	1	
4	1	×	0	1	0	0	1	0	1	1	0	0	1	1	
5	1	×	0	1	0	1	1	1	0	1	1	0	1	1	
6	1	×	0	1	1	0	1	0	0	1	1	1	1	1	
7	1	×	0	1	1	1	1	1	1	1	0	0	0	0	
8	1	×	1	0	0	0	1	1	1	1	1	1	1	1	
9	1	×	1	0	0	1	1	1	1	1	0	0	1	1	
10	1	×	1	0	1	0	1	0	0	0	1	1	0	1	
11	1	×	1	0	1	1	1	0	0	1	1	0	0	1	
12	1	×	1	1	0	0	1	0	1	0	0	0	1	1	
13	1	×	1	1	0	1	1	1	0	0	1	0	1	1	
14	1	×	1	1	1	0	1	0	0	0	1	1	1	1	
15	1	×	1	1	1	1	1	0	0	0	0	0	0	0	
灭灯	×	×	×	×	×	×	0	0	0	0	0	0	0	0	
灭零	1	0	0	0	0	0	0	0	0	0	0	0	0	0	
试灯	0	×	×	×	×	×	1	1	1	1	1	1	1	1	

七段显示译码器 74LS48 是一种与共阴极数字显示器配合使用的集成译码器，它的功能是将输入的 4 位二进制代码转换成显示器所需要的 7 个段信号 $a \sim g$。

$a \sim g$ 为译码输出端。另外，它还有 3 个控制端：试灯输入端 LT、灭零输入端 RBI、特殊控制端 BI/RBO。其功能介绍如下。

（1）正常译码显示。$LT = 1$，$BI/RBO = 1$ 时，对输入为十进制数 1 ~ 15 的二进制码（0001 ~ 1111）进行译码，产生对应的七段显示码。

（2）灭零。当输入 $RBI = 0$，而输入为 0 的二进制码 0000 时，则译码器的 $a \sim g$ 输出全 0，使显示器全灭；只有当 $RBI = 1$ 时，才产生 0 的七段显示码。所以 RBI 称为灭零输入端。

（3）试灯。当 $LT=0$ 时，无论输入怎样，$a\sim g$ 输出全 1，数码管七段全亮。由此可以检测显示器七个发光段的好坏。LT 称为试灯输入端。

（4）特殊控制端 BI/RBO。BI/RBO 可以作输入端，也可以作输出端。

作输入使用时，如果 $BI=0$ 时，不管其他输入端为何值，$a\sim g$ 均输出 0，显示器全灭，因此 BI 称为灭灯输入端。

作输出端使用时，受控于 RBI。当 $RBI=0$，输入为 0 的二进制码 0000 时，$RBO=0$，用以指示该片正处于灭零状态。所以，RBO 又称为灭零输出端。

在多位十进制数码显示时，整数前和小数后的 0 是无意义的，称为“无效 0”。将 BI/RBO 和 RBI 配合使用，可以实现多位数显示时的“无效 0 消隐”功能。

3）数码显示电路

显示译码器和数码管通常是配合使用，即：共阴极的数码管必须与高电平有效的显示译码器配合，才能点亮数码管；反之，共阳极的数码管必须与低电平有效的译码器相配合，才能点亮数码管。如图 5-5-8 所示，译码器 74LS48 高电平有效，数码管为共阴极器件，当译码器的输入 DCBA 的输入为 0001 时，译码输出 abcefg 为 011000，点亮数码管的 bc 段，数码管显示 1。

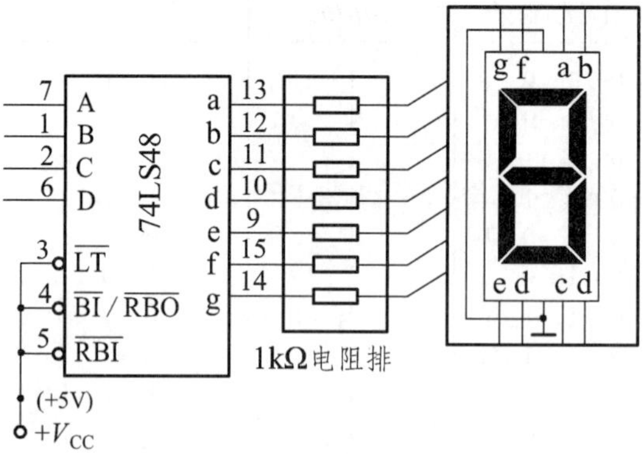

图 5-5-8　译码显示电路

5.5.3　加法器

用于实现二进制加法运算的器件叫加法器。不考虑低位进位的加法运算器件叫半加器；考虑低位进位的加法运算器件叫全加器。

1. 半加器

半加器的真值表如表 5-5-7 所示。表中的 A 和 B 分别表示被加数和加数输入，S 为本位和输出，C 为向相邻高位的进位输出。由真值表可直接写出输出逻辑函数表达式：

$$S=\overline{A}B+A\overline{B}=A\oplus B$$
$$C=AB$$

因而，可用一个异或门和一个与门组成半加器，如图 5-5-9（a）所示。

如果想用与非门组成半加器，则将上式用代数法变换成与非形式：

$$S=\overline{A}B+A\overline{B}=\overline{A}B+A\overline{B}+A\overline{A}+B\overline{B}=A(\overline{A}+\overline{B})+B(\overline{A}+\overline{B})=A\cdot\overline{AB}+B\cdot\overline{AB}$$
$$=\overline{\overline{A\cdot\overline{AB}}\cdot\overline{B\cdot\overline{AB}}}$$

$$C = AB = \overline{\overline{AB}}$$

由此画出用与非门组成的半加器如图 5-5-9（b）。

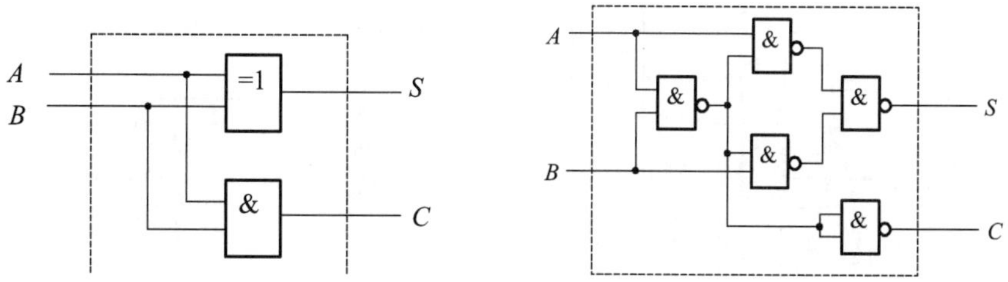

（a）由异或门和与门组成的半加器　　（b） 与非门组成的半加器

图 5-5-9　半加器

表 5-5-7　半加器的真值表

输　入		输出	
被加数 A	加数 B	和数 S	进位数 C
0	0	0	0
0	1	1	0
1	0	1	0
1	1	0	1

2. 全加器

1）全加器

在多位数加法运算时，除最低位外，其他各位都需要考虑低位送来的进位。全加器就具有这种功能。全加器的真值表如表 5-5-8 所示。表中的 A_i 和 B_i 分别表示被加数和加数输入，C_{i-1} 表示来自相邻低位的进位输入。S_i 为本位和输出，C_i 为向相邻高位的进位输出。

表 5-5-8　全加器的真值表

输	入		输	出
A_i	B_i	C_{i-1}	S_i	C_i
0	0	0	0	0
0	0	1	1	0
0	1	0	1	0
0	1	1	0	1
1	0	0	1	0
1	0	1	0	1
1	1	0	0	1
1	1	1	1	1

由真值表直接写出 S_i 和 C_i 的输出逻辑函数表达式，再经代数法化简和转换得

$$\begin{aligned} S_i &= \overline{A_i}\,\overline{B_i}C_{i-1} + \overline{A_i}B_i\overline{C_{i-1}} + A_i\overline{B_i}\,\overline{C_{i-1}} + A_iB_iC_{i-1} \\ &= \overline{(A_i \oplus B_i)}C_{i-1} + (A_i \oplus B_i)\overline{C_{i-1}} = A_i \oplus B_i \oplus C_{i-1} \\ C_i &= \overline{A_i}B_iC_{i-1} + A_i\overline{B_i}C_{i-1} + A_iB_i\overline{C_{i-1}} + A_iB_iC_{i-1} \\ &= A_iB_i + (A_i \oplus B_i)\mathrm{C}_{i--1} \end{aligned}$$

根据逻辑表达式可以画出全加器的逻辑电路如图 5-5-10（a）所示。图 5-5-10（b）所示为全加器的代表符号。

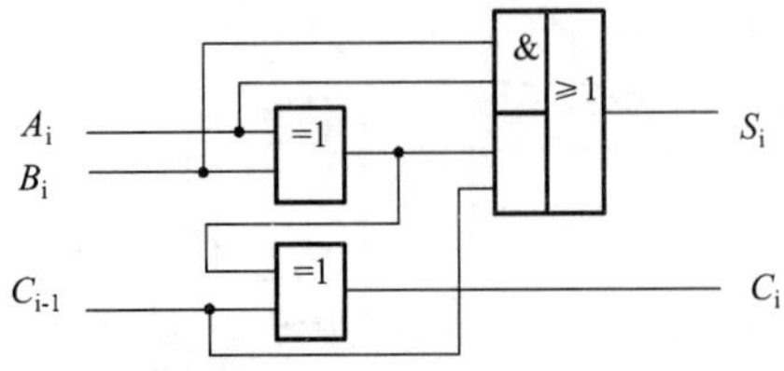

（a）逻辑图

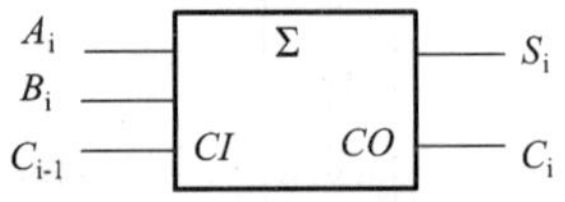

（b）符号

图 5-5-10　全加器

2）多位数加法器的连接

要进行多位数相加，最简单的方法是将多个全加器进行级联，称为串行进位加法器。图 5-5-11 所示是 4 位串行进位加法器，从图中可见，两个 4 位相加数 $A_3A_2A_1A_0$ 和 $B_3B_2B_1B_0$ 的各位同时送到相应全加器的输入端，进位数串行传送。全加器的个数等于相加数的位数。最低位全加器的 C_{i-1} 端应接 0。

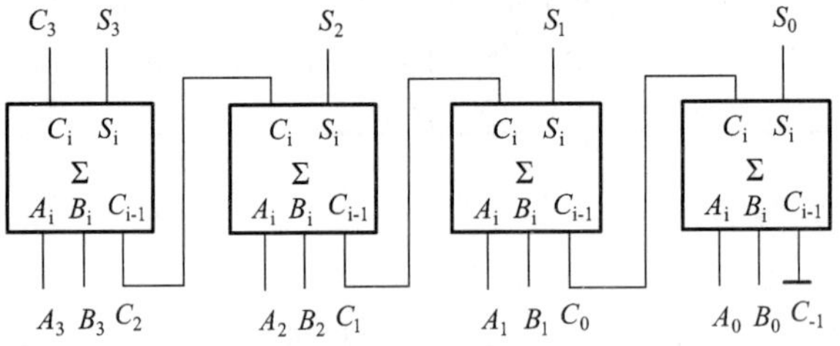

图 5-5-11　4 位串行进位加法器

3. 集成 4 位加法器 74LS283

1）74LS283 的逻辑图和外管脚排列图

74LS283 是一种典型的 4 位集成加法器，是由 4 位加法器集成封装而成，其特点是进位信号是由低位向高位逐级传递的，速度不高。其逻辑图和引脚如图 5-5-12 所示。

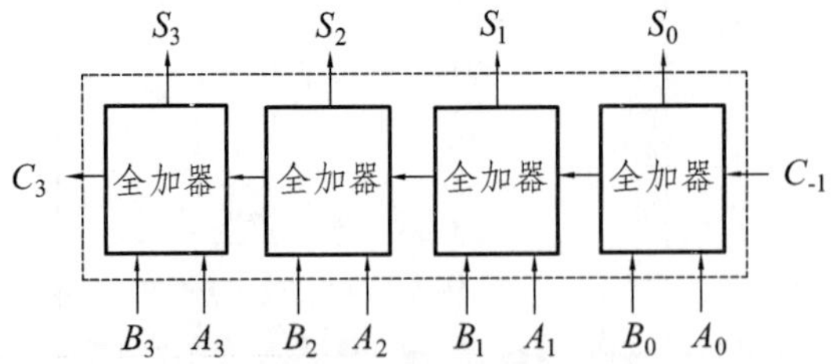

（a）逻辑图

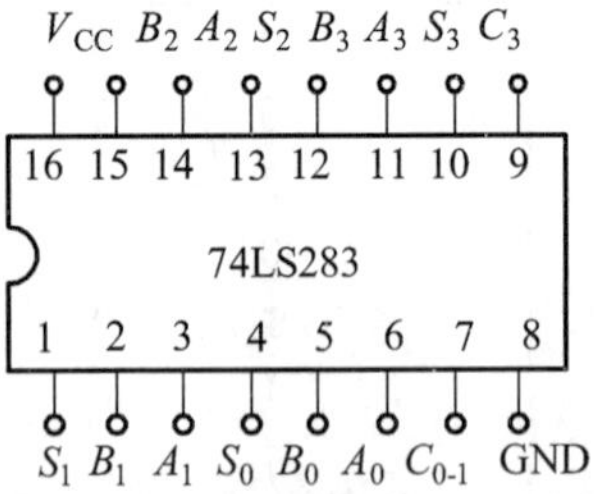

（b）引脚图

图 5-5-12　集成 4 位加法器 74LS283

2）集成加法器的应用

（1）加法器级联实现多位二进制数加法运算。

一片 74LS283 只能进行 4 位二进制数的加法运算，将多片 74LS283 进行级联，就可扩展加法运算的位数。用 2 片 74283 组成的 8 位二进制数加法电路如图 5-5-13 所示。

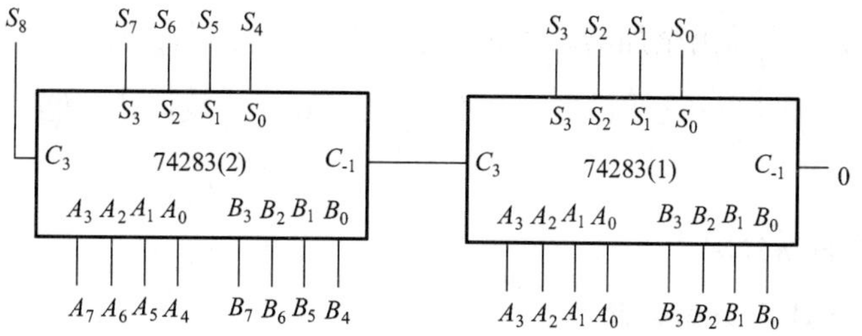

图 5-5-13　2 片 74LS283 组成的 8 位二进制数加法电路

（2）用 74LS283 实现将余 3 码转换为 8421BCD 码。

十进制数的 0，用 8421BCD 码表示是 0000，用余 3 码表示是 0011；

十进制数的 1，用 8421BCD 码表示是 0001，用余 3 码表示是 0100；

……

十进制数的 9，用 8421BCD 码表示是 1001，用余 3 码表示是 1100；

所以，对同一个十进制数，余 3 码比 8421BCD 码多 3。因此实现余 3 码到 8421BCD 码的变换，只需从余 3 码中减去 3（即 0011）。利用二进制补码的概念，很容易实现上述减法。由于 0011 的补码为 1101，减 0011 与加 1101 等效。所以，从 74LS283 的 $A_3 \sim A_0$ 输入余 3 码的四位代码，$B_3 \sim B_0$ 接固定代码 1101，就能实现相应的转换，其逻辑图如图 5-5-14 所示。

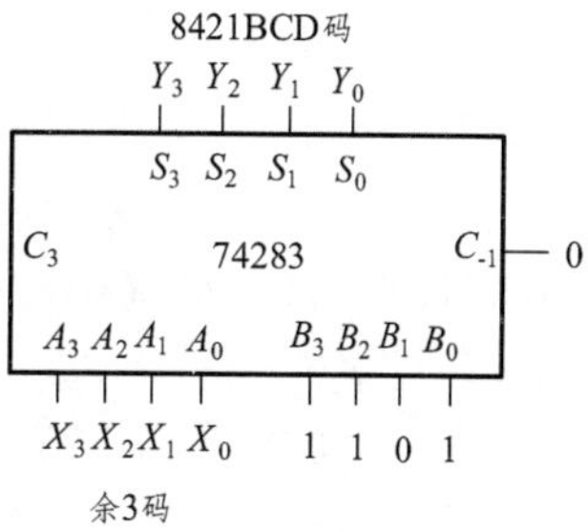

图 5-5-14　将余 3 码转换成 8421BCD 码

5.5.4　数据选择器

1. 数据选择器的工作原理

数据选择器又称多路转换器或者多路选择开关，是指在地址信号的控制下，从多路数据中选择一路数据输出。常用的数据选择器有 4 选 1、8 选 1、16 选 1 等多种类型。下面以 4 选 1 为例介绍数据选择器的基本功能、工作原理及设计方法。

四选一数据选择器的功能如表 5-5-10 所示。

表 5-5-10　4 选 1 数据选择器功能表

输入							输出
E	A_1	A_0	D_3	D_2	D_1	D_0	Y
1	×	×	×	×	×	×	0
0	0	0	×	×	×	0	0
			×	×	×	1	1
	0	1	×	×	0	×	0
			×	×	1	×	1
	1	0	×	0	×	×	0
			×	1	×	×	1
	1	1	0	×	×	×	0
			1	×	×	×	1

根据功能表，可写出输出逻辑表达式如下：

$$Y = (\overline{A_1}\,\overline{A_0}D_0 + \overline{A_1}A_0D_1 + A_1\overline{A_0}D_2 + A_1A_0D_3)\cdot\overline{E}$$

E 是使能端，用于扩展功能，低电平有效。当 $E=0$ 时，数据选择器工作；当 $E=1$ 时，数据选择器禁止，输出为 0。

2. 集成数据选择器介绍

1）74LS153 4 选 1 数据选择器

74LS153 是常用的双 4 选 1 数据选择器。所谓双 4 选 1 数据选择器，就是在一块集成芯片上有两个 4 选 1 数据选择器。其外管脚排列如图 5-5-20 所示。

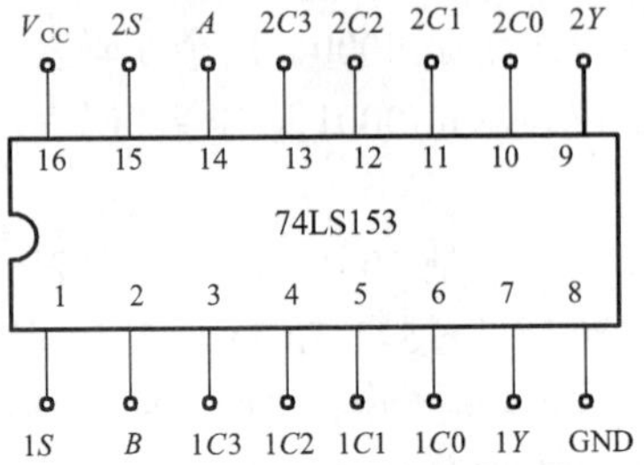

图 5-5-15 74LS153 外管脚排列图

图中 1S、2S 为两个独立的使能端；B、A 为公用的地址输入端（注意：B 是高位，A 是低位），1C0 ~ 1C3 和 2C0 ~ 2C3 分别为两个 4 选 1 数据选择器的数据输入端；1Y、2Y 为两个输出端。

① 当使能端 1S（2S）= 1 时，多路开关被禁止，无输出，$Y=0$。

② 当使能端 1S（2S）= 0 时，多路开关正常工作，根据地址码 B、A 的状态，将相应的数据 $C0 \sim C3$ 送到输出端 Y。

如：$BA=00$，则选择 $C0$ 数据到输出端，即 $Y=C0$。

$BA=01$，则选择 $C1$ 数据到输出端，即 $Y=C1$。其余类推。

2）74LS151 8 选 1 数据选择器

74LS151 是一种典型的集成 8 选 1 数据选择器，其逻辑图和引脚图如图 5-5-16 所示。它有 8 个数据输入端 $D_0 \sim D_7$，3 个地址输入端 A_2、A_1、A_0，2 个互补的输出端 Y 和 $\overline{Y}$，1 个使能输入端 S，使能端 S 仍为低电平有效。74LS151 的功能表如表 5-5-11 所示。

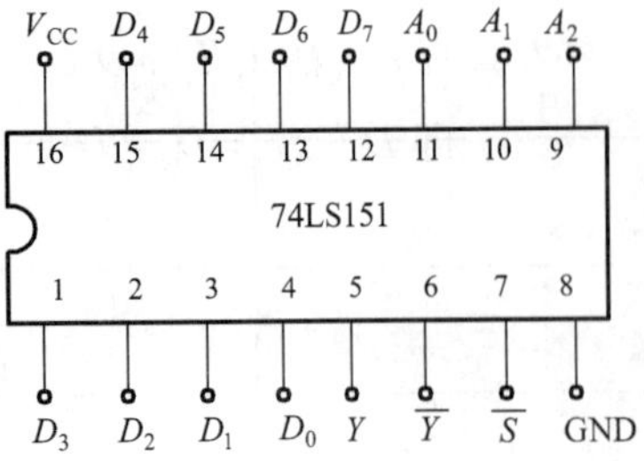

图 5-5-16 74LS151 的外管脚排列图

表 5-5-11 74LS151 的功能表

输		入			输	出
D	A_2	A_1	A_0	$\overline{S}$	Y	$\overline{Y}$
×	×	×	×	1	0	1
D_0	0	0	0	0	D_0	$\overline{D_0}$
D_1	0	0	1	0	D_1	$\overline{D_1}$
D_2	0	1	0	0	D_2	$\overline{D_2}$
D_3	0	1	1	0	D_3	$\overline{D_3}$
D_4	1	0	0	0	D_4	$\overline{D_4}$
D_5	1	0	1	0	D_5	$\overline{D_5}$
D_6	1	1	0	0	D_6	$\overline{D_6}$
D_7	1	1	1	0	D_7	$\overline{D_7}$

从功能表可以得到 74LS151 有如下的功能：

$\overline{S}=1$时，选择器

$$\overline{S}=0\text{ 时}\begin{cases}Y=D_0\overline{A}_2\overline{A}_1\overline{A}_0+D_1\overline{A}_2\overline{A}_1A_0+\cdots+D_7A_2A_1A_0=\sum_{i=0}^{7}D_im_i\\ \overline{Y}=\overline{D}_0\overline{A}_2\overline{A}_1\overline{A}_0+\overline{D}_1\overline{A}_2\overline{A}_1A_0+\cdots+\overline{D}_7A_2A_1A_0=\sum_{i=0}^{7}\overline{D}_im_i\end{cases}$$

3. 数据选择器的应用

1）实现组合逻辑函数

（1）当逻辑函数的变量个数和数据选择器的地址输入变量个数相同时，可直接用数据选择器来实现逻辑函数。

例 5-5-2 试用 8 选 1 数据选择器 74LS151 实现以下逻辑函数。

$$L=AB+BC+AC$$

解法 1 第一，将逻辑函数转换成最小项表达式：

$$L=\overline{A}BC+A\overline{B}C+AB\overline{C}+ABC\ =m_3+m_5+m_6+m_7$$

第二，将输入变量接至数据选择器的地址输入端，即 $A=A_2$，$B=A_1$，$C=A_0$（注意高低位的排序）。输出变量接至数据选择器的输出端，即 $L=Y$。将逻辑函数 L 的最小项表达式与 74LS151 的表达式 $Y=\overline{A}\,\overline{B}\,\overline{C}D_0+\overline{A}\,\overline{B}CD_1+\overline{A}B\overline{C}D_2+\overline{A}BCD_3+A\overline{B}\,\overline{C}D_4+A\overline{B}CD_5+AB\overline{C}D_6+ABCD_7$ 相比较，显然，L 式中出现的最小项对应的数据输入端应接 1，L 式中没出现的最小项对应的数据输入端应接 0，即 $D_3=D_5=D_6=D_7=1$、$D_0=D_1=D_2=D_4=0$。

第三，画出连线图如图 5-5-17 所示。

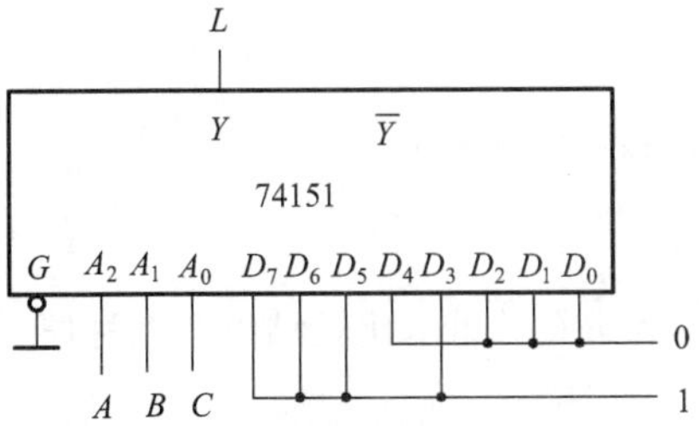

图 5-5-17 例 5-5-2 的逻辑图

表 5-5-12 例 5-5-2 真值表

A	B	C	L
0	0	0	0
0	0	1	0
0	1	0	0
0	1	1	1
1	0	0	0
1	0	1	1
1	1	0	1
1	1	1	1

解法 2 第一，作出逻辑函数 L 的真值表如表 5-5-12 所示。

第二，将输入变量接至数据选择器的地址输入端，即 $A=A_2$，$B=A_1$，$C=A_0$（注意高低位的排序）。输出变量接至数据选择器的输出端，即 $L=Y$。将真值表中 L 取值为 1 的最小项所对应的数据输入端接 1，L 取值为 0 的最小项对应的数据输入端接 0，即 $D_3=D_5=D_6=D_7=1$、$D_0=D_1=D_2=D_4=0$。

第三，画出连线图如图 5-5-17 所示。

（2）当逻辑函数的变量个数大于数据选择器的地址输入变量个数时，不能用前述的简单办法，应分离出多余的变量，把它们加到适当的数据输入端。

例 5-5-3 试用 4 选 1 数据选择器实现逻辑函数：

$$L=AB+BC+AC$$

解：① 由于函数 L 有三个输入信号 A、B、C，而 4 选 1 仅有两个地址端 A_1 和 A_0，所以选 A、B 接到地址输入端，且 $A=A_1$，$B=A_0$（注意高低位的排序），则 C 将作为数据输入。

② 求数据输入端的数据。

方法 1 第一，将逻辑函数转换成最小项表达式

$$L=\overline{A}BC+A\overline{B}C+AB\overline{C}+ABC=\overline{A}BC+A\overline{B}C+AB$$

第二，写出 4 选 1 数据选择器的表达式：$Y=\overline{A}\,\overline{B}D_0+\overline{A}BD_1+A\overline{B}D_2+ABD_3$

两者比较可得：$D_0=0$，$D_1=C$，$D_2=C$，$D_3=1$。

③ 画出连线图如图 5-5-18 所示。

方法 2 使用图形法求数据。

画出函数的卡诺图，注意以地址变量作为卡诺图的行，数据作为卡诺图的列，并且地址必须按照高低位排序,如图 5-5-19 所示。

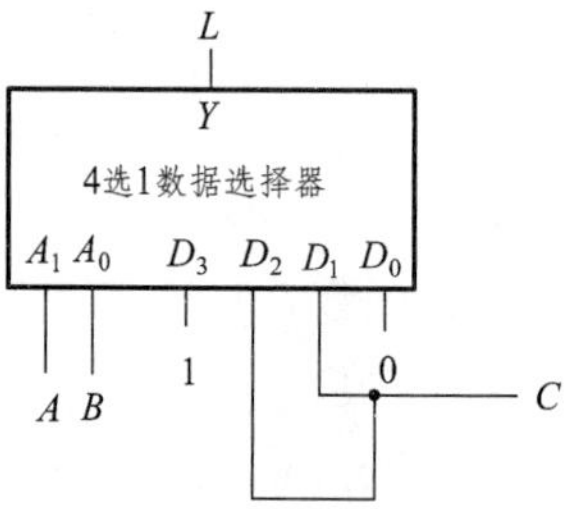

图 5-5-18 例 5-5-3 的逻辑图

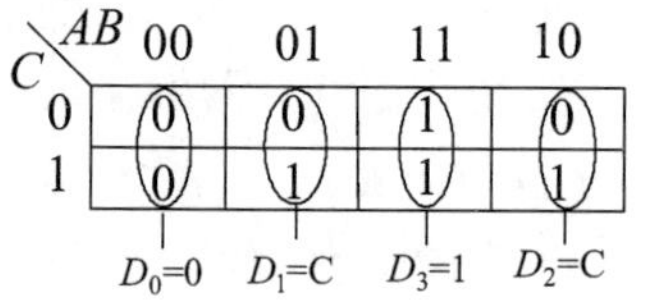

图 5-5-19 卡诺图求数据的方法

5.5.5 数值比较器

数值比较器是指对两个位数相同的二进制整数进行数值比较并判定其大小关系。

1. 一位数值比较器

1 位数值比较器的功能是比较两个 1 位二进制数 A 和 B 的大小，比较结果有三种情况，即：$A>B$、$A<B$、$A=B$。其真值表如表 5-5-13 所示。

由真值表写出逻辑表达式：

$$F_{A>B}=A\overline{B}$$
$$F_{A<B}=\overline{A}B$$
$$F_{A=B}=\overline{A}\,\overline{B}+AB$$

由以上逻辑表达式可画出逻辑图如图 5-5-20 所示。

表 5-5-13 1 位数值比较器真值表

输入		输出		
A	B	$F_{A>B}$	$F_{A<B}$	$F_{A=B}$
0	0	0	0	1
0	1	0	1	0
1	0	1	0	0
1	1	0	0	1

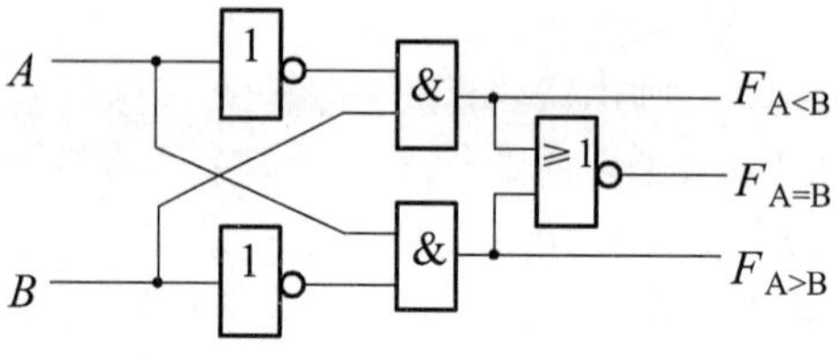

图 5-5-20 1 位数值比较器逻辑图

2. 四位集成数值比较器 74LS85

1）74LS85 的功能表和外管脚排列图

74LS85 是典型的集成 4 位二进制数比较器。其真值表如表 5-5-14 所示，逻辑符号和逻辑图如图 5-5-21 所示。其中 $a_3a_2a_1a_0$ 及 $b_3b_2b_1b_0$ 分别代表被比较的两个四位二进制数码；输出端有三个，分别为 $A>B$、$A<B$、$A=B$，另外有三个控制输入端 $a>b$、$a<b$、$a=b$。

74LS85 集成数值比较器，设置有级联信号输入端，接收来自低位比较器的输出结果。若比较器的各位比较结果都相等，最终结果取决于级联信号输入。在单独使用或作为最低位片使用时，为了不影响比较结果，低位片级联输入 A>B、A<B 应置 0，A = B 置 1。

表 5-5-14　74LS85 的功能表

比较输入				级联输入			输出		
A_3　B_3	A_2　B_2	A_1　B_1	A_0　B_0	$a>b$	$a<b$	$a=b$	$A>B$	$A<B$	$A=B$
$A_3>B_3$	×	×	×	×	×	×	1	0	0
$A_3<B_3$	×	×	×	×	×	×	0	1	0
$A_3=B_3$	$A_2>B_2$	×	×	×	×	×	1	0	0
$A_3=B_3$	$A_2<B_2$	×	×	×	×	×	0	1	0
$A_3=B_3$	$A_2=B_2$	$A_1>B_1$	×	×	×	×	1	0	0
$A_3=B_3$	$A_2=B_2$	$A_1<B_1$	×	×	×	×	0	1	0
$A_3=B_3$	$A_2=B_2$	$A_1=B_1$	$A_0>B_0$	×	×	×	1	0	0
$A_3=B_3$	$A_2=B_2$	$A_1=B_1$	$A_0<B_0$	×	×	×	0	1	0
$A_3=B_3$	$A_2=B_2$	$A_1=B_1$	$A_0=B_0$	1	0	0	1	0	0
$A_3=B_3$	$A_2=B_2$	$A_1=B_1$	$A_0=B_0$	0	1	0	0	1	0
$A_3=B_3$	$A_2=B_2$	$A_1=B_1$	$A_0=B_0$	0	0	1	0	0	1

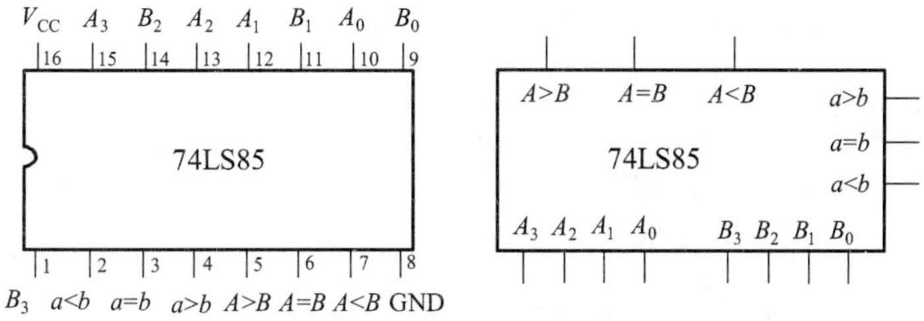

图 5-5-21　74LS85 的逻辑符号和逻辑图

2）集成数值比较器的应用

（1）4 位二进制数值的大小比较。

一片 74LS85 可以对两个 4 位二进制数进行比较，此时级联输入端 $a>b$、$a<b$、$a=b$ 应分别接 0、0、1。当参与比较的二进制数少于 4 位时，高位多余输入端可同时接 0 或 1。

（2）数值比较器的位数扩展。

三个控制输入端是为各集成片间级联提供的。如果需比较的数码超过 4 位，便可以将几个比较器级联使用。将低位比较器的输出端（$A>B$）、（$A<B$）、（$A=B$）分别接于高位比较器的控制输入端（$a>b$）、（$a<b$）、（$a=b$），最高位比较器的各输出端作为总的比较结果，如图 5-5-22 所示。由图可见，低 4 位的比较结果作为高 4 位的条件。级联扩展法结构简单，但运算速度低。

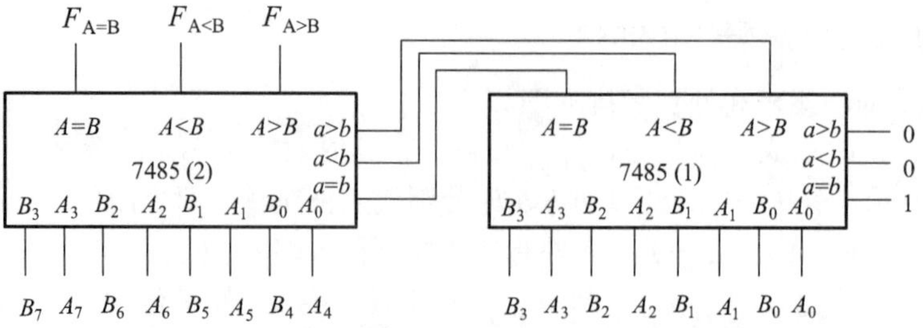

图 5-5-22　采用串联方式组成的 8 位数值比较器

5.5.6　设计实例——器件应用

微课

常用的组合逻辑部件

1. 电动机运行故障监测报警电路的实现

1）任务要求

某车间有 3 台电动机工作，监测电路对 3 台电动机工作状态进行监测，使用发光二极管显示检测结果，要求：

① 有 1 台电动机出现故障，黄色指示灯亮；

② 有 2 台电动机出现故障，红色指示灯亮；

③ 当 3 台电动机都出现故障时，黄色和红色指示灯都亮。

试用上述全加器、线译码器、数据选择器等逻辑器件设计电路。

2）逻辑的设计

从表 5.4.4 中可知 F_1 和 F_2 的逻辑表达式并化简：

$$
\begin{aligned}
F_1 &= \bar{A}\bar{B}C + \bar{A}B\bar{C} + A\bar{B}\bar{C} + ABC \\
&= (\bar{A}\bar{B} + AB)C + (\bar{A}B + A\bar{B})\bar{C} \\
&= (\overline{A \oplus B})C + (A \oplus B)\bar{C} \\
&= A \oplus B \oplus C
\end{aligned}
$$

$$
\begin{aligned}
F_2 &= \bar{A}BC + A\bar{B}C + AB\bar{C} + ABC \\
&= AB + (A \oplus B)C \\
&= AC + AB + BC
\end{aligned}
$$

3）器件实现

（1）采用全加器来实现该电路。

由于电路的表达式与全加器的逻辑表达式相同，F_1 即为全加器的进位，F_2 即为全加器的和。故该电路可以用全加器来实现。而加法器的芯片 74LS283 是四位串联型加法器，该电路只用 1 位加法器，内部的进位已经连接，所以，当取 $A_1 = 0$，$B_1 = 0$ 时，$S_1 = A_1 + B_1 + C_0 = C_0$，电路连线如图 5-5-23 所示。

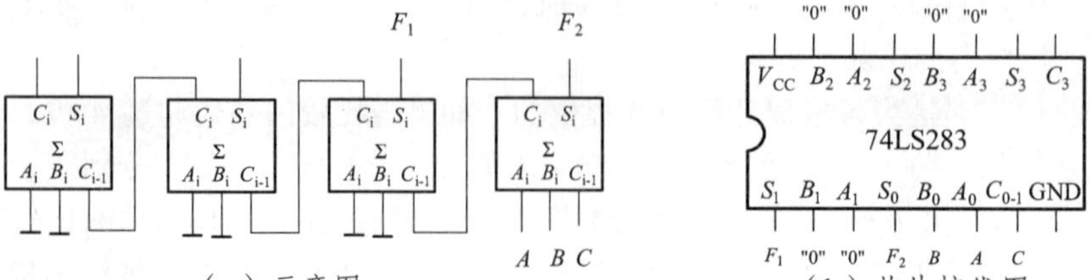

（a）示意图　　（b）芯片接线图

图 5-5-23　用全加器实现的电路图

（2）采用 3 线-8 线译码器 74LS138 来实现。

从 74LS138 的功能表可以看出：

$$Y_0=\overline{\bar{A}\,\bar{B}\,\bar{C}},\quad Y_1=\overline{\bar{A}\,\bar{B}C},\quad Y_2=\overline{\bar{A}B\bar{C}},\quad Y_3=\overline{\bar{A}BC},$$

$$Y_4=\overline{A\bar{B}\,\bar{C}},\quad Y_5=\overline{A\bar{B}C},\quad Y_6=\overline{AB\bar{C}},\quad Y_7=\overline{ABC}$$

而逻辑表达式可以变换成

$$\begin{aligned}F_1&=\bar{A}BC+A\bar{B}C+AB\bar{C}+ABC\\&=\overline{\overline{\bar{A}BC+A\bar{B}C+AB\bar{C}+ABC}}\\&=\overline{\overline{\bar{A}BC}\cdot\overline{A\bar{B}C}\cdot\overline{AB\bar{C}}\cdot\overline{ABC}}\\&=\overline{Y_3\cdot Y_5\cdot Y_6\cdot Y_7}\end{aligned}$$

（注意：A、B、C 的排序与译码器的输入排序要一致。）

同理，$F_2=\bar{A}\,\bar{B}C+\bar{A}B\bar{C}+A\bar{B}\,\bar{C}+ABC$

$$=\overline{Y_1\cdot Y_2\cdot Y_4\cdot Y_7}$$

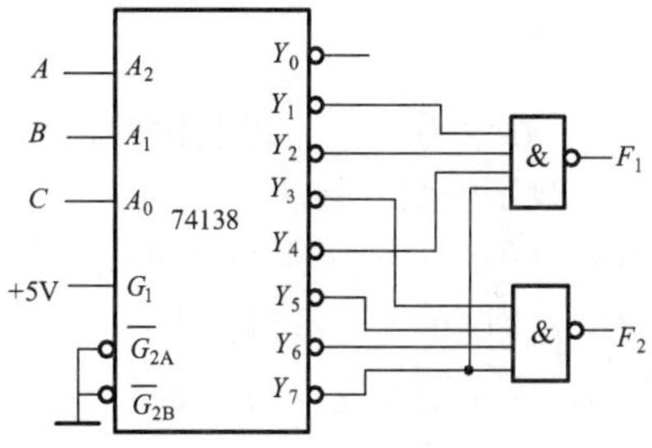

图 5-5-24　用译码器实现的电路图

电路连线如图 5-5-24 所示。

（3）采用数据选择器实现电路——采用 74LS153 数据选择器。

74LS153 为两片 4 选 1 的集成芯片，分别用于实现两个逻辑函数。

设 A、B 为地址输入，对于 $F_1=\bar{A}BC+A\bar{B}C+AB\bar{C}+ABC$，求数据端的值，如图 5-5-25（a）所示。

对于 $F_2=\bar{A}\bar{B}C+\bar{A}B\bar{C}+A\bar{B}\bar{C}+ABC$，求数据端的值，如图 5-5-25（b）所示。

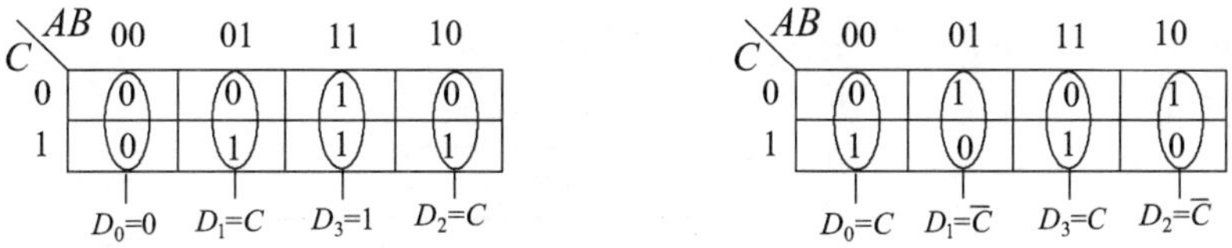

（a）　　（b）

图 5-5-25　图形法求数据

电路的连线如图 5-5-26 所示。

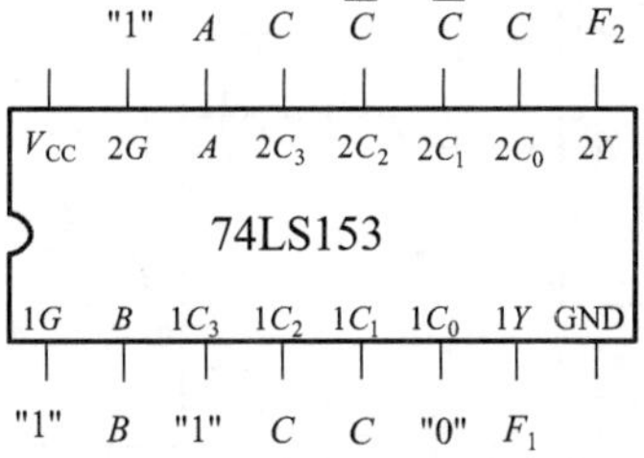

图 5-5-26　用数据选择器实现的电路图

从上例可以看出，采用不同的逻辑部件都可以实现逻辑功能，设计者可以自由选择。

2. 两个 1 位十进制数的加法运算电路

由于数字电路中是通过二进制进行运算的，而通常的显示电路是按十进制关系显示的，所以 2 个 1 位十进制数的加法运算显示电路在设计中需要解决如下问题：（1）做加法之前，先将十进制数转换成二进制数 ——可采用编码器完成；（2）加法运算的结果是按二进制关系进位的，需将该二进制数转成十进制数才能经由数码管显示。我们知道，十进制数 0 ~ 9 的 4 位二进制与十进制 BCD 码是相同的，而十进制数超过 9 时即需要增加一个修正电路，修正的思路是：当十进制数大于 9（1001）时加 6（0110）进行修正，使十进制数大于 9，如 10（1010）加 6（0110）后的输出为（10000），也就是十进制 BCD 码（0001 0000），该十进制 BCD 码作为数码显示的输入就能显示 10。

1）编码 ——十进制数转换成二进制数

数字电路的加法运算是通过二进制运算的，所以要实现两个 1 位十进制数的加法运算，必须要将 1 位的十进制数转换成 4 位二进制数。十进制数转成二进制数可以用 10 线-4 线编码器；又因为每次只按一键，所以，也可以用 10 线-4 线优先编码，如图 5-5-27 所示。

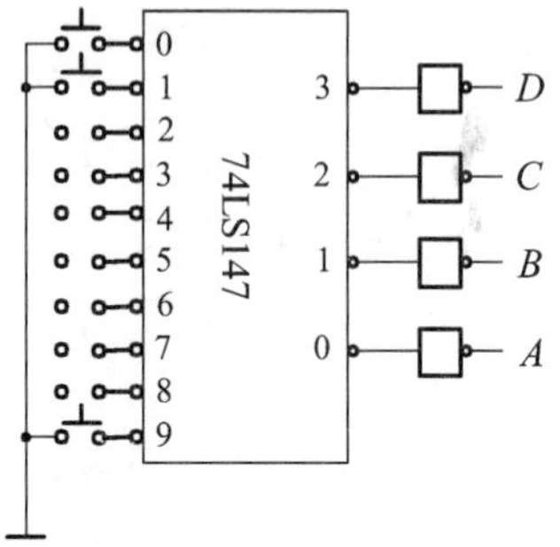

图 5-5-27　十进制数转二进制数电路

2）二进制数转成十进制数输出

当两个用 8421BCD 码表示的 1 位十进制数相加时，每个数都不会大于 9（1001），考虑到低位来的进位，最大的和为 9+9+1 = 19。

当用 4 位二进制数加法器 74LS283 完成这个加法运算时，加法器输出的是 4 位二进制数表示的和，而不是 BCD 码。因此，必须想办法将 4 位二进制数表示的和转换成 8421BCD 码。将 0 ~ 19 的二进制数与用 8421BCD 码表示的数进行比较发现：当和数 < 1001（9）时，二进制码与 8421BCD 码相同；当和数 > 1001 时，只要在二进制码上加 0110（6）就可以把二进制码转换为 8421BCD 码，同时产生进位输出。

这一转换可以由一个修正电路来完成，如图 5-5-28 所示。

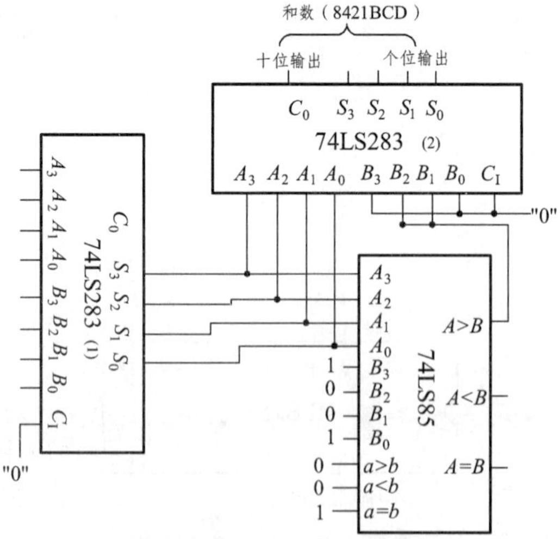

图 5-5-28　二进制数转十进制数输出的修正电路

3）加法显示

74LS283（1）实现 4 位二进制数的加法，其结果与 1001（9）做比较，当结果大于 9 时，利用 74LS283（2），使结果加 0110（6）后再输出，保证 74LS283（2）芯片中 $S_3S_2S_1S_0$ 输出的是 BCD 码，可以直接送入显示，如图 5-5-29 所示。

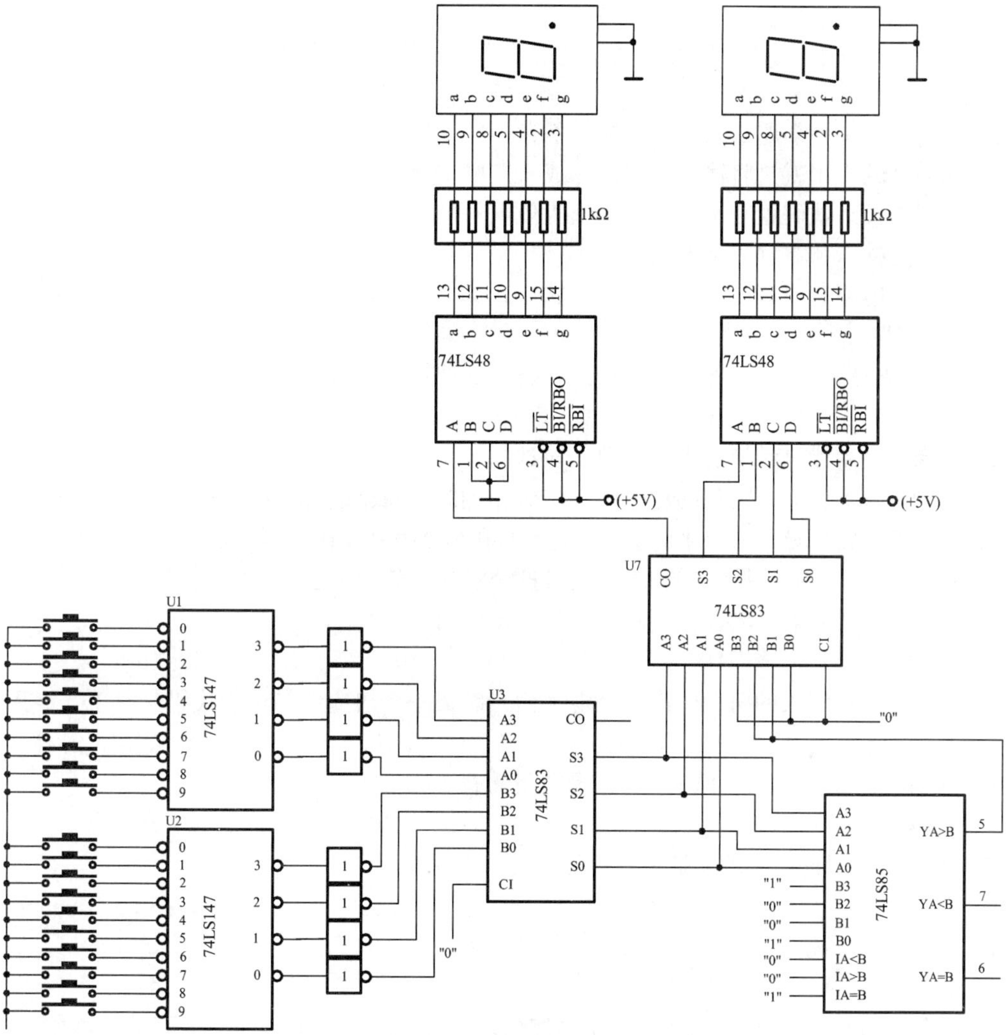

图 5-5-29　两个 1 位十进制数的加法显示电路

小　结

1. 编码器是将数字、符号、文字等用二进制代码表示的器件。译码相当于是编码的逆过程。数据选择器、数据分配器主要用于数据的传送，从而实现数据点对点的传送和数据传送的并行-串行的转换。数值比较器由于可以比较数值的大小，从而应用于一些判断电路。加法器是 CPU 的核心器件，可以完成加法和减法的运算，重点在逻辑功能、集成芯片及集成电路的扩展和应用。

2. 中规模集成电路大多数都设置了附加的控制端（或称使能端、选通输入端、片选端、禁止端等）。这些控制端既可用于控制电路的状态（工作或禁止），又可作为输出信号的选通输入端，还能用作输入信号的一个输入端以扩展电路功能。

3. 设计组合逻辑电路时应尽量选用集成电路。要掌握查集成电路参数的方法。使用中规模集成电路实现组合逻辑电路时，方法与使用小规模集成电路基本一样。

自测练习题

一、判断题

1. 编码是将汉字、字母、数字等按一定的规则组成代码，并赋予每个代码一定含义的过程。(　　)

2. 译码器是一种多路输入、单路输出的逻辑部件。(　　)

3. 译码器的作用就是将输入的代码译成特定的信号。(　　)

4. 共阴极接法数码管需选用有效输出为低电平的七段显示译码器来驱动。(　　)

5. 数据选择器和数据分配器的功能正好相反，互为逆过程。(　　)

6. 某译码电路需要有四种不同的输出状态，那么输入信号至少应有 4 个。(　　)

二、选择题

1. 某译码电路需要有 4 种不同的输出状态，那么输入信号至少应有（　　）。

A. 2 个　　B. 4 个　　C. 3 个　　D. 5 个

2. 完成二进制代码转换为十进制数，应选择（　　）。

A. 译码器　　B. 编码器　　C. 一般组合逻辑电路

3. 译码器的输出是（　　）。

A. 表示二进制代码　　B. 表示二进制数　　C. 特定含义的逻辑信号

4. 四输入的译码器，其输出端最多为（　　）。

A. 4 个　　B. 8 个　　C. 10 个　　D. 16 个

5. （　　）把输入的每一个高、低电平信号编成一个对应的二进制代码。

A. 编码器　　B. 译码器　　C. 加法器　　D. 数据选择器

6. 在下列逻辑电路中，不是组合逻辑电路的有（　　）。

A. 译码器　　B. 编码器　　C. 全加器　　D. 寄存器

7. 16 选 1 数据选择器的地址控制信号为（　　）。

A. 2 位　　B. 3 位　　C. 4 位　　D. 5 位

8. 八路数据分配器，其地址输入端有（　　）个。

A. 1　　B. 2　　C. 3　　D. 4

9. 编码电路和译码电路中，(　　) 电路的输出是二进制代码。

A. 编码　　B. 译码　　C. 编码和译码

10. 若译码/驱动器输出为低电平有效，显示器应选用（　　）。

A. 共阴极显示器　　B. 共阳极显示器

11. 二-十进制编码器是指（　　）。

A. 将二进制代码转换成 0 ~ 9 十个数字　B. 将 0 ~ 9 十个数字转换成二进制代码

C. 二进制和十进制电路

12. 若有 30 个编码对象，则要求编码器输出二进制代码位数至少为（　　）。

A. 4 位　　B. 5 位　　C. 6 位　　D. 7 位

13. 使用共阴极接法的 LED 数码管时，$a \sim g$ 应接输出（　　）有效的显示译码器；使用共阳极接法的 LED 数码管时，$a \sim g$ 应接输出（　　）有效的显示译码器，这样才能显示 0 ~ 9 十个数字。

A. 高电平、低电平　B. 低电平、高电平　C. 高电平、高电平　D. 低电平、低电平

14. 8 线-3 线优先编码器 74LS148 的优先编码顺序是 I_7、I_6、I_5、…、I_0，输出 $A_2A_1A_0$。输

入输出均为低电平有效。当输入 $I_7 I_6 I_5 \cdots I_0$ 为 11010101 时，输出 $A_2A_1A_0$ 为（　　）。

A. 010　　B. 101　　C. 111　　D. 000

15. 3 线-8 线译码器 74LS138 处于译码状态时，当输入 $A_2A_1A_0 = 001$ 时，输出 $Y_7 \sim Y_0$（　　）。

A. 11010101　　B. 11111101　　C. 11101111　　D. 10111111

习　题

1. 试采用 74LS153 实现逻辑函数表达式 $L = \overline{A}\overline{B}C + \overline{A}B\overline{C} + AB$ 并画出逻辑图。
2. 试用 74LS138 译码器实现逻辑函数 $F = AB + BC + AC$。
3. 试写出如图 5-5-30 所示电路的输出 Y_1 和 Y_2 的逻辑函数表达式。
4. 分析如图 5-5-31 所示电路的逻辑功能。

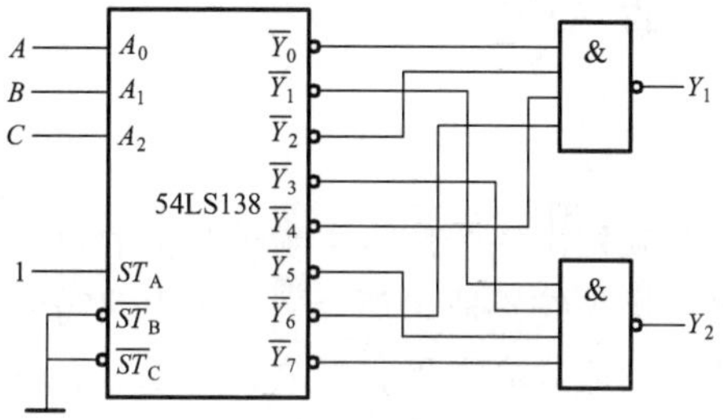

图 5-5-30

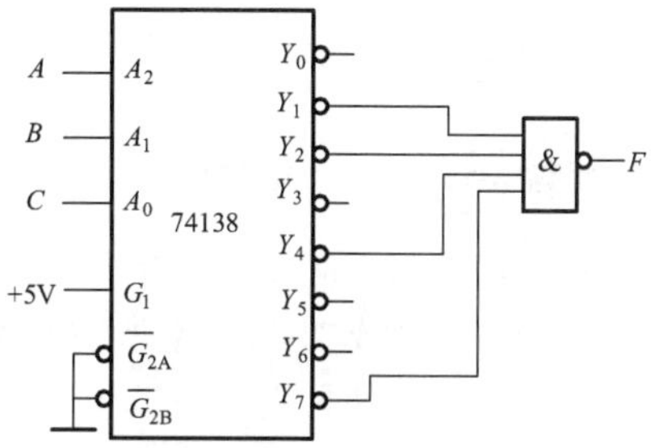

图 5-5-31

5. 已知用 8 选 1 数据选择器 74LS151 构成的逻辑电路如图 5-5-32 所示，请写出输出 F 的逻辑函数表达式，并将它化成最简与-或表达式。

6. 由 4 选 1 数据选择器构成的组合逻辑电路如图 5-5-33 所示，请画出在输入信号作用下，L 的输出波形。

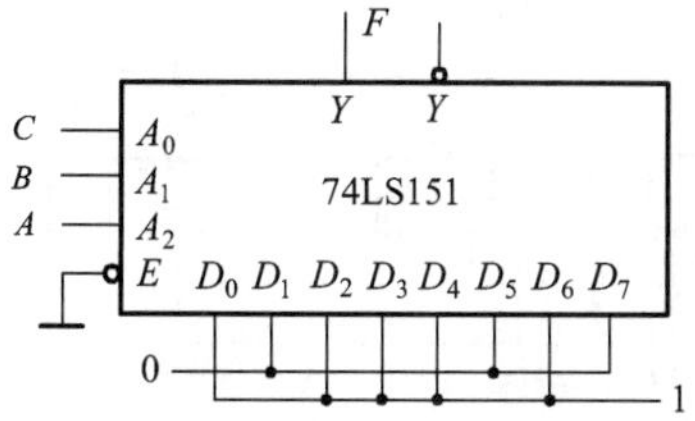

图 5-5-32

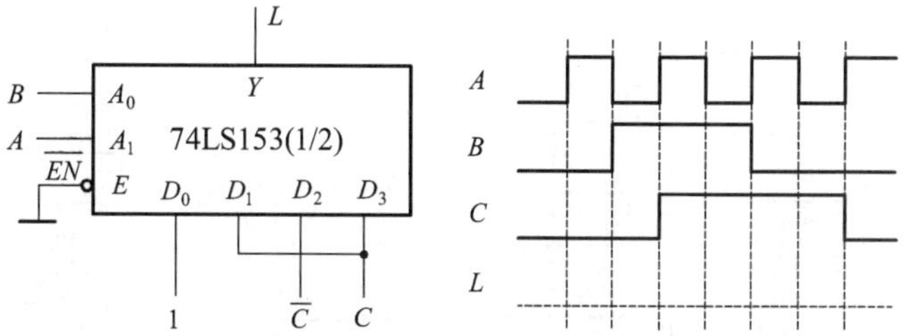

图 5-5-33

7. 试用 4 位并行加法器 74LS283 设计一个加/减运算电器。当控制信号 $M = 0$ 时它将两个输入的 4 位二进制数相加，而 $M = 1$ 时它将两个输入的 4 位二进制数相减。允许附加必要的电路。

8. 试用两个 4 位数值比较器组成三个数的判断电路。要求能够判别三个 4 位二进制数 A（$a_3a_2a_1a_0$）、B（$b_3b_2b_1b_0$）、C（$c_3c_2c_1c_0$）是否相等、A 是否最大、A 是否最小，并分别给出“三个数相等”“A 最大”“A 最小”的输出信号。可以附加必要的门电路。

任务 6　带显示的抢答器的制作与调试

5.6.1　功能要求

用基本门电路构成简易型 4 人抢答器。设置 4 个抢答按钮并编号。任何一个人先将某一开关按钮按下且保持闭合状态，则与其对应的发光二极管（指示灯）被点亮，同时显示抢答到的按钮编号，表示此人抢答成功；而紧随其后的其他开关再被按下，与其对应的发光二极管则不亮。

5.6.2 项目引导

（1）小组制订工作计划。
（2）完成带数字显示抢答器的逻辑电路设计。
（3）画出布线图。
（4）完成电路所需元器件的购买与检测。
（5）根据布线图制作电路。
（6）完成电路功能检测和故障排除。
（7）通过小组讨论完成电路的详细分析及编写项目实训报告。

5.6.3 设计思路——框图

电路需要解决两个问题：一是有人抢答成功后必须发出一个信号去封锁其他的抢答者，保证其他人的抢答不能成功。二是抢答的编码可以采用优先编码器，而译码显示电路需要考虑配合问题，如果显示器件采用共阴极接法，则译码器输出应为高电平；反之，如果显示器件采用共阳极接法，则译码输出必须为低电平才能驱动。总体框图如图 5-6-1 所示。

1. 抢答互锁电路采用与非门

因为是四路抢答器，故与非门选用 4 输入端的与非门 74LS20，与非门的功能是全“1”得“0”，见“0”为“1”。设抢答高电平有效，则输出的低电平应该反馈封锁其他后抢答的门，即接到其他门的输入端，如图 5-6-2 所示。

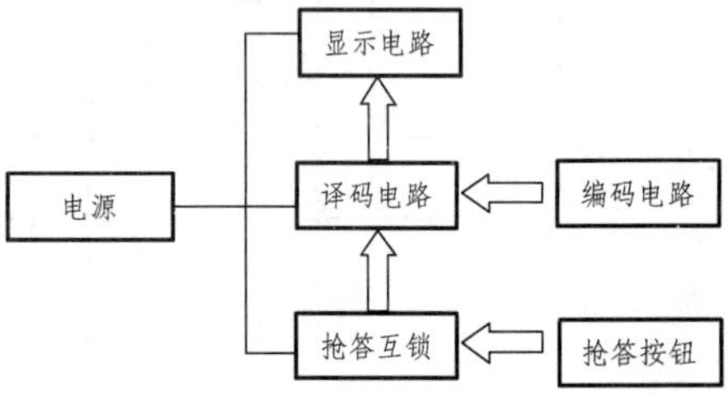

图 5-6-1　带显示抢答器的设计框图

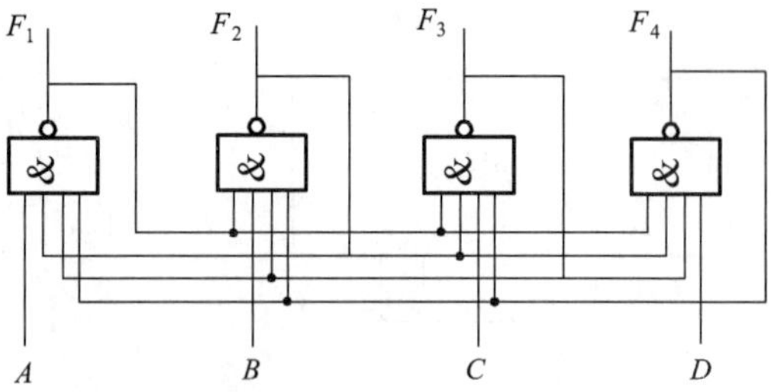

图 5-6-2　抢答器电路

2. 编码译码显示电路

优先编码器选用 74LS147，根据其功能表可以看出：编码输入端：$\overline{I_1} \sim \overline{I_9}$ 低电平 0 有效，而输出端 $\overline{Y_3}$、$\overline{Y_2}$、$\overline{Y_1}$、$\overline{Y_0}$ 则是 8421BCD 码的反码。

译码器选用 74LS48，根据该芯片的功能表，输入端高电平有效，所以，74LS147 和 74LS48 的配合就需要加非门，把编码器输出的 8421BCD 码的反码经过非门变成正码，再输入到译码器中译码输出，同时译码输出是高电平有效。

所以，数码管显示器件选用为共阴极器件，当译码器的输入 *DCBA* 的输入为 0001 时，译码输出 *abcefg* 为 011000，点亮数码管的 *bc* 段，数码管显示 1，如图 5-6-3 所示。

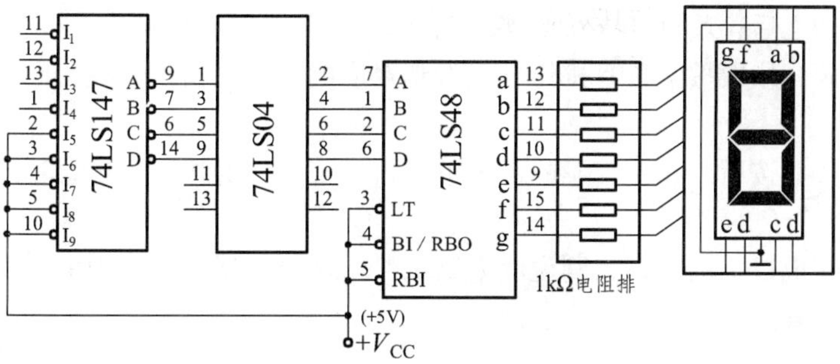

图 5-6-3　编码译码显示电路

5.6.4　制作调试

采用实验箱搭接电路。为了减少焊接电路的时间，允许采用实验室的实验箱搭接电路。在安装电路之前，首先要了解实验箱的结构和特点，了解实验箱的固有连接情况；其次熟悉电路功能要求并进行设计，参考设计电路图如图 5-6-4 所示。在实验箱上实现设计好的电路时，还必须注意器件的要求，如开关按钮可以采用实验箱上的哪些器件替代、如何连线等；最后要注意 IC 芯片不要接错，并保证电源正确连接。

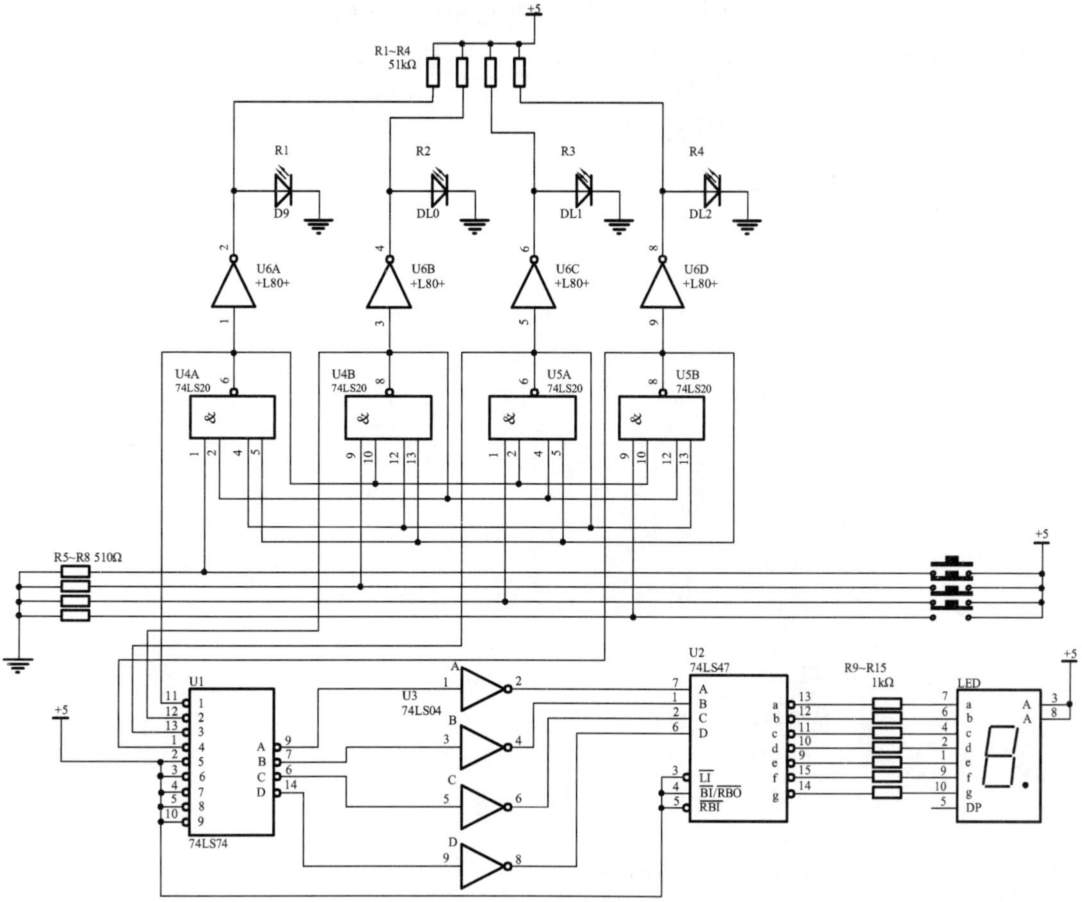

图 5-6-4　抢答器电路图

电路连接完毕之后，就可以进行电路的调试。

（1）接通电源，依次按下抢答按钮，应看到对应的二极管指示灯亮，同时按照设计的按钮编号显示。

（2）在某一按钮按下并显示正确的情况下，再按下其他的按钮，观察其他的指示灯及显示应无变化。

（3）若不能完成以上的测试，则说明电路出错。常见的错误是界限的错误，可分模块利用万用表进行排错，直到正确为止。

5.6.5 问题讨论

（1）逻辑门有什么特点？如果参考电路采用的是 TTL 器件，则其高电平和低电平分别是多少？

（2）如果电路中的抢答按钮采用常开按钮，则保持抢答成功需要长按。请问可以如何改进电路，使开关按下之后抢答者可以松开？

（3）如参考电路所示，四位抢答者的编号分别是 1，2，3，4，如果需要改成 5，6，7，8，则电路应该如何修改？

（4）电路中用了两片 74LS04 非门，分别起什么作用？如果不使用这两片非门电路，则又该如何修改电路？

项目六 数字钟电路的设计与制作

项目功能描述

设计一个数字钟电路，要求能显示时、分、秒，其中时的显示按照 12 小时制显示。要求有手动校时的功能，并可以扩展准点报时、定时闹铃等功能。

项目任务分解

分析项目功能可知，项目涉及秒信号的产生电路、计数器、译码显示器件等知识，其中秒信号可以利用晶振或者 555 时基电路构成，计数器是数字钟的核心部分。可以利用不同的集成计数芯片，建立起计数的进位关系，并利用已有集成计数器构成任意进制的计数器来完成数字钟电路的设计与制作。

职业技能目标

1. 能利用 555 时基电路设计制作振荡器。
2. 能使用晶体振荡器和分频器来构成秒信号，能进行参数计算。
3. 能用触发器、计数器、寄存器和门电路设计功能电路。
4. 能使用万用表、示波器等仪器仪表进行调试。
5. 能根据设计的原理图选用 IC 芯片，列出材料清单并根据清单备齐所需元器件。
6. 能根据设计的原理图进行合理的布线布局，使用焊接工具手工焊接实际电路（电路板）。
7. 能发现电路制作过程中出现的工艺质量问题，能编写工作任务报告。
8. 能团结小组成员、开展分工合作；具有成本意识、质量意识。

项目知识目标

1. 理解触发器的逻辑功能及动作特点；熟悉门基本触发器的应用。
2. 了解时序逻辑电路的特点、分析方法及功能描述方法。
3. 掌握寄存器的逻辑功能、真值表的读解以及管脚功能。
4. 掌握二进制、十进制计数器的逻辑功能、真值表的读解及管脚功能。
5. 学习中规模集成计数器的功能与参数，掌握计数器的进位关系和由计数器构成任意计数器的方法，掌握集成计数芯片的功能应用。
6. 了解 555 时基电路的结构、工作原理、引脚功能；学习秒信号产生电路，并了解 555 时基电路的应用。

任务 1　触发器的基本应用

在数字电路中，任一时刻的稳定输出不仅取决于该时刻的输入，而且还和电路原来的状态有关，这种电路称为时序逻辑电路，简称时序电路。

时序电路具有记忆功能，组成时序电路的基本单元是触发器。

6.1.1　触发器

触发器是构成时序电路存贮部分的基本单元，也是数字电路的基本逻辑单元。

触发器有两个互补的输出端 Q 和 $\overline{Q}$，通常触发器的状态是指 Q 端的状态。触发器有两个稳定的状态：0 状态（$Q=0$，$\overline{Q}=1$）和 1 状态（$Q=1$，$\overline{Q}=0$）；在输入信号作用下，触发器的两个稳定状态可以相互转换（称为状态的翻转）。输入信号消失后，新状态可长期保持下来，因此具有记忆功能，可存储二进制信息。

触发器按功能分：有 RS 触发器、D 型触发器、JK 触发器、T 触发器等；按结构分为基本、同步、主从、维持阻塞和边沿型触发器；按触发方式划分：有电平触发和边沿触发方式，边沿触发方式又分为上升沿触发和下降沿触发。

微课

触发器

1. 基本 RS 触发器

1）基本 RS 触发器的电路构成

基本 RS 触发器是一种最简单的触发器，是构成各种触发器的基础。它由两个与非门的输入和输出交叉连接而成，如图 6-1-1 所示；有两个输入端 R 和 S（又称触发信号端，低电平有效）；还有两个互补输出端 Q 和 $\overline{Q}$：当 $Q=1$ 时，$\overline{Q}=0$；当 $Q=0$ 时，$\overline{Q}=1$。

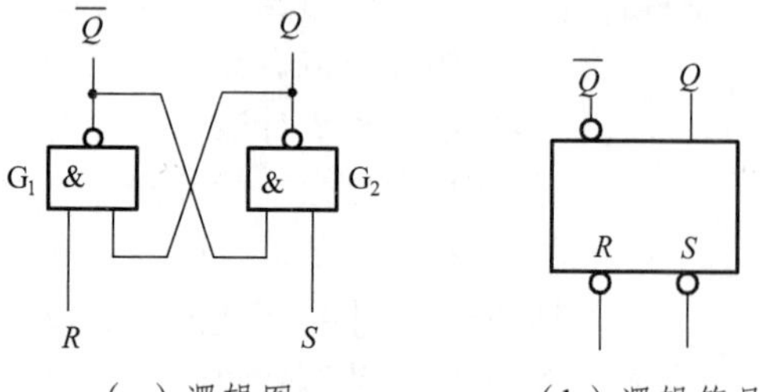

（a）逻辑图　　（b）逻辑符号

图 6-1-1　与非门组成的基本 RS 触发器

2）触发器的逻辑功能分析

定义触发器接收信号前的状态为现态，用 Q^n 表示；触发器接收信号后的状态为次态，用 Q^{n+1} 表示。

① $R=0$、$S=1$ 时：由于 $R=0$，使 $\overline{Q}=1$，而 $S=1$，根据与非门的逻辑功能，则有 $Q^{n+1}=0$；即不论触发器原来处于什么状态，在这种输入条件下输出 Q 都将变成 0 状态，这种情况称将触发器置 0 或复位，R 端称为触发器的置 0 端或复位端。注意：因为 RS 触发器是与非门构成的，所以起作用的是低电平，也称低电平有效。

② $R=1$、$S=0$ 时：由于 $S=0$，不论原来 Q^n 为 0 还是 1，都有 $Q^{n+1}=1$；即不论触发器原来处于什么状态，在这种输入条件下 Q 都将变成 1 状态，这种情况称将触发器置 1 或置位，S 端称为触发器的置 1 端或置位端。

③ $R=1$、$S=1$ 时：因为输入的是高电平，为无效电平，根据与非门的逻辑功能不难推知，触发器将保持原有状态不变，即原来的状态被触发器存储起来，这体现了触发器具有记忆能力。

④ $R=0$、$S=0$ 时：R 和 S 都将起作用，即 $Q=\overline{Q}=1$，这不符合触发器的输出端互补的逻辑关系。并且由于与非门延迟时间不可能完全相等，在两输入端的 0 同时撤除后，将不能确定

触发器是处于 1 状态还是 0 状态，称不定状态。所以触发器不允许出现这种情况，这就是基本 RS 触发器的约束条件。

3）触发器的表示方法

触发器的逻辑表示方法主要有特性表（真值表）、特性（状态）方程、驱动表（又称激励表）、状态转换图和波形图（又称时序图）等。

① *RS* 触发器的真值表。

把触发器的现态作为输入变量，根据上述功能分析，可以列出如表 6-1-1 所示的真值表。

表 6-1-1　基本 RS 触发器的真值表

R	S	Q^n	Q^{n+1}	功能说明
0	0	0	×	不稳定状态
0	0	1	×	
0	1	0	0	置 0（复位）
0	1	1	0	
1	0	0	1	置 1（置位）
1	0	1	1	
1	1	0	0	保持原状态
1	1	1	1	

② 状态方程。

触发器次态 Q^{n+1} 与输入状态 R、S 及现态 Q^n 之间关系的逻辑表达式，称为触发器的特性方程。

$$\begin{cases} Q^{n+1} = \overline{S} + RQ^n \\ R + S = 1 \quad \text{约束条件} \end{cases}$$

③ 状态转换图。

状态转换图表示触发器从一个状态变化到另一个状态或保持原状不变时，对输入信号的要求，基本 RS 触发器的状态转换图如图 6-1-2（a）所示。

④ 时序图。

时序图把输入和输出用波形直观地表示出来，基本 RS 触发器的时序图如图 6-1-2（b）所示。

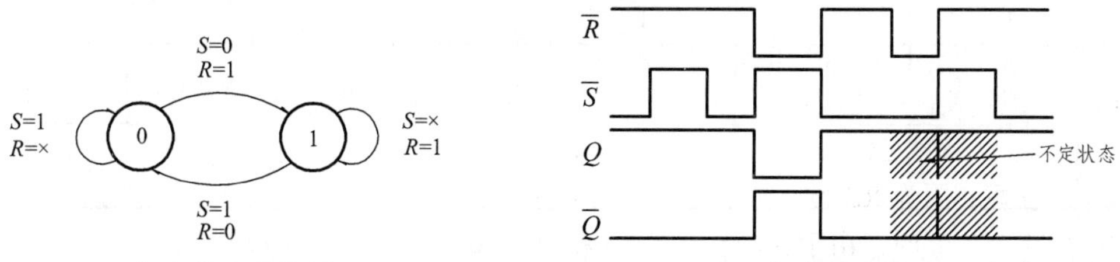

（a）状态转换图　　（b）时序图

图 6-1-2　基本 RS 触发器的状态转换图和时序图

4）触发器的特点

① 触发器的次态不仅与输入信号状态有关，而且与触发器的现态有关。

② 电路具有两个稳定状态，在无外来触发信号作用时，电路将保持原状态不变（记忆能力）。

③ 在外加触发信号有效时，电路可以触发翻转，实现置 0 或置 1。

④ 触发信号采用电平信号，属于电平控制触发。

⑤ 输入端不能同时加有效触发信号。（约束条件）

2. 同步触发器

1）同步触发器的结构符号与功能

在实际应用中，触发器的工作状态不仅要由 R、S 端的信号来决定，而且还希望触发器按一定的节拍翻转。为此，给触发器加一个时钟控制端 CP，时钟控制脉冲是由标准信号源产生的标准脉冲，只有 CP 端有时钟脉冲触发时，触发器的状态才能变化。具有时钟脉冲控制的触发器状态的改变与时钟脉冲同步，所以称为同步触发器，如图 6-1-3 所示。

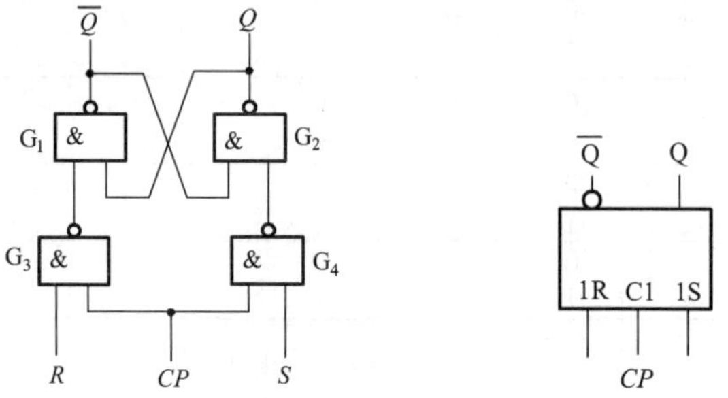

（a）逻辑图　　（b）逻辑符号

图 6-1-3　同步 RS 触发器

当 $CP=0$ 时，控制门 G_3、G_4 关闭，都输出 1。这时，不管 R 端和 S 端的信号如何变化，触发器的状态都保持不变。

当 $CP=1$ 时，G_3、G_4 打开，R、S 端的输入信号才能通过这两个门，使基本 RS 触发器的状态翻转，其输出状态由 R、S 端的输入信号决定，具体见表 6-1-2。

表 6-1-2　同步 RS 触发器的功能表

R　S	Q^n	Q^{n+1}	功能说明
0　0 0　0	0 1	0 1	保持原状态
0　1 0　1	0 1	1 1	输出状态与 S 状态相同
1　0 1　0	0 1	0 0	输出状态与 S 状态相同
1　1 1　1	0 1	× ×	输出状态不稳定

依据功能表，写出其状态方程如下：

$$\begin{cases} Q^{n+1}=S+\bar{R}Q^n \\ RS=0\ (\text{约束条件}) \end{cases}$$

2）同步触发器的动作特点

在 CP 信号的有效电平 $CP=1$ 期间接收输入信号，而在 CP 信号的非有效电平 $CP=0$ 时不论输入信号如何变化，触发器的状态保持不变。这种在一个时钟周期的整个高电平期间都能接收输入信号并改变状态的触发方式称为电平触发。

3）空翻问题

同步触发器是电平触发，时钟脉冲周期中高电平的时间较长而使触发器发生多次翻转的现象叫作空翻，如图 6-1-4 所示。空翻是一种有害的现象，它使得时序电路不能按时钟节拍工作，造成系统的误动作。改进的办法是使触发器从电平触发变成为边沿触发。

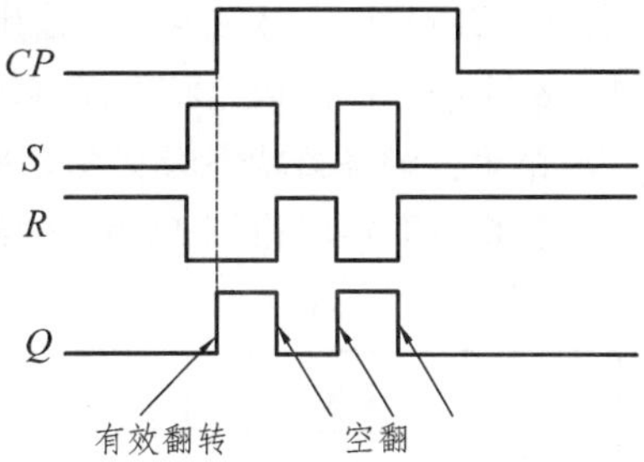

图 6-1-4　同步 RS 触发器的空翻现象

4）触发器的触发方式

① 电平控制触发。

如图 6-1-5（a）所示，当 *CP* 为高电平时有效，即开启控制门，触发器能够被触发。

② 边沿控制触发。

顾名思义，边沿触发就是在 *CP* 脉冲变化的时刻，触发器才能被触发。上升沿触发就是 *CP* 从低电平向高电平变化的时刻触发器才能被触发，下降沿触发就是 *CP* 脉冲从高电平向低电平变化的时刻触发器才能被触发，如图 6-1-5（b）（c）所示。

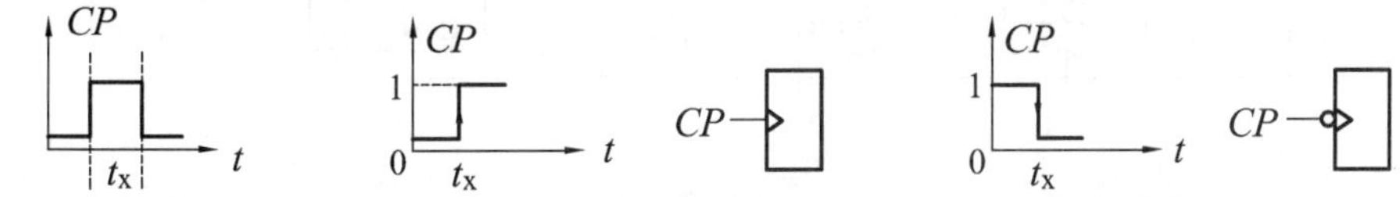

（a）电平触发　　（b）上升沿触发　　（c）下降沿触发

图 6-1-5　触发器的触发方式

3. 主从触发器

主从 JK 触发器的结构和逻辑符号如图 6-1-6 所示，它由上下两个同步触发器和一个非门组成，上面 4 个与非门构成从触发器，下面 4 个与非门构成主触发器，其工作原理分析如下：

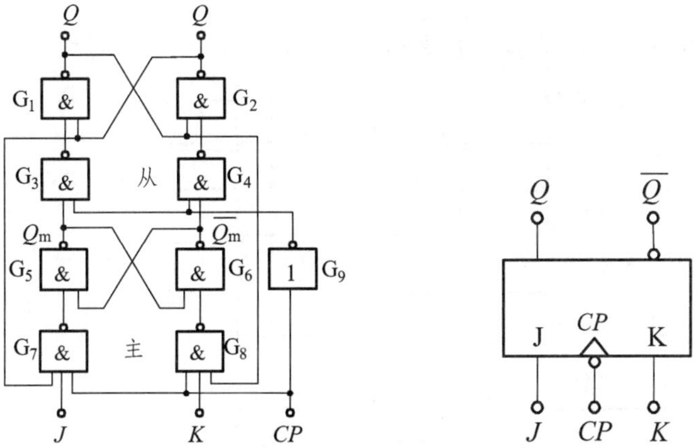

（a）逻辑图　　（b）逻辑符号

图 6-1-6　主从 RS 触发器

1）接收输入信号过程

$CP=1$ 期间：主触发器控制门 G_7、G_8 打开，接收输入信号 *J*、*K*，根据同步触发器可知：Q_m 和 $\overline{Q_m}$ 随输入信号 *J*、*K* 而变；而由于 $\overline{CP}=0$，使从触发器控制门 G_3、G_4 封锁，触发器输出状态 *Q* 保持不变。

2）输出信号过程

CP 下降沿到来时，主触发器控制门 G_7、G_8 封锁，在 $CP=1$ 期间（下降沿到来前的时刻）接收的内容被存储起来。同时，由于 $\overline{CP}=1$，使从触发器控制门 G_3、G_4 被打开，主触发器将其接收的内容送入从触发器，输出端随之改变状态。在 $CP=0$ 期间，由于主触发器的控制门封锁，故主触发器的输出状态保持不变，因此从触发器的状态 Q、$\overline{Q}$ 也不变。

结论：触发器状态只有在 CP 下降沿的作用下才发生改变。

分析电路可以得到 JK 触发器的功能如表 6-1-3 所示。

表 6-1-3　JK 触发器功能表

J	K	Q^n	Q^{n+1}	功能说明
0 0	0 0	0 1	0 1	保持原状态
0 0	1 1	0 1	0 0	触发器置 0 输出状态与 J 状态相同
1 1	0 0	0 1	1 1	触发器置 1 输出状态与 J 状态相同
1 1	1 1	0 1	1 0	每输入一个脉冲 输出状态改变一次

例 6-1-1　在主从 JK 触发器中，已知 CP、J、K 的电压波形如图 6-1-7 所示，设触发器的初态为 0，试画出 Q 端的电压波形。

解：根据主从触发器的动作特点，在第 1 个 CP 高电平期间，$J=K=1$，主触发器的状态由 0 翻转为 1，第 1 个 CP 下降沿，从触发器状态按 CP 下降沿时刻的主触发器的状态变化，由 0 变为 1。

同理画出触发器输出端 Q 的波形如图 6-1-7 所示。

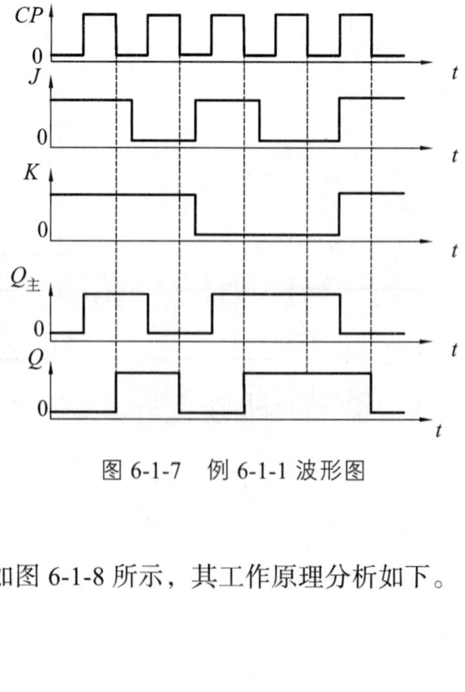

图 6-1-7　例 6-1-1 波形图

4. 维持阻塞触发器

维持阻塞型 D 触发器如图 6-1-8 所示，其工作原理分析如下。

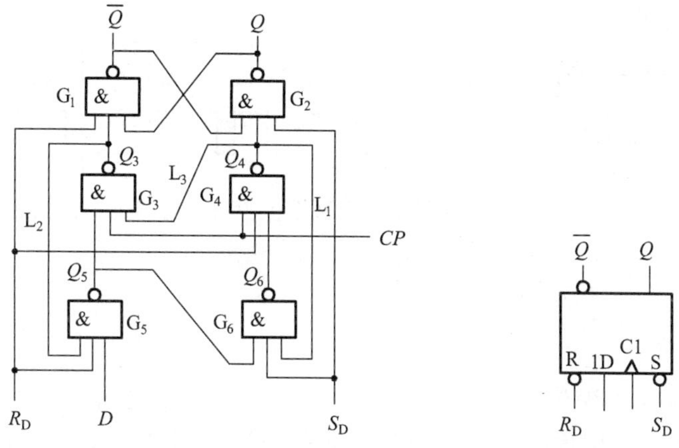

（a）结构图　　　　（b）逻辑符号

图 6-1-8　维持阻塞 D 触发器

① 输入 $D=1$。

在 $CP=0$ 时，G_3、G_4 被封锁，$Q_3=1$、$Q_4=1$，G_1、G_2 组成的基本 RS 触发器保持原状态不变。因 $D=1$，G_5 输入全 1，输出 $Q_5=0$，它使 $Q_3=1$，$Q_6=1$。当 CP 由 0 变 1 时，G_4 输入全 1，输出 Q_4 变为 0。继而，Q 翻转为 1，$\overline{Q}$ 翻转为 0，完成了使触发器翻转为 1 状态的全过程。同时，一旦 Q_4 变为 0，通过反馈线 L_1 封锁了 G_6 门，这时如果 D 信号由 1 变为 0，只会影响 G_5 的输出，不会影响 G_6 的输出，维持了触发器的 1 状态。因此，称 L_1 线为置 1 维持线。同理，Q_4 变 0 后，通过反馈线 L_2 也封锁了 G_3 门，从而阻塞了置 0 通路，故称 L_2 线为置 0 阻塞线。

② 输入 $D=0$。

在 $CP=0$ 时，G_3、G_4 被封锁，$Q_3=1$、$Q_4=1$，G_1、G_2 组成的基本 RS 触发器保持原状态不变。因 $D=0$，$Q_5=1$，G_6 输入全 1，输出 $Q_6=0$。当 CP 由 0 变 1 时，G_3 输入全 1，输出 Q_3 变为 0。继而，$\overline{Q}$ 翻转为 1，Q 翻转为 0，完成了使触发器翻转为 0 状态的全过程。同时，一旦 Q_3 变为 0，通过反馈线 L_3 封锁了 G_5 门，这时无论 D 信号再怎么变化，也不会影响 G_5 的输出，从而维持了触发器的 0 状态。因此，称 L_3 线为置 0 维持线。

结论：维持-阻塞触发器的输出状态只在 CP 上升沿的作用下才能发生翻转。

分析得到 D 触发器的功能如表 6-1-4 所示。

表 6-1-4　D 触发器功能表

D	Q^n	Q^{n+1}	功能说明
0 0	0 1	0 0	置 0
1 1	0 1	1 1	置 1

例 6-1-2　如图 6-1-9 所示，触发器加时钟信号 CP 和 D 信号，设初态为 0，试画出输出端 Q 的波形。

解：由逻辑符号图可知该触发器是 D 触发器，动作特点是上升沿触发，即输出状态取决于 CP 上升沿到来之前瞬间的 D 信号。根据每个 CP 上升沿到来之前瞬间的 D 的逻辑状态，可确定在每个 CP 上升沿作用后的次态的波形　。

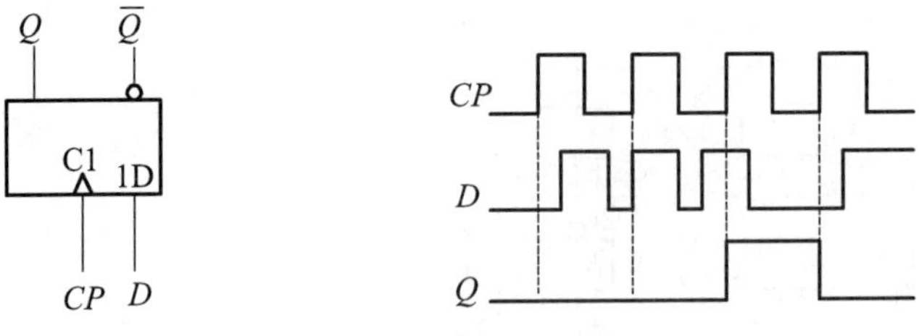

图 6-1-9　例 6-1-2 图

6.1.2　集成触发器

集成触发器和其他的数字集成电路相同，可以分为 TTL 和 CMOS 两大类。通过查阅有关的数字集成电路手册，可以得到各类触发器的详尽资料。对于普通的使用者而言，熟悉集成触发器的管脚排列和各端的功能，是十分必要和重要的。

1. 集成 JK 触发器 74LS112

集成 JK 触发器 74LS112 的内部集成了两片 JK 触发器，芯片的外管脚排列如图 6-1-10 所示。图中在输入输出符号前加同一数字，如图（a）中 $1\overline{S_D}$、$1\overline{R_D}$、$1J$、$1K$、$1\overline{CP}$、$1Q$、$1\overline{Q}$ 等，表示同一触发器的引出端；字母符号上方加以小横线，表示输入低电平有效，如图 6-1-10（a）中 $1\overline{S_D}=0$ 时，触发器置 1；字母符号上方不加以小横线，则表示高电平有效，如图 6-1-10（b）中 $1S_D$ 表示高电平有效，$1S_D=1$ 时，触发器置 1。74LS112 的功能表如表 6-1-5 所示。

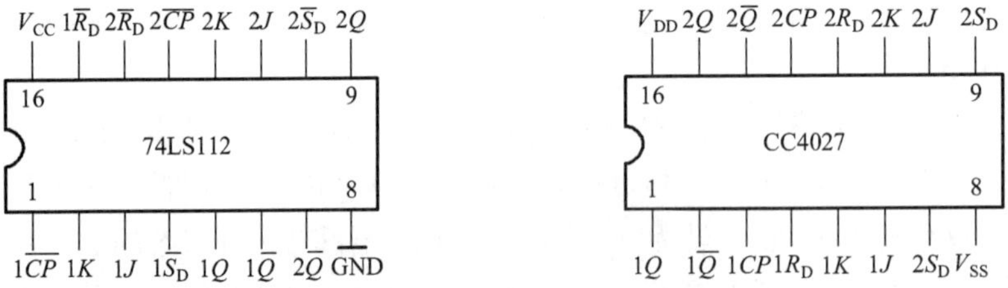

（a）双 JK 触发器　　　（b）双 JK 触发器（CMOS）

图 6-1-10　JK 触发器集成芯片的外管脚排列图

表 6-1-5　74LS112 集成 JK 触发器的功能表

$\overline{R_D}$	$\overline{S_D}$	CP	J	K	Q^{n+1}	功能说明
0	1	×	×	×	0	置 0
1	0	×	×	×	1	置 1
0	0	×	×	×	不定	禁用
1	1	0	×	×	Q^n	保持不变
1	1	1	×	×	Q^n	
1	1	↓	0	0	Q^n	在 CP↓时刻执行 JK 功能
1	1	↓	0	1	0	
1	1	↓	1	0	1	
1	1	↓	1	1	$\overline{Q^n}$	

2. 集成 D 触发器 74LS74

集成 D 触发器 74LS74 的内部也集成了两片 D 触发器，芯片的外管脚排列如图 6-1-11 所示。同理，图中在输入输出符号前加同一数字，表示同一触发器的引出端；字母符号上方加以小横线，表示输入低电平有效；字母符号上方不加以小横线，则表示高电平有效。74LS74 的功能表如表 6-1-6 所示。

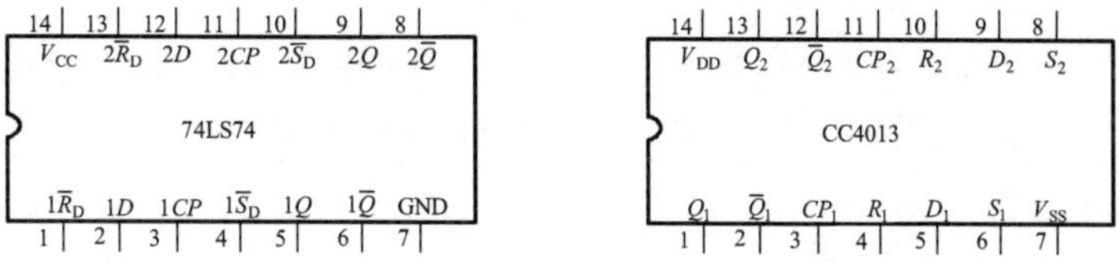

（a）双 D 触发器　　（b）双 D 触发器（CMOS）

图 6-1-11　集成 D 触发器的外管脚排列图

表 6-1-6　74LS74 集成 D 触发器的功能表

$\overline{R_D}$	$\overline{S_D}$	CP	D	Q^{n+1}	功能说明
0	1	×	×	0	置 0
1	0	×	×	1	置 1
0	0	×	×	不定	禁用
1	1	0	×	Q^n	保持不变
1	1	1	×	Q^n	
1	1	↑	0	0	在↑时刻执行 D 功能
1	1	↑	1	1	

3. 各种触发器的互换

JK 触发器和 D 触发器是两种最常用的触发器。这两种触发器之间只要增加必要的门电路就可以相互转换。

例 6-1-3　JK 触发器和 D 触发器的相互转换。

解：① 由 D 触发器转换成 JK 触发器。

D 触发器的特征方程为 $Q^{n+1}=D$

JK 触发器的特征方程为 $Q^{n+1}=J\overline{Q^n}+\overline{K}Q^n$

比较以上两个式子，可以得到

$$D=J\overline{Q^n}+\overline{K}Q^n$$

画出电路如图 6-1-12（a）所示。

② 由 JK 触发器转换成 D 触发器。

JK 触发器的特征方程为 $Q^{n+1}=J\overline{Q^n}+\overline{K}Q^n$

D 触发器的特征方程为 $Q^{n+1}=D=D(\overline{Q^n}+Q^n)=D\overline{Q^n}+DQ^n$

比较以上两个式子，可以得到

$$J=D,\ \overline{K}=D$$

画出电路如图 6-1-12（b）所示。

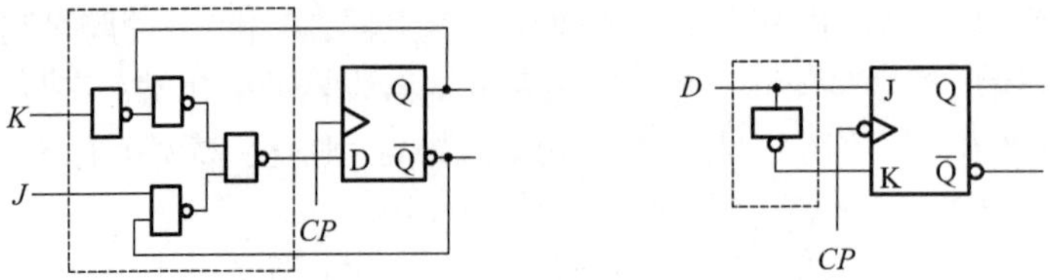

（a）D 触发器转换成 JK 触发器　（b）JK 触发器转换成 D 触发器

图 6-1-12　D 触发器与 JK 触发器的相互转换

4. 实例说明——4 人抢答电路

微课

4 人抢答电路

设计一个 4 人抢答电路，要求实现如下功能：4 人参加比赛，每人一个按钮，主持人按钮宣布抢答开始，若其中一人按下按钮后，相应的指示灯亮，此后其他按钮按下时不起作用。电路使用核心器件：74LS175 四 D 触发器。

查阅手册可知，74LS175 芯片的外管脚排列图及功能表如图 6-1-13 所示。

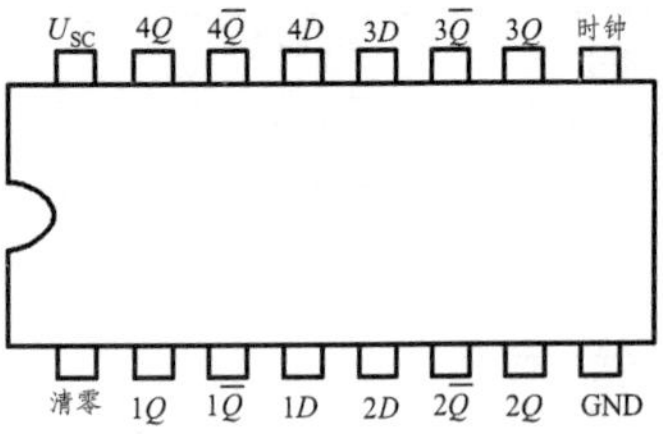

（a）74LS175 外管脚排列图

输入			输出
$\overline{RD}$	CP	D	Q^{n+1}
0	×	×	0
1	↑	1	1
1	↑	0	0

（b）74LS175 功能表

图 6-1-13　74LS175 的外管脚排列及功能表

电路设计图如图 6-1-14 所示，电路工作原理如下：

（1）赛前清零。主持人在清零端 $\overline{RD}$ 端加一个低脉冲，四个触发器清零，发光二极管不亮。此时 $\overline{Q_1}$、$\overline{Q_2}$、$\overline{Q_3}$、$\overline{Q_4}$ 均为高电平 1，经过与非门 1，输出低电平 0，再经过非门 2，输出高电平 1，开启与非门 2，可以开始抢答。

（2）抢答。若有一按钮被按下，比如第一个钮。$D_1 = 1$，在脉冲 CP 的上升沿作用下，$Q_1 = 1$，对应的第一只发光二极管亮，$\overline{Q_1} = 0$，与非门 2 被封锁，CP 不起作用，此时，即使再有按钮被按下，发光二极管也不能有反应。

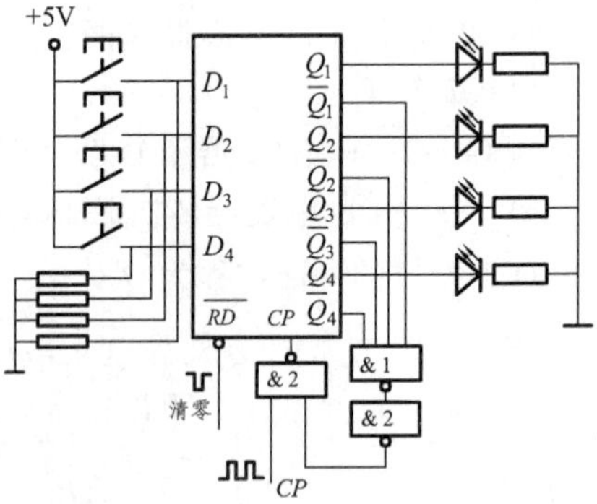

图 6-1-14　四人抢答电路图

小　结

1. 触发器是数字系统中极为重要的基本逻辑单元，它有两个稳定状态，在外加触发信号的作用下，可以从一种稳定状态转换到另一种稳定状态。当外加信号消失后，触发器仍维持其现状态不变，因此，触发器具有记忆作用，每个触发器只能记忆（存储）一位二进制数码。

2. 集成触发器按功能可分为 RS、JK、D、T、T′几种。其逻辑功能可用状态表（真值表）、特征方程、状态图、逻辑符号图和波形图（时序图）来描述。类型不同而功能相同的触发器，其状态表、状态图、特征方程均相同，只是逻辑符号图和时序图不同。

3. 触发器有高电平 $CP=1$、低电平 $CP=0$、上升沿 $CP\uparrow$、下降沿 $CP\downarrow$ 四种触发方式。玏

4. 常用的集成触发器 TTL 型的有：双 JK 负边沿触发器 74LS112、双 D 正边沿触发器 74LS74；CMOS 型的有：CC4027 和 CC4013。

5. 在使用触发器时，必须注意电路的功能及其触发方式。同步触发器在 $CP=1$ 时触发翻转，属于电平触发，有空翻和振荡现象。为了克服空翻和振荡现象，应使用 CP 脉冲边沿触发的触发器。功能不同的触发器之间可以相互转换。

自测练习题

一、判断题

1. 触发器逻辑功能的共同特点是可以保存一位二值信息。(　　)
2. JK 触发器的输出状态只与 J、K 和 CP 有关。(　　)
3. 触发器和逻辑门一样，输出取决于输入现态。(　　)
4. 主从型 JK 触发器的从触发器开启时刻在 CP 下降沿到来时。(　　)
5. 在 CP 脉冲作用下，D 触发器的输出总是跟随其输入的变化而变化。(　　)
6. JK 触发器有置 0、置 1 两种功能。(　　)

二、选择题

1. 触发器的记忆功能是指触发器在触发信号消失后，能保持（　　）。

A. 信号不变　　B. 初始状态不变　　C. 输出状态不变

2. 仅具有置“0”和置“1”功能的触发器是（　　）。

A. 基本 RS 触发器　B. 钟控 RS 触发器　C. D 触发器　D. JK 触发器

3. JK 触发器在 CP 脉冲作用下，若要使 $Q^{n+1}=\overline{Q}$，则输入端必须（　　）。

A. $J=0$，$K=0$　B. $J=0$，$K=1$　C. $J=1$，$K=0$　D. $J=1$，$K=1$

4. JK 触发器在 CP 脉冲作用下，若要使 $Q^{n+1}=Q$，则输入端必须（　　）。

A. $J=0$，$K=0$　B. $J=0$，$K=1$　C. $J=1$，$K=0$　D. $J=1$，$K=1$

5. JK 触发器在 CP 脉冲作用下，若要使 $Q^{n+1}=0$，则输入端必须（　　）。

A. $J=0$，$K=0$　B. $J=0$，$K=1$　C. $J=1$，$K=0$　D. $J=1$，$K=1$

6. JK 触发器在 CP 脉冲作用下，若要使 $Q^{n+1}=1$，则输入端必须（　　）。

A. $J=0$，$K=0$　B. $J=0$，$K=1$　C. $J=1$，$K=0$　D. $J=1$，$K=1$

7. 触发器由门电路构成，但它与门电路功能不同，主要特点是（　　）。

A. 具有翻转功能　B. 具有保持功能　C. 具有记忆功能

8. 组合逻辑电路和时序逻辑电路的区别是（　　）。

A. 组合逻辑电路无记忆功能，时序逻辑电路有记忆功能
B. 组合逻辑电路有记忆功能，时序逻辑电路无记忆功能
C. 组合逻辑电路和时序逻辑电路均无记忆功能
D. 组合逻辑电路和时序逻辑电路均有记忆功能

9. JK 触发器的逻辑符号如图 6-1-15 所示，下面描述正确的是（　　）。

A. R_D端高电平有效，CP下降沿到来有效 B. R_D端高电平有效，CP上升沿到来有效

C. R_D端低电平有效，CP下降沿到来有效 D. R_D端低电平有效，CP上升沿到来有效

10. D触发器的逻辑符号如图 6-1-16 所示，下面描述正确的是（　　）。

A. R_D端低电平有效，CP下降沿到来有效 B. R_D端低电平有效，CP上升沿到来有效

C. R_D端高电平有效，CP下降沿到来有效 D. R_D端高电平有效，CP上升沿到来有效

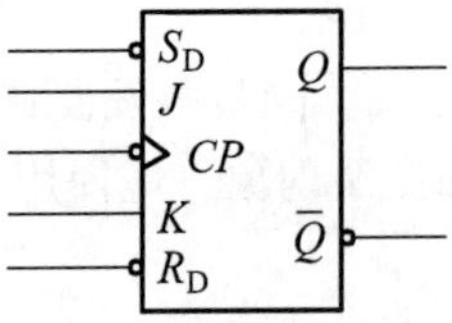

图 6-1-15　JK 触发器的逻辑符号

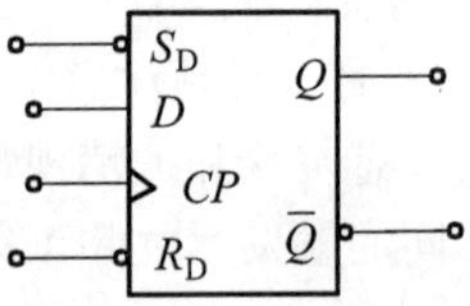

图 6-1-16　D 触发器的逻辑符号

11. 仅具有翻转功能的触发器是（　　）。

A. JK 触发器　　B. T 触发器　　C. D 触发器　　D. T′触发器

习　题

1. 分析图 6-1-17 所示 RS 触发器的功能，并根据输入波形画出 Q 的波形。

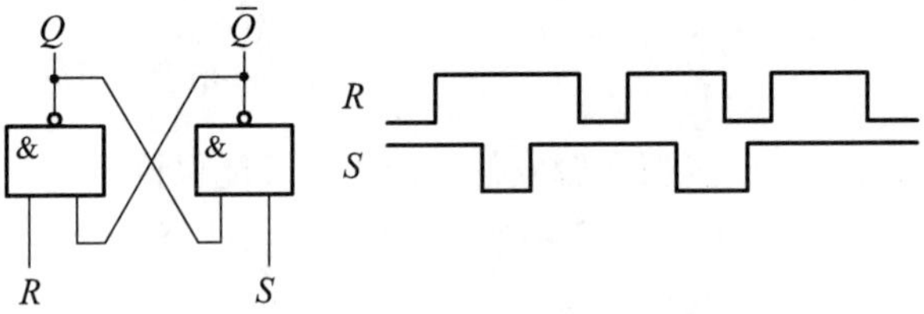

图 6-1-17

2. 触发器接成图 6-1-18（a）、（b）、（c）、（d）、（e）、（f）、（g）、（h）所示形式，设初始状态为 0，试根据 CP 波形画出各 Q 端的波形。

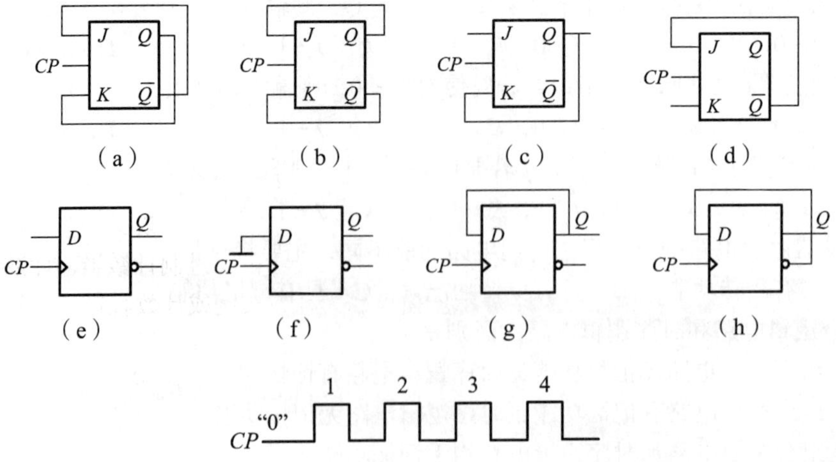

图 6-1-18

3. 阻塞-维持型 D 触发器的输入波形如图 6-1-19 所示，画出 Q 端的波形。设触发器的初始

状态为“1”。

4. 主从型 JK 触发器的输入波形如图 6-1-20 所示，画出 Q 端的波形。设触发器的初始状态为“1”。

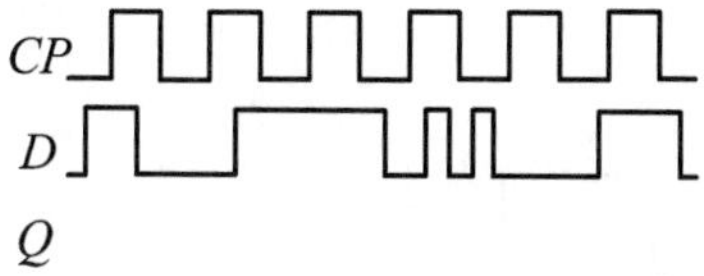

图 6-1-19

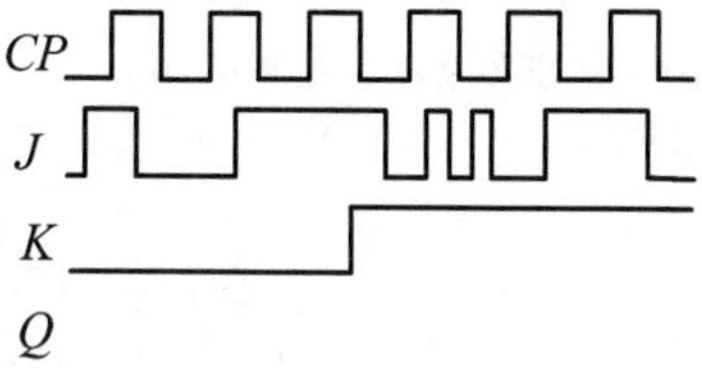

图 6-1-20

5. 图 6-1-21（a）所示电路是由维持阻塞 D 触发器（F_1）和主从 JK 触发器（F_2）组成的，试写出它们的状态方程，根据图（b）所示 CP 的波形画出 Q_1、Q_2 的波形。设 Q_1、Q_2 的初态为 0。

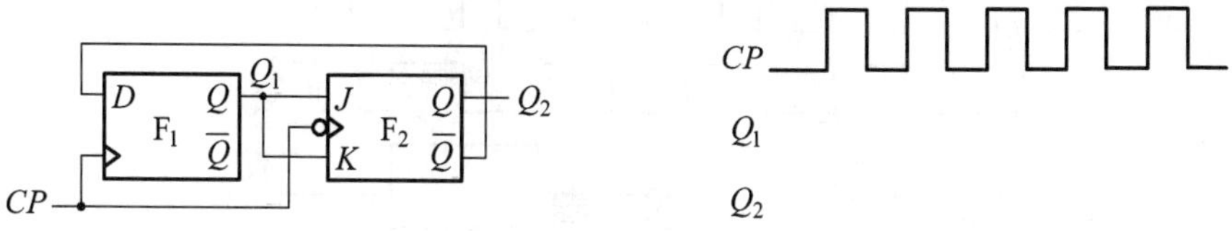

（a）　　（b）

图 6-1-21

6. 图 6-1-22 所示为一个防抖动输出的开关电路。当拨动开关 S 时，由于开关触点接触瞬间发生振颤，$\overline{S}_D$ 和 $\overline{R}_D$ 的电压波形如图中所示，试画出 Q、$\overline{Q}$ 端对应的电压波形。

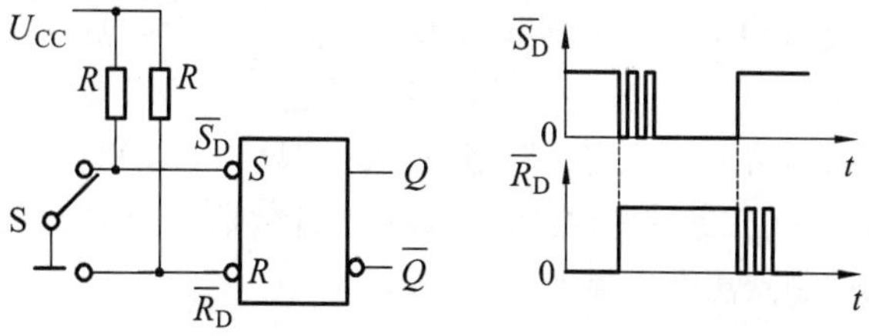

图 6-1-22

任务 2　计数器的设计与实现

6.2.1　计数器

具有计数功能的电路称为计数器，计数器可以记忆输入脉冲的个数。

计数器按计数进制可分为二进制计数器、十进制计数器和 N 进制计数器。计数器的有效循环状态总数称为计数器的“模”，用 M 表示。模也称为计数长度或计数容量。n 个触发器有 2^n 种输出，最多可实现模 2^n 计数。

计数器按数字的增减趋势可分为加法计数器、减法计数器和可逆计数器。

计数器按计数器中触发器翻转是否与计数脉冲同步，可分为同步计数器和异步计数器。同步计数器就是所有触发器的时钟端连在一起，所有触发器在同一个时钟脉冲 CP 控制下同步工作；异步计数器就是时钟脉冲 CP 只触发部分触发器，其余触发器由电路内部信号触发，因此，触发器不在同一时钟作用下同步工作。

1. 异步计数器

微课

计数器

1）二进制加法计数器

电路如图 6-2-1（a）所示，最低位触发器的时钟端接 CP 脉冲，低位 Q 输出作为相邻高位触发器的时钟信号。分析各个触发器，可以画出时序图如图 6-2-1（b）所示。

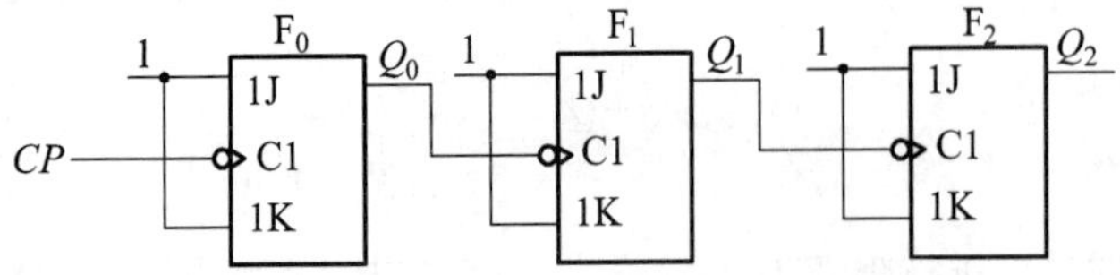

（a）电路图

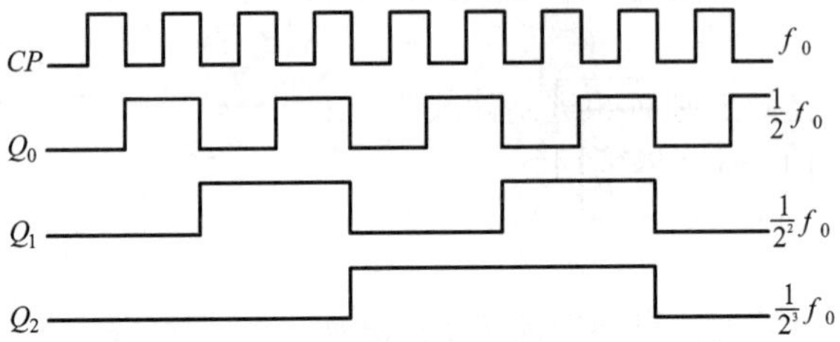

（b）时序图

图 6-2-1　由 JK 触发器组成的 3 位异步二进制加法计数器

从时序图可以看出，计数器的计数周期是 8，即 8 进制计数器。而且从图可以看出，Q_0、Q_1、Q_2 的周期分别是计数脉冲（CP）周期的 2 倍、4 倍、8 倍，也就是说，Q_0、Q_1、Q_2 分别对 CP 波形进行了二分频、四分频、八分频，因而计数器也可作为分频器。

异步二进制计数器结构简单，改变级联触发器的个数，可以很方便地改变二进制计数器的位数，使 n 个触发器构成 n 位二进制计数器，或模 2^n 计数器，或 2^n 分频器。

思考：如何构成二进制减法计数器？

2）任意进制异步计数器

对于一般的计数器而言，并不能直观地画出时序图，这时需要有一个一般化的分析方法，下面以五进制异步计数器为例进行介绍，电路如图 6-2-2 所示。

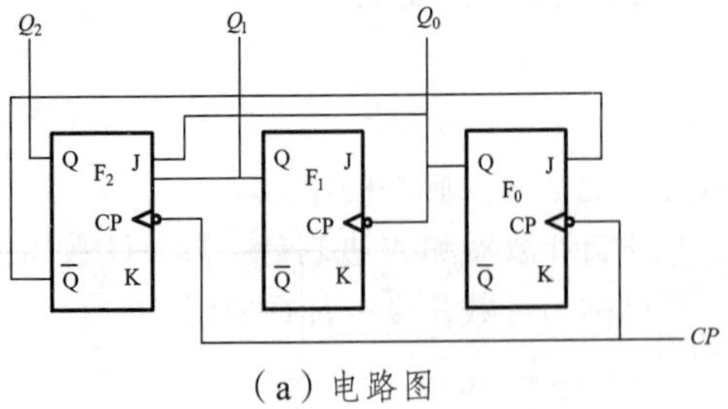

（a）电路图

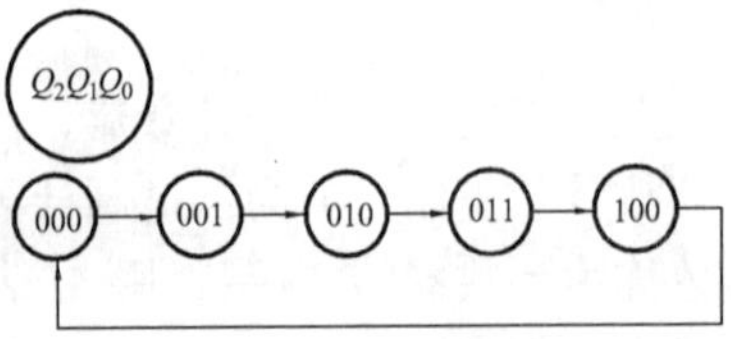

（b）状态转换图

图 6-2-2　五进制异步计数器

步骤一：列出各触发器的驱动方程

$$F_0 \qquad J_0 = \overline{Q_2}\,,\ K_0 = 1,\ CP_0 = CP\downarrow$$

$$F_1 \qquad J_1 = K_1 = 1,\ CP_1 = Q_0\downarrow$$

F$_2$　　$J_2 = Q_0 Q_1$，$K_2 = 1$，$CP_2 = CP\downarrow$

步骤二：写出状态转换真值表，如表 6-2-1 所示。

表 6-2-1　五进制计数器的状态转换真值表

现态	驱动			次态
$Q_2^n Q_1^n Q_0^n$	$J_2\ K_2 CP_2$	$J_1\ K_1\ CP_1$	$J_0\ K_0\ CP_0$	$Q_2^{n+1} Q_1^{n+1} Q_0^{n+1}$
000	0 1 ↓	1 1 ↑	1 1 ↓	001
001	0 1 ↓	1 1 ↓	1 1 ↓	010
010	0 1 ↓	1 1 ↑	1 1 ↓	011
011	1 1 ↓	1 1 ↓	1 1 ↓	100
100	0 1 ↓	1 1 ↓	0 1 ↓	000

步骤三：画状态转换图如图 6-2-2（b）所示。

步骤四：写出电路功能。

分析说明：该电路是异步递加 5 进制计数器。电路有反馈，即计数到某一个脉冲（如 5）时强迫清零，实现任意进制计数器的功能。

2. 同步计数器

同步计数器的各个触发器的时钟端都接 CP 脉冲，因此接线较多，直观分析较困难，通常可以根据上述分析步骤进行分析。

下面以 3 位同步二进制加法计数器为例进行介绍，电路图如图 6-2-3 所示。

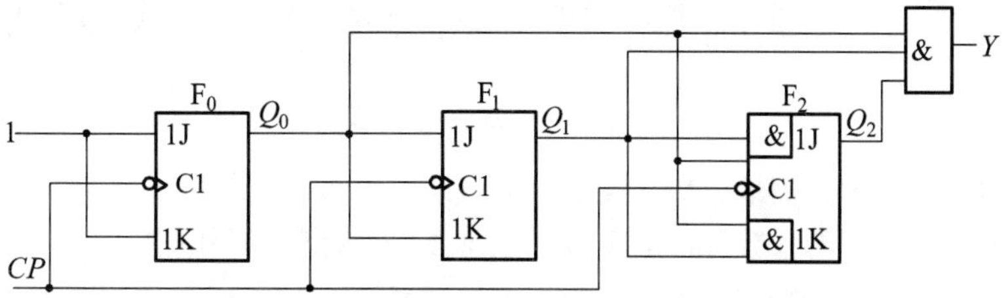

图 6-2-3　3 位同步二进制加法计数器的电路图

步骤一：列出各触发器的驱动方程：

F$_0$　　$J_0 = K_0 = 1$，

F$_1$　　$J_1 = K_1 = Q_0$，

F$_2$　　$J_2 = K_2 = Q_0 Q_1$，

步骤二：写状态转换真值表，如表 6-2-2 所示。

表 6-2-2　3 位同步计数器的状态转换真值表

现态	驱动			次态
$Q_2^n Q_1^n Q_0^n$	$J_2\ K_2$	$J_1\ K_1$	$J_0\ K_0$	$Q_2^{n+1} Q_1^{n+1} Q_0^{n+1}$
000	0 0	0 0	1 1	001
001	0 0	1 1	1 1	010
010	0 0	0 0	1 1	011
011	1 1	1 1	1 1	100
100	0 0	0 0	1 1	101
101	0 0	1 1	1 1	110
110	0 0	0 0	1 1	111
111	1 1	1 1	1 1	000

步骤三：画状态转换图如图 6-2-4 所示。

步骤四：写电路功能

分析说明：该电路是同步递加 8 进制（3 位二进制加法）计数器。

由于同步计数器的计数脉冲 CP 同时接到各位触发器的时钟脉冲输入端，当计数脉冲到来时，应该翻转的触发器同时翻转，所以速度比异步计数器高，但电路结构比异步计数器复杂。

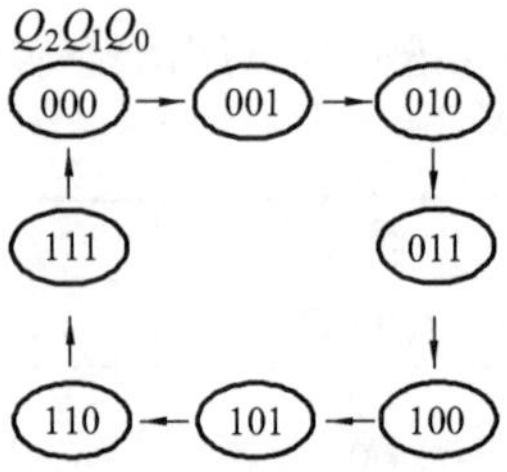

图 6-2-4　3 位同步二进制加法计数器的状态转换图

3. 环形计数器

图 6-2-5（a）是由 JK 触发器构成的环形计数器的逻辑图。环形计数器不能自启动，需要预先设置某个触发器的状态为 1，这样，当 CP 信号到来时，触发器逐个进行右移操作。可见该计数器共 4 个状态，为模 4 计数器。

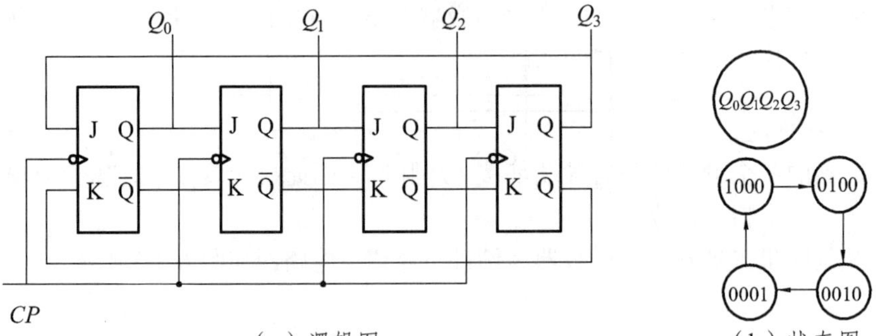

（a）逻辑图　（b）状态图

图 6-2-5　环形计数器

环形计数器的电路十分简单，N 位触发器可以计 N 个数，实现模 N 计数器，且状态为 1 的输出端的序号即代表收到的计数脉冲的个数，通常不需要任何译码电路。

4. 扭环形计数器

为了增加有效计数状态，扩大计数器的模，将环形计数器的末级输出 Q_1 与 $\overline{Q_1}$ 扭转后，接到第一级输入端 J、K，就构成了扭环形计数器，如图 6-2-6（a）所示，图（b）为其状态图。一般来说，N 位触发器可以组成模为 $2N$ 的扭环形计数器。

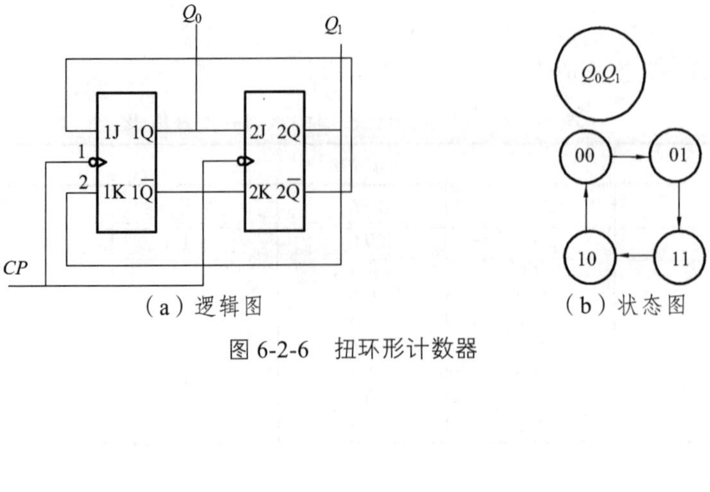

（a）逻辑图　（b）状态图

图 6-2-6　扭环形计数器

6.2.2 集成计数器

动画

74LS90 计数器

1. 集成计数器 74LS90 芯片及其应用

1）74LS90 芯片介绍

74LS90 的逻辑图及符号如图 6-2-7 所示。它包含一个独立的 1 位二进制计数器和一个独立的异步五进制计数器（分析见任意进制异步计数器）。二进制计数器的时钟输入端为 CP_0，输出端为 Q_0；五进制计数器的时钟输入端为 CP_1，输出端为 Q_3、Q_2、Q_1（Q_3 是高位，Q_1 是低位，高位低位的排序很重要）。如果将 Q_0 与 CP_1 相连，CP_0 作时钟脉冲输入端，$Q_3 \sim Q_0$ 作输出端，则为 8421BCD 码十进制计数器。如果将 Q_3 与 CP_0 相连，CP_1 作为时钟脉冲输入，$Q_0\,Q_3\,Q_2\,Q_1$ 作为输出端，则为 5421BCD 码十进制计数器。

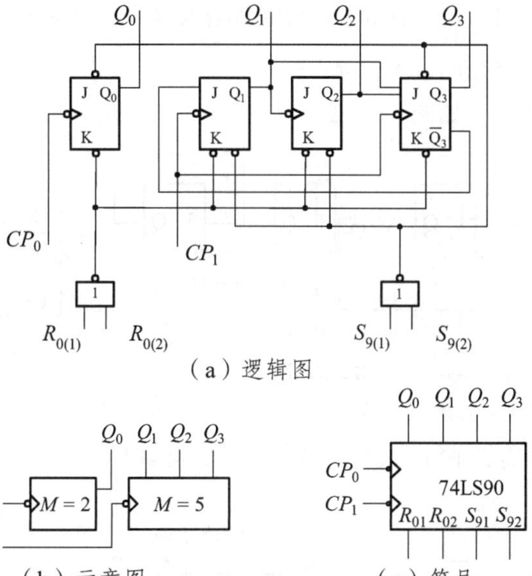

（a）逻辑图

（b）示意图　　（c）符号

图 6-2-7　集成计数器 74LS90 的内部逻辑图及符号

74LS90 的功能表如表 6-2-3 所示。由表可知，74LS90 具有以下功能：

① 异步清零。当复位输入端 $R_{0(1)} = R_{0(2)} = 1$ 且置位输入 $S_{9(1)} \cdot S_{9(2)} = 0$ 时，不论有无时钟脉冲 CP，计数器输出将被直接置零。

② 异步置数。当置位输入 $S_{9(1)} = S_{9(2)} = 1$ 时，无论其他输入端状态如何，计数器输出将被直接置 9（即 $Q_3Q_2Q_1Q_0 = 1001$）。

③ 计数。当 $R_{0(1)} \cdot R_{0(2)} = 0$ 且 $S_{9(1)} \cdot S_{9(2)} = 0$ 时，在计数脉冲（下降沿）作用下，进行二-五-十进制加法计数。

表 6-2-3　74LS90 的功能表

复位输入		置位输入		时钟	输出				工作模式
$R_{0(1)}$	$R_{0(2)}$	$S_{9(1)}$	$S_{9(2)}$	CP	Q_3	Q_2	Q_1	Q_0	
1	1	0	×	×	0	0	0	0	异步清零
1	1	×	0	×	0	0	0	0	
×	×	1	1	×	1	0	0	1	异步置数
0	×	0	×	↓	计数				加法计数
0	×	×	0	↓	计数				
×	0	0	×	↓	计数				
×	0	×	0	↓	计数				

2）74LS90 芯片构成计数器的应用

① 构成 1 位二进制计数器，如图 6-2-8 所示。

② 构成五进制计数器，如图 6-2-9 所示。

③ 构成 8421BCD 码十进制计数器如图 6-2-10。

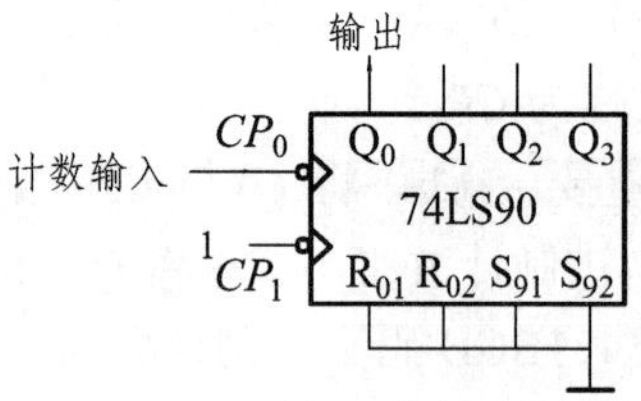

图 6-2-8　1 位二进制计数器

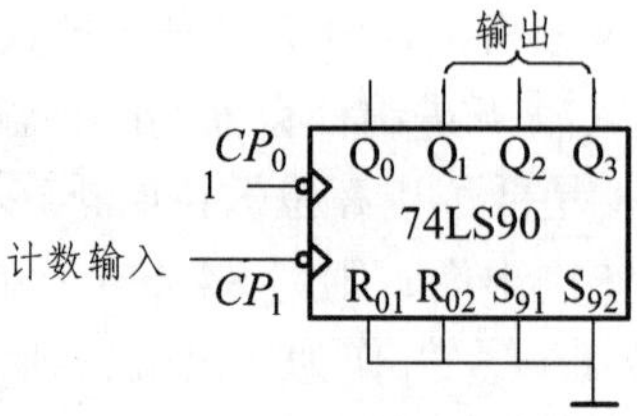

图 6-2-9　五进制计数器

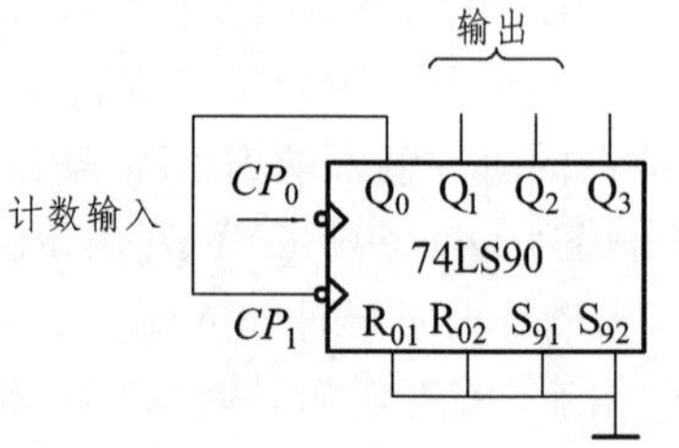

图 6-2-10　8421BCD 码十进制计数器

④ 构成 6 进制计数器如图 6-2-11 所示。

⑤ 构成 7 进制计数器，如图 6-2-12 所示。

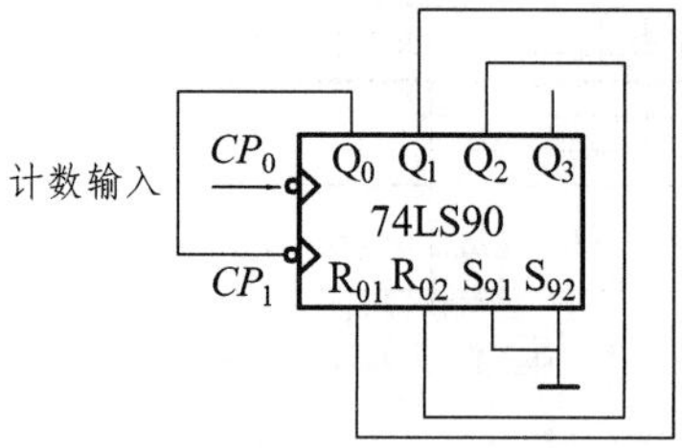

图 6-2-11　6 进制计数

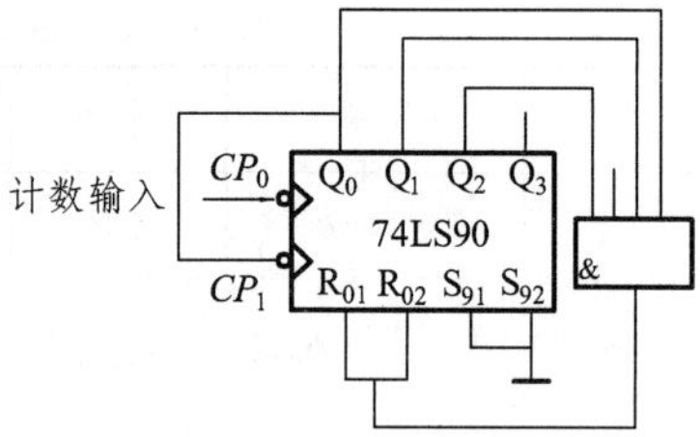

图 6-2-12　7 进制计数器

⑥ 用两片 74LS90 构成 100 进制计数器，如图 6-2-13 所示。

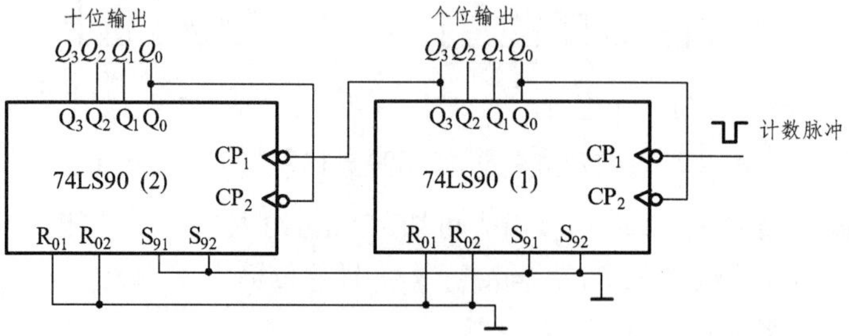

图 6-2-13　100 进制计数器

⑦ 接成任意进制计数器（48 进制），如图 6-2-14 所示。

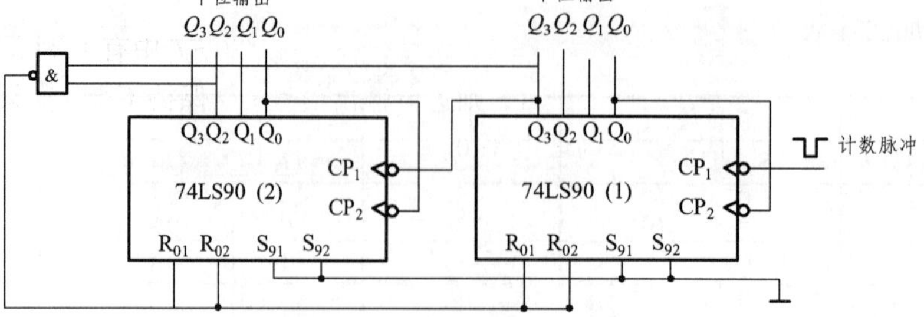

图 6-2-14　48 进制计数器

2. 集成计数器 74LS161 芯片及其应用

1）74LS161 芯片介绍

74LS161 的外管脚排列图和逻辑符号如图 6-2-15 所示，功能表如表 6-2-4 所示。

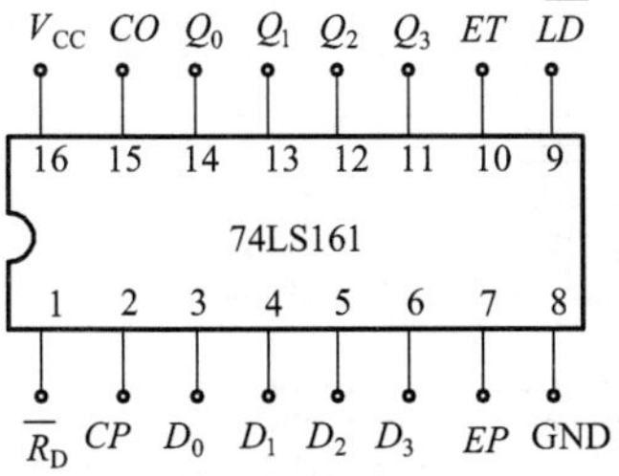

（a）外管脚排列图

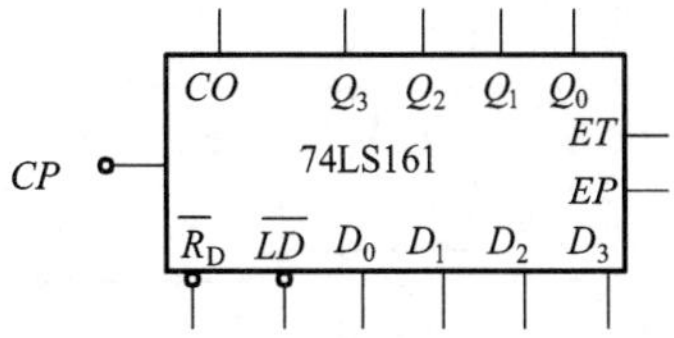

（b）逻辑符号

图 6-2-15　74LS161 的外管脚排列及逻辑符号图

表 6-2-4　74LS161 计数器的功能表

清零	预置	使能		时钟	预置数据输入				输出				工作模式
$\overline{R_D}$	$\overline{L_D}$	EP	ET	CP	D_3	D_2	D_1	D_0	Q_3	Q_2	Q_1	Q_0	
0	×	×	×	×	×	×	×	×	0	0	0	0	异步清零
1	0	×	×	↑	d_3	d_2	d_1	d_0	d_3	d_2	d_1	d_0	同步置数
1	1	0	×	×	×	×	×	×	保持				数据保持
1	1	×	0	×	×	×	×	×	保持				数据保持
1	1	1	1	↑	×	×	×	×	计数				加法计数

由表 6-2-4 可知，74LS161 具有以下功能：

① 异步清零。当 $\overline{R_D}=0$ 时，不管其他输入端的状态如何，不论有无时钟脉冲 CP，计数器输出将被直接置零（$Q_3Q_2Q_1Q_0=0000$），称为异步清零。

② 同步并行预置数。当 $\overline{R_D}=1$、$\overline{L_D}=0$ 时，在输入时钟脉冲 CP 上升沿的作用下，并行输入端的数据 $d_3d_2d_1d_0$ 被置入计数器的输出端，即 $Q_3Q_2Q_1Q_0=d_3d_2d_1d_0$。由于这个操作要与 CP 上升沿同步，所以称为同步预置数。

③ 计数。当 $\overline{R_D}=\overline{L_D}=EP=ET=1$ 时，在 CP 端输入计数脉冲，计数器进行二进制加法计数，ET、EP 成为计数控制端。

④ 保持。当 $\overline{R_D}=\overline{L_D}=1$ 且 $EP\cdot ET=0$，即两个使能端 $EP\cdot ET$ 中有 0 时，计数器保持原来的状态不变。这时，如果 $EP=0$、$ET=1$，则进位输出信号 CO 保持不变；如果 $ET=0$，则不管 EP 状态如何，进位输出信号 CO 为低电平 0。

74LS161 的时序图如图 6-2-16 所示。

2）74LS161 构成计数器的应用

① 接成 16 进制（二进制加法）计数器，如图 6-2-17 所示。

② 接成可预置的 13 进制计数器，如图 6-2-18 所示。

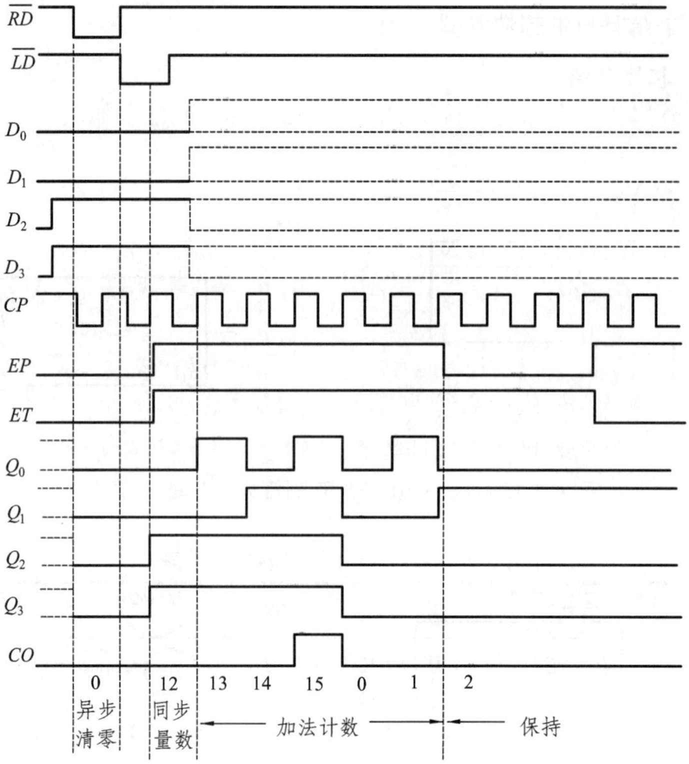

图 6-2-16　74LS161 的时序图

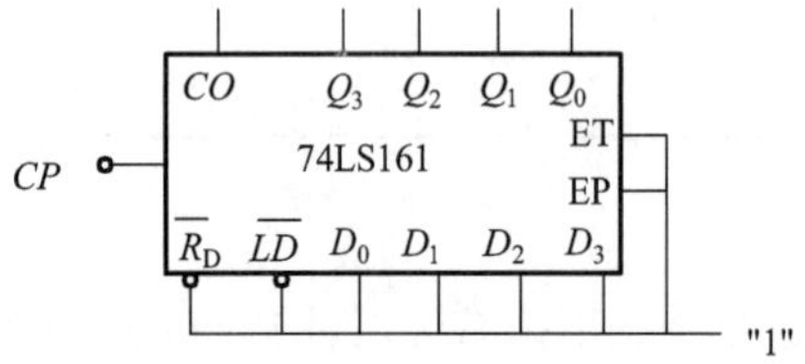

图 6-2-17　16 进制计数器

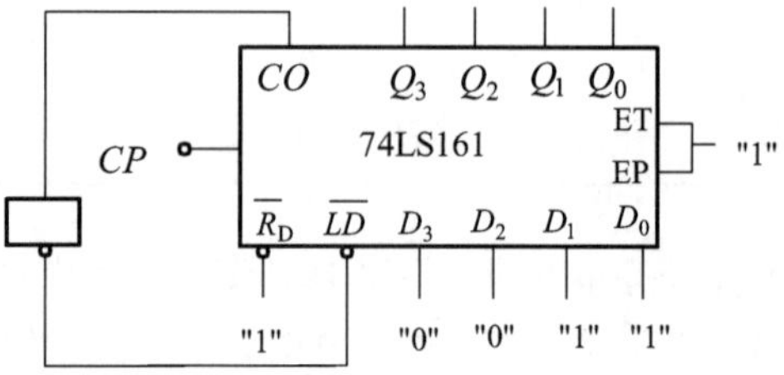

图 6-2-18　可预置的 13 进制计数器

③ 用 2 片 74LS161 接成 256 进制计数器，如图 6-2-19 所示。

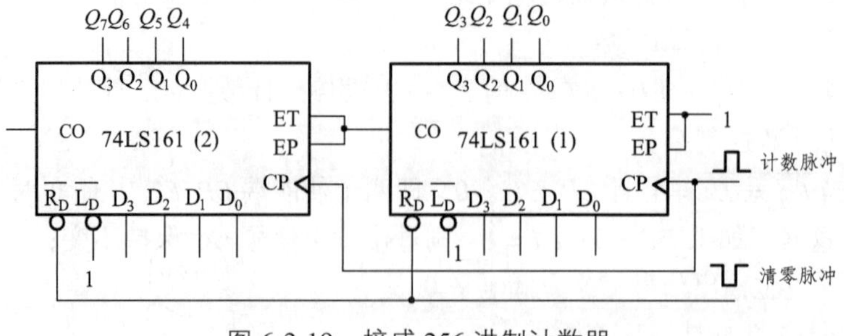

图 6-2-19　接成 256 进制计数器

④ 接成任意进制计数器。

A. 反馈清零法。这种接法适用于具有清零端的集成计数器。图 6-2-20 所示是用集成计数器 74LS161 和与非门组成的 6 进制计数器，因为清零端不需要脉冲清零，所以 6 进制计数器要计 6 个脉冲后才生产信号反馈到清零端。

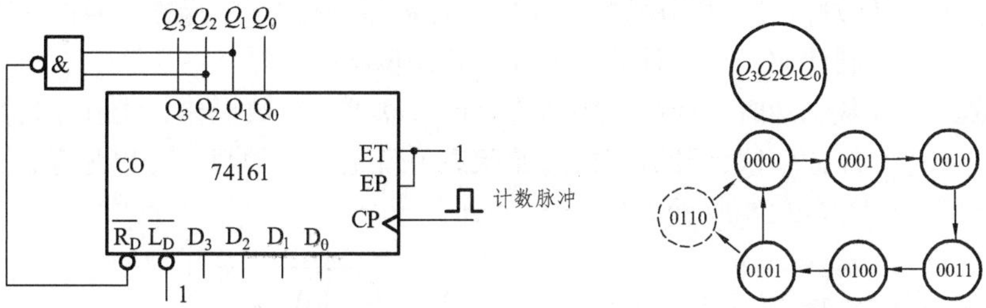

（a）　　　　　　　　　　（b）

图 6-2-20　反馈清零法组成 6 进制计数器

B. 反馈预置数法。该接法适用于具有异步预置端的集成计数器。图 6-2-21 所示是用集成计数器 74LS161 和与非门组成的 6 进制计数器，因为置数端需要脉冲才能置数，所以 6 进制计数器的预置数端先置 0000，在计满 5 个脉冲之后，生产一个置数信号反馈到置数端，在置数脉冲的作用下清零，即为 6 进制计数器。

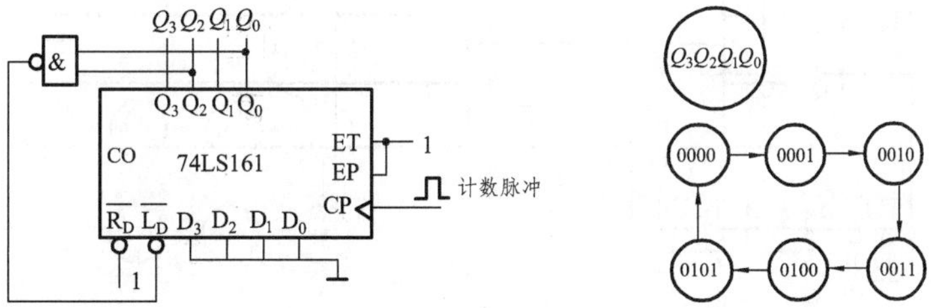

（a）　　　　　　　　　　（b）

图 6-2-21　反馈置数法接成 6 进制计数器

注意：

① 74LS161 芯片中 $\overline{R_D}$ 为同步清 0 端，而 $\overline{L_D}$ 为异步置数端，同步和异步的区别在于：异步置 0 计数器加反馈置 0 信号时所对应的计数状态为 S_N；同步置 0 计数器加反馈置 0 信号时所对应的计数状态为 S_{N-1}，如图 6-2-22 所示。

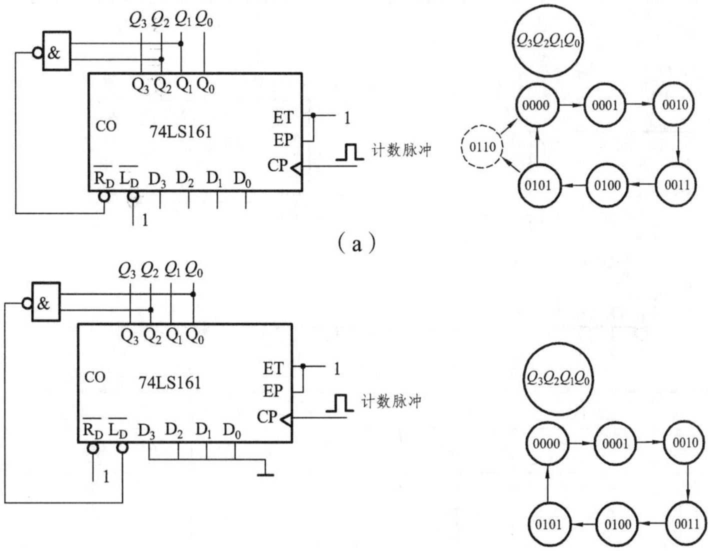

（a）

（b）

图 6-2-22　同步和异步反馈置数的区别

② 利用置数功能构成 N 进制计数器。

当输入第 N 个计数脉冲时，利用置 0 功能对计数器进行置 0 操作，强迫计数器进入计数循环，从而实现 N 进制计数。这种计数器的起始状态值必须是零。

当输入第 N 个计数脉冲时，利用置数功能对计数器进行置数操作，强迫计数器进入计数循环，从而实现 N 进制计数。这种计数器的起始状态值就是置入的数，可以是零，也可以非零，因此应用更灵活。如图 6-2-23 所示。

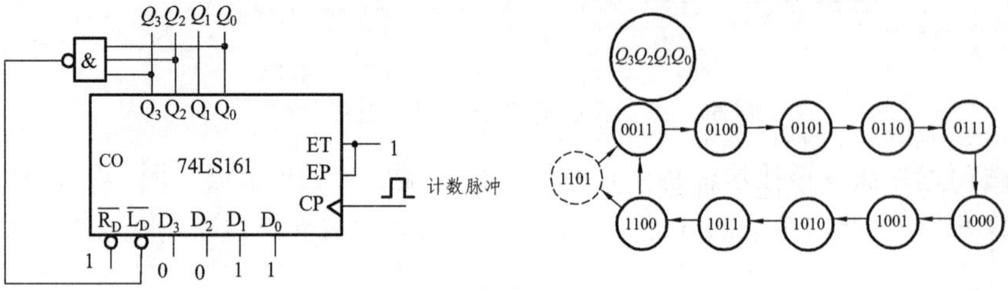

（a）

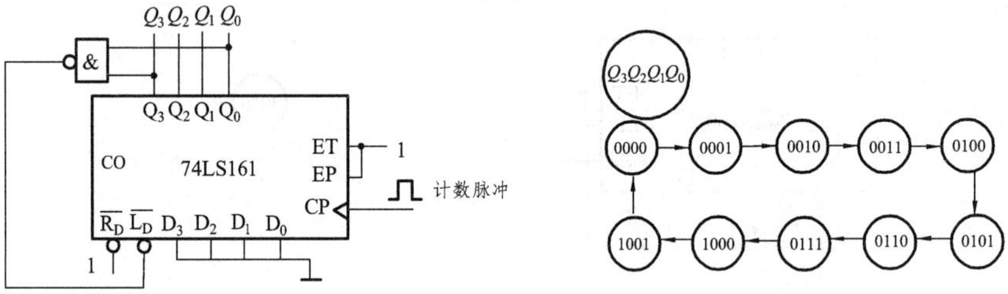

（b）

图 6-2-23　利用置数功能构成 N 进制计数器

3. 集成计数器 74LS160 芯片及其应用

动画

74LS160 计数器

1）74LS160 芯片介绍

74LS160 芯片的外管脚排列以及功能与 74LS161 十分相近，只是 74LS160 芯片是十进制的芯片而已，图 6-2-24 所示是其外管脚排列图和逻辑符号，其功能表如表 6-2-5 所示。

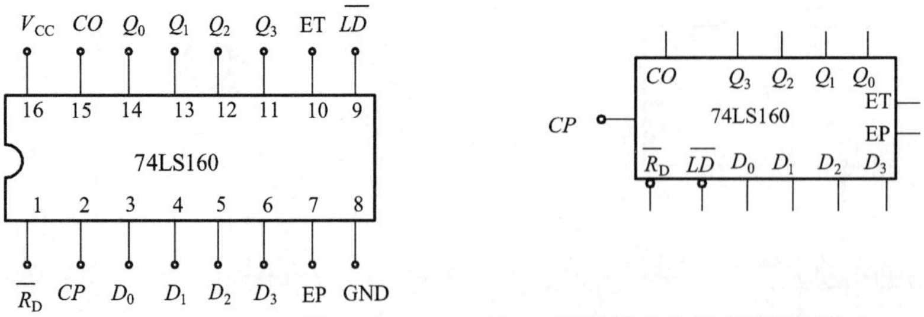

图 6-2-24　74LS160 逻辑符号和外管脚排列图

表 6-2-5　74LS160 计数器功能表

清零	预置	使能		时钟	预置数据输入				输出				工作模式
$\overline{R_D}$	$\overline{L_D}$	EP	ET	CP	D_3	D_2	D_1	D_0	Q_3	Q_2	Q_1	Q_0	
0	×	×	×	×	×	×	×	×	0	0	0	0	异步清零
1	0	×	×	↑	d_3	d_2	d_1	d_0	d_3	d_2	d_1	d_0	同步置数
1	1	0	×	×	×	×	×	×	保　持				数据保持
1	1	×	0	×	×	×	×	×	保　持				数据保持
1	1	1	1	↑	×	×	×	×	十进制计数				加法计数

2）74LS160 芯片的应用

① 接成 10 进制（8421BCD）计数器，如图 6-2-25 所示。

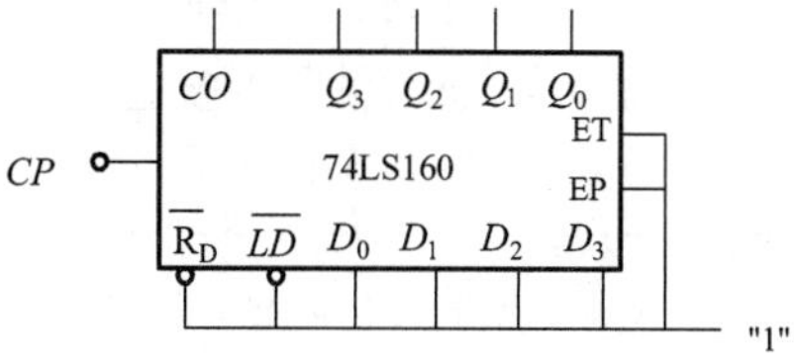

图 6-2-25　10 进制（8421BCD）计数器

②接成可预置的 7 进制计数器，如图 6-2-26 所示。注意：因为进位端 CO 是在输出为 1001 时出现进位脉冲的，而 LD 这个置数控制端需要上升沿触发，为了保证计数的正确，在 CO 端加了非门。

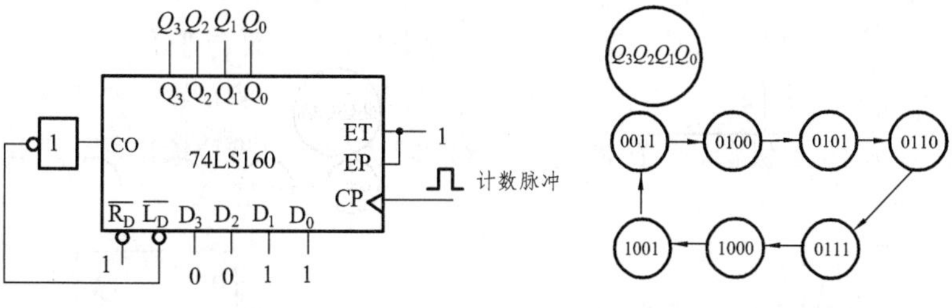

（a）　　　　　　　　　　　　（b）

图 6-2-26　可预置的 7 进制计数器

③ 用 2 片 74LS160 接成 100 进制计数器。

两片模为 10 的计数器可以链接成模为 100 的计数器。通常连接的方式有三种：同步级联和异步级联，其中异步级联又可以分为具有进位端的级联和采用最高位级联两种方式，如图 6-2-27 所示。

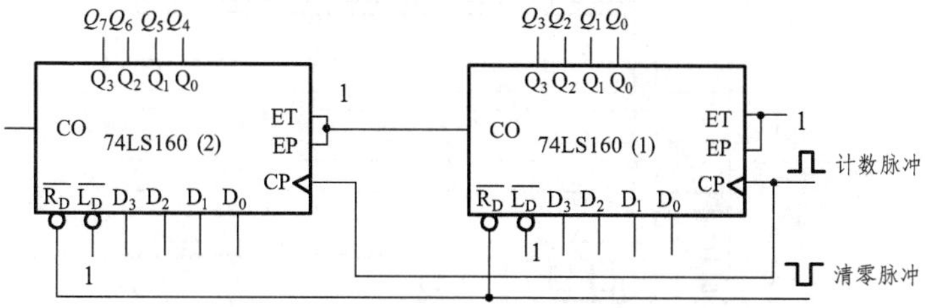

（a）同步级联

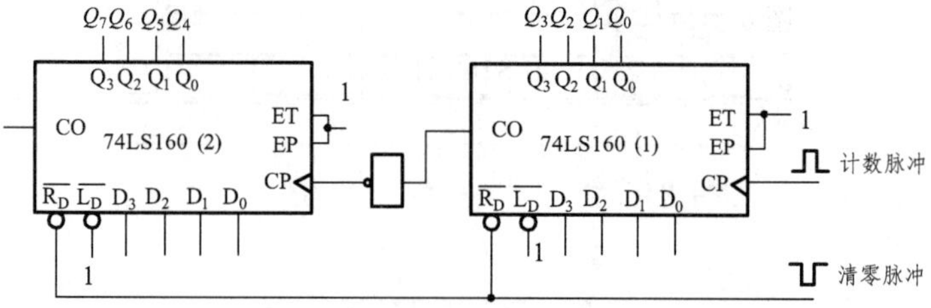

（b）具有进位端的异步级联

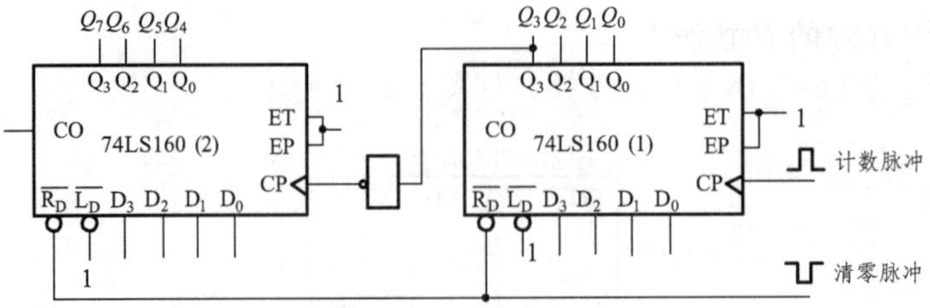

（c）采用最高位的异步级联

图 6-2-27　100 进制计数器的三种不同接法

4. 集成计数器 74LS192 芯片及其应用

动画

74LS192 计数器

1）74LS192 芯片介绍

74LS192 是双时钟方式的十进制可逆计数器，图 6-2-28（a）是其引脚排列图，（b）是其逻辑功能示意图，（c）是其时序图。其中 C_U 为加计数时钟输入端，C_D 为减计数时钟输入端。$\overline{L_D}$ 是异步预置数控制端，低电平有效，D_3、D_2、D_1、D_0 是预置数据输入端；R_D 为异步清零端，高电平有效。$\overline{C}$ 为加法计数时进位输出端（低电平有效），1001 状态后负脉冲输出；$\overline{B}$ 为减法计数时借位输出端（低电平有效），0000 状态后负脉冲输出。

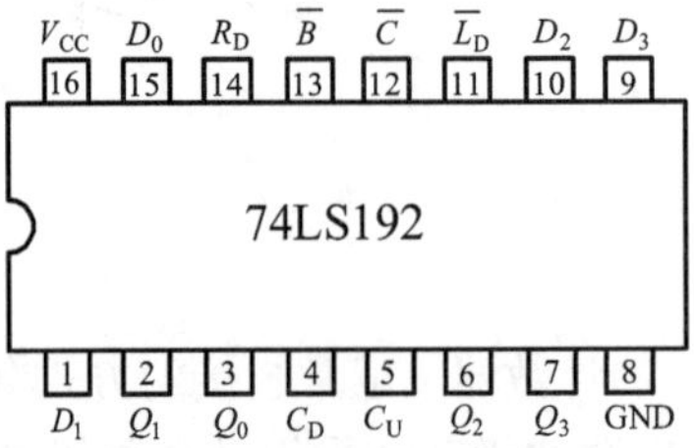

（a）

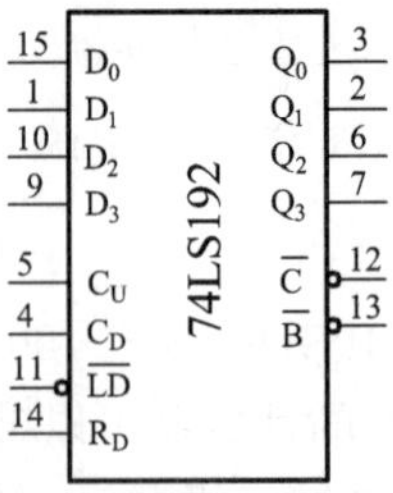

（b）

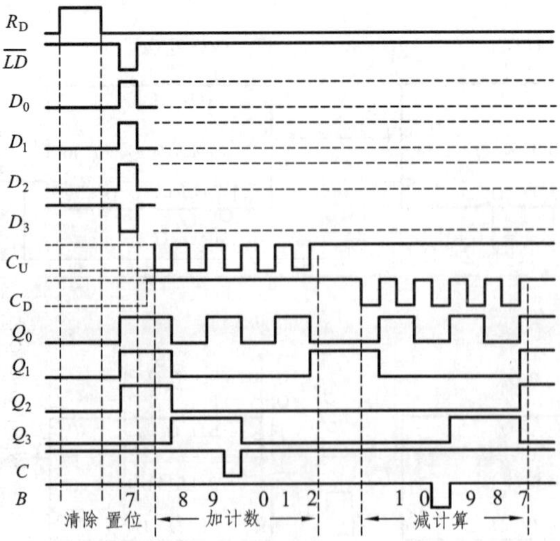

（c）

图 6-2-28　74LS192 的逻辑符号

表 6-2-6 是 74LS192 的功能表。

由表可知，74LS192 具有以下功能：

表 6-2-6　74LS192 的功能表

输入								输出			
R_D	$\overline{L_D}$	C_U	C_D	D_3	D_2	D_1	D_0	Q_3	Q_2	Q_1	Q_0
1	×	×	×	×	×	×	×	0	0	0	0
0	0	×	×	d_3	d_2	d_1	d_0	d_3	d_2	d_1	d_0
0	1	↑	1	×	×	×	×	加计数			
0	1	1	↑	×	×	×	×	减计数			

① 异步置数。当 $\overline{L_D}=0$ 时，不管其他输入端的状态如何，不论有无时钟脉冲 CP，并行输入端的数据 $d_3d_2d_1d_0$ 被直接置入计数器的输出端，即 $Q_3Q_2Q_1Q_0=d_3d_2d_1d_0$。由于该操作不受 CP 控制，所以称为异步置数。

② 清零。当 $R_D=1$ 时，不管其他输入端的状态如何，不论有无时钟脉冲 CP，计数器的输出为零，即 $Q_3Q_2Q_1Q_0=0000$。

③ 计数。当 $\overline{L_D}=1$ 且 $R_D=0$ 时，在 C_U 端输入计数脉冲，计数器按十进制加计数，当计数器的输出计到 1001 状态后进位输出端 $\overline{C}$ 输出负脉冲；当在 C_D 端输入计数脉冲，计数器按十进制减计数，当计数计到 0000 状态后，借位输出端 $\overline{B}$ 输出负脉冲。

2）74LS192 芯片的应用

① 用两片 74LS192 采用异步级联方式构成 100 进制加法计数器，如图 6-2-29 所示。

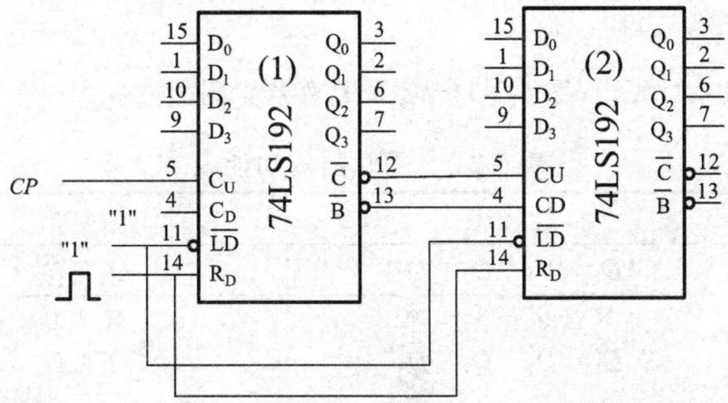

图 6-2-29　74LS192 异步级联组成 100 进制加法计数器

② 30 预置倒计数。图 6-2-30 所示是用集成计数器 74LS192 组成的 30 进制减法计数器。

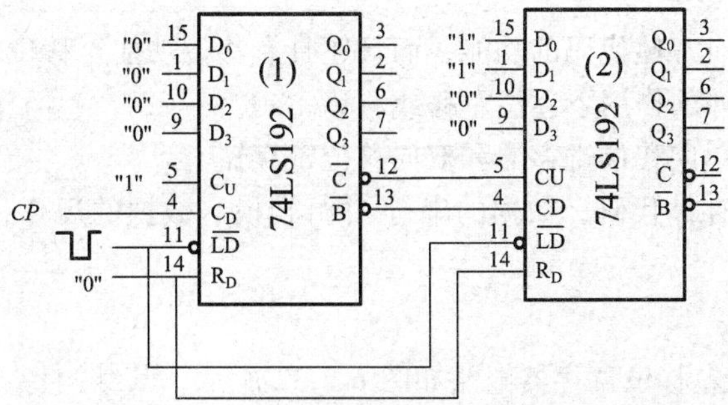

图 6-2-30　异步置数法组成 30 进制计数器

6.2.3 寄存器

寄存器是用来暂时存放数据、指令等数字信号的时序逻辑器件。它由触发器构成，一个触发器能存储一位二值信息，*n* 个触发器构成的寄存器能存储 *n* 位二进制代码。若按功能划分，寄存器可分为基本寄存器和移位寄存器。

微课

数码计数器

1. 数码寄存器

图 6-2-31 所示是由 D 触发器组成的 4 位数码寄存器，其中，R_D 是异步清零控制端。$D_0 \sim D_3$ 是并行数据输入端，CP 为时钟脉冲端，$Q_0 \sim Q_3$ 是并行数据输出端，$\overline{Q_0} \sim \overline{Q_3}$ 是反码数据输出端。

该电路的数码接收过程为：将需要存储的四位二进制数码送到数据输入端 $D_0 \sim D_3$，在 CP 端送一个时钟脉冲，脉冲上升沿作用后，四位数码并行地出现在四个触发器 Q 端。

其功能如表 6-2-7 所示。

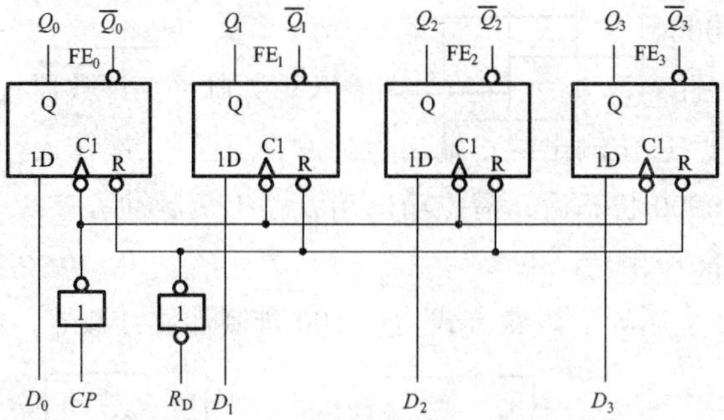

图 6-2-31 数码寄存器电路图

表 6-2-7 寄存器的功能表

清零	时钟	输 入	输 出	工作模式
R_D	CP	D_0 D_1 D_2 D_3	Q_0 Q_1 Q_2 Q_3	
0	×	× × × ×	0 0 0 0	异步清零
1	↑	D_0 D_1 D_2 D_3	D_0 D_1 D_2 D_3	数码寄存
1	1	× × × ×	保 持	数据保持
1	0	× × × ×	保 持	数据保持

2. 移位寄存器

移位寄存器不但具有存储代码的功能，而且还具有移位功能。移位功能就是使寄存器里存储的代码在移位指令脉冲的作用下逐位左移或右移。

微课

移位计数器

移位寄存器分类：单向移位寄存器和双向移位寄存器。

移位寄存器应用：存储代码，数据的串行-并行转换、数据的运算和数据的处理。

1）单向移位寄存器

由 D 触发器组成的左移位寄存器电路如图 6-2-32 所示，其结构特点是前一级的输出 Q 依次接到下一级的数据输入端。

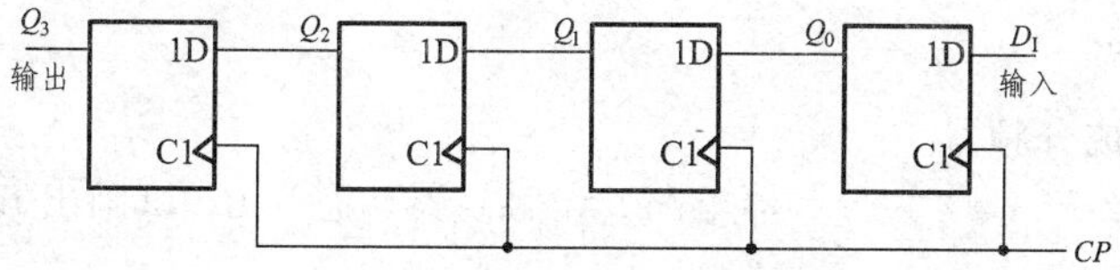

图 6-2-32　单向移位寄存器

设串行输入数据 $D_I = 1011$，在每次有效的移位脉冲 CP 到来后，寄存器中的数据向高位移动一位。经过四个有效移位脉冲后，1011 全部移入寄存器，$Q_3Q_2Q_1Q_0$ 输出端得到并行数据 1011；再经过四个有效移位脉冲后，数据全部由 Q_3 依次串行输出。

画出时序图如图 6-2-33 所示。

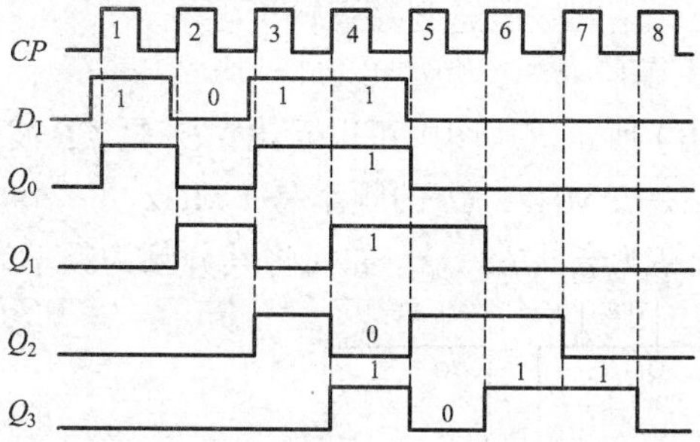

图 6-2-33　移位寄存器时序图

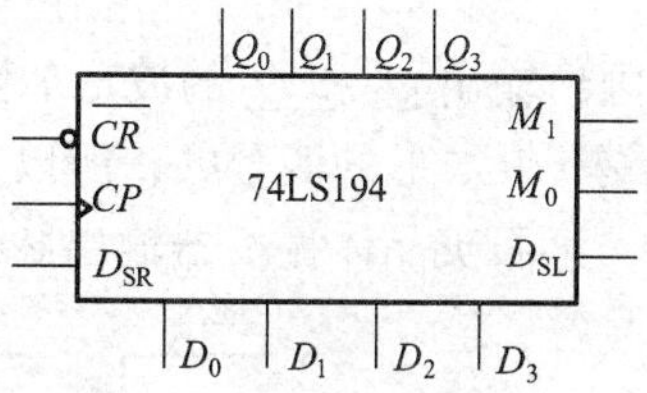

图 6-2-34　集成双向移位寄存器 74LS194 的逻辑符号

2）双向移位寄存器

双向移位寄存器是在单向移位寄存器的基础上加左、右移控制电路（门电路构成），构成既能右移又能左移的双向移位寄存器。常用的集成双向移位寄存器是 74LS194，其逻辑符号如图 6-2-34 所示，功能表如表 6-2-8 所示，其应用见后面所述。

表 6-2-8　74LS194 功能表

输　　入							输　　出			
$\overline{R_D}$	S_1	S_0	CP	D_{SL}	D_{SR}	D_i	Q_0	Q_1	Q_2	Q_3
0	×	×	×	×	×	×	0	0	0	0
1	×	×	0	×	×	×	Q_0^n	Q_1^n	Q_2^n	Q_3^n
1	1	1	↑	×	×	D_i	D_0	D_1	D_2	D_3
1	0	1	↑	×	1	×	1	Q_0^n	Q_1^n	Q_2^n
1	0	1	↑	×	0	×	0	Q_0^n	Q_1^n	Q_2^n
1	1	0	↑	1	×	×	Q_1^n	Q_2^n	Q_3^n	1
1	1	0	↑	0	×	×	Q_1^n	Q_2^n	Q_3^n	0
1	0	0	×	×	×	×	Q_0^n	Q_1^n	Q_2^n	Q_3^n

6.2.4　计数器和寄存器的综合应用

1. 构成分频器

前面提到，模 N 计数器进位输出端输出脉冲的频率是输入脉冲频率的 $1/N$，因此可用模 N

计数器组成 N 分频器。

1）用计数器构成分频器

例 6-2-1 图 6-2-35（a）为分频器电路，设触发器初态为 0，试画出 Q_1、Q_2 的波形并求其频率。

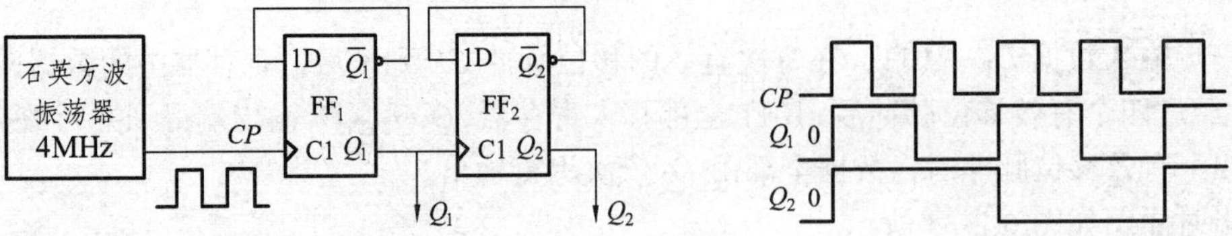

（a）电路图　　（b）波形图

图 6-2-35　例 6-2-1 图

解：画出输出 Q_1 和 Q_2 的波形如图 6-2-35（b）所示。从图中可以看出，Q_1 是 CP 波形的二分频，Q_2 是 CP 波形的四分频，所以，Q_1 的频率是 2 MHz，Q_2 的频率是 1 MHz。

思考：某石英晶体振荡器输出脉冲信号的频率为 32 768 Hz，如何将其分频为频率为 1 Hz 的脉冲信号？

2）用移位寄存器构成可编程分频器

如图 6-2-36 所示，两片移位寄存器 74LS194 的 S_1 接电源，S_0 是由 74LS194（2）的最低位输出 Q_0 经过非门的信号控制的。

清零后，寄存器的输出全部为 0，此时 $S_1S_0 = 11$，寄存器做并行输入，把译码器输出的数据置入移位寄存器，在脉冲的作用下，74LS194（2）的输出 $Q_3Q_2Q_1Q_0 = 0111$，此时，$S_1S_0 = 10$，寄存器左移。左移的数据输入由 74LS194（1）的 Q_0 提供，74LS194（1）的输出 $Q_3Q_2Q_1Q_0 = 1111$。

寄存器的输出按照脉冲移位寄存，如图 6-2-36 所示，若 $CBA = 011$，输出的序列脉冲是 01110111，实现四分频。

改变 CBA 的输入，可以改变序列脉冲的周期，从而实现可编程分频的要求。

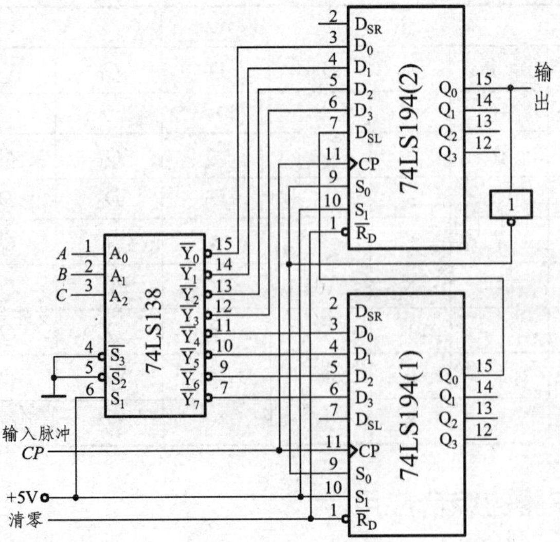

图 6-2-36　可编程分频器

2. 构成序列信号发生器

序列信号是在时钟脉冲作用下产生的一串周期性的二进制信号，可以由计数器产生，也可以由寄存器产生。

1）用计数器构成序列信号发生器

图 6-2-37 是用 74LS161 及门电路构成的序列信号发生器。其中 74LS161 与 G_1 构成了一个模 5 计数器，且 $Z=Q_0\overline{Q_2}$。在 CP 作用下，计数器的状态变化如表 6-2-9 所示。由于 $Z=Q_0\overline{Q_2}$，故不同状态下的输出如该表的右列所示。因此，这是一个 01010 序列信号发生器，序列长度 $P=5$。

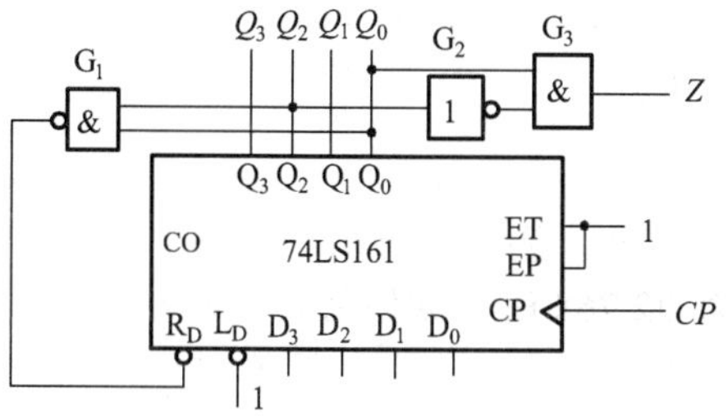

图 6-2-37　计数器组成序列信号发生器

表 6-2-9　状态表

现态			次态			输出
Q_2^n	Q_1^n	Q_0^n	Q_2^{n+1}	Q_1^{n+1}	Q_0^{n+1}	Z
0	0	0	0	0	1	0
0	0	1	0	1	0	1
0	1	0	0	1	1	0
0	1	1	1	0	0	1
1	0	0	0	0	0	0

用计数器辅以数据选择器可以方便地构成各种序列信号发生器。构成的方法如下：

第一步：构成一个模 P 计数器。

第二步：选择适当的数据选择器，把欲产生的序列按规定的顺序加在数据选择器的数据输入端，把地址输入端与计数器的输出端适当地连接在一起。

例 6-2-2　试用计数器 74LS161 和数据选择器设计一个 01100011 序列发生器。

解：由于序列长度 $P=8$，故将 74LS161 构成模 8 计数器，并选用数据选择器 74LS151 产生所需序列，从而得到如图 6-2-38 所示的电路。

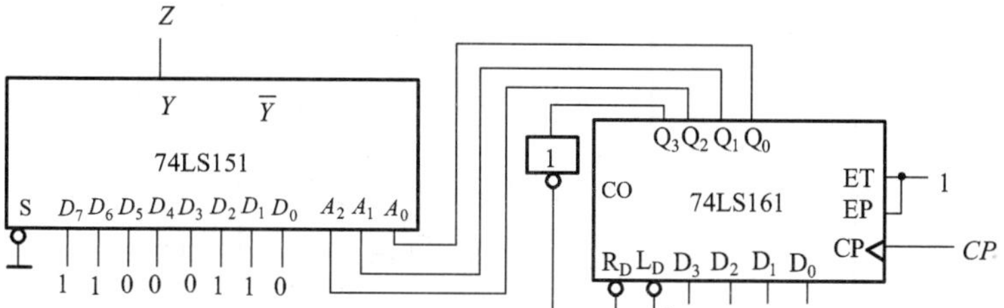

图 6-2-38　计数器和数据选择器组成序列信号发生器

2）用移位寄存器构成序列信号发生器

如图 6-2-39（a）所示，S_1S_0 接成右移寄存器，清零脉冲之后，寄存器输出 $Q_3Q_2Q_1Q_0=0000$，Q_3 输出经过非门给了右移串行输入一个高电平信号，一个 CP 脉冲之后，寄存器的输出为 $Q_3Q_2Q_1Q_0=0001$，Q_3 输出仍为 0；第二个 CP、第三个 CP、第四个 CP 脉冲之后，$Q_3Q_2Q_1Q_0=1111$，此时 Q_3 输出 1，经过非门之后变为 0，送到右移数据输入端，第五个 CP 脉冲之后，$Q_3Q_2Q_1Q_0=1110$，时序图如图 6-2-39（b）所示。

移位寄存器的输出端引出一个反馈信号送至串行输入端。n 位移位寄存器构成的序列信号发生器产生的序列信号的最大长度 $P = 2n$。

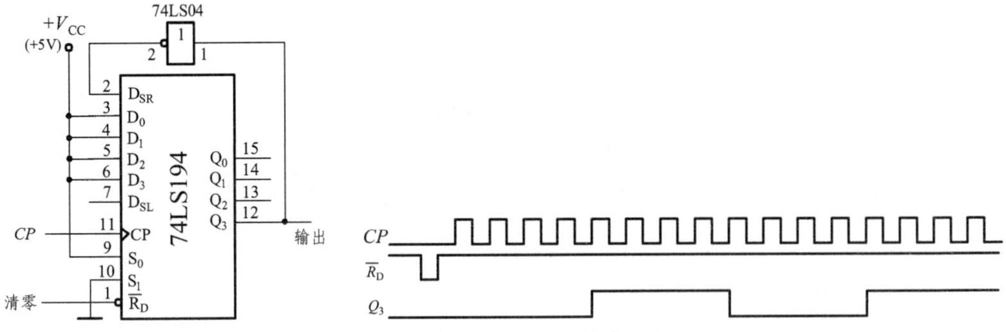

（a）序列脉冲发生器电路图　　（b）序列脉冲发生器输出波形

图 6-2-39　移位寄存器构成序列信号发生器

3. 构成流水灯

4 位双向移位寄存器 74LS194 的功能表如表 6-2-8 所示，利用双向移位寄存器 74LS194 逐一移位赋值的特点，可以控制 LED 灯左右逐一点亮，逐一熄灭，如图 6-2-40 所示。其原理是：A、B 控制 LED 灯的左移和右移，当 $A = 1$、$B = 0$ 时，寄存器右移，此时，第二片寄存器的 Q_3 经过非门输出高电平 1，送到第一片的右移串行数据输入端 D_{SR}，第一片寄存器输出 Q_0 点亮第一盏 LED 灯，之后，每经过一个 CP 脉冲，增加点亮一盏灯，直到 8 盏 LED 全部点亮，第二片的寄存器的输出 Q_3 经过非门后变换成低电平 0，又一次逐盏熄灭 LED 灯；若 $A = 0$，$B = 1$，则点亮和熄灭的 LED 灯的顺序将相反。如此反复。

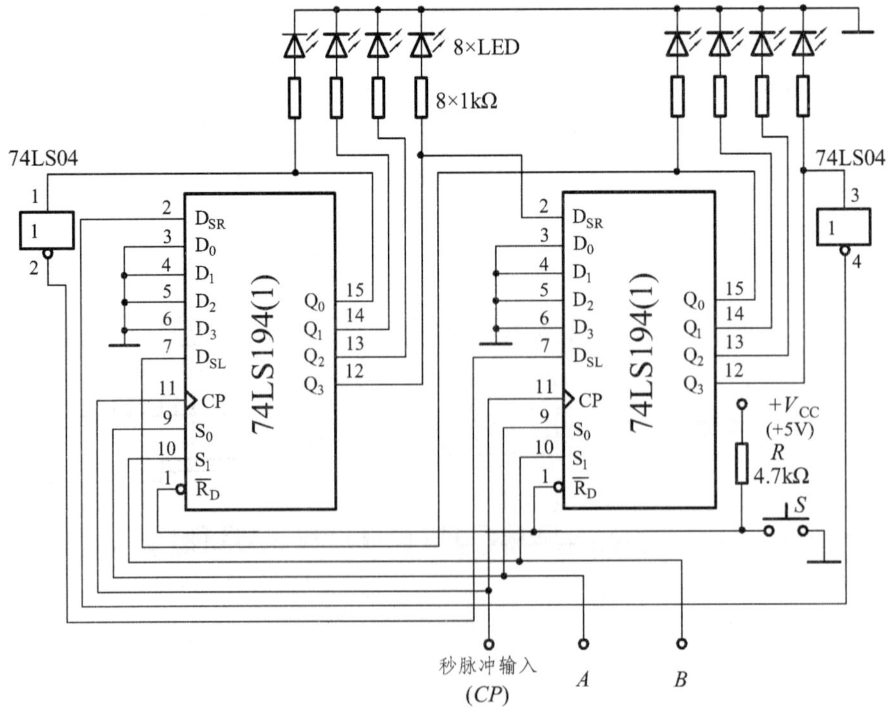

图 6-2-40　寄存器构成的循环流水灯

思考一下，若希望改变灯的循环式样，比如全部点亮再逐盏熄灭，电路该如何修改？或者，两盏两盏依次点亮又该如何？

4. 其他应用

1）测量脉冲信号的频率

用计数器可以构成频率计，用以测量脉冲信号的频率，图 6-2-41 所示是测频的原理框图。

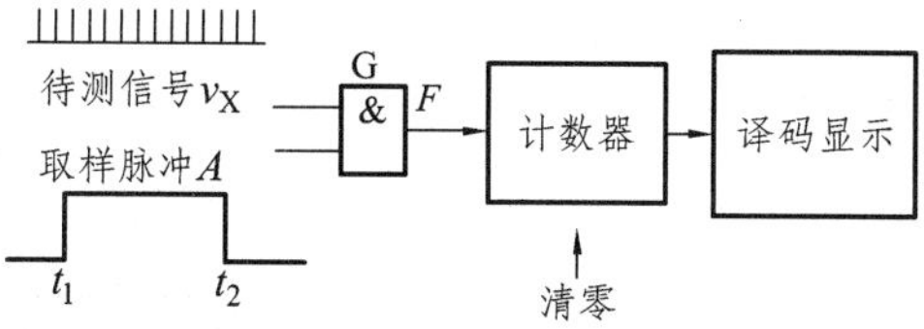

图 6-2-41　测量脉冲频率的框图

2）数字测速系统

转速测量是电机控制系统的重要组成部分，如图 6-2-42 所示是数字测速系统框图，该系统应用光电传感原理，将光电信号转换成脉冲，通过测频电路达到测速的目的。

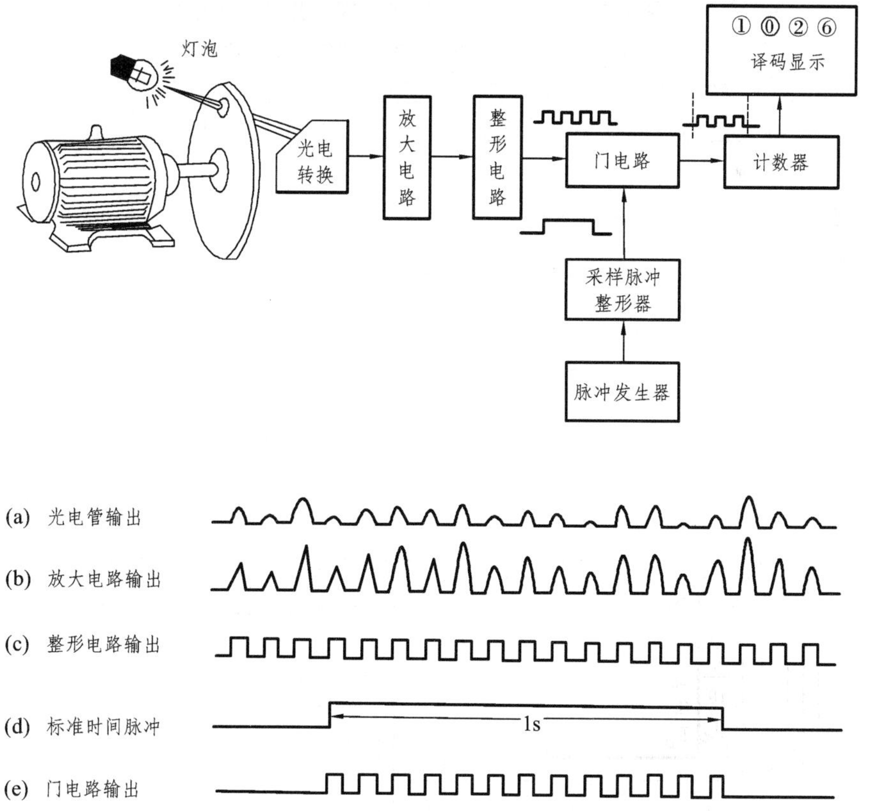

图 6-2-42　数字测速系统原理框图

3）脉冲分配器

脉冲分配器是数字系统中定时部件的组成部分，在时钟脉冲作用下，脉冲分配器顺序地使每个输出端输出节拍脉冲，用以协调系统各部分的工作。

图 6-2-43（a）为一个由计数器 74LS161 和译码器 74138 组成的脉冲分配器。74LS161 构成模 8 计数器，输出状态 $Q_2Q_1Q_0$ 在 000 ~ 111 之间循环变化，从而在译码器输出端 Y_0 ~ Y_7 分别得到图 6-2-43（b）所示的脉冲序列。

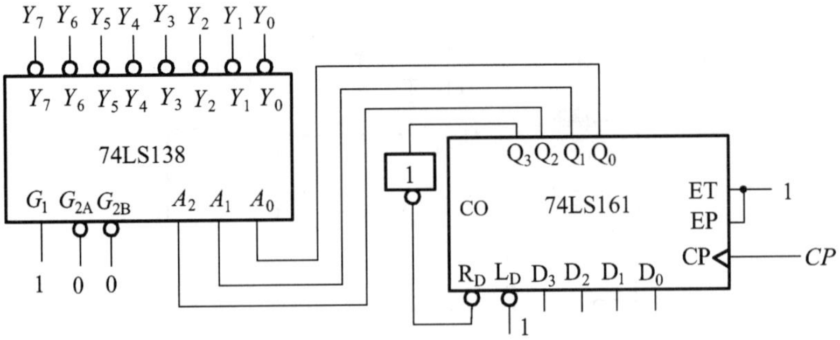

（a）脉冲分配器电路

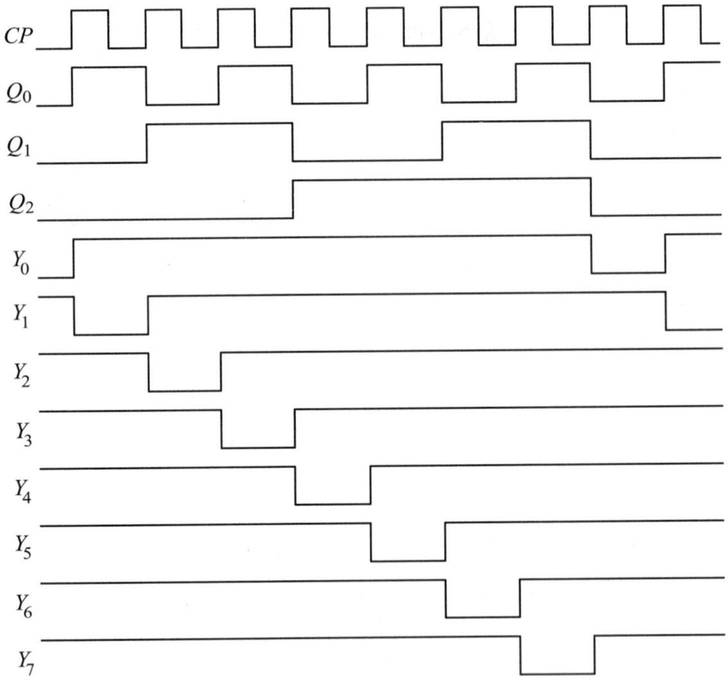

（b）脉冲序列

图 6-2-43　组成脉冲分配器

6.2.5　实例说明——汽车尾灯

汽车在夜间行驶过程中，其尾灯的变化规律如下：正常行驶时，车后 6 只尾灯全部点亮；左转弯时，左边 3 只灯依次从右向左循环闪动，右边 3 只灯熄灭；右转弯时，右边 3 只灯依次从左向右循环闪动，左边 3 只灯熄灭，当车辆暂时停车时，6 只灯一明一暗同时闪动。汽车尾灯控制电路如图 6-2-44 所示。电路分析如下。

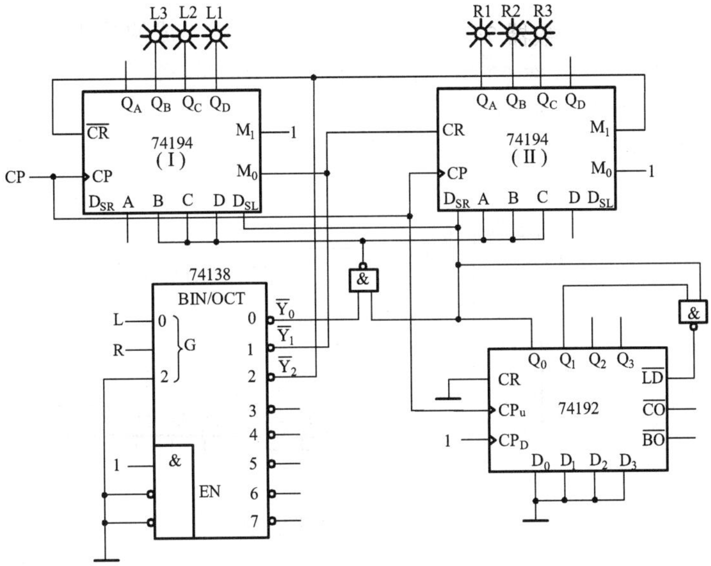

图 6-2-44　汽车尾灯电路图

1. 汽车正常行驶时

$L=0$，$R=0$，译码器 74LS138 的输出$\overline{Y_2}\,\overline{Y_1}\,\overline{Y_0}=110$，移位寄存器 74LS194（Ⅰ）的 $Q_BQ_CQ_D$（$L_1L_2L_3$）与 74LS194（Ⅱ）的 $Q_AQ_BQ_C$（$R_1R_2R_3$）均为 111，故 6 只尾灯全亮。

2. 汽车右转弯时

$L=0$，$R=1$，译码器 74LS138 的输出$\overline{Y_2}\,\overline{Y_1}\,\overline{Y_0}=011$，左灯 L_1、L_2 和 L_3 全部熄灭；74LS194（Ⅱ）的 $M_1M_0=01$，将进行右移操作；右移数据来自计数器 74LS192 的输出 Q_0，计数器接成 3 进制，Q_1Q_0 按照 00—01—10—00 计数，即 Q_0 的数据为 0—1—0 循环，$R_1R_2R_3$ 按照 100—010—001 依次点亮，从左到右依次循环。

3. 汽车左转弯时

$L=1$，$R=0$，译码器 74LS138 的输出$\overline{Y_2}\,\overline{Y_1}\,\overline{Y_0}=001$，移位寄存器 74LS194（Ⅱ）的 $Q_AQ_BQ_C=000$，右灯 R_1，R_2 和 R_3 全部熄灭；而 74LS194（1）的 $M_1M_0=10$，将进行左移操作。左移数据来自计数器 74LS192 的输出 Q_0，计数器接成 3 进制，Q_1Q_0 按照 00—01—10—00 计数，即 Q_0 的数据为 0—1—0 循环，$L_1L_2L_3$ 按照 100—010—001 依次点亮，从右到左依次循环。

4. 汽车暂停时

$L=1$，$R=1$，译码器 74LS138 的输出$\overline{Y_2}\,\overline{Y_1}\,\overline{Y_0}=111$，移位寄存器 74LS194（Ⅰ）和 74LS194（Ⅱ）均为置数状态，所置数据完全由 74LS192 的 Q_0 来确定。当 $Q_0=0$ 时，6 只尾灯同时点亮；而当 $Q_0=1$ 时，6 只车灯同时熄灭。如此交替进行。

小　结

1. 触发器是构成时序逻辑电路的基本单元电路，它具有两个稳定的状态：1 状态和 0 状态。触发器具有记忆功能，可以存储一位二值信息。

2. 触发器的输入信号分为三类：一是置位和复位信号，对触发器置 1 或置 0，有同步和异步两种，前者受时钟信号控制，后者不受时钟信号的控制。二是时钟脉冲信号，决定触发器何时发生状态的改变。三是输入触发信号，在时钟脉冲的作用下控制触发器的状态。

3. 触发器的逻辑功能是指触发器的次态和现态及输入信号之间在稳态下的逻辑关系，这种逻辑关系可以用特性表、特性方程、状态转换图、激励表和时序图给出。不同类型的触发器可以相互转换。

4. 寄存器是用来暂时存放数据、指令等数字信号的时序逻辑器件。它由具有存储功能的触发器构成，具有记忆功能，n 个触发器构成的寄存器能存储 n 位二进制代码。移位寄存器不但具有存储代码的功能，而且还具有移位功能。

5. 计数器能累计输入脉冲的个数，不仅能用于统计输入时钟脉冲的个数，还能用于分频、定时、产生节拍脉冲等。计数器有同步计数器和异步计数器，加法计数器、减法计数器和可逆（加、减法）计数器，二进制计数器、十进制计数器和 N 进制计数器。

6. 用集成计数芯片构成 N 进制计数器的方法有反馈清零法和反馈置数法。用集成计数芯片构成 N 进制计数器的关键是集成计数芯片的清零和置数方式。用已有的 M 进制集成计数器产品可以构成 N（任意）进制的计数器。采用的方法有异步清零法、同步清零法、异步置数法和同步置数法，可根据集成计数器的清零方式和置数方式来选择。当 $M>N$ 时，用 1 片 M 进制计数器即可；当 $M<N$ 时，要用多片 M 进制计数器组合起来，才能构成 N 进制计数器。当需要扩大计数器的容量时，可将多片集成计数器进行级联。

自测练习题

一、判断题

1. 使用 3 个触发器构成的计数器最多有 8 个有效状态。(　　)
2. 同步时序逻辑电路中各触发器的时钟脉冲 CP 不一定相同。(　　)
3. 时序逻辑电路的特点是任一时刻的输出只取决于该时刻的输入。(　　)
4. 要组成十进制计数器需 4 个触发器。(　　)
5. 计数器的功能是统计输入 CP 脉冲的个数。(　　)
6. 同步二进制计数器的电路比异步二进制计数器复杂，实际应用中较少使用。(　　)
7. 欲同时存入 8 位数据信号，需要 8 个触发器。(　　)
8. 移位寄存器只能串行输出。(　　)
9. 数码寄存器的工作方式可以是并入、并出的。(　　)
10. 寄存器的功能是统计输入 CP 脉冲的个数。(　　)

二、选择题

1. 计数器除了可以计数外还可以作为（　　）。

A. 译码器　　B. 编码器　　C. 分频器

2. 一个触发器能记录 2 个脉冲，三个触发器能记录（　　）脉冲。

A. $2\times3=6$ 个　　B. $2^3-1=7$ 个　　C. $2^3=8$ 个

3. 8421 代码的二-十进制加法计数器由四个触发器构成，计数器产生进位信号之前的一个状态是（　　）。

A. 1111　　B. 0000　　C. 1001

4. 计数器在电路组成上的特点是（　　）。

A. 有 CP 输入和数码输入　　B. 无 CP 输入，有无数码输入

C. 有 CP 输入，无数码输入　　D. 有 CP 输入，数码输入可有可无

5. 通常计数器应具有（　　）功能。

A. 清零、置数、累计 CP 个数　　B. 存、取数码　　C. A、B 皆有

6. 二进制加法计数器从 0 计到 27 个脉冲，需要（　　）个触发器。

A. 3　　B. 4　　C. 5　　D. 6

7. 下列器件中，属于时序逻辑电路的是（　　）。

A. 译码器　　B. 计数器　　C. 编码器　　D. 数据选择器

8. N 个触发器最多可以寄存（　　）位二进制数码。

A. $N-1$　　B. N　　C. $N+1$　　D. $2N$

9. 4 位移位寄存器，串行输入方式，欲使 4 位数码全部移入寄存器中，需要（　　）个脉冲。

A. 1　　B. 2　　C. 4　　D. 8

10. 属于时序逻辑电路的是（　　）。

A. 编码器　　B. 译码器　　C. 寄存器　　D. 数据选择器

11. 寄存器在电路组成上的特点是（　　）。

A. 有 CP 输入和数码输入　　B. 无 CP 输入，有无数码输入

C. 有 CP 输入，无数码输入　　D. 有 CP 输入，数码输入可有可无

12. 数码可以并行输入、并行输出的寄存器有（　　）。

A. 数码寄存器　　B. 移位寄存器　　C. A、B 皆可

13. 数码可以串行输入、串行输出的寄存器有（　　）。

A. 数码寄存器　　B. 移位寄存器　　C. A、B 皆可

习　题

1. 设图 6-2-45 中各触发器的初始状态皆为 $Q=0$，试画出在 CP 信号连续作用下各触发器输出端的电压波形。

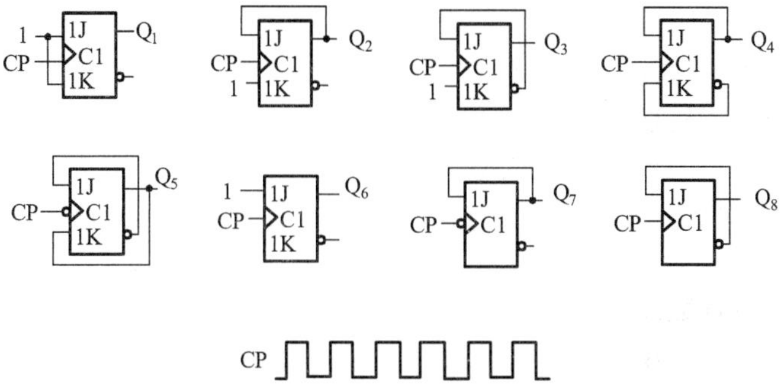

图 6-2-45

2. 已知主从结构 JK 触发器输入端 J、K 和 CP 的电压波形如图 6-2-46 所示，试画出 Q 端的波形图。设触发器的初始状态为 $Q=0$。

3. 分析图 6-2-47 时序电路的逻辑功能，写出电路的驱动方程、状态转换表和状态转换图，说明电路功能。

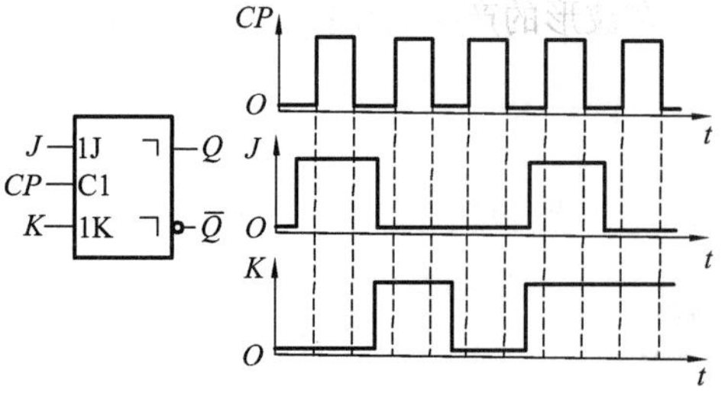

图 6-2-46

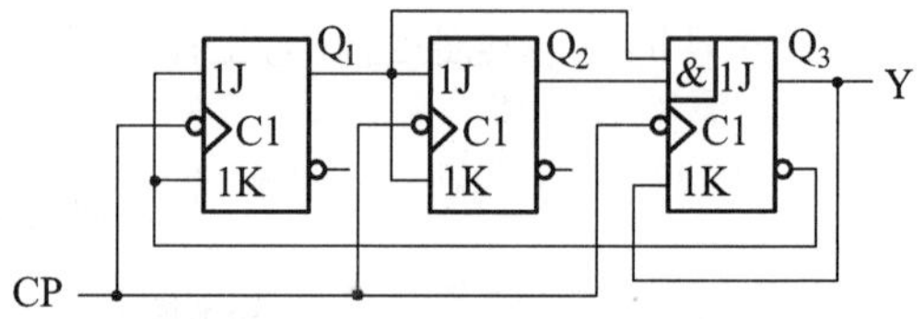

图 6-2-47

4. 某计数器由三个触发器组成，计数器时钟 CP 及输出 Q_2、Q_1、Q_0 的波形如图 6-2-48 所示，高位到低位依次是 Q_2、Q_1、Q_0，由此可知该计数器是几进制计数器？

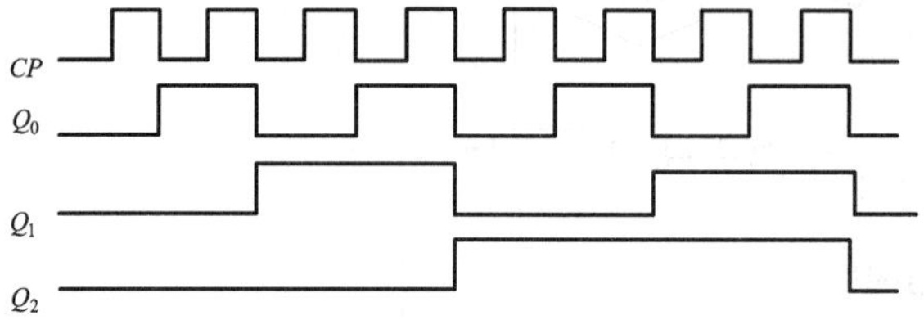

图 6-2-48

5. 分析图 6-2-49 所示的计数器电路，说明这是多少进制的计数器。

6. 分析图 6-2-50 所示的计数器电路，画出电路的状态转换图，说明这是多少进制的计数器。

7. 试分析 6-2-51 所示的计数器在 $M=1$ 和 $M=0$ 时各为几进制。

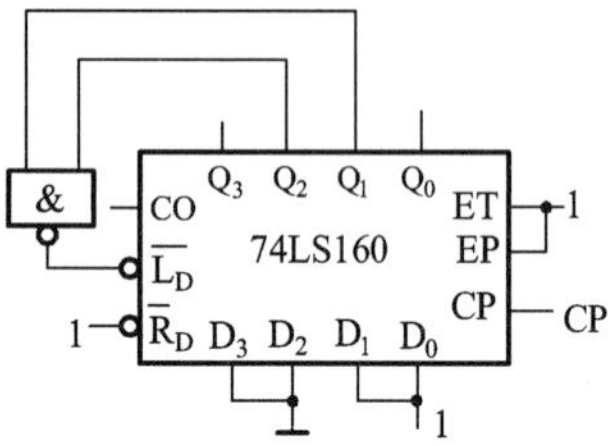

图 6-2-49

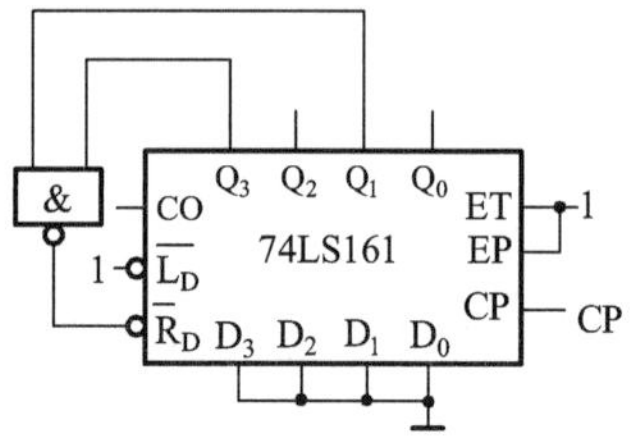

图 6-2-50

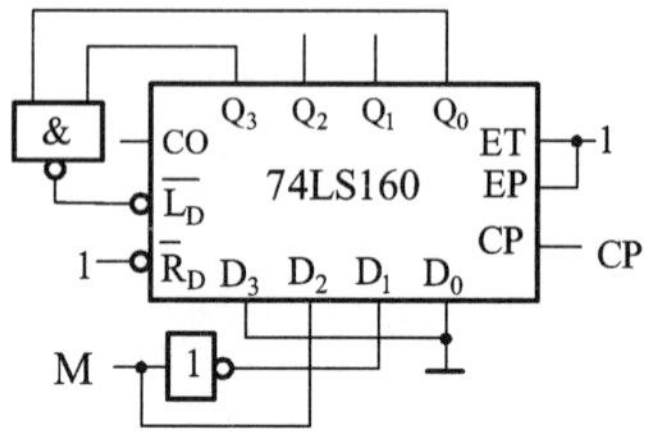

图 6-2-51

8. 试用计数器 74LS161 接成 13 进制计数器，可以附加必要的门电路。

9. 试用两片 74LS90 计数器组成 24 进制计数器。

10. 用两片 74LS192 组成 60 进制计数器。

任务 3　秒信号产生电路的设计与制作

秒信号，即周期为 1 s 的方波，秒脉冲可由 555 电路产生，也可由石英晶体振荡电路产生。石英晶体振荡电路产生的频率精确度高，例如 32 768 Hz 的晶振经 15 级分频即可产生 1 Hz 的信号。

6.3.1　555 定时器

555 定时器是一种多用途的中规模集成电路。该电路使用灵活、方便，只需外接少量的阻容元件就可以构成单稳、多谐和施密特触发器，因而在波形的产生与变换、测量与控制、家用电器和电子玩具等许多领域中都得到了广泛的应用。

1. 555 定时器的电路结构与工作原理

1）555 定时器内部结构

如图 6-3-1 所示，555 定时器由以下四个部分构成。

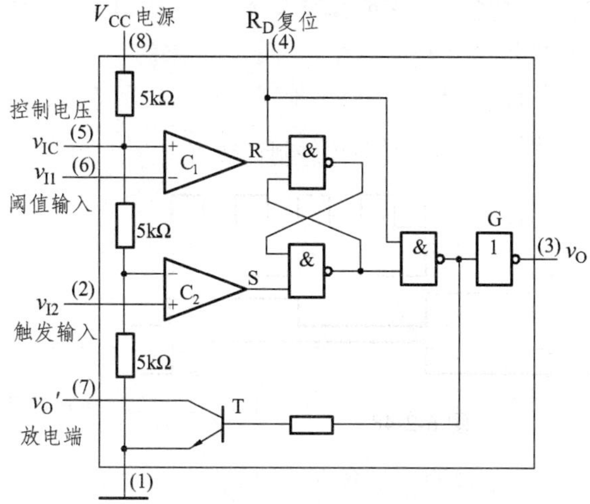

（a）原理图

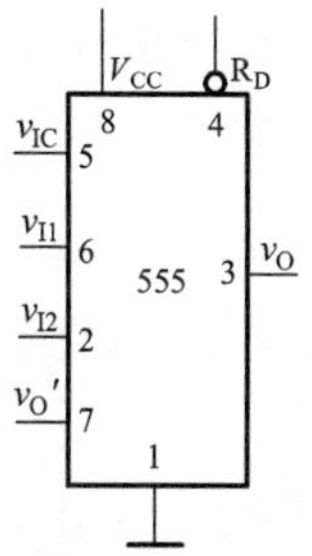

（b）电路符号

图 6-3-1　555 定时器的电气原理图和电路符号

① 由三个阻值为 5 kΩ 的电阻组成的分压器。

② 两个电压比较器 C_1 和 C_2：

$v_+ > v_-$，$v_o = 1$；$v_+ < v_-$，$v_o = 0$。

③ 基本 RS 触发器。

$\overline{R_D}$ 清 0 端，低电平有效，输出 $Q = 0$；$\overline{S_D}$ 置位端，低电平有效，输出 $Q = 1$。

④ 放电三极管 T 及缓冲器 G。

当 $Q = 0$、$\overline{Q} = 1$ 时，放电管导通，输出 $u_o = 0$；反之，当 $Q = 1$、$\overline{Q} = 0$ 时，放电管截止，输出 $u_o = 1$。

2）555 定时器工作原理

如图 6-3-1（a）所示，当 5 脚悬空时，比较器 C_1 和 C_2 的比较电压分别为 $\frac{2}{3}V_{CC}$ 和 $\frac{1}{3}V_{CC}$。

① 当 $v_{I1} > \frac{2}{3}V_{CC}$，$v_{I2} > \frac{1}{3}V_{CC}$ 时，比较器 C_1 输出低电平，C_2 输出高电平，基本 RS 触发器被置 0，放电三极管 T 导通，输出端 v_O 为低电平。

② 当 $v_{I1} < \frac{2}{3}V_{CC}$，$v_{I2} < \frac{1}{3}V_{CC}$ 时，比较器 C_1 输出高电平，C_2 输出低电平，基本 RS 触发器被置 1，放电三极管 T 截止，输出端 v_O 为高电平。

③ 当 $v_{I1} < \frac{2}{3}V_{CC}$，$v_{I2} > \frac{1}{3}V_{CC}$ 时，比较器 C_1 输出高电平，C_2 也输出高电平，即基本 RS 触发器 $R = 1$，$S = 1$，触发器状态不变，电路亦保持原状态不变。

由于阈值输入端（v_{I1}）为高电平（$>\frac{2}{3}V_{CC}$）时，定时器输出低电平，因此也将该端称为高触发端（TH）。

因为触发输入端（v_{I2}）为低电平（$<\frac{1}{3}V_{CC}$）时，定时器输出高电平，因此也将该端称为低触发端（TL）。

如果在电压控制端（5 脚）施加一个外加电压（其值在 $0\sim V_{CC}$），比较器的参考电压将发生变化，电路相应的阈值、触发电平也将随之变化，并进而影响电路的工作状态。

另外，R_D为复位输入端，当R_D为低电平时，不管其他输入端的状态如何，输出v_O为低电平，即R_D的控制级别最高。正常工作时，一般应将其接高电平。555 定时器的外管脚排列图如图 6-3-1（b）所示。

3）555 定时器的功能表

555 定时器的功能表如表 6-3-1 所示。

表 6-3-1　555 定时器的功能表

阈值输入 v_{I1}	触发输入 v_{I2}	复位 R_D	输出 v_o	放电管 T
×	×	0	0	导通
$<\frac{2}{3}V_{CC}$	$<\frac{1}{3}V_{CC}$	1	1	截止
$>\frac{2}{3}V_{CC}$	$>\frac{1}{3}V_{CC}$	1	0	导通
$<\frac{2}{3}V_{CC}$	$>\frac{1}{3}V_{CC}$	1	不变	不变

2. 555 定时器的一般应用

1）用 555 定时器构成的施密特触发器

施密特触发器具有回差电压特性，能将边沿变化缓慢的电压波形整形为边沿陡峭的矩形脉冲。由 555 定时器构成的施密特触发器如图 6-3-2 所示。

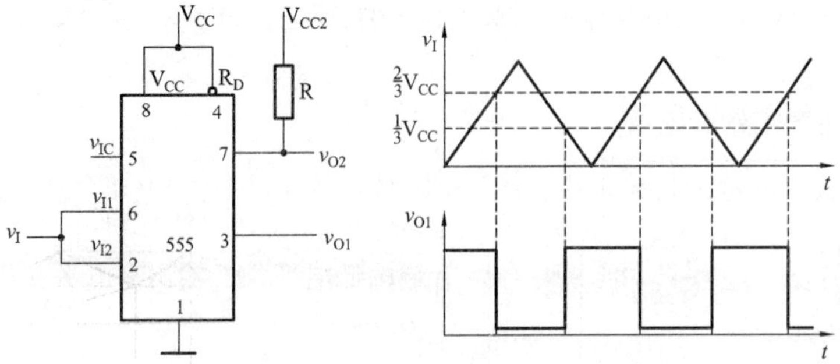

图 6-3-2　555 定时器构成的施密特触发器

（1）施密特触发器工作原理。

$v_I=0$ V 时，v_{O1}输出高电平。

当v_I上升到$\frac{2}{3}V_{CC}$时，v_{O1}输出低电平。当v_I由$\frac{2}{3}V_{CC}$继续上升时，v_{O1}保持不变。

当 v_I 下降到 $\frac{1}{3}V_{CC}$ 时，电路输出跳变为高电平。而且在 v_I 继续下降到 0 V 时，电路的这种状态不变。

图 6-3-2 中，R、V_{CC2} 构成另一输出端 v_{O2}，其高电平可以通过改变 V_{CC2} 进行调节。

（2）施密特触发器的应用举例。

① 波形变换。将任何符合特定条件的输入信号变为对应的矩形波输出信号，如图 6-3-3（a）所示。

② 幅度鉴别。如图 6-3-3（b）所示。

③ 脉冲整形。如图 6-3-3（c）所示。

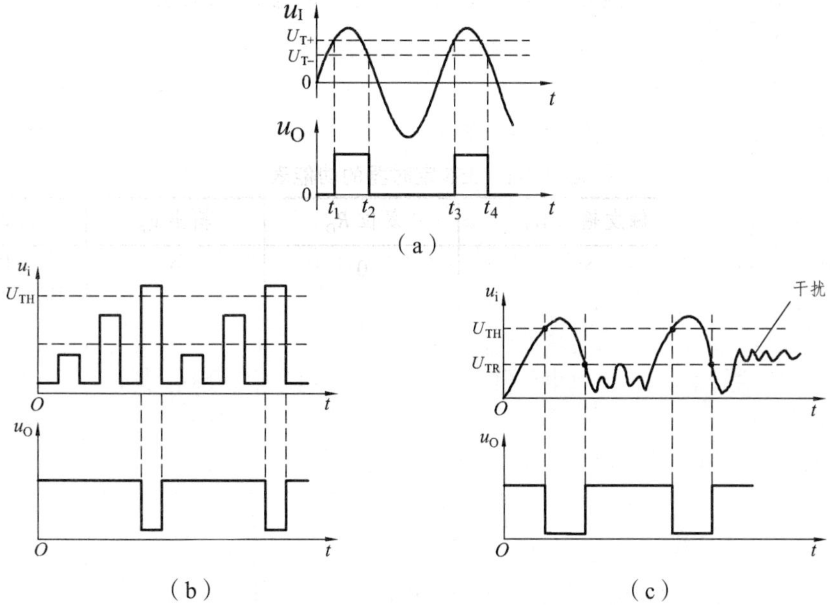

图 6-3-3　施密特触发器的应用

2）用 555 定时器构成多谐振荡器

多谐振荡器是产生矩形脉冲波的自激振荡器，如图 6-3-4 所示。多谐振荡器一旦起振之后，电路没有稳态，只有两个暂稳态，它们做交替变化，输出连续的矩形脉冲信号，因此它又称作无稳态电路，常用来做脉冲信号源。

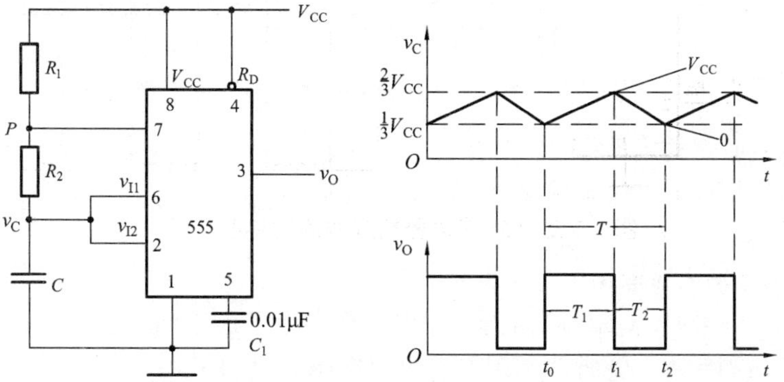

图 6-3-4　用施密特触发器构成的多谐振荡器

（1）工作原理。

闭合电源，电容充电。经过推导可得电容充电时间 T_1 为

$$T_1 = 0.7(R_1+R_2)C$$

当电容充电电压达到 $\frac{2}{3}V_{CC}$ 时，电容放电，放电时间

$$T_2 = 0.7R_2C$$

则电路振荡周期 T 为

$$T = T_1+T_2 = 0.7（R_1+2R_2）C$$

（2）多谐振荡器的应用举例。

多谐振荡器的最常见应用是构成双音门铃。如图 6-3-5 是用多谐振荡器构成的电子双音门铃电路。当按钮开关 AN 按下时，开关闭合，V_{CC} 经 D_2 向 C_3 充电，P 点（4 脚）电位迅速充至 V_{CC}，复位解除；由于 D_1 将 R_3 旁路，V_{CC} 经 D_1、R_1、R_2 向 C 充电，充电时间常数为（R_1+R_2）C，放电时间常数为 R_2C，多谐振荡器产生高频振荡，喇叭发出高音。

当按钮开关 AN 松开时，开关断开，由于电容 C_3 储存的电荷经 R_4 放电要维持一段时间，在 P 点电位降至复位电平之前，电路将继续维持振荡；但此时 V_{CC} 经 R_3、R_1、R_2 向 C 充电，充电时间常数增加为（$R_3+R_1+R_2$）C，放电时间常数仍为 R_2C，多谐振荡器产生低频振荡，喇叭发出低音。

当电容 C_3 持续放电，使 P 点电位降至 555 的复位电平以下时，多谐振荡器停止振荡，喇叭停止发声。

调节相关参数，可以改变高、低音发声频率以及低音维持时间。

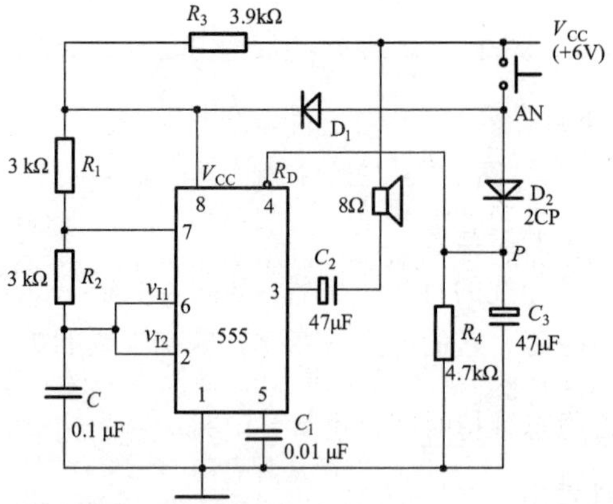

图 6-3-5　用多谐振荡器构成的双音门铃电路

3）用 555 定时器构成单稳态触发器

用 555 定时器构成的单稳态触发器电路如图 6-3-6 所示。

（1）工作原理。

① 无触发信号输入时电路工作在稳定状态。

当电路无触发信号时，v_I 保持高电平，电路工作在稳定状态，即输出端 v_O 保持低电平，555 内放电三极管 T 饱和导通，管脚 7“接地”，电容电压 v_C 为 0 V。

② v_I 下降沿触发。

当 v_I 下降沿到达时，555 触发输入端（2 脚）由高电平跳变为低电平，电路被触发，v_O 由低电平跳变为高电平，电路由稳态转入暂稳态。

③ 暂稳态的维持时间。

在暂稳态期间，555 内放电三极管 T 截止，V_{CC} 经 R 向 C 充电。其充电回路为 $V_{CC} \to R \to C \to$ 地，时间常数 $\tau_1 = RC$，电容电压 v_C 由 0 V 开始增大，在电容电压 v_C 上升到阈值电压 $\frac{2}{3}V_{CC}$ 之前，电路将保持暂稳态不变。

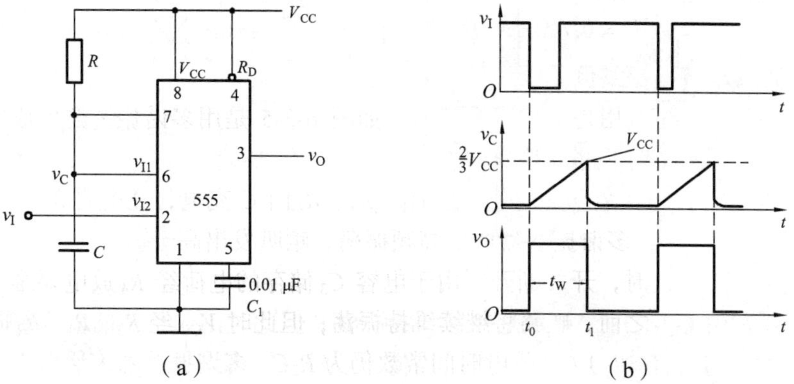

图 6-3-6　用 555 定时器构成的单稳态触发器及工作波形

④ 自动返回（暂稳态结束）时间。

当 v_C 上升至阈值电压 $\frac{2}{3}V_{CC}$ 时，输出电压 v_O 由高电平跳变为低电平，555 内放电三极管 T 由截止转为饱和导通，管脚 7 “接地”，电容 C 经放电三极管对地迅速放电，电压 v_C 由 $\frac{2}{3}V_{CC}$ 迅速降至 0 V（放电三极管的饱和压降），电路由暂稳态重新转入稳态。

⑤ 恢复过程。

当暂稳态结束后，电容 C 通过饱和导通的三极管 T 放电，时间常数 $\tau_2 = R_{CES}C$，式中 R_{CES} 是 T 的饱和导通电阻，其阻值非常小，因此 τ_2 之值亦非常小。经过 $(3\sim5)\tau_2$ 后，电容 C 放电完毕，恢复过程结束。

恢复过程结束后，电路返回到稳定状态，单稳态触发器又可以接收新的触发信号。

输出脉冲宽度 t_w 就是暂稳态维持时间，也就是定时电容的充电时间。由图 6-3-6（b）所示电容电压 v_C 的工作波形不难看出 $v_C(0^+) \approx 0$ V，$v_C(\infty) = V_{CC}$，$v_C(t_W) = \frac{2}{3}V_{CC}$，代入 RC 过渡过程计算公式，可得

$$t_w = 1.1RC$$

上式说明，单稳态触发器输出脉冲宽度 t_w 仅取决于定时元件 R、C 的取值，与输入触发信号和电源电压无关，调节 R、C 的取值，即可方便地调节 t_W。

（2）单稳态触发器的应用。

作延时用——触摸自熄电路。如图 6-3-7 所示电路中，555 定时器接成典型的单稳态工作方式，平时电路处于稳定态，③脚输出低电平，可控硅 SCR 因无触发电压而处于关断状态，台灯 H 不亮。需要触摸开关时，只要用手轻轻摸一下电极片 A 即可，因人体泄漏电流经放大后到

集成块的②脚，其信号负半周使电路触发翻转进入暂态，③脚输出高电平，所以有触发电流经 R_3 流入 SCR 的门极，使 SCR 导通，灯 H 点亮发光。经 $t_w \approx 1.1R_2C_4$ 时间后，暂态结束，电路回复到原先稳定态，③脚输出低电平，SCR 失去触发电流交流电过零时即关断，灯熄灭。

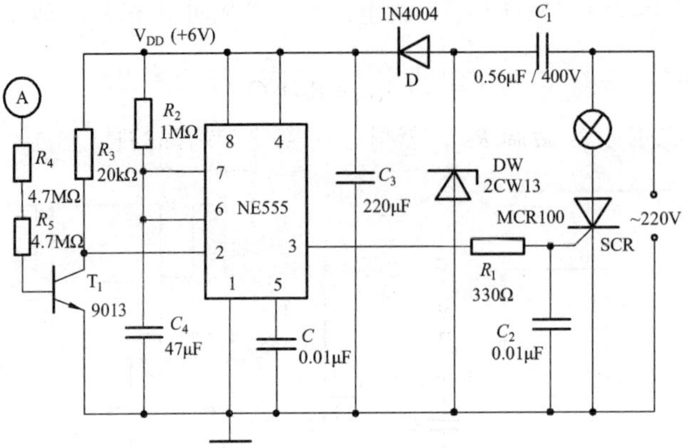

图 6-3-7 触摸自熄电路

做定时用。在图 6-3-8 中，单稳态触发器的输出电压 v_O'，用作与门的输入定时控制信号，当 v_O' 为高电平时，与门打开，$v_O = v_F$，当 v_O' 为低电平时，与门关闭，v_O 为低电平。显然与门打开的时间是恒定不变的，就是单稳态触发器输出脉冲 v_O' 的宽度 t_w。

做整形用。单稳态触发器能够把不规则的输入信号 v_I，整形成为幅度和宽度都相同的标准矩形脉冲 v_O。v_O 的幅度取决于单稳态电路输出的高、低电平，宽度 t_w 取决于暂稳态时间。图 6-3-9 是单稳态触发器用于波形整形的一个简单例子。

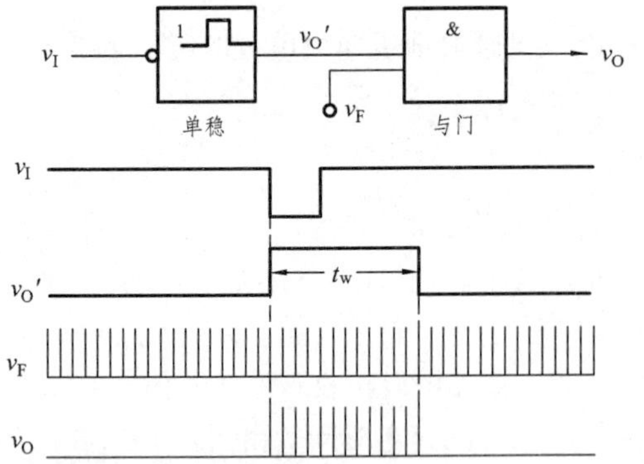

图 6-3-8 单稳态触发器用于脉冲的延时与定时选通

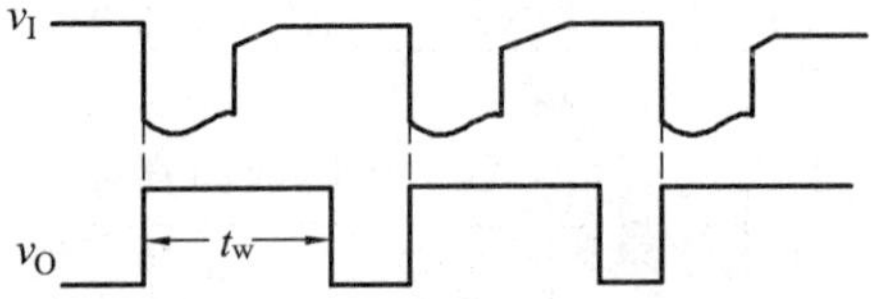

图 6-3-9 单稳态触发器用于波形的整形

6.3.2 信号产生电路

在数字钟电路中，准确的秒信号是保证时钟计时精度的关键。用于产生秒信号的常见电路有 555 定时器构成的多谐振荡器和石英晶体振荡器两种。

1. 采用 555 定时器构成秒信号发生器

如前所述，555 定时器构成的多谐振荡器，当选择合适的 R、C 参数时，电路即能产生周期为 1 s 的方波，也就是秒信号发生器。但一般使用 NE555 来制作非稳态多谐振荡器，由于充放电的时间不一致，所以并不能产生周期比相同的方波输出，修改后的电路如图 6-3-10 所示，在其充电回路中加进了一个正偏压的晶体管 T_1。T_1 在 R_2 的偏压作用下，可充分导通；而在 C_1 放电时，会完全截止。由于 T_1 正向导通电阻很小（小于几百欧姆），对充、放电时间常数影响不大，故其充、放电时间振荡周期及占空比（周期比）为

$$T_1 = 0.7(R_1 + R_{P1}) \cdot C_1$$

$$T_2 = 0.7(R_1 + R_{P1}) \cdot C_1$$

$$T = 0.7(2R_1 + 2R_{P1}) \cdot C_1 = 1.4(R_1 + R_{P1}) \cdot C_1$$

选择适当的 C_1 和 R_1，并微调 R_{P1}，就可以得到比较精确的秒信号了。

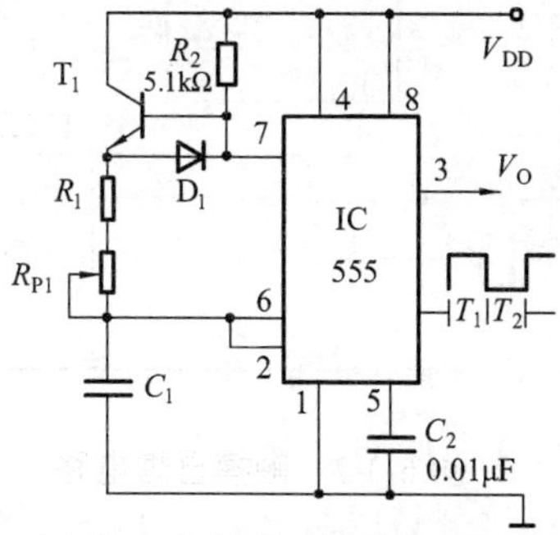

图 6-3-10　由 555 定时器构成的秒信号发生器

2. 采用晶振+分频器构成信号发生器

由于晶体振荡器的振荡频率精度高，而且构成晶振的电路也比较简单，故而采用晶振作为秒信号的参考源，使输出的 1 Hz 信号的精度得以保证。

如图 6-3-11 所示是最常见的秒信号发生器，晶体振荡秒信号电路由晶体振荡器和 15 级 2 分频电路产生，在实际应用电路中可用一块 CD4060 和一块 CD4013 芯片构成。电路中利用 CD4060 组成两部分电路。一部分是 14 级分频器，其最高的分频数是 16 384；另一部分是由外接石英晶体、电阻和电容构成的振荡频率为 32 768 Hz 的振荡器。振荡器经 14 级分频后在输出端 Q_{14} 上得到 2 Hz 脉冲并送入 CD4013 构成的二分频器，分频后在输出端 Q 上得到秒基准脉冲。检查电路是否工作，可测量 CD4060 的 11 脚有无振荡信号输出，调整微调电容可校准振荡频率。

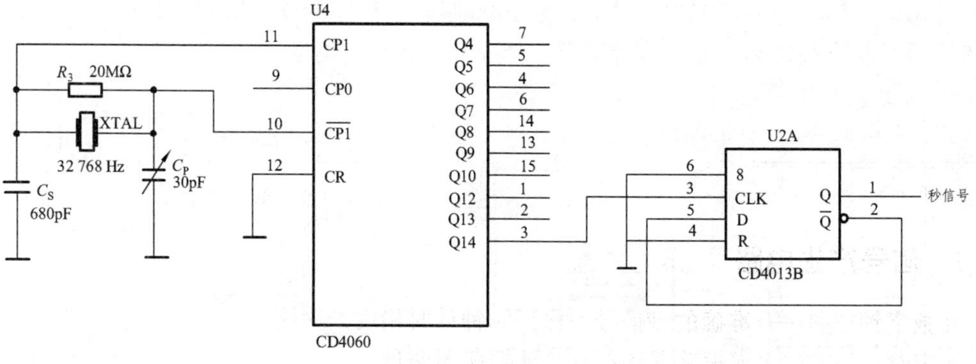

图 6-3-11　由晶振构成的秒信号发生器（1）

如图 6-3-12 所示的秒信号发生器电路不仅可以提供 1 Hz 的时钟信号，还可以提供 100 kHz、10 kHz、1 kHz、100 Hz 等基准信号，它由双 BCD 同步加法计数器 CD4518、四输入端与非门 CD4011 等构成。

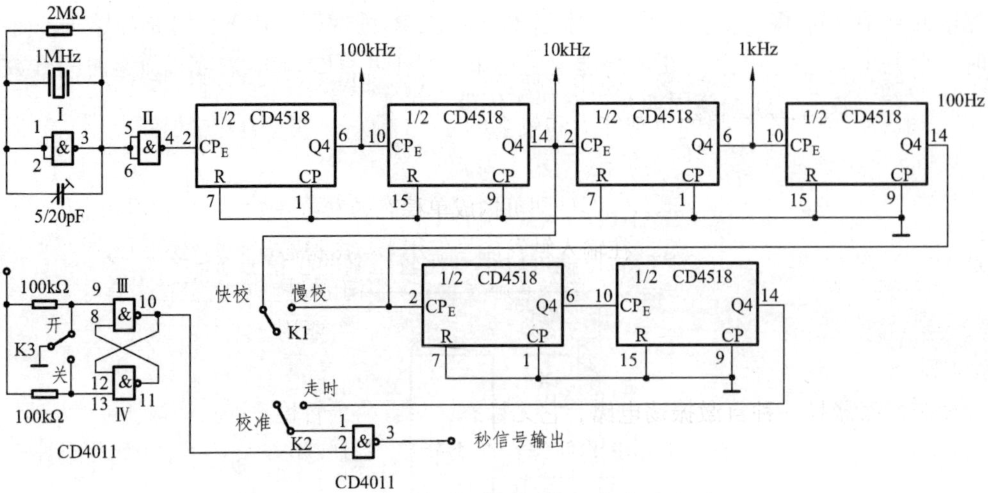

图 6-3-12　由晶振构成的秒信号发生器（2）

图 6-3-12 中由 CD4011 门 1 构成晶体振荡电路产生 1 MHz 的脉冲信号，经反相器门 2 送至由 CD4518 构成的分频器，其中第一级分频后输出为 100 kHz，第二级为 10 kHz，第三级为 1 kHz，第四级为 100 Hz，第六级为 1 Hz。由 CD4011 的门 3 和 4 构成 RS 触发器和另一个 CD4011 的门 1 组成秒信号控制门。允许工作开关 K3 置“开”位置时，允许输出秒信号；置“关”位置时，禁止输出秒信号。走时、校准开关 K2 置“走时”位置时，输出秒信号；置“校准”位置时，输出校准信号。若秒信号与标准时间相差较大，把 K1 置快校位置，送出 10 kHz 信号；若接近标准时间，置“慢校”位置，输出 100 Hz 信号。

动画

环形流水灯

6.3.3　实例说明——环形流水灯

环形流水灯控制电路如图 6-3-13 所示，由 555 定时器构成脉冲发生器，采用 74LS161 计数芯片和 74LS138 译码器，译码器直接点亮 LED 灯。

计数器接成八进制，即输出的低三位按节拍输出 0000—0001—0010—0011—0100—0101—0110—0111 共 8 个状态，至 1000 状态时反馈清 0，然后又重新开始计数，计数器的 8 个循环状态被送至 74LS138 译码器，译成 8 个状态输出逐一点亮 LED 灯，形成流水灯。

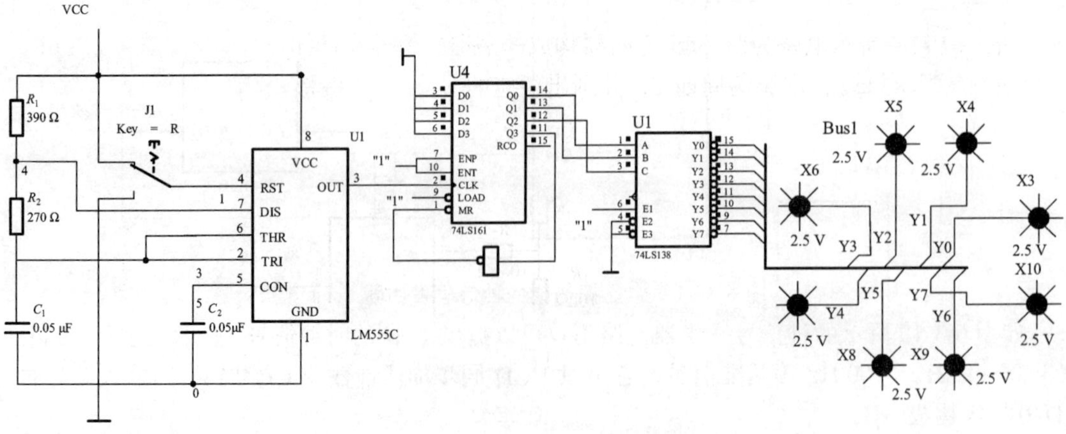

图 6-3-13　环形流水灯控制电路

小　结

1. 555定时器是一种结构简单、使用方便灵活、应用非常广泛的模拟与数字电路相结合的中规模集成电路，它具有较强的负载能力和较高的触发灵敏度，因而在自动控制、仪器仪表、家用电器等许多领域都有着广泛的应用。

2. 在555定时器外部接少许阻容元器件即可构成单稳态触发器、施密特触发器和多谐振荡器。

3. 单稳态触发器只有一个稳态，在输入触发信号作用下，由稳态进入暂稳态，经一段时间后，自动回到原来的稳态，输出单脉冲信号。单稳态触发器主要用于脉冲整形、定时、脉宽展宽等。

4. 施密特触发器有两个稳态，具有滞后电压传输特性，主要用于波形变换、整形及脉冲幅度的鉴别等。

5. 多谐振荡器是一种自激振荡电路，它无稳态，只有两个暂稳态，接通电源后，无须外加触发脉冲信号，依靠电容的充放电，电路便能在两个暂稳态之间相互翻转，产生矩形脉冲信号。

自测练习题

一、判断题

1. 施密特触发器可用于将三角波变换成正弦波。(　　)
2. 施密特触发器有两个稳态。(　　)
3. 多谐振荡器的输出信号的周期与阻容元件的参数成正比。(　　)
4. 石英晶体多谐振荡器的振荡频率与电路中的R、C成正比。(　　)
5. 施密特触发器的正向阈值电压一定大于负向阈值电压。(　　)

二、选择题

1. 脉冲整形电路有(　　)。
   A. 多谐振荡器　B. 单稳态触发器　C. 施密特触发器　D. 555定时器
2. 多谐振荡器可产生(　　)。
   A. 正弦波　B. 矩形脉冲　C. 三角波　D. 锯齿波
3. 石英晶体多谐振荡器的突出优点是(　　)。
   A. 速度高　B. 电路简单　C. 振荡频率稳定　D. 输出波形边沿陡峭

习　题

1. 图6-3-14所示电路为由555定时器构成的多谐振荡器，已知$U_{CC}=10\ \text{V}, C=0.01\ \mu\text{F}$，$R_1=20\ \text{k}\Omega, R_2=80\ \text{k}\Omega$，求振荡周期$T$，并画出相应的$u_C$和$u_O$的波形。

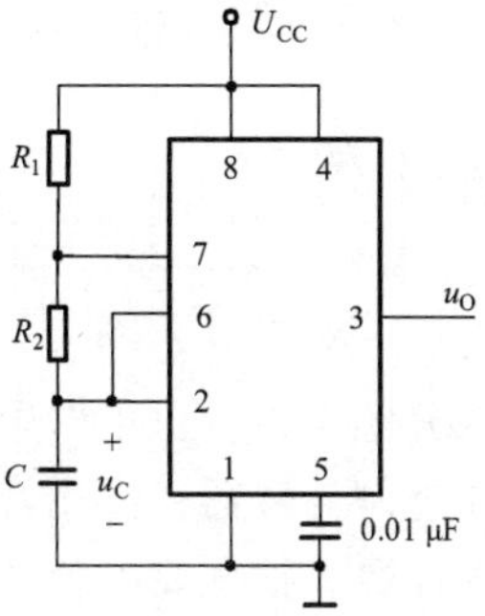

图6-3-14

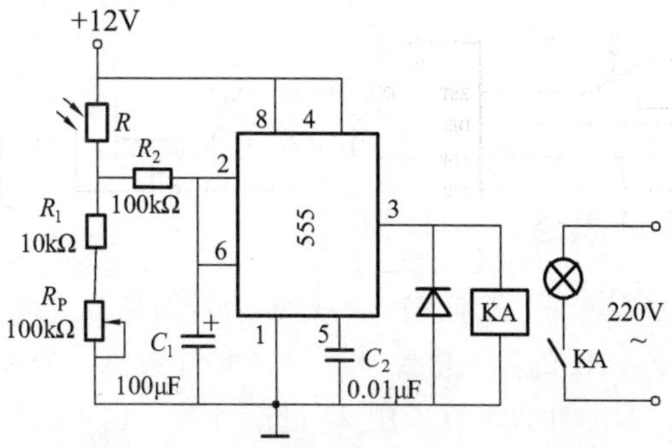

图6-3-15

2. 图 6-3-15 所示电路是由 555 定时器构成的路灯照明自动控制电路。R 为光敏电阻，受光照时电阻值小，无光照时电阻值很大。利用继电器 KA 的常开触点去控制路灯。试分析其工作原理，并说明 555 在此电路中构成什么型式的电路？R_P 在电路中起什么作用？

3. 图 6-3-16 是用 555 定时器组成的开机延时电路。若给定 $C = 25\ \mu F$，$R = 91\ k\Omega$，$V_{CC} = 12\ V$，试计算常闭开关 S 断开以后经过多长的延迟时间 v_O 才跳变为高电平。

4. 在图 6-3-17 所示的用 555 定时器组成的多谐振荡器电路中，若 $R_1 = R_2 = 5.1\ k\Omega$，$C = 0.01\ \mu F$，$V_{CC} = 12\ V$，试计算电路的振荡频率。

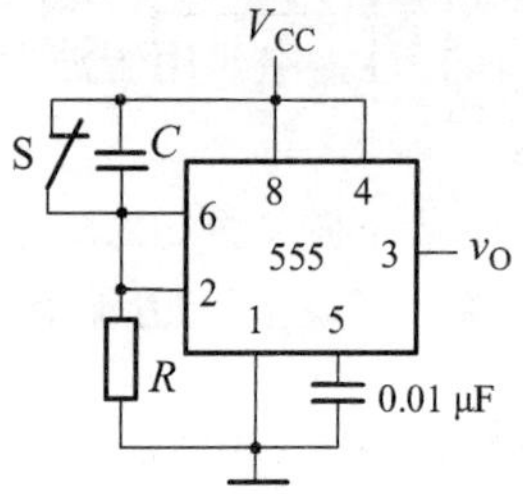

图 6-3-16

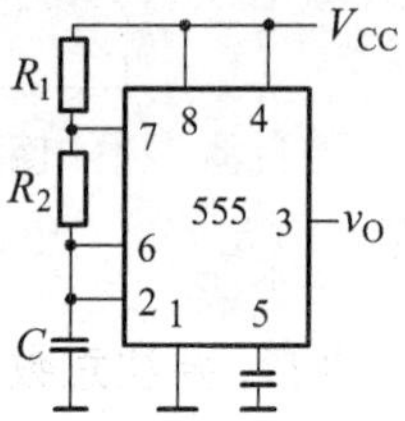

图 6-3-17

任务 4　数字钟的设计与实现

6.4.1　功能要求

（1）计时功能：能够实现秒、分、时计数；

（2）显示功能：用数码管显示计时情况；

（3）校时功能：通过校时开关依次校准秒、分、时，使数字钟正常走时；

（4）拓展功能：整点报时功能。在 59 分 51 秒、53 秒、55 秒、57 秒时分别鸣叫四声低音，在 59 分 59 秒时鸣叫一声高音。

6.4.2　任务引导

（1）小组制订工作计划。

（2）完成数字电子钟的逻辑电路设计。

（3）画出布线图。

（4）完成数字电子钟电路所需元器件的购买与检测。

（5）根据布线图制作数字电子钟电路。

（6）完成数字电子钟电路功能检测和故障排除。

（7）通过小组讨论完成电路的详细分析及编写项目实训报告。

6.4.3　设计思路 ——框图

电路需要解决三个问题：一是秒信号的来源，可以采用晶振分频获得，也可以采用 555 时基电路构成 1 Hz 的振荡电路获得；二是计数器，分和秒都是 60 进制计数器，选用合适的芯片构成即可，时的计数可以采用 24 进制计数，也可以采用 12 转 1 计数，根据要求合理选择；三是准点报时，高音低音的频率信号的取得。设计框图如图 6-4-1 所示。

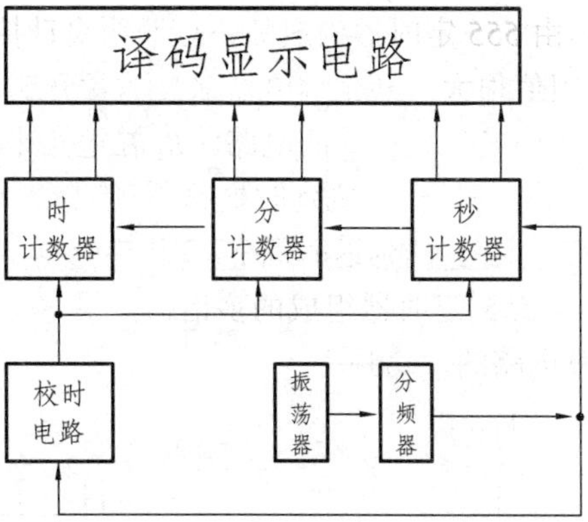

图 6-4-1　数字钟设计框图

1. 显示译码电路的采用

显示采用 LED 数码管，要注意数码管是共阴极接法还是共阳极接法，选择与之配套的译码器。其次注意译码器的功能端的使用，比如显示时间 08:30 还是显示 8:30，即对“时”的显示要不要采用灭 0。数码管及显示译码器外管脚如图 6-4-2 所示。

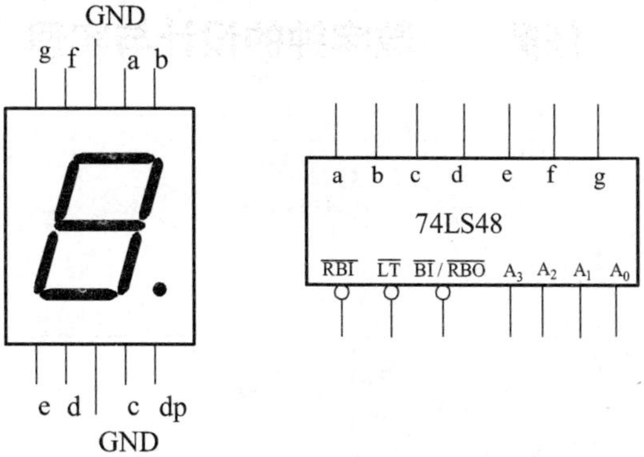

图 6-4-2　数码管及显示译码器的选择

2. 计数器电路的采用

1）选择计数器芯片

可以选择前面学习过的 74LS160、74LS192、74LS90 等芯片，也可以尝试采用新的芯片，如 CD4518 双十进制同步计数器，不过要注意芯片的功能表及外管脚排列图。

2）设计秒分计数器——60 进制计数器

选用 74LS160 构成的 60 进制计数器电路如图 6-4-3（a）、（b）所示。

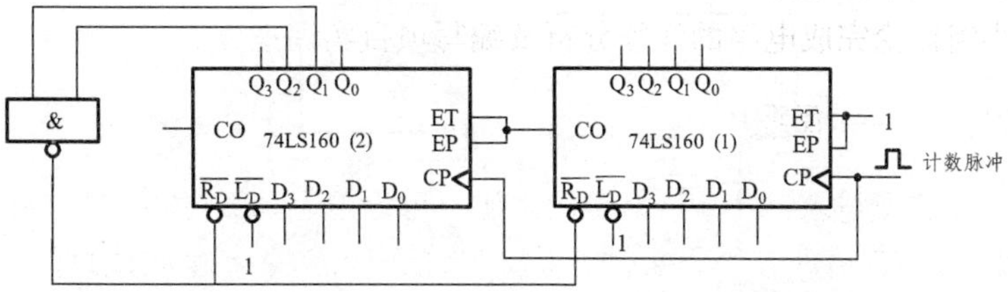

（a）

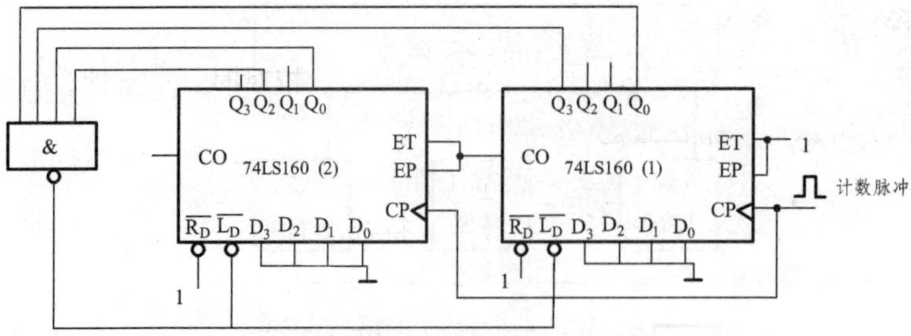

（b）

图 6-4-3　60 进制计数器

3）设计“时”计数器

“时”的计数可以采用 24 小时计时，也可以采用 12 小时计时，但二者构成的计数状态是不一样的，需要注意。采用 74LS160 芯片构成的 24 进制及 12 进制计数器电路如图 6-4-4（a）、（b）所示。

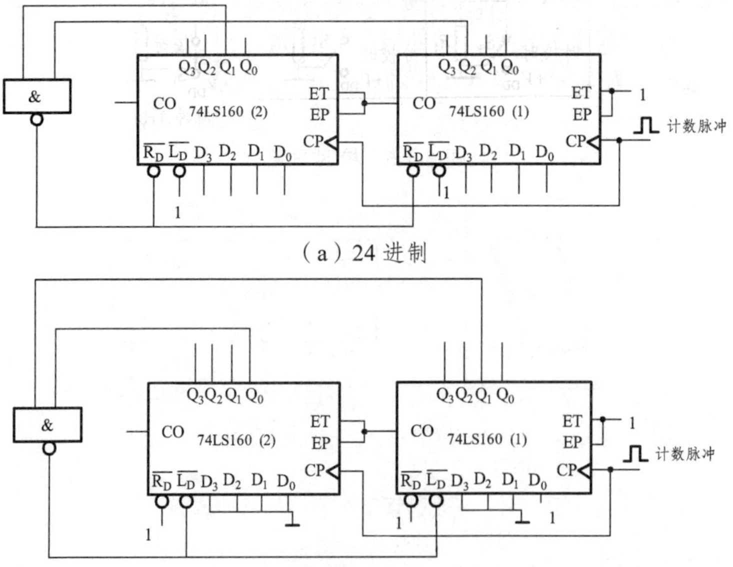

（a）24 进制

（b）12 进制

图 6-4-4　“时”计数器

3. 秒信号的选择

前面已经介绍过秒信号的产生电路，这里以 32 768 Hz 晶振为例，如图 6-4-5 所示，要注意芯片的连接及检测方法。

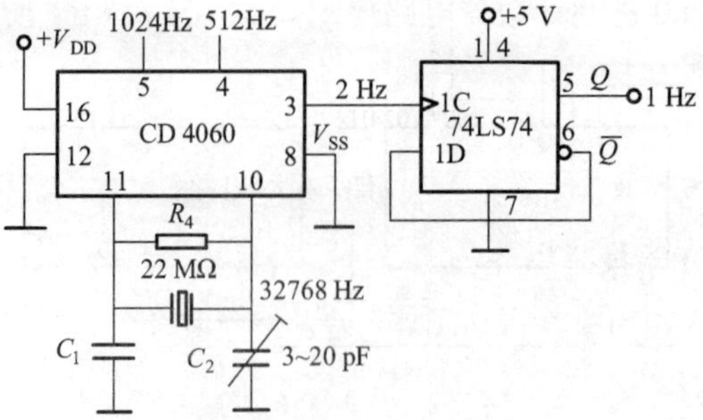

图 6-4-5　秒信号电路

4. 校时电路

“秒”校时采用等待校时法。正常工作，S_1 拨向 V_{DD}。校对时，S_1 接地，暂停秒计时。标准时间一到，立即将 S_1 拨回 V_{DD} 位置。

“分”和“时”校时采用加速校时法。正常工作，S_2 或 S_3 接地。校对时，将 S_2、S_3 拨向 V_{DD} 位置，让“分”、“时”计数器以秒节奏快速计数。待标准时刻一到，立即将 S_2、S_3 拨回接地位置。示意图如图 6-4-6 所示。

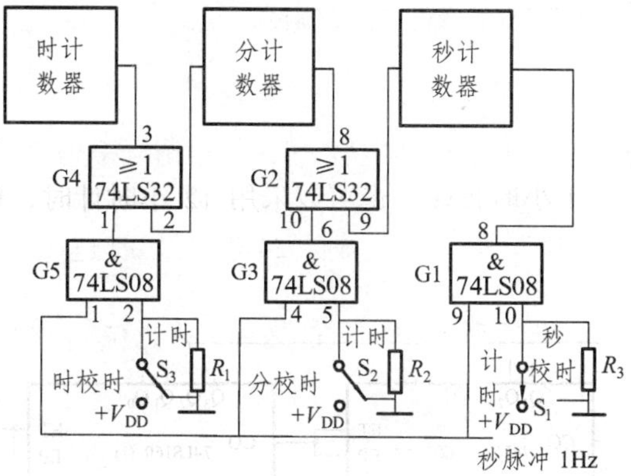

图 6-4-6　校时电路

5. 整点报时电路

在 59 分 51 秒、53 秒、55 秒、57 秒时鸣叫四声低音，在 59 分 59 秒时鸣叫一声高音，报时电路如图 6-4-7 所示。

1）高音和低音的实现

高音和低音两个声响，可以采用 555 定时器设计的振荡器产生不同的两个频率来实现，也可以直接采用上面秒信号产生的分频器的信号。

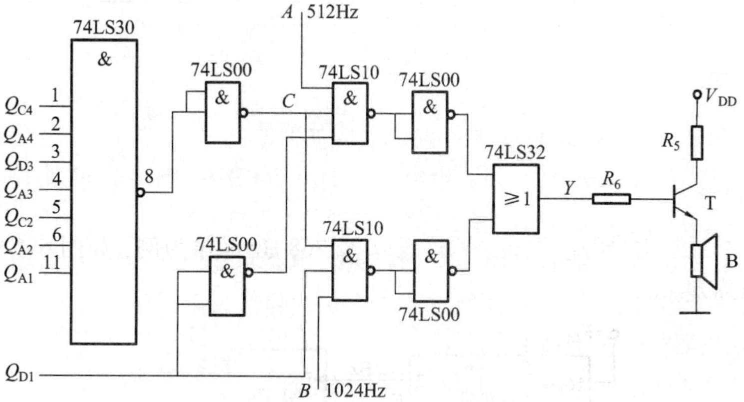

图 6-4-7　准点报时电路

2）在 59 分 51 秒时开始报时

当分、秒计数器计到 59 分 51 秒时，引出一个开启低音信号至蜂鸣器，且在 53 秒、55 秒、57 秒均能开启此信号。

$Q_{D4}Q_{C4}Q_{B4}Q_{A4} = 0101$—分

$Q_{D3}Q_{C3}Q_{B3}Q_{A3}=1001$—分

$Q_{D2}Q_{C2}Q_{B2}Q_{A2}=0101$—秒

$Q_{D1}Q_{C1}Q_{B1}Q_{A1}=0001$—秒

在 59 分 59 秒时，引出一个开启高音的信号至蜂鸣器。

6.4.4 制作调试

检查确认电路安装无误后接通电源，逐级调试。

1. 秒信号发生电路调试

测量晶体振荡器输出频率，调节微调电容 C_2，使振荡频率为 32 768 Hz。再测 CD4060 的 Q_4、Q_5 和 Q_6 等脚输出频率，检查 CD4060 工作是否正常。

2. 计数器的调试

将秒脉冲送入秒计数器，检查秒个位、十位是否正确进位。采用同样方法检测“分”计数器和“时”计数器。

3. 译码显示电路的调试

观察在 1 Hz 的秒脉冲信号作用下数码管的显示情况。

4. 校时电路的调试

调试好时、分、秒计数器后，通过校时开关依次校准秒、分、时，使数字钟正常走时。

5. 整点报时电路的调试

利用校时开关加快数字钟走时，调试整点报时电路，使其分别在 59 分 51 秒、53 秒、55 秒、57 秒时鸣叫 4 声低音，在 59 分 59 秒时鸣叫一声高音。

参考电路见图 6-4-8。

6.4.5 问题讨论

（1）把数字钟由 12 小时制改为 24 小时制，应如何改？

（2）12 转 1 计数、译码驱动、显示电路中的十位 74LS160 输出的 Q_0 为什么要和对应的译码器 74LS247 的 $\overline{RBI}$ 相连？如果不连会出现什么现象？

（3）如果 74LS160 换成别的芯片，如 74LS90，电路将如何连接？

（4）在秒信号产生电路中，双 D 触发器 CC4013 起什么作用？用一个 CC4000 系列的 JK 触发器代替 D 触发器行吗？为什么？

（5）请再设计 2 种校时电路，并画出具体电路原理图。

（6）如果 LED 数码管已经看不出型号，如何确定它的管脚图？即如何判断数码管是共阴还是共阳及 a ~ g 所对应的管脚？

（7）如果晶振产生的信号频率 32 768 Hz 的稳定度为 10^{-7}，则时钟走一年会产生多少误差？

（8）为数字钟增加整点报时功能。

（9）设计数字显示倒计时交通自动指挥系统。

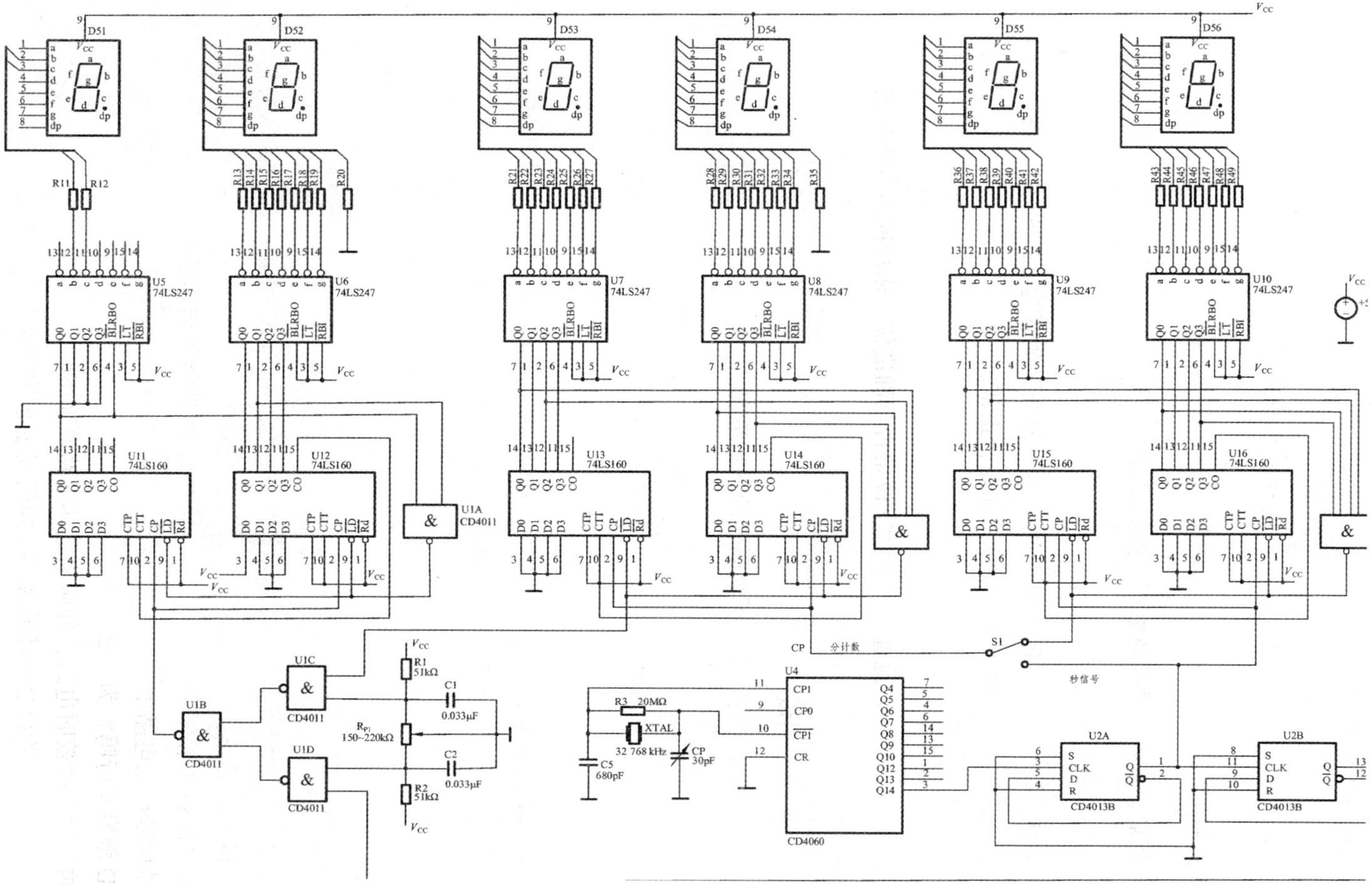

图 6-4-8　数字钟参考电路

参考文献

[1] 梅开乡. 数字电子技术[M]. 北京：电子工业出版社，2006.

[2] 谢兰清. 数字电子技术项目教程[M]. 北京：电子工业出版社，2009.

[3] 刘守义. 数字电子技术基础[M]. 北京：清华大学出版社，2008.

[4] 邱寄帆. 数字电子技术[M]. 北京：人民邮电出版社，2005.

[5] 康华光. 电子技术基础[M]. 北京：高等教育出版社，1991.

[6] 阎石. 数字电子技术基础[M]. 北京：高等教育出版社，1998.

[7] 何希才. 新型通用集成电路使用技术[M]. 北京：国防工业出版社，1997.

[8] 张端. 实用电子电路手册数字电路分册[M]. 北京：高等教育出版社，1992.

[9] 刘冬香. 电子电路分析与制作[M]. 北京：清华大学出版社，2011.

[10] 冯泽虎. 数字电子技术项目教程[M]. 北京：北京大学出版社，2011.

[11] 李福军. 数字电子技术项目教程[M]. 北京：清华大学出版社，2011.